高等职业教育土木建筑类专业新形态教材

钢结构施工

（第2版）

主　编　赵　鑫
副主编　杜雷鸣　王军芳
参　编　任　媛　李卫文　曹丽萍　赵富田
主　审　雷宏刚

北京理工大学出版社
BEIJING INSTITUTE OF TECHNOLOGY PRESS

内 容 提 要

本书以现阶段高等教育课程特征为出发点，以工作过程为导向，依据钢结构施工技术岗位能力需求，围绕技术能力培养，以提出"任务"、分析"任务"、完成"任务"为主线的方式安排学习内容。全书共分四个学习情境，主要包括钢结构平台施工、钢结构门式刚架施工、钢结构多层框架施工、钢网架施工内容。

本书可作为高职高专院校建筑工程技术、建筑经济管理、建筑工程管理、建筑工程造价和建筑工程监理等相关专业的教材，也可供建筑施工一线工作人员参考使用。

图书在版编目(CIP)数据

钢结构施工 / 赵鑫主编.—2版.—北京：北京理工大学出版社，2018.2（2020.1重印）
ISBN 978-7-5682-5331-4

Ⅰ.①钢…　Ⅱ.①赵…　Ⅲ.①钢结构－工程施工－高等学校－教材　Ⅳ.①TU758.11

中国版本图书馆CIP数据核字(2018)第036678号

出版发行 / 北京理工大学出版社有限责任公司
社　　址 / 北京市海淀区中关村南大街5号
邮　　编 / 100081
电　　话 / （010）68914775（总编室）
　　　　　（010）82562903（教材售后服务热线）
　　　　　（010）68948351（其他图书服务热线）
网　　址 / http://www.bitpress.com.cn
经　　销 / 全国各地新华书店
印　　刷 / 河北鸿祥信彩印刷有限公司
开　　本 / 787毫米 × 1092毫米　1/16
印　　张 / 16.5
字　　数 / 397千字
版　　次 / 2018年2月第2版　2020年1月第3次印刷
定　　价 / 45.00元

责任编辑 / 赵　岩
文案编辑 / 赵　岩
责任校对 / 周瑞红
责任印制 / 边心超

图书出现印装质量问题，请拨打售后服务热线，本社负责调换

第2版前言

本书以现阶段职业教育课程特征、职业教育课程的结构性改革为出发点，以工作过程为导向，依据钢结构施工技术岗位职业能力需求，彻底改变以“知识”为基础设计课程的传统，以典型工作任务为载体设计学习情境；围绕职业能力培养，以提出“任务”、分析“任务”、完成“任务”为主线的方式安排学习内容。本着结构立意要新、内容重技能实用、理论以够用为度的原则，根据《建筑结构荷载规范》（GB 50009—2012）、《钢结构工程施工质量验收规范》（GB 50205—2001）、《钢结构设计规范》（GB 50017—2003）、《门式刚架轻型房屋钢结构技术规范》（GB 51022—2015）以及行业其他标准、规范和规程等为依据编写了本书。本书适用于高职高专建筑工程技术、建筑经济管理、建筑工程管理、建筑工程造价，以及建筑工程监理等专业学生和建筑施工一线工作人员使用。

钢结构施工是高等职业院校建筑工程技术专业的核心学习领域，通过学习与实训掌握钢结构的材料性能，具有识读钢结构施工图的能力，并能进行简单钢结构基本构件的承载力计算，掌握钢结构制作、安装、涂装的基本技术，掌握施工方案的编制方法、施工质量的验收方法及施工中的安全技术要求，为毕业后从事与钢结构建筑施工有关的工作打下一定的基础。

本书以钢结构施工过程为导向，以钢结构施工能力需求为主线，以钢结构施工对象为载体，设置了四个学习情境：钢结构平台施工、钢结构门式刚架施工、钢结构多层框架施工、钢网架施工。其中，每个学习情境设有若干典型工作任务，教学与学习过程中还可增设其他任务，作为补充。

本书内容详实具体，便于在学习和实际工作应用时加以参考。

本书由山西工程职业技术学院赵鑫担任主编，由山西工程职业技术学院杜雷鸣、清华大学规划设计研究所建筑分院王军芳担任副主编，山西职业技术学院任媛，山西工程职业技术学院李卫文、曹丽萍，太原电力高等专科学校赵富田参加了本书部分章节的编写工作。全书由赵鑫统稿，曹丽萍校对，由太原理工大学雷宏刚教授主审。

在本书编写过程中，得到了中冶天工建设有限公司石永胜、山西泰立建筑工程有限公司韩东宏的大力支持和帮助，在此一并感谢。本书参考了书后所附参考文献的部分资料，在此向所有参考文献的作者表示衷心的感谢。

由于编写时间仓促，编者水平有限，书中难免存在不妥和疏漏之处，恳请读者在使用过程中给予批评指正，并提出宝贵意见。

编　者

第1版前言

本书以现阶段职业教育课程特征、职业教育课程的结构性改革为出发点、以工作过程为导向，依据钢结构施工技术岗位职业能力需求，彻底改变以“知识”为基础设计课程的传统，以典型工作任务为载体设计学习情境；围绕职业能力培养，以提出“任务”、分析“任务”、完成“任务”为主线的方式安排学习内容。本着结构立意要新、内容重技能实用、理论以够用为度的原则，根据《钢结构设计规范》（GB 50017—2003）以及行业其他标准、规范和规程等为依据编写了本书。本书适用于高职高专建筑工程技术、建筑经济管理、建筑工程管理、建筑工程造价，以及建筑工程监理等专业学生和建筑施工一线工作人员使用。

钢结构施工是高等职业院校建筑工程技术专业的核心学习领域，通过学习与实训掌握钢结构的材料性能，具有识读钢结构施工图的能力，并能进行简单钢结构基本构件的承载力计算，掌握钢结构制作、安装、涂装的基本技术，掌握施工方案的编制方法、施工质量的验收方法及施工中的安全技术要求，为毕业后从事与钢结构建筑施工有关的工作打下一定的基础。

该学习领域以钢结构施工过程为导向，以钢结构施工能力需求为主线，以钢结构施工对象为载体，设置了四个学习情境：钢结构平台施工、钢结构门式刚架施工、钢结构多层框架施工、钢网架施工。其中，每个学习情境设有若干典型工作任务，教学与学习过程中还可增设其他任务，作为补充。

本书内容详实具体，便于在学习和实际工作应用时加以参考。

本书由山西工程职业技术学院赵鑫担任主编，山西工程职业技术学院曹丽萍、清华大学规划设计研究所建筑分院王军芳任副主编，山西职业技术学院任媛，山西工程职业技术学院李卫文、杜雷鸣，太原电力高等专科学校赵富田参加编写。全书由赵鑫统稿，曹丽萍校对，太原理工大学雷宏刚教授主审。

在本书编写过程中，得到了中冶天工建设有限公司石永胜、山西泰立建设有限公司韩东宏高级工程师的大力支持和帮助，在此一并感谢。本书参考了书后所附参考文献的部分资料，在此向所有参考文献的作者表示衷心的感谢。

由于编写时间仓促，编者水平有限，书中难免存在不妥和疏漏之处，恳请读者在使用过程中给予批评指正，并提出宝贵意见。

编　者

目 录

学习情境一　钢结构平台施工

能力描述

按照钢结构平台施工图和施工组织设计要求，合理组织人、材、机，科学地进行钢结构平台施工中的制作、安装和涂装。

目标描述

1. 会选用平台的材料，进行钢材的报检；
2. 会进行平台型钢梁、柱的验算；
3. 会进行平台铰接连接的验算；
4. 能绘制钢结构平台的施工详图；
5. 会编制平台制作方案，能进行图纸会审、技术交底和材料统计；
6. 熟悉钢结构平台的施工工艺与流程，能进行平台构件制作的放样、号料；
7. 能进行平台安装的组织、安全、技术交底和验收；
8. 能进行钢柱、钢梁、钢板涂装验收与评定；
9. 在团队合作与学习过程中，提高专业能力，锻炼社会能力。

学习单元一　钢结构平台的制作

一、任务描述

(一)工作任务

3.6 m×7.2 m，高 6.0 m，H 型钢截面铰接钢平台制作。

具体任务如下：

(1)解读工作任务，选用平台构件的材料，进行钢材的报检。

(2)选用平台构件的型号。

(3)选用连接形式。

(4)绘制钢结构平台的施工详图。

(5)统计构件钢材用量。

(6)钢材进场、报检。

(7)号料，写出号料尺寸的确定依据。

(8)确定构件下料方案，正确选用下料工具。

(9)安全生产注意事项。

(10)对照钢结构施工质量验收规范，检查构件的施工质量，并给出自己的评定意见。

(11)根据检查结果制定构件的矫正措施，并实施构件校正。

(二)可选工作手段

计算器，五金手册，钢结构施工规范，安全施工条例，钢结构施工质量验收规范，氧气切割(手工切割)机，端面铣床，手工交直流焊机，焊条烘干箱，钢卷尺，游标卡尺，划针，焊缝检验尺，检查锤，绘图工具。

钢结构制作与安装

二、案例示范

(一)案例描述

1. 工作任务

制作一单层钢结构平台，如图 1-1 和图 1-2 所示。平台平面尺寸为 3.6 m×7.2 m，高为 6.0 m，平台梁、柱均采用 H 型钢截面，上铺刚性板，恒荷载为 2.0 kN/m^2，活荷载为 20.0 kN/m^2，平台位于厂房内，安全等级为二级，−20 ℃以上工作温度。

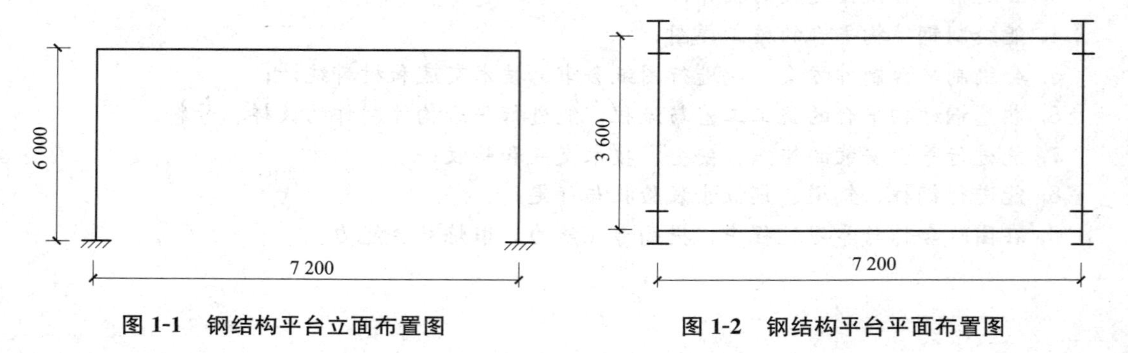

图 1-1　钢结构平台立面布置图　　　　图 1-2　钢结构平台平面布置图

2. 具体任务

(1)解读工作任务，选用平台构件的材料牌号，填制化学成分及力学性能指标表，见表 1-1。

表 1-1　平台构件材料化学成分及力学性能指标表

化学成分/% GB/T 700—2006					脱氧方法	屈服强度/MPa≥	抗拉强度/MPa≥	断后伸长率/%≥	冲击试验≥	冷弯试验 $B=2a$，180°
C	Mn	Si≤	S≤	P≤		钢材厚度≤16	钢材厚度≤16	钢材厚度≤16	(纵向)/J 20 ℃	钢材厚度 60

(2)选用平台梁、柱的型号。

(3)选用连接形式。

(4)绘制钢结构平台的施工详图。

(5)统计构件钢材用量见表 1-2。

表 1-2　构件钢材用量

编号	规格	单根长/m	根数	质量/kg

(6)钢材进场、报检。

(7)号料，写出号料尺寸的确定依据。

(8)确定构件下料方案，正确选用下料工具。

(9)安全生产注意事项。

(10)对照钢结构施工质量验收规范，检查构件的施工质量，并给出自己的评定意见。

(11)根据检查结果制定构件的矫正措施，并实施构件校正。

(二)案例分析与实施

1. 解读工作任务，选用平台构件的材料

选用钢材 Q235B，强度适中，有良好的承载性，并具有良好的塑性、韧性、焊接性和可加工性能，是钢结构常用的牌号，化学成分及力学性能指标见表 1-3。

表 1-3　Q235B 化学成分及力学性能指标

化学成分/% GB/T 700—2006					脱氧方法	屈服强度/MPa≥	抗拉强度/MPa≥	断后伸长率/%≥	冲击试验≥	冷弯试验 $B=2a$，180°
C	Mn	Si≤	S≤	P≤		钢材厚度≤16	钢材厚度≤16	钢材厚度≤16	纵向/J 20 ℃	钢材厚度 60
0.20	1.40	0.35	0.045	0.045	F、Z	235	370～500	26	20	纵向 a 横向 $1.5a$

2. 选用平台梁、柱的型号

(1)设计 H 型钢截面梁。铰接钢平台，梁柱铰接连接，根据计算简图梁按简支梁设计，又板的长跨比 $L/B=2$，所以为双向板，计算梁内力弯矩 M 和剪力 V。

由题可知：面荷载标准值为

恒荷载：2 kN/m^2；

活荷载：20 kN/m^2。

1)计算面荷载的设计值。

荷载组合：1.2 恒+1.4 活=1.2×2+1.4×20=30.4(kN/m^2)

1.35 恒+1.4×0.7 活=1.35×2+1.4×0.7×2=22.3(kN/m^2)

取面荷载设计值为 Q=30.4 kN/m^2

2)梁均布线荷载设计值。

$$q=\frac{S_xQ}{L}=\frac{(3.6+7.2)\times 1.8\times \frac{1}{2}\times 30.4}{7.2}=41.04(\text{kN/m})$$

最大剪力设计值：$V=\frac{1}{2}ql=\frac{1}{2}\times 41.04\times 7.2=147.744(\text{kN})$

最大弯矩设计值：$M=\frac{1}{8}ql^2=\frac{1}{8}\times 41.04\times 7.2\times 7.2=265.94(\text{kN}\cdot\text{m})$

3)初选截面。

Q235B 级由附表 1-1 查得 f=215 N/mm^2；f_v=125 N/mm^2(假定 $t\leqslant$16 mm)

查表 1-20，$\gamma_x=1.05$

由 $\sigma=\frac{M_x}{\gamma_x W_x}\leqslant f$ 得 $W_x\geqslant\frac{M_x}{\gamma_x f}=\frac{265.94}{1.05\times 215}=1.178\ 025\times 10^6(\text{mm}^3)=1\ 178.03(\text{cm}^3)$

查附表 3-5 选用型钢 HN446×199×8×12，其 W_x=1 217 cm^3；I_x=27 146 cm^4；线密度为 65.1 kg/m。

4)截面验算。

①强度验算。

考虑梁的自重内力调整：

$$\begin{aligned}剪力\ V'&=V+\frac{1}{2}\times 1.2\ \text{mg}\times L=147.744+\frac{1}{2}\times 1.2\times 65.1\times 7.2\times 10\times 10^{-3}\\&=150.55(\text{kN})\end{aligned}$$

$$\begin{aligned}弯矩\ M'&=M+\frac{1}{8}\times 1.2\ \text{mg}\times L^2\\&=265.94+\frac{1}{8}\times 1.2\times 65.1\times 10\times 7.2\times 7.2\times 10^{-3}\\&=271(\text{kN}\cdot\text{m})\end{aligned}$$

$$\begin{aligned}S_x&=\left[b\cdot t\cdot\frac{1}{2}(h-t)\right]+\left[\left(\frac{h}{2}-t\right)\cdot t_w\cdot\frac{1}{2}\left(\frac{h}{2}-t\right)\right]\\&=199\times 12\times\frac{1}{2}\times(446-12)+\left[\left(\frac{446}{2}-12\right)\times 8\times\frac{1}{2}\times\left(\frac{446}{2}-12\right)\right]\\&=518\ 196+178\ 084\\&=696\ 280(\text{mm}^3)\end{aligned}$$

正应力 $\sigma=\frac{M}{\gamma_x W_x}=1.05\times\frac{271\times 10^6}{1\ 217\times 10^3}=212.07(\text{N/mm}^2)<f=215(\text{N/mm}^2)$

剪应力 $\tau=\frac{V'\cdot S_x}{I_x\cdot T_w}=\frac{150.56\times 10^3\times 696\ 280}{27\ 146\times 10^4\times 8}=48.3(\text{N/mm}^2)<f_v=125(\text{N/mm}^2)$

强度验算满足要求。

②刚度验算。

$$\upsilon=\frac{5}{384}\times\frac{qL^4}{E\cdot I_x}=\frac{5}{384}\times\frac{30.35\times17.2\times10^3\times10^9}{2.06\times10^5\times27\ 146\times10^4}=19(\text{mm})$$

$E=2.06\times10^5\ \text{N/mm}^2$

荷载标准值为：1.0恒＋1.0活$=\left[2.0\times\frac{(3.6+7.2)\times1.8}{2\times7.2}+651\times10^{-3}\right]+20\times\frac{(3.6+7.2)\times1.8}{2\times7.2}$

$$=2.7+0.651+27=30.35(\text{kN/m})$$

查表1-21可知平台梁挠度限度$[\upsilon]=l/250$

$$\upsilon=19\ \text{mm}<[\upsilon]=\frac{7\ 200}{250}=28.8\ \text{mm}$$

刚度验算满足要求。

③整体稳定验算。由于钢梁翼缘与铺板牢固连接，能够保证钢梁不发生平面外失稳，所以不需要验算整体稳定性。

④局部稳定性验算。所选钢梁截面为型钢HN446×199×8×12，其局部稳定性满足要求。

因此，所选截面HN446×199×8×12承载力、刚度和稳定性均满足规范要求，可作为平台梁的设计截面。

(2)设计H型钢截面柱。

1)初选截面尺寸。

柱子的内力设计值：

$N=V_1+V_2=150.56+49.8=200.35(\text{kN})$

假定长细比$\lambda=140$，H型钢对x轴按b类截面，对y轴按b类截面，查附表得$\varphi_x=0.345$，$\varphi_y=0.345$，由附表1-1得$f=215\ \text{N/mm}^2$，则

$$A_{\text{T}}=\frac{N}{\varphi f}=\frac{200.35\times10^3}{0.345\times215}=27.01(\text{cm}^2)$$

$$i_{x\text{T}}=\frac{l_{0x}}{\lambda}=\frac{600}{140}=4.29(\text{cm})$$

$$i_{y\text{T}}=\frac{l_{0y}}{\lambda}=\frac{600}{140}=4.29(\text{cm})$$

根据A_{T}、$i_{x\text{T}}$、$i_{y\text{T}}$查附表3-5选用HW200×200×8×12，$A=63.53\ \text{cm}^2$，$i_x=8.62\ \text{cm}$，$i_y=5.02\ \text{cm}$。

2)验算。

$$\lambda_x=\frac{l_{0x}}{i_x}=\frac{600}{8.62}=69.6<[\lambda]=150$$

$$\lambda_y=\frac{l_{0y}}{i_y}=\frac{600}{5.02}=119.5<[\lambda]=150$$

$$b/h=200/200=1>0.8$$

由附表3-1可知，该截面x轴对应b类截面，y轴对应b类截面，查附表2-3、附表2-4得$\varphi_x=0.753\ 4$，$\varphi_y=0.439\ 5$，则

$$\frac{N}{\varphi_y A}=\frac{200.35\times10^3}{0.439\ 5\times63.53\times10^2}=71.75(\text{N/mm}^2)<f=215(\text{N/mm}^2)$$

HW200×200×8×12 满足要求。平台梁、柱型号的具体参数见表 1-4。

表 1-4　梁、柱的选用

构件编号	标准值 $q/(\mathrm{kN\cdot m^{-1}})$	设计值 $q/(\mathrm{kN\cdot m^{-1}})$	设计值 $M/(\mathrm{kN\cdot m})$	设计值 N/kN	$A/\mathrm{cm^2}$	$W_x/\mathrm{cm^3}$
梁	30.35	40.04	271	—	—	1 178.03
柱	—	—	—	200.35	27.01	—
构件编号	$\sigma=\dfrac{M}{\gamma_x W_x}$	$\nu\leqslant[\nu]$	$\lambda\leqslant[\lambda]$	φ	$\sigma=\dfrac{N}{\varphi A}$	f
梁	212.07	19<28.8	—	—	—	1 217
柱	—	—	119.5<150	0.439 5	65.53	71.75

3)选用连接形式，绘制钢结构平台的施工详图。

平台梁与柱连接为侧面铰接连接，连接板取 $t=8+2=10(\mathrm{mm})$(初选比梁腹板厚 2 mm)，连接板与柱翼缘采用单侧角焊缝焊接，梁与连接板采用 C 级普通螺栓连接。

①连接板与柱翼缘角焊缝角设计。

角焊缝的强度设计值查附表得：$f_f^w=160\ \mathrm{N/mm^2}$

设：$h_{\mathrm{fmax}}=1.5\sqrt{t_{\max}}=1.5\sqrt{12}=5.2(\mathrm{mm})$

$h_{\mathrm{fmin}}=1.2t_{\min}=1.2\times10=12(\mathrm{mm})$，$h_f$ 可取 6、7、8、9、10 mm，此处取 6 mm。

剪力设计值 $V=200.35$ kN，则角焊缝计算长度为

$$\sum l_w=\frac{V}{h_e f_f^w}=\frac{200.35\times10^3}{0.7\times6\times160}=300(\mathrm{mm})>8h_f=8\times6=48(\mathrm{mm})$$

焊缝长度 $L=300+2\times5=310(\mathrm{mm})$；

②梁与连接板普通螺栓连接设计。

由附表查得 $f_v^b=140\ \mathrm{N/mm^2}$，$f_c^b=305\ \mathrm{N/mm^2}$。

单个 M18 螺栓受剪承载力设计值：

$$N_V^b=n_v\frac{\pi d^2}{4}f_v^b=1\times\frac{\pi\times18^2}{4}\times140=35.6(\mathrm{kN})$$

单个螺栓承压承载力设计值：

$$N_c^b=d\sum tf_c^b=16\times10\times305=48.8(\mathrm{kN})$$

则连接一侧所需螺栓数目为：

$n=\dfrac{V}{N_{\min}^b}=\dfrac{200.35}{35.6}=5.6$，取 $n=6$，单列布置，螺栓布置见施工详图取螺栓孔径 $d_0=20$ mm，连接钢板的 $f=215\ \mathrm{N/mm^2}$。

$$A_n=(b-n_1d_0)t=(380-20)\times10=3\ 600(\mathrm{mm^2})$$

$$\tau=\frac{V}{A_n}=\frac{200.35\times10^3}{3\ 600}=55.7(\mathrm{N/mm^2})<f=125(\mathrm{N/mm^2})(\text{满足})$$

绘制钢结构平台的施工详图，如图 1-3～图 1-8 所示。

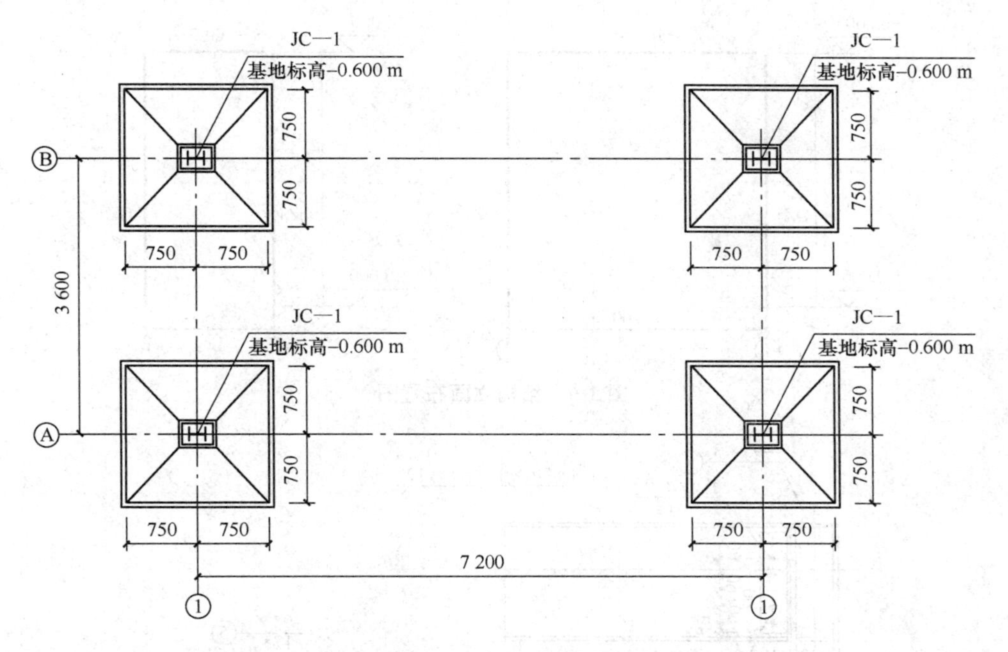

图 1-3　钢结构平台基础平面布置图

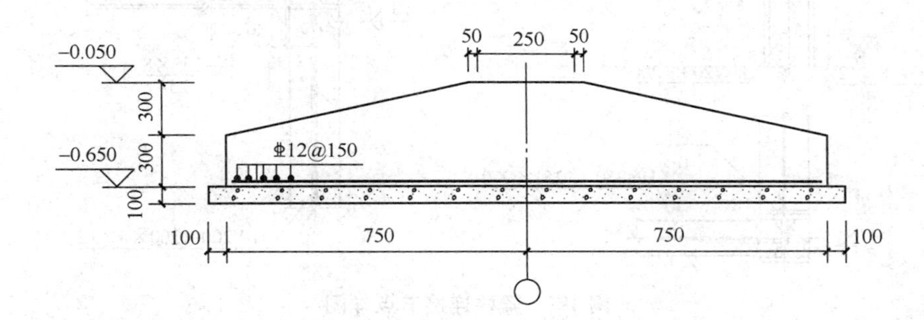

图 1-4　基础详图

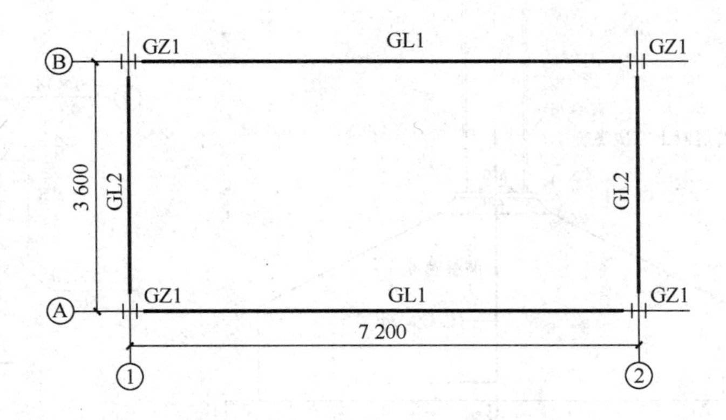

图 1-5　结构平面布置图

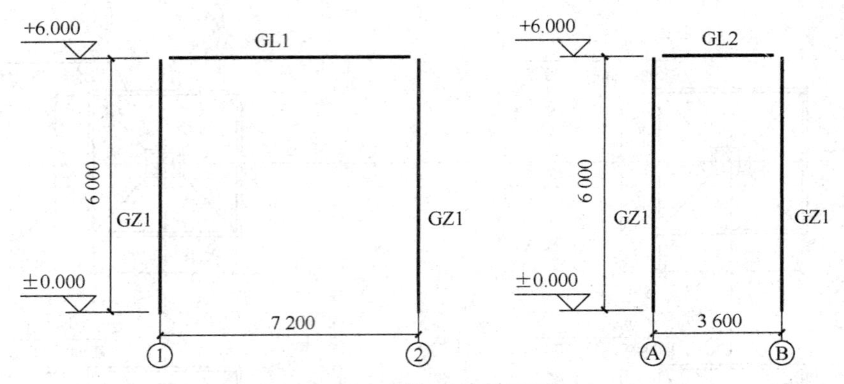

图 1-6　结构立面布置图

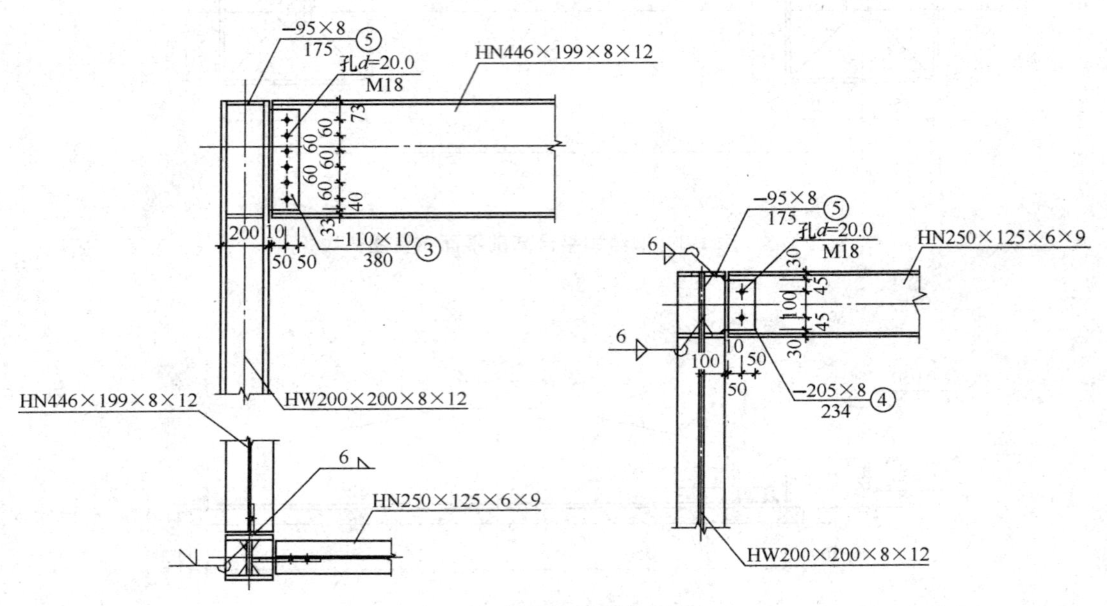

图 1-7　梁柱连接节点详图

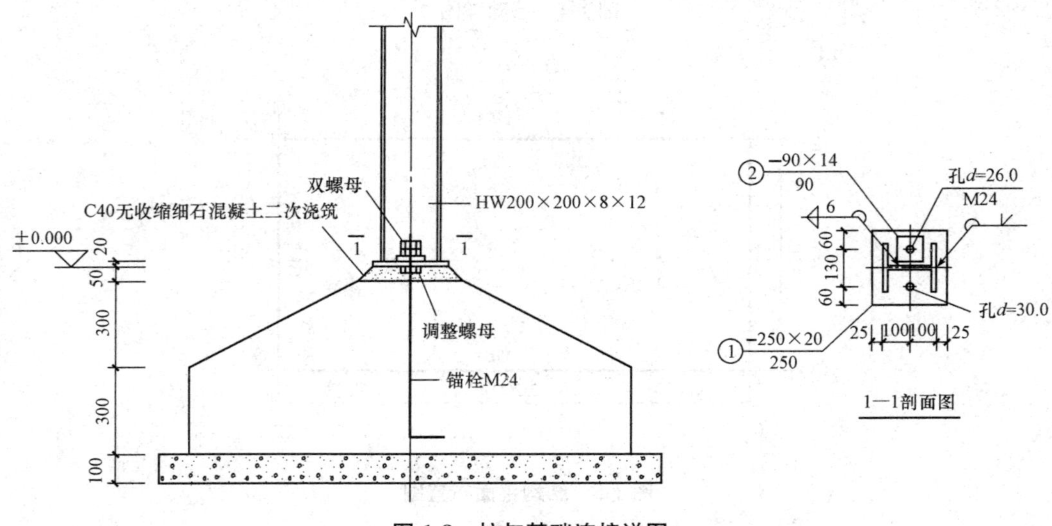

图 1-8　柱与基础连接详图

4)统计构件钢材用量。钢材用量见表 1-5。

表 1-5 钢材用量表

编号	规格	单根长/m	根数	质量/kg
GZ1	HM200×200×8×12	5.98	4	4×49.9×5.98=1 193.61
GL1	HN466×199×8×12	6.98	2	2×65.1×6.98=908.80
GL2	HN250×125×6×9	3.38	2	2×20.9×3.38=141.28
①	－250×20	0.25	4	4×0.25×0.25×0.02×7 850=39.25
②	－90×14	0.09	8	8×0.09×0.09×0.014×7 850=7.12
③	－110×10	0.38	4	4×0.11×0.38×0.01×7 850=13.13
④	－205×8	0.234	4	4×0.205×0.234×0.008×7 850=12.05
⑤	－95×8	0.175	16	16×0.095×0.175×0.008×7 850=16.71
			合计	2 331.95

3. 钢材进场、报检

钢材进场、报检应达到以下要求：

(1)钢材的品种和数量是否与订货单一致。

(2)钢材的质量保证书是否与钢材上打印的记号相符。

(3)核对钢材的规格尺寸，测量钢材尺寸是否符合标准规定，尤其是钢板厚度的偏差。

(4)钢材表面质量检验，表面不允许有结疤、裂纹、折叠和分层等缺陷，钢材表面的锈蚀深度不得超过其厚度负偏差值的一半。有以上问题的钢材，应另行堆放，以便研究处理。

4. 号料，确定构件下料方案

采用手工气割。手工气割又称火焰切割，它既能切成直线，也能切成曲线，还可以直接切出 V 形、X 形的焊缝坡口。手工气割质量较差，只适用于小零件，对外边缘应预留 2～3 mm 的加工余量，方便进行修磨平整。

手工气割的步骤及操作要点如下：

(1)点燃割炬，随即调整火焰。

(2)开始切割时，打开切割氧阀门，观察切割氧流线的形状；若为笔直而清晰的圆柱体，并有适当的长度，即可正常切割。

(3)发现嘴头产生鸣爆并发生回火现象，可能因嘴头过热或堵住，或者乙炔供应不及时，此时需立即处理。

(4)临近终点时，嘴头应向前进的反方向倾斜，以利于下部提前割透，使收尾时割缝整齐。

(5)当切割结束时，应迅速关闭切割氧气阀门，并将割炬抬起，再关闭乙炔阀门，最后关闭预热氧阀门。

5. 安全生产管理、安全隐患调查

(1)进入施工现场的操作者和生产管理人员，均应穿戴好劳动防护用品，按规程要求操作。

(2)对操作人员进行安全学习和安全教育，特殊工种必须持证上岗。

(3)为了便于钢结构的制作者和操作者的进行操作活动，构件宜在一定高度上测量。装配组装胎架、焊接胎架、各种搁置架等，均应离开地面 0.4～1.2 m。

(4)构件的堆放、搁置应十分稳固，必要时应设置支撑或定位。构件堆垛不得超过两层。

(5)索具、吊具要定时检查，不得超过额定荷载。正常磨损的钢丝绳应按规定更换。

(6)所有钢结构制作中各种胎具的制造和安装，均应进行强度计算，不能仅凭经验估算。

(7)生产过程中所使用的氧气、乙炔、丙烷、电源等，必须有安全防护措施，并定期检测泄漏和接地情况。

(8)对施工现场的危险源，应做出相应的标志、信号、警戒等，操作人员必须严格遵守各岗位的安全操作规程，避免出现意外伤害。

(9)构件起吊应听从一个人的指挥。构件移动时，移动区域内不得有人滞留和通过。

(10)所有制作场地的安全通道必须畅通。

将安全隐患的检查结果，填制进表 1-6。

表 1-6　安全隐患调查表

检查内容	检　查　结　果
手工焊接	
起吊	
自动焊接	
半自动焊接	
个人防护	

6. 检查构件的施工质量，并给出自己的评定意见和矫正措施

(1)切割的质量检验。

1)主控项目。钢材切割面或剪切面应无裂纹、灰渣、分层和大于 1 mm 的缺棱。

检查数量：全数检查。

检验方法：观察或用放大镜及百分尺检查，有疑义时作渗透、磁粉或超声波探伤检查。

2)一般项目。气割的允许偏差应符合表 1-7 的规定。

检查数量：按切割面数抽查 10%，且不应少于 3 个。

检验方法：观察检查或用钢尺、塞尺检查。

质量检验后将检查结果填制进表 1-7。

表 1-7　切割的允许偏差

项　　目	允许偏差/mm	实际检查结果/mm
零件宽度、长度	±3.0	
切割面平面度	$0.05t$，且不应大于 2.0	
割纹深度	0.3	
局部缺口深度	1.0	
注：t 为切割面厚度。		

(2)矫正措施。矫正措施采用冷矫正和冷弯曲成型。钢材在常温下采用机械矫正或自制夹具矫正，即为冷矫正。当钢板和型钢需要弯曲成某一角度或圆弧时，在常温下采用机械方法进行弯曲，即为冷弯曲成型。钢板、型钢可在专门的辊弯机上进行加工。由于钢材在低温状态下，其塑性、韧性将相应降低，为避免钢材在冷加工时发生脆裂，《钢结构设计规范》(GB 50017—2003)规定：碳素结构钢在环境温度低于－16 ℃及低合金结构钢在环境温度低于－12 ℃时，不应进行冷矫正和冷弯曲。

矫正后的钢材表面，不应有明显的凹面或损伤，划痕深度不得大于 0.5 mm，且不应大于该钢材厚度允许偏差的 1/2。

检查数量：按冷矫正和冷弯曲的件数抽查 10%，且不应少于 3 个。

检验方法：观察检查和实测检查。

冷矫正和冷弯曲的最小曲率半径与最大弯曲矢高应符合表 1-8 的规定。

表 1-8　冷矫正和冷弯曲的最小曲率半径与最大弯曲矢高　　mm

钢材类别	图例	对应轴	矫正		弯曲	
			r	f	r	f
钢板扁钢		$x-x$	$50t$	$\frac{l^2}{400t}$	$25t$	$\frac{l^2}{200t}$
		$y-y$（仅对扁钢轴线）	$100b$	$\frac{l^2}{800b}$	$50b$	$\frac{l^2}{400b}$
工字钢		$x-x$	$50h$	$\frac{l^2}{400h}$	$25h$	$\frac{l^2}{200h}$
		$y-y$	$50b$	$\frac{l^2}{400b}$	$25b$	$\frac{l^2}{200b}$
注：r 为曲率半径；f 为弯曲矢高；l 为弯曲弦长；t 为钢板厚度。						

三、知识链接

(一)钢结构的材料

概述：钢结构材料的机械性能、种类、规格、材料检验、化学成分等对钢材性能的影响；钢结构材料的选用。

1. 钢材的性能

(1)强度和塑性。建筑钢材的强度和塑性一般由常温静载下单向拉伸试验曲线表明，该试验是将钢材的标准试件安装在拉伸试验机上，在常温下按规定的加荷速度逐渐施加拉力荷载，使试件逐渐伸长，直至拉断破坏；然后，根据加载过程中所测得的数据画出其应力-应变曲线(即 σ-ε 曲线)。图 1-9 所示为低碳钢在常温静载下的单向拉伸 σ-ε 曲线。

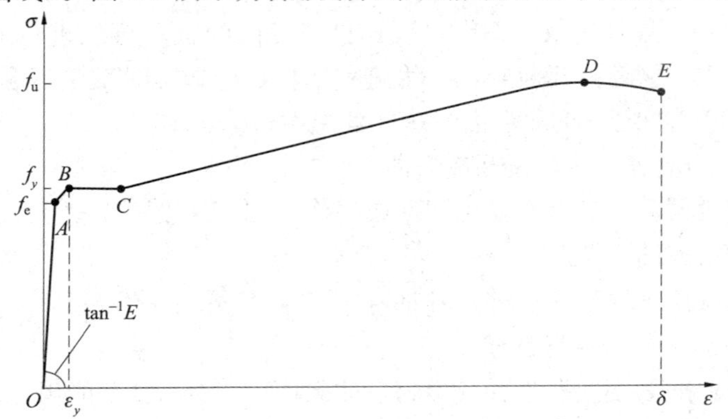

图 1-9　低碳钢在常温静载下的单向拉伸 σ-ε 曲线

从 σ-ε 曲线中可以看出，钢材在单向受拉过程中有下列五个阶段：

1)弹性阶段(曲线的 OA 段)：应力很小，不超过 A 点。这一阶段如果给试件卸荷，σ-ε 曲线将沿着原来的曲线下降，至应力为 0 时，应变也为 0，即没有残余的永久变形，这时钢材处于弹性工作阶段，A 点的应力称为钢材的弹性极限 f_e，所发生的变形(应变)称为弹性变形(应变)。该阶段的应变随应力增加成比例地增长，即应力-应变关系符合胡克定律，直线的斜率 $E=\Delta\sigma/\Delta\varepsilon$，称为钢材的弹性模量，《钢结构设计规范》(GB 50017—2003)取各类建筑钢材的弹性模量 $E=2.06\times10^5\ \text{N/mm}^2$。

2)弹塑性阶段(曲线的 AB 段)。在这一阶段应力与应变不再保持直线变化而呈曲线关系。弹性模量也由 A 点处的 $E=2.06\times10^5\ \text{N/mm}^2$ 逐渐下降，至 B 点趋于 0。B 点应力称为钢材的屈服点(或称屈服应力、屈服强度) f_y。这时，如果卸荷，σ-ε 曲线将从卸荷点开始沿着与 OA 平行的方向下降，至应力为 0 时，应变将保持一定数值($\varepsilon_y=0.15\%$)，称为塑性应变或残余应变。在这一阶段，试件既包括弹性变形(应变)，也包括塑性变形(应变)，因此 AB 段称为弹塑性阶段。其中，弹性变形在卸荷后可以恢复，塑性变形在卸荷后仍旧保留，故塑性变形又称为永久变形。

3)屈服阶段(曲线的 BC 段)。低碳钢在应力达到屈服点 f_y 后，应力不再增加，应变却可以继续增加，应变由 B 点开始屈服时($\varepsilon_y=0.15\%$)，增加到屈服终了 C 时($\varepsilon=2.5\%$左右)。这一阶段曲线保持水平，故又称为屈服台阶。在这一阶段，钢材处于完全的塑性状态。对于材料厚度(直径)不大于 16 mm 的 Q235 钢，$f_y\approx235\ \text{N/mm}^2$。

4)应变硬化阶段(曲线的 CD 段)。钢材在屈服阶段经过很大的塑性变形，达到 C 点以后又恢复继续承载的能力，σ-ε 曲线又开始上升，直到应力达到 D 点的最大值，即抗拉强度 f_u，这一阶段(CD 段)称为应变硬化阶段。对于 Q235 号钢，$f_u\approx375\sim460\ \text{N/mm}^2$。

5)颈缩阶段(曲线的 DE 段)。试件应力达到抗拉强度 f_u 时，试件中部截面变细，形成颈缩现象。随后 σ-ε 曲线下降直到试件拉断(E 点)，曲线的 DE 段称为颈缩阶段。试件拉断后的残余应变称为伸长率 δ，见式(1-1)。对于材料厚度(直径)不大于 16 mm 的 Q235 钢，$\delta\geqslant26\%$。

$$\delta=(L_1-L_0)/L_0\times100\% \tag{1-1}$$

式中　L_0——试件原标距长度；

L_1——试件拉断后的标距长度。

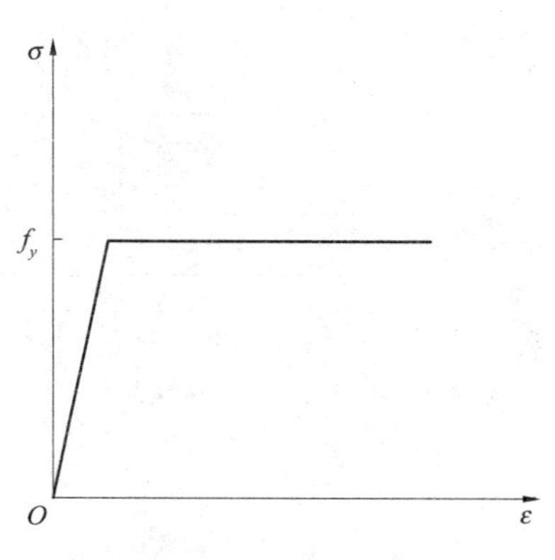

图 1-10　理想弹塑性材料的 σ-ε 曲线

钢材拉伸试验所得的屈服点 f_y、抗拉强度 f_u 和伸长率 δ，是钢结构设计对钢材机械性能要求的三项重要指标。f_y、f_u 反映钢材强度，其值越大，承载力愈高。钢结构设计中，常把钢材应力达到屈服点 f_y，作为评价钢结构承载能力(抗拉、抗压、抗弯强度)极限状态的标志，即取 f_y 作为钢材的标准强度。设计时还将 σ-ε 曲线简化为如图 1-10 所示的理想弹塑性材料的 σ-ε 曲线。根据这条曲线，认为钢材应力小于 f_y 时是完全弹性的，应力超过 f_y 后则是完全塑性的。设计中以 f_y 作为极限，是因为超过 f_y 钢材就进入应变硬化阶段，材料性能发生改变，使基本的计算假定(理想弹塑性材料)无效。另外，钢材从开始屈服到破坏，塑性区变形范围很大(ε=0.15%～2.5%)，约为弹性区变形的 200 倍。同时，抗拉强度 f_u 又比屈服点 f_y 高出很多，因此取屈服点 f_y 作为钢材设计应力极限，可以使钢结构有相当大的强度安全储备。

钢材的伸长率 δ 是反映钢材塑性(或延性)的指标之一。其值越大，钢材破坏吸收的应变能越多，塑性越好。建筑用的钢材不仅要求强度高，还要求塑性好，能够调整局部高应力，提高结构抗脆断的能力。

反映钢材塑性(或延性)的另一个指标是截面收缩率 ψ，其值为试件发生颈缩拉断后，断口处横截面面积(即颈缩处最小横截面面积)A_1 与原横截面面积 A_0 的缩减百分比，即

$$\psi=(A_0-A_1)/A_0 \tag{1-2}$$

截面收缩率标志着钢材颈缩区在三向拉应力状态下的最大塑性变形能力，ψ 值越大，钢材塑性越好。对于抗层状撕裂的 Z 向钢，要求 ψ 值不得过低。

建筑中有时也使用强度很高的钢材，如用于制造高强度螺栓的经过热处理的钢材。这类钢材没有明显的屈服台阶，伸长率也相对较小。对于这类钢材，取卸荷后残余应变为 ε=0.2%时所对应的应力作为屈服点，这种屈服点又称为条件屈服点 $f_{0.2}$，如图 1-11 所示。

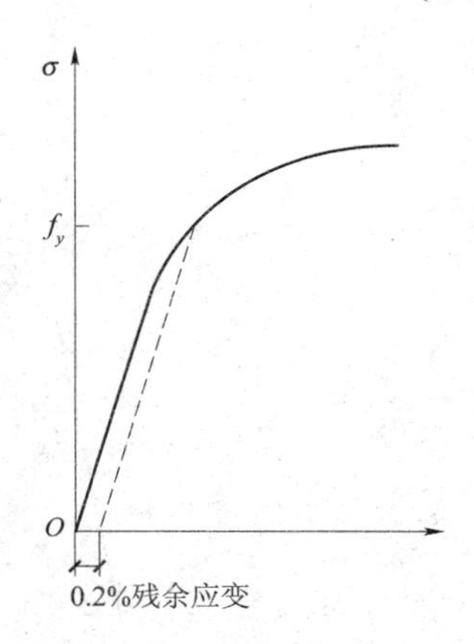

图 1-11　钢材的条件屈服点

(2)冷弯试验性能。冷弯试验又称为弯曲试验，它是将钢材按原有厚度(直径)做成标准试件，放在图 1-12 所示的冷弯试验机上，用具有一定弯心直径 d 的冲头，在常温下对标准试件中部施加荷载，使其弯曲达 180°；然后检查试件表面，如果不出现裂纹和起层，则认为试件材料冷弯试验合格。冲头的弯心直径 d 根据试件厚度和钢种确定，一般厚度越大，d 也越大。同时，钢种不同，也有区别。

冷弯试验一方面可以检验钢材能否适应构件加工制作过程中的冷作工艺；另一方面可暴露出钢材的内部缺陷(如颗粒组织、结晶状况、夹杂物分布及夹层情况、内部微观裂纹气泡等)。由于冷弯试件在试验过程中，受到冲头挤压以及弯曲和剪切的作用，因此，冷弯试验性能指标也是考查钢材在复杂应力状态下发展塑性变形能力的一项指标。

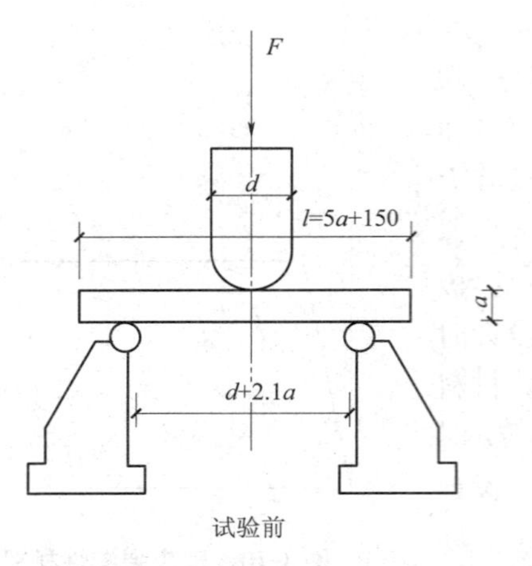

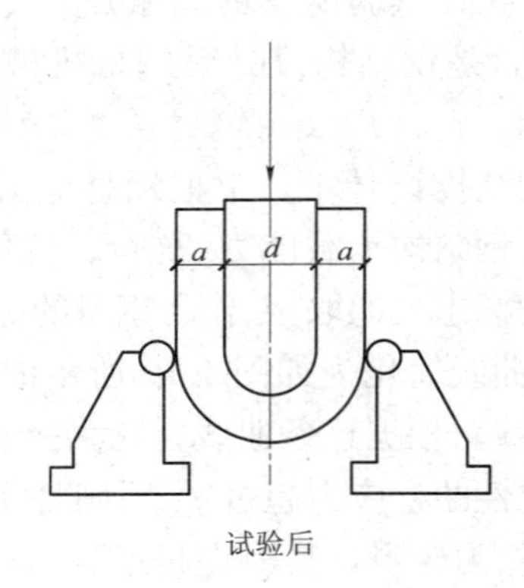

图 1-12　冷弯试验

(3)韧性。韧性是指钢材抵抗冲击或振动荷载的能力，其衡量指标称为冲击韧性值。前述钢材的屈服点 f_y、抗拉强度 f_u、伸长率 δ 是在常温静载下试验得到的，因此，只能反映钢材在常温静载下的性能。实际的钢结构常常会承受冲击或振动荷载，如厂房中的吊车梁、桥梁结构等。为保证结构承受动力荷载安全，就要求钢材的韧性好、冲击韧性值高。韧性值由冲击试验求得，即用带 V 形缺口的夏比标准试件(截面 10 mm×10 mm、长 55 mm)，在冲击试验机上通过动摆施加冲击荷载，使其断裂(图 1-13)，由此测出试件受冲击荷载发生断裂所吸收的冲击功，即为材料的冲击韧性值，用 A_{KV}表示，单位为 J。A_{KV}值越高，表明材料破坏时吸收的能量越多，因而抵抗脆性破坏的能力越强，韧性越好。因此，它是衡量钢材强度、塑性及材质的一项综合指标。

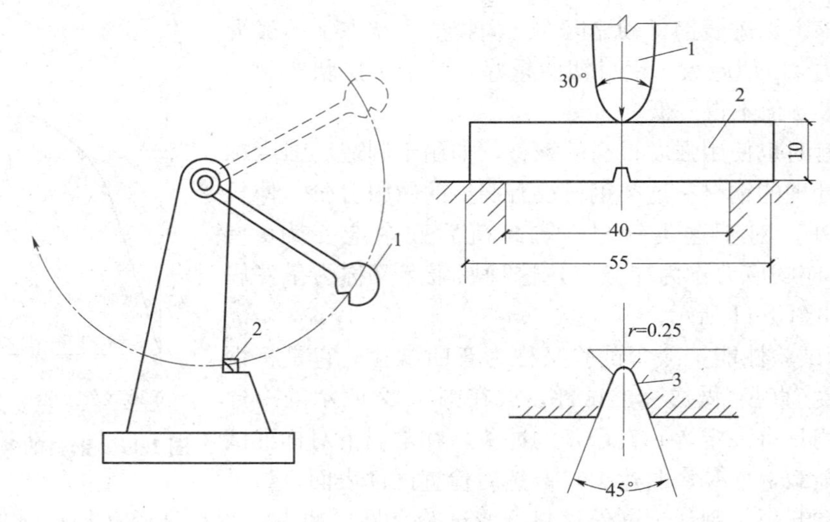

图 1-13　冲击韧性试验

1—摆锤刀刃；2—夏比标准试件；3—V 形缺口

冲击韧性值的大小与钢材的轧制方向有关。顺着轧制方向(纵向)由于钢材经受碾压次数多，内部结晶构造细密，性能好。故沿纵向切取的试件冲击韧性值较高，横向切取的则较低。冲击韧性值的大小还与试验温度有关，试验温度越低，其值越低。对于 Q235 钢，根据钢材质量等级不同，有的不要求保证 A_{KV} 值，有的则要求在 +20 ℃或 0 ℃或 −20 ℃时，纵向 A_{KV} 值大于 27 J。

(4)焊接性能。钢材的焊接性能是指在一定的焊接工艺下，获得性能良好的焊接接头。焊接过程中要求焊缝及焊缝附近的金属不产生热裂纹或收缩裂纹，并且其机械性能不低于母材的机械性能。钢材焊接性能与钢材品种、焊缝构造及所采用的焊接工艺规程有关。只要焊缝构造设计合理并遵循恰当的焊接工艺规程，我国《钢结构设计规范》(GB 50017—2003)所推荐的几种建筑钢材(当含碳量不超过 0.2%时)均有良好的焊接性能。对于其他钢材，必要时可进行焊接工艺试验来确定其焊接性能。

2. 影响钢材性能的因素

影响钢材性能的因素有化学成分、钢材制造过程、钢材硬化、复杂应力、应力集中、残余应力、温度变化及疲劳等。

(1)化学成分的影响。钢结构主要采用碳素结构钢和低合金结构钢，钢的主要成分是铁(Fe)。碳素结构钢中铁含量占 99%以上，其余是碳(C)、硅(Si)、锰(Mn)及硫(S)、磷(P)、氧(O)、氮(N)等冶炼过程中留在钢中的杂质元素。低合金高强度结构钢中，冶炼时还特意加入少量合金元素，如钒(V)、铜(Cu)、铬(Cr)、钼(Mo)等。这些合金元素通过冶炼工艺以一定的结晶形态存在于钢中，可以改善钢材的性能。表 1-9 分别叙述各种元素对钢材性能的影响。

表 1-9　化学成分对钢材性能的影响

名称	在钢材中的作用	对钢材性能的影响
碳(C)	决定钢的强度的主要因素。碳素钢含量应为 0.04%～1.7%，合金钢含量大于 0.5%～0.7%	含量增加，强度和硬度增大，塑性和冲击韧性下降，脆性增大，冷弯性能、焊接性能变差
硅(Si)	加入少量能提高钢的强度、硬度和弹性，能使钢脱氧，有较好的耐热性、耐酸性。在碳素钢中含量不超过 0.5%，超过限值则成为合金钢的合金元素	含量超过 1%时，则使钢的塑性和冲击韧性下降，冷脆性增大，可焊性、抗腐蚀性变差
锰(Mn)	提高钢的强度和硬度，可使钢脱氧去硫。含量在 1%以下；合金钢含量大于 1%时即成为合金元素	少量锰可降低脆性，改善塑性、韧性，热加工性和焊接性能；含量较高时，会使钢塑性和韧性下降，脆性增大，焊接性能变坏
磷(P)	有害元素，降低钢的塑性和韧性，出现冷脆性，能使钢的强度显著提高；同时，提高大气腐蚀稳定性，含量应限制在 0.05%以下	含量增加，在低温下使钢变脆，在高温下使钢缺乏塑性和韧性，焊接及冷弯性能变坏，其危害与含碳量有关，在低碳钢中影响较少
硫(S)	有害元素，使钢的热脆性大，含量应限制在 0.05%以下	含量增加时，焊接性能、韧性和抗蚀性将变坏；在高温热加工时，容易产生断裂，形成热脆性

续表

名称	在钢材中的作用	对钢材性能的影响
钒、铌 (V、Nb)	使钢脱氧除气，显著提高强度。合金钢含量应小于0.5%	少量可提高低温韧性，改善可焊性；含量过多时，会降低焊接性能
(钛) (Ti)	钢的强脱氧剂和除气剂，可显著提高强度，能和碳和氮作用生成碳化钛(TiC)和氮化钛(TiN)。低合金钢含量在0.06%～0.12%	少量可改善塑性、韧性和焊接性能，降低热敏感性
铜 (Cu)	含少量铜对钢不起显著变化，可提高抗大气腐蚀性	含量增加到0.25%～0.3%时，焊接性能变坏；增加到0.4%时，发生热脆现象

(2)冶炼、浇筑、轧制过程及热处理的影响。建筑用的轧制钢材，是将炼钢炉炼出的钢液注入盛钢桶中，再由盛钢桶送入浇筑车间，浇筑成钢锭。一般钢锭冷却至常温放置，需要时再将钢锭加热切割，送入轧钢机中反复碾压，轧制成各种型号的钢材(钢板、型钢等)。

钢材在冶炼、轧制过程中常常出现的缺陷有偏析、夹层、裂纹等。偏析是指金属结晶后化学成分分布不均匀；钢材中的夹层是由于钢锭内留有气泡，有时气泡内还有非金属夹渣，当轧制温度及压力不够时，不能使气泡压合，气泡被压扁延伸，形成了夹层。此外，因冶炼过程中残留的气泡、非金属夹渣，或因钢锭冷却收缩，或因轧制工艺不当，还可能导致钢材内部形成细小的裂纹。偏析、夹层、裂纹等缺陷，都会使钢材性能变差。

钢液从出炉到浇筑过程中，会析出氧气并生成氧化铁，造成钢材内部夹渣等缺陷。为保证钢材质量，需要在钢液中加入脱氧剂进行脱氧。根据脱氧程度不同，钢材分为沸腾钢、镇静钢及特殊镇静钢。沸腾钢是以脱氧能力较弱的锰作为脱氧剂，因而脱氧不够充分，在浇筑过程中有大量气体逸出，钢液表面剧烈沸腾(故称为沸腾钢)。沸腾钢注锭时冷却快，钢液中的气体(氧、氮、氢等)来不及逸出，在钢中形成气泡。同时，沸腾钢结晶构造粗细不匀、偏析严重，常有夹层，塑性、韧性及可焊性相对较差。镇静钢所用脱氧剂除锰外，还用脱氧能力较强的硅，因而脱氧充分；同时，脱氧过程中产生很多热量，使钢液冷却缓慢，气体容易逸出，浇筑时没有沸腾现象，钢锭模内钢液表面平静(故称为镇静钢)。镇静钢结晶构造细密，杂质气泡少，偏析程度低，因而，塑性、冲击韧性及可焊性比沸腾钢好；同时，冷脆性和时效敏感性也低。

特殊镇静钢是在用锰和硅脱氧后，再加铝或钛进行补充脱氧，其性能得到明显改善，尤其是可焊性显著提高。

轧制钢材时，在轧机压力作用下，钢材的结晶晶粒会变得更加细密、均匀，钢材内部的气泡、裂缝可以得到压合，因此，轧制钢材的性能比铸钢优越。轧制次数多的钢材性能比轧制次数少的钢材性能改善程度要好些。一般薄的钢材的强度及冲击韧性优于厚的钢材。另外，钢材性能与轧制方向也有关，一般钢材顺轧制方向的强度和冲击韧性比横方向的要好。对于某些特殊用途的钢材，在轧制后还常经过热处理进行调质，以改善钢材性能。常见的热处理方式有淬火、正火、回火、退火等。用作高强度螺栓的合金钢，如20MnTiB(20锰钛硼)就要进行热处理调质(淬火后高温回火)，使其强度提高；同时，又保持良好的塑性和韧性。

(3)钢材硬化的影响。时效硬化：轧制钢材放置一段时间后，其机械性能也会发生变化。钢材的 σ-ε 曲线会由原来图 1-14(a)中的实线变成虚线所示的曲线。比较实线和虚线，可以看出，钢材放置一段时间后，强度提高，塑性降低，这种现象称为时效硬化。

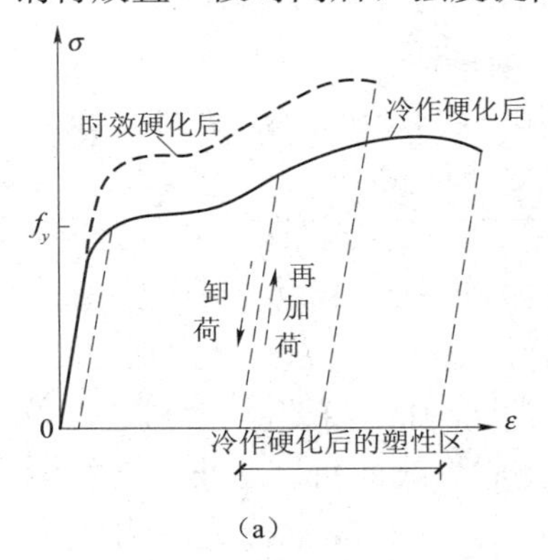

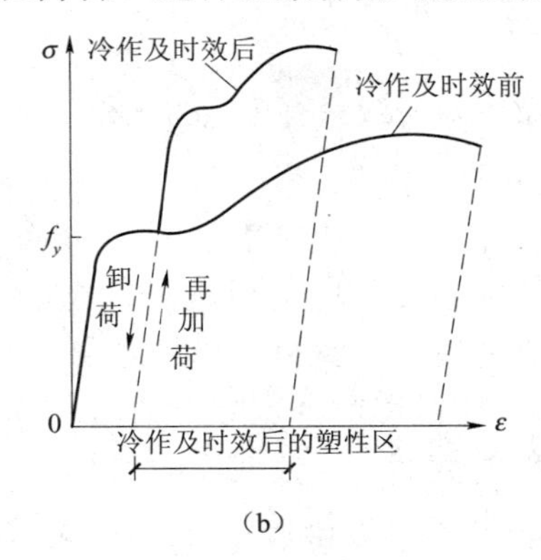

图 1-14　冷作与时效硬化

冷作硬化(应变硬化)：钢材受荷超过弹性范围以后，若重复地卸载、加载，将使钢材弹性极限提高，塑性降低，这种现象称为应变硬化或冷作硬化，如图 1-14(a)所示。

如果钢材经过冷加工产生过塑性变形，时效过程会加快，如图 1-14(b)所示。如果冷加工后又将钢材加热(如加热到 100 ℃左右)，其时效过程就更加迅速，这种处理称为人工时效。在钢筋混凝土结构中，常常利用这种性能，对钢筋进行冷拉、冷拔等工艺；然后，再作人工时效处理，以提高钢筋承载力。对于冷弯薄壁型钢，考虑到它在经受冷弯加工成型过程中，由于冷作硬化和时效硬化的影响，其屈服点较原来有较大的提高，其抗拉强度也略有提高，延伸率降低。经过一系列的理论试验研究，并借鉴外国成功的经验，认为在设计中可以考虑利用冷弯效应引起的强度提高，以充分发挥冷弯薄壁型钢的承载力，因此，在现行的《冷弯薄壁型钢结构技术规范》(GB 50018—2002)中，列入了考虑冷弯效应引起设计强度提高的条款。

但是，在一般的由热轧型钢和钢板组成的钢结构中，不利用冷作硬化来提高钢材强度。对于直接承受动荷载的结构，还要求采取措施消除冷加工后钢材硬化的影响，防止钢材性能变脆。例如，经过剪切机剪断的钢板，为消除剪切边缘冷作硬化的影响，常常用火焰烧烤使之“退火”，或者将剪切边缘部分钢材用刨、削的方法除去(刨边)。

(4)复杂应力的影响。钢材在单向应力作用下，是以屈服点 f_y 作为由弹性工作状态转入塑性工作状态的标志。但当钢材受复杂应力(即二向应力或三向应力)作用时，钢材的屈服不能以某一方向的应力作用达到屈服点 f_y 来判别，而是应按折算应力 σ_{eq}与钢材在单向应力作用时的屈服点 f_y 比较来判别。

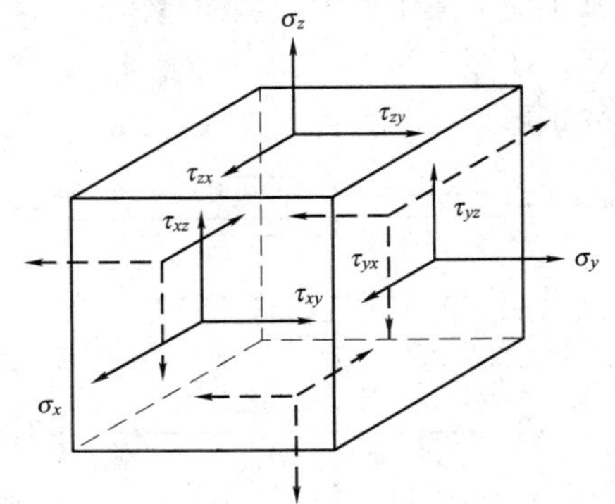

图 1-15　复杂应力作用状态

当用应力分量 σ_x、σ_y、σ_z、τ_{xy}、τ_{yz}、τ_{xz}表示时(图 1-15)：

$$\sigma_{eq}=\sqrt{\sigma_x^2+\sigma_y^2+\sigma_z^2-(\sigma_x\sigma_y+\sigma_y\sigma_z+\sigma_z\sigma_x)+3(\tau_{xy}^2+\tau_{yz}^2+\tau_{zx}^2)} \tag{1-3}$$

式中　$\sigma_{eq}<f_y$——弹性工作状态；

$\sigma_{eq} \geqslant f_y$——塑性工作状态。

当两向受力，用分量 σ_x、σ_y、τ_{xy} 表示时：

$$\sigma_{eq}=\sqrt{\sigma_x^2+\sigma_y^2-\sigma_x\sigma_y+3\tau_{xy}^2} \tag{1-4}$$

在普通梁中，一般只有正应力 σ 和剪应力 τ 作用，即 $\sigma_x=\sigma$、$\tau_{xy}=\tau$ 和 $\sigma_y=0$，则式(1-4)可简化为：

$$\sigma_{eq}=\sqrt{\sigma^2+3\tau^2} \tag{1-5}$$

据试验表明：复杂应力对钢材性能的影响是钢材受同号复杂应力作用时，强度提高，塑性降低，性能变脆；钢材受异号复杂应力作用时，强度降低，塑性增加。

(5)应力集中的影响。实际钢结构中的构件，常因构造有孔洞、缺口、凹槽，或采用变厚度、变宽度的截面，导致截面的突然改变，致使应力线曲折、密集。在孔洞边缘或缺口尖端处，局部出现应力高峰，其余部分则应力较低，这种现象称为应力集中，如图 1-16 所示。

应力高峰值及应力分布不均匀的程度与杆件截面变化急剧的程度有关。例如，槽孔尖端处[图 1-16(b)]就比圆孔的应力集中程度大得多[图 1-16(a)]。同时，应力集中处，不仅有纵向应力 σ_x，还有横向应力 σ_y，常常形成同号应力场，有时还会有三向的同号应力场。这种同号应力场导致钢材塑性降低、脆性增加，使结构发生脆性破坏的危险性增大。

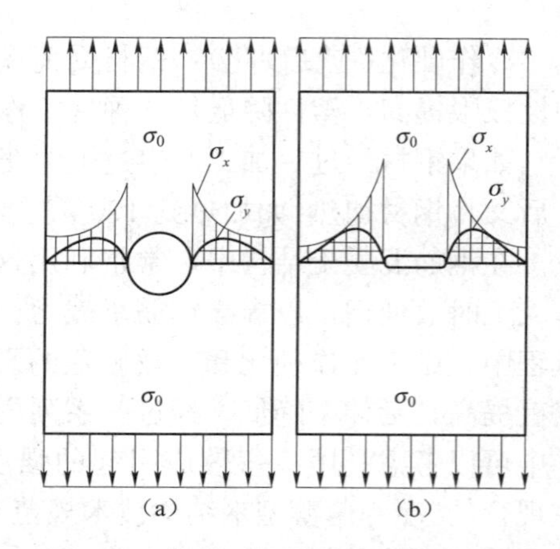

图 1-16 构件孔洞处的应力集中现象

σ_x—沿孔洞截面的纵向应力；

σ_y—沿孔洞截面的横向应力

常温下受静荷载的结构，只要符合设计和施工规范要求，计算时可不考虑应力集中的影响。但是对于受动荷载的结构，尤其是低温下受动荷载的结构，应力集中引起钢材变脆的倾向更为显著，常常是导致钢结构脆性破坏的原因。对于这类结构，设计时注意构件形状合理，避免构件截面急剧变化，以减小应力集中程度，从构造措施上来防止钢材脆性破坏。如图 1-17 所示，一双盖板的对接接头，为减少拼接盖板四角的应力集中，将图 1-17(a)中的矩形盖板改为菱形盖板，如图 1-17(b)所示。

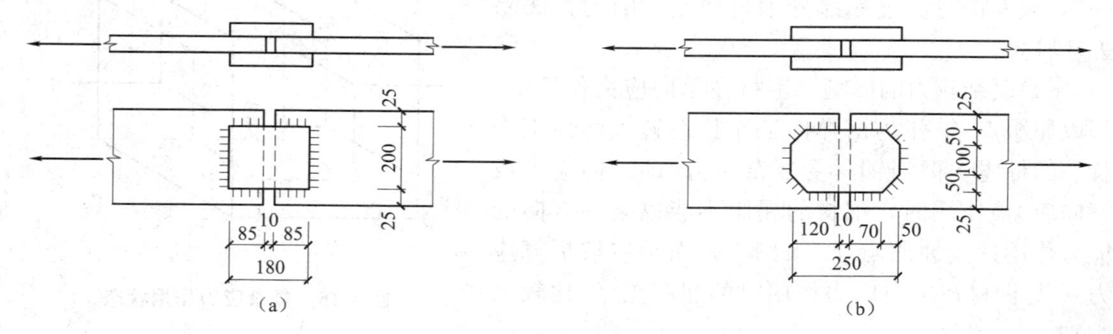

图 1-17 双盖板的对接接头

(6)残余应力的影响。钢材在热轧、焊接时的加热和冷却过程中产生残余应力，先冷却的部分常形成压应力，而后冷却的部分则形成拉应力。钢材中的残余应力是自相平衡的，与外荷载无关，对构件的强度极限状态承载力没有影响，但能降低构件的刚度和稳定性。对钢材进行“退火”热处理，在一定程度上可以消除一些残余应力。

(7)温度的影响。从总的趋势来看，随温度升高，钢材强度(f_y、f_u)及弹性模量降低，但在200 ℃以内的钢材性能变化不大；超过200 ℃，尤其是在430 ℃～540 ℃时，f_y、f_u急剧下降；到600 ℃时，强度很低，不能继续承载。所以，钢结构是一种不耐火的结构，故《钢结构设计规范》(GB 50017—2003)具体规定了对于受高温作用的钢结构，要根据不同情况采取相应的措施。

另外，钢材在250 ℃附近，f_u有局部提高，f_y也有回升现象，这时塑性相应降低，钢材性能转脆。由于在这个温度下，钢材表面氧化膜呈蓝色，故称蓝脆。在蓝脆温度区加工钢材，可能引起裂纹，故应尽力避免在这个温度区进行热加工。

在0 ℃以下，随温度下降，f_y、f_u增加，但塑性变形能力减小，冲击韧性降低，即钢材在低温下性能转脆。钢材低温转脆的情况，一般用冲击韧性试验来评定。《钢结构设计规范》(GB 50017—2003)要求，在低温下工作的结构，尤其是焊接结构，应保证钢材在低温下(如0 ℃、−20 ℃、−40 ℃)冲击韧性值合格。

(8)重复荷载作用的影响(疲劳)。生活中常有这样的经验，一根细小的钢丝，要拉断它很不容易，但将它弯折几次就折断了，又如机械设备中高速运转的轴，由于轴内截面上应力不断交替变化，承载能力就较静载时低得多，常常在低于屈服点时就断了。这些实例说明：钢材承受重复变化的荷载作用时，材料强度降低，破坏提早。这种现象称为疲劳破坏。疲劳破坏的特点是强度降低，材料转为脆性，破坏突然发生。

钢材发生疲劳，一般认为是由于钢材内部有微观细小的裂纹，在连续反复变化的荷载作用下，裂纹端部产生应力集中，交变的应力致使裂纹逐渐扩展，这种累积的损伤最后导致突然断裂。因此，钢材发生疲劳对应力集中也最为敏感。

3. 钢结构用钢材的种类、规格与选用

(1)建筑钢材的种类。建筑结构用钢的钢种主要是碳素结构钢和低合金钢两种。在碳素结构钢中，建筑钢材只使用低碳钢(含碳量不大于0.25%)。低合金钢是在冶炼碳素结构钢时增加一些合金元素炼成的钢，目的是提高钢材的强度、冲击韧性、耐腐蚀性等，而不太降低其塑性。

国家标准《碳素结构钢》(GB/T 700—2006)将碳素结构钢按屈服点数值分为四个牌号：Q195、Q215、Q235及Q275，《钢结构设计规范》(GB 50017—2003)中所推荐的碳素结构钢是Q235钢。《低合金高强度结构钢》(GB/T 1591—2008)将低合金高强度结构钢按屈服点数值分为八个牌号：Q345、Q390、Q420、Q460、Q500、Q550、Q620和Q690，所推荐的低合金高强度结构钢是Q345、Q390及Q420钢。

《碳素结构钢》(GB/T 700—2006)中钢材牌号表示方法由字母Q、屈服点数值(N/mm^2)、质量等级代号(A、B、C、D)及脱氧方法代号(F、Z、TZ)四个部分组成。Q是“屈”字汉语拼音的首位字母，质量等级中以A级最差、D级最优，F、Z、TZ则分别是“沸”“镇”及“特、镇”汉语拼音的首位字母，分别代表沸腾钢、镇静钢及特殊镇静钢。其中，代号Z、TZ可以省略。Q235中A、B级有沸腾钢及镇静钢，C级全部为镇静钢，D级全部为特殊镇静钢。《低合金高强度结构钢》(GB/T 1591—2008)中钢材全部为镇静钢或特殊镇静钢，所以它的牌号就只由Q、屈服点数值及质量等级三个部分组成，其中质量等级有A～E五个级别。

A级钢保证三项指标屈服强度f_y、抗拉强度f_u和伸长率δ，不要求冲击韧性，冷弯试验也只在需方有要求时才进行，而 B、C、D、E 级钢均要求保证屈服强度 f_y、抗拉强度 f_u 和伸长率 δ、冷弯试验和冲击韧性(温度分别为：B 级 20 ℃、C 级 0 ℃、D 级 −20 ℃、E 级 −40 ℃)。

这样按照国家标准，钢号的代表意义如下：

Q235—A：代表屈服点为 235 N/mm^2 的 A 级镇静碳素结构钢；

Q235—BF：代表屈服点为 235 N/mm^2 的 B 级沸腾碳素结构钢；

Q235—D：代表屈服点为 235 N/mm^2 的 D 级特殊镇静碳素结构钢；

Q345—E：代表屈服点为 345 N/mm^2 的 E 级低合金高强度结构钢。

钢材牌号表示方法

除上述 Q235、Q345、Q390 和 Q420 钢四个牌号外，其他专用结构钢，如《桥梁用结构钢》(GB/T 714—2015)中的 Q345q、Q370q 和 Q420q(字母 q 表示“桥”)等；《耐候结构钢》(GB/T 4171—2008)中的 Q235NH(原 16CuCr)、Q345NH(原 15MnCuCr)(字母 NH 表示“耐候”)等；《高层建筑结构用钢板》(YB 4104—2000)中的 Q235GJ、Q345GJ 和 Q235GJZ、Q345GJZ(字母 GJ 表示“高层建筑”、字母 Z 表示“Z 向钢板”)等钢号，由于其机械性能优于一般钢种，故也适用于钢结构。

(2)钢材的选用。钢材的选用原则是：保证结构安全可靠，同时要经济合理，节约钢材。考虑的因素有：

1)结构的重要性。按照《建筑结构可靠度设计统一标准》(GB 50068—2001)的规定，建筑结构按其破坏可能产生的后果(危及人的生命、造成经济损失、产生社会影响等)的严重性分为重要的、一般的和次要的，其相应的安全等级为一、二、三级。安全等级高者(如重型工业建筑结构或构筑物、大跨度结构、高层民用建筑等)，应选用较好的钢材；对一般工业与民用建筑结构，可按工作性质分别选用普通质量的钢材，这是选材的一项重要原则。同时，构件破坏造成对整个结构的后果，也是考虑的因素之一。当构件破坏导致整个结构不能正常使用时，则后果严重；如果构件破坏只造成局部性损害而不致危及整个结构的正常使用，则后果就不十分严重。两者对材质要求，也应有所区别。

2)荷载情况。结构所受的荷载可分为静态荷载和动态荷载；经常作用荷载、有时作用荷载或偶然出现(如地震)荷载；经常满载或不经常满载的等。应根据荷载的上述特点选用适当的钢材，对直接承受动力荷载的构件，应选用综合性能(主要指塑性和韧性)较好的钢材；其中，需要验算疲劳的，对钢材的综合性能要求更高；对承受静力荷载或间接承受动力荷载的结构构件，可采用一般质量的钢材。

3)应力特征。拉应力容易使构件产生断裂破坏，危险性较大，所以对受拉和受弯的构件，应选用质量较好的钢材。而对受压或受压弯的构件，就可选用一般质量的钢材。

4)连接方法。钢结构连接可为焊接和非焊接(螺栓或铆钉)。对于焊接结构，焊接时的不均匀加热和冷却，常使构件内产生很高的焊接残余应力；焊接构造和很难避免的焊接缺陷，常使结构存在裂纹性损伤；焊接结构的整体连续性和刚性较好，易使缺陷或裂纹互相贯穿扩展；此外，碳和硫的含量过高，会严重影响钢材的焊接性。因此，焊接结构钢材的质量要求，应高于同样情况的非焊接结构钢材。碳、硫、磷等有害元素的含量应较低，塑性和韧性应较好。

5)结构的工作温度。钢材的塑性和韧性随温度的降低而降低。处于较低负温下工作的钢结构容易发生脆性断裂，尤其是焊接结构，故应选用化学成分和力学性能较好、脆性转变温度低于结构工作温度的钢材。

6)钢材厚度。薄钢材辊轧次数多，轧制的压缩比大，钢的内部组织致密；厚度大的钢材压缩比小，组织欠佳；所以，厚度大的钢材不但强度较小，而且塑性、冲击韧性和焊接性能也较差；且易产生三向残余应力。因此，厚度大的焊接结构应采用材质较好的钢材。

7)环境条件。露天结构的钢材容易产生时效硬化。在有害介质作用下，钢材容易腐蚀；若有一定大小的拉应力(包括残余拉应力)存在，将产生应力腐蚀现象，经过一定时期后会发生脆断，即延迟断裂。延迟断裂现象主要发生于高强度钢材(如高强度螺栓)，钢材的碳含量越高，塑性和韧性越差，越容易发生延迟断裂。

钢结构的工作性能是受上述多种因素影响的，例如，钢结构的脆性破坏就与结构的工作温度、钢材厚度、应力特征、加荷速率和环境条件等因素有关。所以，在具体选用钢材时，对上述各项原则和需考虑的因素，要根据具体情况进行综合分析，分清主次。除重要性原则是基本出发点外，不同的工作条件各有不同的主要矛盾。但总的来说，连接方式和应力特征始终是选用钢材时要考虑的主要因素。

(3)钢材的规格。钢结构采用的钢材品种主要为热轧钢板和型钢以及冷弯薄壁型钢和压型板。

1)钢板。钢板分厚钢板、薄钢板和扁钢，其规格用符号“—”和“宽度×厚度×长度”的毫米数表示。如300×10×3 000表示宽度为300 mm，厚度为10 mm，长度为3 000 mm的钢板。

厚钢板：厚度大于4 mm，宽度600～3 000 mm，长度4～12 m；

薄钢板：厚度小于4 mm，宽度500～1 500 mm，长度0.5～4 m；

扁钢：厚度4～60 mm，宽度12～200 mm，长度3～9 m。

2)热轧型钢。常用的热轧型钢有H型钢、T型钢、工字钢、槽钢、角钢和钢管，如图1-18所示。

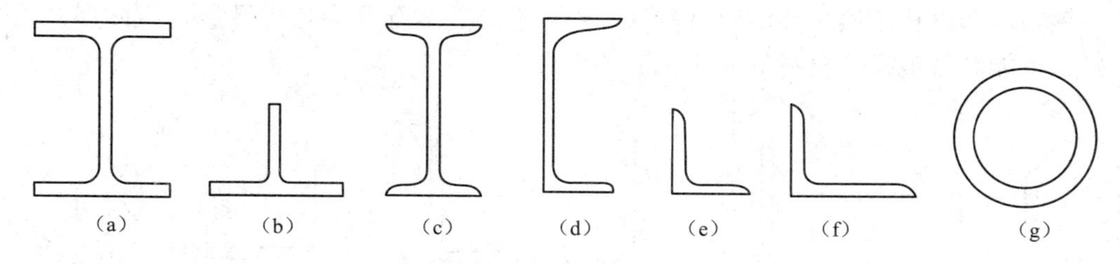

图1-18　热轧型钢

(a)H型钢；(b)T型钢；(c)工字钢；(d)槽钢；

(e)等边角钢；(f)不等边角钢；(g)钢管

H型钢和T型钢(全称为剖分T型钢，因其由H型钢对半分割而成)是近年来我国推广应用的新品种热轧型钢。由于其截面形状较之于传统型钢(工字钢、槽钢、角钢)合理，使钢材能更高地发挥效能(与工字钢比较，两者重量相近时，H型钢不仅高度方向抵抗矩W_x要大5%～10%，且宽度方向的惯性矩I_y要大1～1.3倍)，且其内、外表面平行，便于和其他构件连接，因此只需少量加工，便可直接用作柱、梁和屋架杆件。H型钢和T型钢均分为宽、中、窄三种类别，其代号分别为HW、HM、HN和TW、TM、TN。宽翼缘H型钢的翼缘宽度B与其截面高度H一般相等，中翼缘的$B\approx(2/3\sim1/2)H$，窄翼缘的$B\approx(1/2\sim1/3)H$。H型钢和T型钢的规格标记均采用：高度$H\times$宽度$B\times$腹板厚度$t_1\times$翼缘

厚度 t_2，H 型钢见附表 3-5，T 型钢见附表 3-6。

工字钢型号用符号“I”及号数表示，见附表 3-3，号数代表截面高度的厘米数。20 号和 32 号以上的普通工字钢，同一号数中又分 a、b 和 a、b、c 类型。同类的普通工字钢，宜尽量选用腹板厚度最薄的 a 类，这是因其重量轻，而截面惯性矩相对却较大。我国生产的最大普通工字钢为 63 号，长度为 5～19 m。工字钢由于宽度方向的惯性矩和回转半径，比高度方向的小得多，因而在应用上有一定的局限性，一般宜用于单向受弯构件。

槽钢型号用符号“[”及号数表示，见附表 3-4，号数也代表截面高度的厘米数。14 号和 25 号以上的普通槽钢，同一号数中又分 a、b 和 a、b、c 类型，我国生产的最大槽钢为 40 号，长度为 5～19 m。

角钢分为等边角钢和不等边角钢两种，见附表 3-1 和附表 3-2，等边角钢的型号用符号“∟”和“肢宽×肢厚”的毫米数表示，如∟100×10 为肢宽 100 mm、肢厚 10 mm 的等边角钢。不等边角钢的型号用符号“∟”和“长肢宽×短肢宽×肢厚”的毫米数表示。如∟100×80×8 为长肢宽 100 mm、短肢宽 80 mm、肢厚 8 mm 的不等边角钢。我国目前生产的最大等边角钢的肢宽为 200 mm，最大不等边角钢的两个肢宽为 200 mm×125 mm。角钢的长度一般为3～19 m。

钢管分为无缝钢管和电焊钢管两种，型号用“ϕ”和“外径×壁厚”的毫米数表示，如 ϕ219×14 为外径 219 mm、壁厚 14 mm 的钢管。我国生产的最大无缝钢管为 ϕ630×16，最大电焊钢管为 ϕ152×5.5。

3)冷弯型钢和压型钢板。建筑中使用的冷弯型钢常用厚度为 1.5～5 mm 薄钢板或钢带经冷轧(弯)或模压而成，故也称冷弯薄壁型钢(图 1-19)。另外，还有用厚钢板(大于 6 mm)冷弯成的方管、矩形管、圆管等，称为冷弯厚壁型钢。压型钢板是冷弯型钢的另一种形式，它是用厚度为 0.3～2 mm 的镀锌或镀铝锌钢板、彩色涂层钢板经冷轧(压)成的各种类型的波形板(图 1-20)。冷弯型钢和压型钢板分别适用于轻钢结构的承重构件和屋面、墙面构件。冷弯型钢和压型钢板都属于高效经济截面，由于壁薄、截面几何形状开展、截面惯性矩大、刚度好，故能高效地发挥材料的作用，节约钢材。

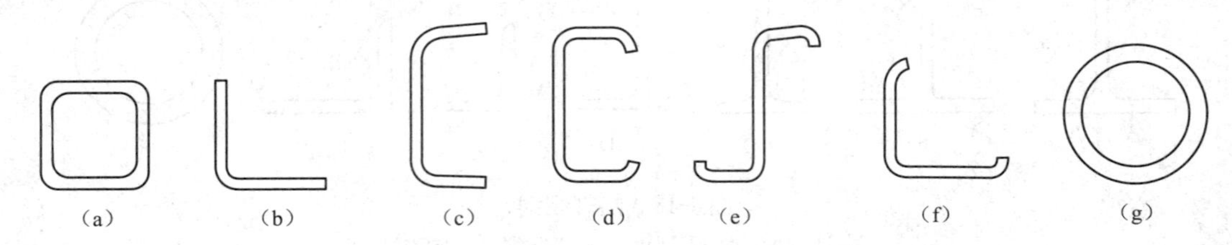

图 1-19　冷弯薄壁型钢

(a)方钢管；(b)等肢角钢；(c)槽钢；(d)卷边槽钢；(e)卷边 Z 型钢；

(f)卷边等肢角钢；(g)焊接薄壁钢管

4. 钢材的试验

(1)钢材的拉伸试验。能力标准及要求：掌握钢材拉伸试验过程；理解钢材的受力过程及特点，了解试验机、钢材试件；能应用钢材试验数据写出钢材试验报告。

1)了解主要试验设备：万能材料试验机、游标卡尺(精确度为 0.1 mm)、试件。为保证机器安全和试验准确，其吨位选择最好是使试件到最大荷载时，指针位于第三象限内(180°～270°范围内)，试验机的测力示值误差不大于 1%。抗拉试验用钢筋试件为 Q235，不得进行车

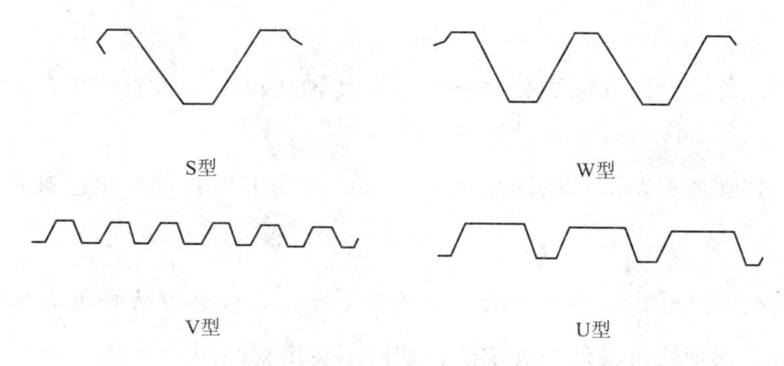

图 1-20　压型钢板

削加工，可以用两个或一系列等分小冲点或细画线标出原始标距(精确至 0.1 mm)，计算钢筋强度用横截面面积采用表 1-10 所列公称横截面面积。

表 1-10　钢筋的公称横截面面积

公称直径/mm	公称横截面面积/mm^2	公称直径/mm	公称横截面面积/mm^2
8	50.3	22	380.1
10	78.5	25	490.9
12	113.1	28	615.8
14	153.9	32	804.2
16	201.1	36	1 017.9
18	254.5	40	1 256.6
20	314.2	50	1 963.5

2)屈服强度和抗拉强度的测定。

①调整试验机测力度盘的指针，使对准零点，并拨动副指针，使与主指针重叠。

②将试件固定在试验机夹头内，开动试验机进行拉伸。

③拉伸中，测力度盘的指针停止转动时的恒荷载，或第一次回转时的最小荷载，即为所求的屈服点荷载 F_s，按下式计算试件的屈服点：

$$\sigma_s = F_s / A \tag{1-6}$$

式中　σ_s——屈服点(MPa)；

F_s——屈服点荷载(N)；

A——试件的公称横截面面积(mm^2)。

当 $\sigma_s > 1\ 000$ MPa 时，应计算至 10 MPa；σ_s 为 200～1 000 MPa 时，计算至 5 MPa；$\sigma_s < 200$ MPa 时，小数点数字按“四舍六入五单双法”处理。

④单向试件连续施荷直至拉断，由测力度盘读出最大荷载 F_b，按下式计算试件的抗拉强度：

$$\sigma_b = F_b / A \tag{1-7}$$

式中　σ_b——抗拉强度(MPa)；

F_b——最大荷载(N)；

A——试件的公称横截面面积(mm^2)。

3)伸长率的测定。

①将已拉断试件的两段在断裂处对齐，尽量使轴线位于一条直线上。如拉断由于各种原因形成缝隙，则此缝隙应计入试件拉断后的标距部分长度内。

②如拉断处到邻近标距端点的距离大于$\frac{1}{3}L_0$，可用卡尺直接量出已被拉长的标距长度L_1(mm)。

③如拉断处到邻近标距端点的距离小于或等于$\frac{1}{3}L_0$，按移位法确定L_1；如果直接量测所求得的伸长率能达到技术条件的规定值，则可不采用移位法。

④伸长率按下式计算(精确至1%)：

$$\delta_{10}(或\delta_5)=(L_1-L_0)/L_0\times100\% \tag{1-8}$$

式中 δ_{10}，δ_5——分别表示$L_0=10d$或$L_0=5d$时的伸长率；

L_0——原标距长度$10d$ $(5d)$/mm；

L_1——试件拉断后直接量出或按位移法确定的标距部分长度(mm)，测量精确至0.1 mm。

⑤ 如试件在标距端点上或标距处断裂，则试验结果无效，应重做试验。

4)试验记录，填制表1-11。

表1-11　钢材拉伸试验记录表

编号	截面面积	屈服荷载	拉断荷载	屈服点	抗拉强度	L_0	L_1	伸长率

(2)钢材的冷弯试验。能力标准和要求：了解钢材冷弯试验设备原理、试件；理解钢材承受弯曲作用的受力特点；检定钢材承受弯曲作用的弯曲变形性能，并显示其缺陷。

1)了解主要试验设备。压力机或万能试验机、具有不同直径的弯心；钢筋冷弯试件不得进行车削加工，试样长度$L\approx5a+150$(mm)(a为试件原始直径)。

2)导向弯曲。

①试样放置于两个支点上，将一定直径的弯心在试样两个支点中间施加压力，使试样弯曲到规定的角度或出现裂纹、裂缝、断裂为止。

②试样在两个支点上按一定弯心直径弯曲至两臂平行时，可一次完成试验；也可先弯曲部分，然后放置在试验机平板之间，继续施加压力，压至试样两臂平行。此时，可以加与弯心直径相同尺寸的衬垫进行试验。

③试验应在平稳压力作用力下，缓慢施加试验压力。两支辊间距离为$(d+2.1a)$加或减$0.5a$，并且在试验过程中不允许有变化。

④试验应在10 ℃～35 ℃或控制条件下23 ℃加或减5 ℃进行。

3)结果评定。弯曲后，按有关标准规定检查试样弯曲外表面，进行结果评定；若无裂纹、裂缝或裂断，则评定试样合格。

5. 连接材料

(1)焊材。钢结构中焊接材料的选用，需适应焊接场地(工厂焊接或工地焊接)、焊接方法、焊接方式(连续焊缝、断续焊缝或局部焊缝)，特别是要与焊件钢材的强度和材质要求相适应。

1)手工焊接用焊条。手工电弧焊采用的焊条应符合《非合金钢及细晶粒钢焊条》(GB/T 5117—2012)或《热强钢焊条》(GB/T 5118—2012)的规定。标准中，焊条型号的表示方法是按熔敷金属力学性能、药皮类型、焊接位置和电流类型等确定。焊条由字母 E 表示。

2)焊丝。自动或半自动埋弧焊采用的焊丝应与主体金属强度相适应，即应使熔敷金属的强度与主体金属的强度相等。焊丝应符合《熔化焊用钢丝》(GB/T 14957—1994)、《碳钢药芯焊丝》(GB/T 10045—2001)和《低合金钢药芯焊丝》(GB/T 17493—2008)的规定。气体保护焊采用的焊丝应符合《气体保护电弧焊用碳钢、低合金钢焊丝》(GB/T 8110—2008)的规定。

3)焊剂。根据需要按《埋弧焊用碳钢焊丝和焊剂》(GB/T 5293—1999)和《埋弧焊用低合金钢焊丝和焊剂》(GB/T 12470—2003)相应配合。

(2)普通螺栓。普通螺栓的材料用 Q235，按《六角头螺栓》(GB/T 5782—2016)和《六角头螺栓　C 级》(GB/T 5780—2016)分为 A、B 和 C 三级。A 级和 B 级螺栓采用钢材性能等级 5.6 级或 8.8 级制造，C 级螺栓则用 4.6 级或 4.8 级制造。“.”前数字表示公称抗拉强度 f_u 的 1/100，“.”后数字表示公称屈服点 f_y 与公称抗拉强度 f_u 之比(屈强比)的 10 倍。如 4.6 级表示 f_u 不小于 400 N/mm^2，而最低=0.6×400=240 N/mm^2。

A 级和 B 级螺栓表面须经车床加工，故其尺寸准确，精度较高，且须配用孔的精度和孔壁表面粗糙度也较高的 I 类孔（一般须先钻小孔，组装后再绞孔或铣孔）。设计孔径与螺栓杆径应相等。根据螺栓粗细，螺栓杆径只允许有－0.18～－0.25 mm 的负偏差，孔径则只允许有 0.18～0.25 mm 的正偏差。因此，栓杆和螺孔间的最大空隙为 0.3～0.5 mm，为紧配合，故螺栓受剪性能良好。但其制造和安装过于费工，加之现在高强度螺栓已可替代用于受剪连接，所以，目前已极少采用。

C 级螺栓一般用圆钢冷镦压制而成。表面不加工，尺寸不很准确，只需配用孔的精度和孔壁表面粗糙度不太高的Ⅱ类孔(一般为一次冲成或钻成设计孔径)，孔径允许偏差 0～＋1 mm。另外，设计孔径比螺栓杆径大 1.5～3 mm，故栓杆和螺孔间空隙较大。加之，螺栓强度较低，对其栓杆施加的紧固预拉力不能太大，这样在被连接件间所施加的压紧力不大，其间的摩擦力也不大。因此，当用于受剪连接时，在摩擦力克服后将出现较大的滑移变形，其性能较差。但是，C 级螺栓在沿其杆轴方向的受拉性能较好，可用于受拉螺栓连接。对于受剪连接，只宜用在承受静力荷载或间接承受动力荷载结构中的次要连接(如次梁和主梁、檩条与屋架的连接等)，或临时固定构件用的安装连接(螺栓仅作定位或夹紧，以便于施焊)，以及不承受动力荷载的可拆卸结构(活动房屋、流动式展览馆等)的连接等。

(3)材料检验。钢结构工程所用的钢材，都应具有质量证明书。属于下列情况之一时，钢结构用的钢材应同时具备材质质量保证书和试验报告：国外进口的钢材；设计有特殊要求的钢结构用的钢材；钢材混批。

(二)焊接连接

概述：常用的焊接方法，焊接的形式、构造及计算。

1. 焊接的方法、形式、焊缝符号标注及焊缝质量等级

钢结构是以钢材(钢板、型钢等)为主制作的结构。制作时，一般须将钢材通过连接手段，先组合成能共同工作的构件(柱、梁、屋架等)；然后，再进一步用连接手段将各种构件组成整体结构。钢结构的连接方法关系结构的传力和使用要求；同时，还对结构的构造和加工方法、工程造价等有着直接影响。另外，连接在整个钢结构的制造和安装作业中通常占的工作量最大，且多数工序的机械化程度不高，需要大量的人工操作。因此，应对钢结构的连接方法合理地进行选择，既要做到传力明确、简捷，强度可靠，保证安全，又要使构造简单，材料节约，施工简便，造价降低。可见连接是钢结构的重要组成部分，占有重要地位，故应予以高度重视。

钢结构的连接方法一般采用焊接、螺栓连接和铆钉连接。其中，焊接应用较为普遍，焊接通常是焊缝连接的简称。其操作方法一般是通过电弧产生热量，使焊条和焊件局部熔化；然后，经冷却凝结成焊缝，从而使焊件连接成为一体。焊接的优点较多，如焊件一般不设连接板而直接连接，并且不削弱焊件截面，构造简单，节省材料，操作简便、省工，生产效率高，在一定条件下还可采用自动化作业。另外，焊接的刚度大，密闭性能好。但是，焊接也有一定缺点，如焊缝附近热影响区的材质变脆；焊接产生的残余应力和残余变形对结构有不利影响；再者，焊接结构因刚度大，故对裂纹很敏感。一旦产生局部裂纹，便易于扩展，尤其在低温下更易产生脆断。

(1)焊接的方法。焊接方法较多，钢结构主要采用电弧焊，它设备简单，易于操作，且焊缝质量可靠，优点较多。根据操作的自动化程度和焊接时用以保护熔化金属的物质种类，电弧焊可分为手工电弧焊、自动或半自动埋弧焊和气体保护焊等。

1)手工电弧焊。图 1-21(a)所示为手工电弧焊原理图。它由焊件、焊条、焊钳、电焊机和导线组成电路。施焊时，首先使分接电焊机两极的焊条和焊件瞬间短路打火，然后迅速将焊条提起少许，此时强大电流即通过焊条端部与焊件间的空隙，使空气离子化引发出电弧，其温度高达 6 000 ℃左右，从而使焊条和焊件迅速熔化。熔化的焊条金属与焊件金属结合成为焊缝金属。同时，由于焊条药皮形成的气体和熔渣覆盖熔池，起着保护电弧和稳定并隔绝空气中的氧、氮等有害气体与液体金属接触的作用，避免形成脆性易裂化合物。随着熔池中金属的冷却、结晶，即形成焊缝，并将焊件连成整体。

手工电弧焊由于电焊设备简单，使用方便，只需用焊钳夹往焊接部位即可施焊，适用于空间全方位焊接，故应用广泛，且特别适用于工地安装焊缝、短焊缝和曲折焊缝。但它生产效率低且劳动条件差，弧光眩目，焊接质量在一定程度上取决于焊工水平，容易波动。

2)自动或半自动埋弧焊。图 1-21(b)所示为自动或半自动埋弧焊原理图。光焊丝埋在焊剂层下，当通电引弧后，使焊丝、焊件和焊剂熔化。焊剂熔化后形成熔渣，浮在熔化的焊缝金属表面，使其与空气隔绝，并供给必要的合金元素，以改善焊缝质量。当焊丝随着焊机的自动移动而下降和熔化，颗粒状的焊剂亦不断由漏斗漏下，埋住眩目电弧。当全部焊接过程自动进行时，称为自动埋弧焊。焊机移动由人工操纵时，称为半自动埋弧焊。

埋弧焊由于电流较大，电弧热量集中，故熔深大，焊缝质量均匀，内部缺陷少，塑性和冲击韧性都好，因而优于手工焊。另外，埋弧焊的焊接速度快，生产效率高，成本低，劳动条件好。然而，它们的应用也受到其自身条件的限制。由于焊机须沿着顺焊缝的导轨移动，故要有一定的操作条件，因此，特别适用于梁、柱、板等的大批量拼装制造焊缝。

3)CO_2 气体保护焊。用喷枪喷出 CO_2 气体作为电弧的保护介质，使熔化金属与空气隔绝，以保持焊接过程稳定。由于焊接时没有焊剂产生的熔渣，故便于观察焊缝的成型过程，

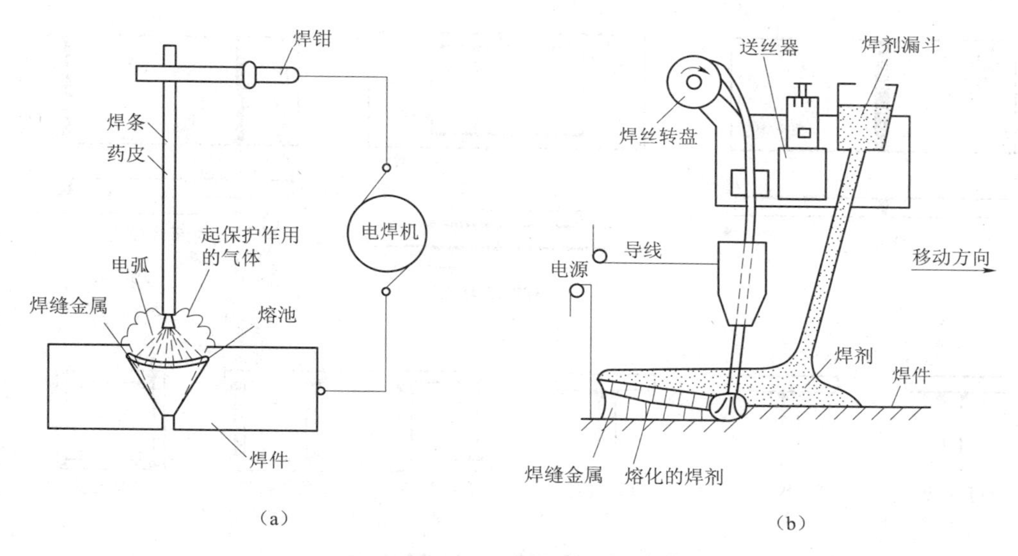

图 1-21　电弧焊原理

(a)手工电弧焊原理；(b)自动或半自动埋弧焊原理

但操作时须在室内避风处，在工地则须搭设防风棚。气体保护焊电弧加热集中，焊接速度快，熔深大，故焊缝强度比手工焊的高，且塑性和抗腐蚀性好，很适合于厚钢板或特厚钢板($t>100$ mm)的焊接。

(2)焊接接头与焊缝的形式。钢结构连接可分为对接、搭接、T 形和角接等接头形式。当采用焊接时，根据焊缝的截面形状，又可分为对接焊缝和角焊缝以及由这两种形式焊缝组合成的对接与角接组合焊缝，如图 1-22 所示。在具体应用时，应根据连接的受力情况，结合制造、安装和焊接条件进行选择。

对接焊坡口的推荐形式和尺寸

对接焊缝又称坡口焊缝，因为在施焊时，焊件间须具有适合于焊条运转的空间，故一般均将焊件边缘开成坡口，焊缝则焊在两焊件的坡口面间或一焊件的坡口与另一焊件的表面间，如图 1-22(a)所示。对接焊缝按是否焊透，还分为焊透的和部分焊透的两种。焊透的对接焊缝强度高，受力性能好，故应用广泛，对接焊缝一词通常指的是焊透焊缝。

角焊缝为沿两直交或斜交焊件的交线边缘焊接的焊缝，如图 1-22(b)、(c)、(d)、(g)所示。直交的称为直角角焊缝，斜交的则称为斜角角焊缝。后者除因构造需要有所采用外，一般不宜用作受力焊缝（钢管结构除外）。前者受力性能较好，应用广泛，角焊缝一词通常即指这种焊缝。

角接焊的接头形式和尺寸

对接与角接组合焊缝的形式是在部分焊透或全焊透的对接焊缝外再增焊一定焊脚尺寸的角焊缝，如图 1-22(e)、(h)、(f)、(i)所示。相对于(无焊脚的)对接焊缝，增加的角焊缝可减少应力集中，改善焊缝受力性能，尤其是疲劳性能。

对接焊缝由于和焊件处于同一平面，截面也一样，故其受力性能好于角焊缝，且用料较省，但制造较费工，角焊缝则相反，对接与角接组合焊缝的受力性能更优于对接焊缝。

角焊缝按沿长度方向的布置，还可分为连续角焊缝和断续角焊缝两种形式，如图 1-23 所示。前者为基本形式，其受力性能好，应用广泛；后者因在焊缝分段的两端应力集中严重，

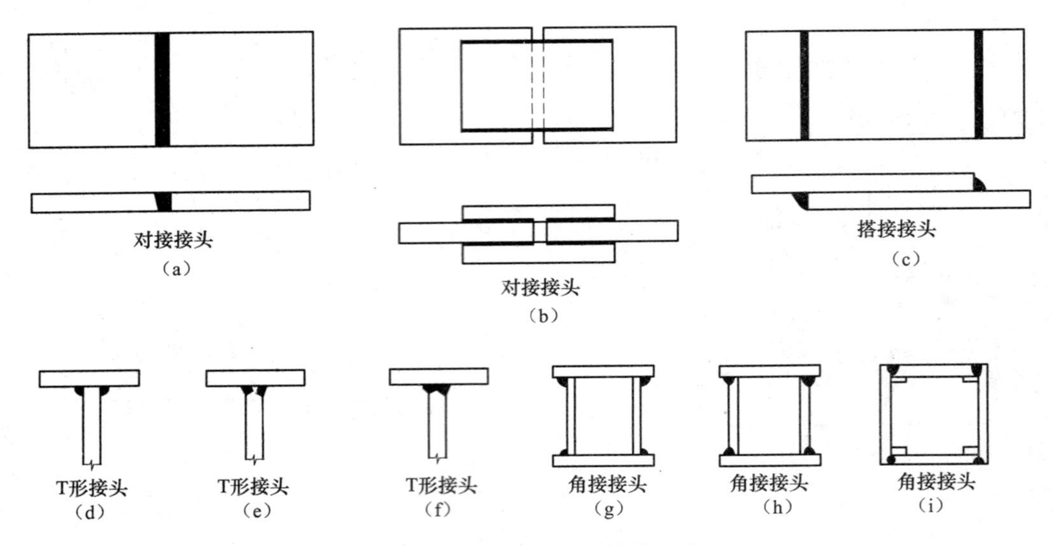

图 1-22　焊接接头及焊缝的形式

(a)对接焊缝；(b)、(c)、(d)、(g)角焊缝；(e)、(h)部分焊透对接与角接组合焊缝；(f)、(i)全焊透对接与角接组合焊缝

故一般只用在次要构件或次要焊缝连接中。断续角焊缝之间的净距不宜过大，以免连接不紧密，导致潮气侵入，引起锈蚀，故一般应不大于 $15t$(对受压构件)或 $30t$(对受拉构件)，t 为较薄焊件厚度。断续角焊缝焊段的长度不得小于 $10h_f$ 或 50 mm(h_f 为角焊缝的焊脚尺寸)。

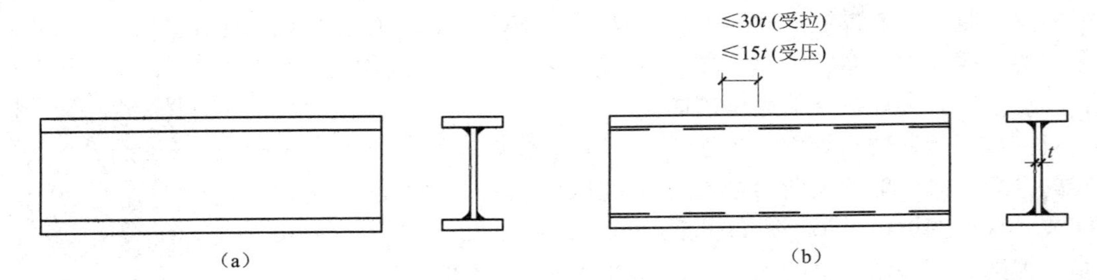

图 1-23　角焊缝

(a)连续角焊缝；(b)断续角焊缝

焊缝按施焊位置可分为平焊、立焊、横焊和仰焊四种形式，如图 1-24 所示。平焊施焊方便，质量易于保证，故应尽量采用。立焊、横焊施焊较难，焊缝质量和效率均较平焊低。仰焊的施焊条件最差，焊缝质量不易保证，故应从设计构造上尽量避免。图 1-24(b)所示为在工厂常采用的船形焊，它也属于平焊。

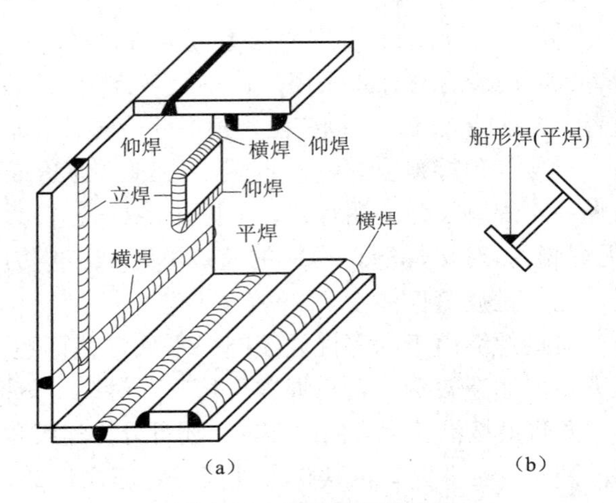

图 1-24　焊缝的施焊位置

(3)焊缝符号及标注。焊缝一般应按《焊缝符号表示法》(GB/T 324—2008)和《建筑结构制图标准》(GB/T 50105—

2010)的规定，采用焊缝符号在钢结构施工图中标注。

表 1-12 所列为部分常用焊缝符号，另外，图 1-25 也列有对接焊缝的符号。它们主要由图形符号、辅助符号和引出线等部分组成。图形符号表示焊缝截面的基本形式，如◺表示角焊缝(竖线在左、斜线向右)，V 表示 V 形坡口的对接焊缝等。辅助符号表示焊缝的辅助要求，如涂黑的三角形旗表示安装焊缝、3/4 圆弧表示相同焊缝等，均绘在引出线的转折处。引出线由横线、斜线及箭头组成，横线的上方和下方用来标注各种符号和尺寸等，斜线和箭头用来将整个焊缝符号指到图形上的有关焊缝处。对单面焊缝，当箭头指在焊缝所在的一面时，应将图形符号和尺寸标注在横线的上方；当箭头指在焊缝所在的另一面时，则应将图形符号和尺寸标注在横线的下方。必要时，还可在横线的末端加一尾部，以作其他辅助说明之用，如标注焊条型号等。

表 1-12　焊缝符号

	角焊缝				对接焊缝	塞焊缝	三面围焊
	单面焊缝	双面焊缝	安装焊缝	相同焊缝			
形式					p, b, α		
标注方法	h_f	h_f	h_f		p, b, α	h_f	h_f　E50 E50 为对焊条的辅助说明

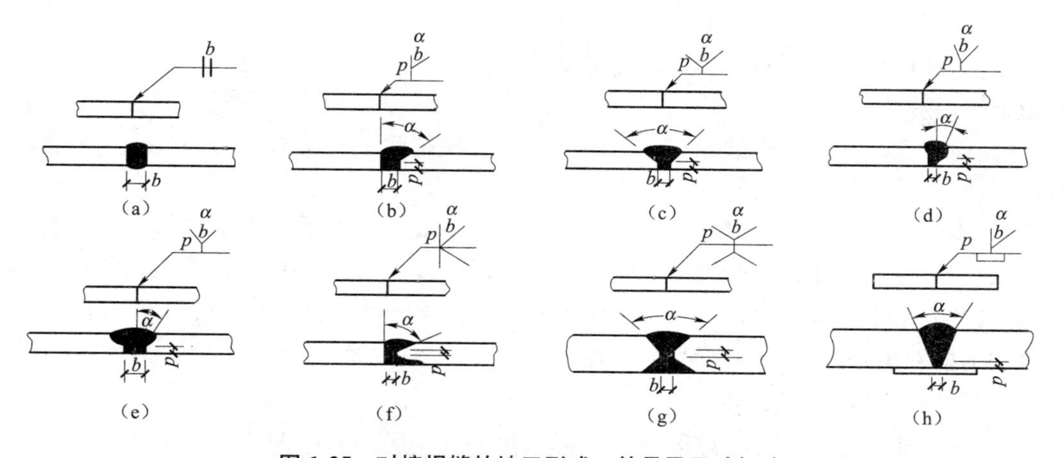

图 1-25　对接焊缝的坡口形式、符号及尺寸标注

(a)I形；(b)单边 V 形；(c)V 形；(d)单边 U 形；(e)U 形；(f)K 形；(g)X 形；(h)加垫板的 V 形

当焊缝分布不规则时，在标注焊缝符号的同时，宜在焊缝处加粗线以表示可见焊缝，加栅线以表示不可见焊缝，加×符号以表示工地安装焊缝，如图 1-26 所示。

(a)　(b)　(c)

图 1-26　焊缝标注图形

(a)可见焊缝；(b)不可见焊缝；(c)安装焊缝

(4)焊缝质量等级。焊缝质量的好坏直接影响连接的强度，如质量优良的对接焊缝，试验证明其强度高于母材，受拉试件的破坏部位多位于焊缝附近热影响区的母材上。但是，当焊缝中存在气孔、夹渣、咬边等缺陷时，它们不但使焊缝的受力面积削弱，而且还在缺陷处引起应力集中，易于形成裂纹。在受拉连接中，裂纹更易扩展延伸，从而使焊缝在低于母材强度的情况下破坏。同样，缺陷也会降低连接的疲劳强度。因此，应对焊缝质量严格检验。

焊缝缺陷一般位于焊缝或其附近热影响区钢材的表面及内部，通常表现为裂纹、未熔合、夹渣、焊瘤、咬边、烧穿、弧坑、气孔、电弧擦伤、未焊满、根部收缩等，如图 1-27 所示。

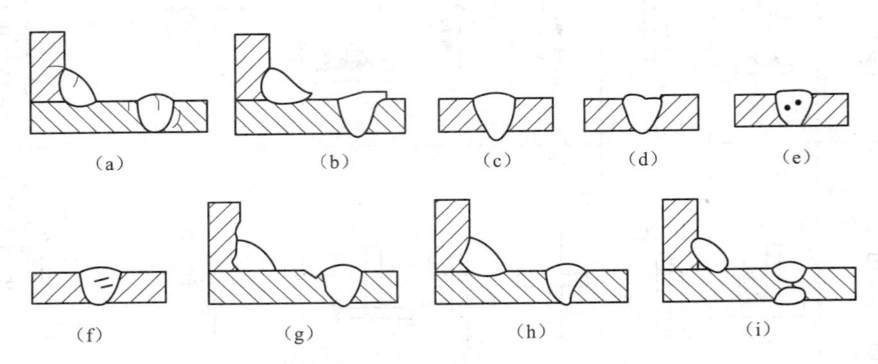

图 1-27　焊缝缺陷

(a)裂纹；(b)焊瘤；(c)烧穿；(d)弧坑；(e)气孔；

(f)夹渣；(g)咬边；(h)未熔合；(i)未焊透

焊缝表面缺陷可通过外观检查确定，内部缺陷则用无损探伤(超声波或 X 射线、γ 射线)确定。焊缝按其检验方法和质量要求分为一级、二级和三级。三级焊缝只要求对全部焊缝作外观检查且符合三级质量标准；一级、二级焊缝则除外观检查外，还要求一定数量的超声波检验并符合相应级别的质量标准。

钢结构中一般采用三级焊缝即可满足通常的强度要求。但手工焊对接焊缝的抗拉强度有较大的变异性。因此，对有较大拉应力的对接焊缝以及直接承受动力荷载构件的较重要焊缝，可部分采用二级焊缝；对抗动力和疲劳性能有较高要求处，可采用一级焊缝。

2. 对接焊缝连接

(1)对接焊缝的构造。

1)对接焊缝的坡口。对接焊缝坡口的形状可分为 I 形、单边 V 形、V 形、X 形、单边 U 形、U 形和 K 形等，如图 1-25 所示。一般当焊件厚度较小(手工焊 $t \leqslant 6$ mm，埋弧焊 $t \leqslant 12$ mm)时，可不开坡口，即采用 I 形坡口；对于中等厚度焊件(手工焊 $t=6 \sim 16$ mm，埋弧

焊 $t=10\sim20$ mm)，宜采用单边V形、V形或单边U形坡口。图中 p 称为钝边(手工焊0～3 mm，埋弧焊2～6 mm)，可起托住熔化金属的作用。b 称为间隙(手工焊0～3 mm、埋弧焊一般为0)，可使焊缝有收缩余地且可和斜坡口组成一个施焊空间，使焊条得以运转，焊缝能够焊透。对于较厚焊件(手工焊 $t>16$ mm，埋弧焊 $t>20$ mm)，则宜采用U形、K形或X形坡口。相对而言，它们的截面面积均较V形坡口的小，但其坡口加工较费工。V形和U形坡口焊缝主要为正面焊，但对反面焊根应清根补焊，以达到焊透。若不具备这种条件，或因装配条件限制间隙过大时，则应在坡口下面预设垫板，如图1-25(h)所示，以阻止熔化金属流淌和使根部焊透。K形和X形坡口焊缝，均应清根并双面施焊。

2)变截面钢板拼接。当对接焊缝拼接的焊件宽度不同或厚度相差4 mm以上时，应分别在宽度或厚度方向从一侧或两侧做成坡度不大于1∶2.5或1∶4(对承受动力荷载且需要计算疲劳的结构)的斜角，如图1-28所示，以使截面平缓过渡，减少应力集中。当厚度相差不大(当较薄钢板的厚度≥5～9 mm时为2 mm、10～12 mm时为3 mm、>12 mm时为4 mm)时，可不加工斜坡，因焊缝表面形成的斜度即可满足平缓过渡的要求。

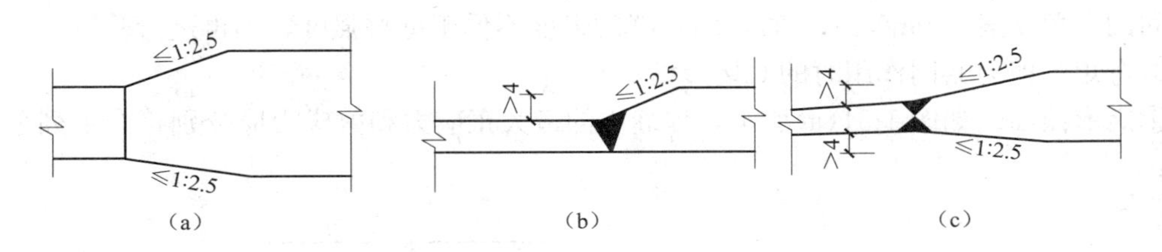

图1-28　变截面钢板拼接

(a)变宽度；(b)、(c)变厚度

3)引出板和引弧板。在对接焊缝的起弧落弧处，常出现弧坑等缺陷，以致引起应力集中并易产生裂纹，这对承受动力荷载的结构尤为不利。因此，各种接头的对接焊缝均应在焊缝的两端设置引弧板和引出板，如图1-29所示。其材质和坡口形式应与焊件的相同，焊缝引出的长度为：埋弧焊应大于80 mm，手工电弧焊及气体保护焊应大于25 mm，并应在焊接完毕用气割切除、修磨平整。对某些承受静力荷载结构的焊缝无法采用引弧板和引出板时，则应在计算中将每条焊缝的长度各减去 $2t$。

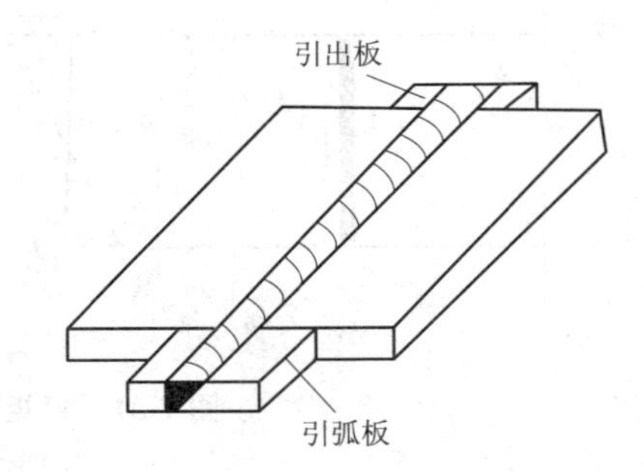

图1-29　焊缝施焊用的引出板和引弧板

(2)对接焊缝的计算。对接焊缝可视为焊件截面的延续组成部分，焊缝中的应力分布情况基本与焊件原有的相同，故计算时可利用《材料力学》中相应受力状态下构件强度的计算公式。

1)轴心力(拉力或压力)作用时的对接焊缝计算。

对接焊缝受垂直于焊缝的轴心拉力或轴心压力作用时，如图1-30所示。其强度应按下式计算：

$$\sigma=\frac{N}{l_{w}t}\leqslant f_{t}^{w} \text{ 或 } f_{c}^{w} \tag{1-9}$$

式中　N——轴心拉力或轴心压力；

l_w——焊缝的计算长度。当未采用引弧板和引出板时，取实际长度减去 $2t$；

t——在对接接头中为连接件的较小厚度；在 T 形接头中为腹板厚度；

f_t^w，f_c^w——对接焊缝的抗拉、抗压强度设计值，按附表 1-3 选用。

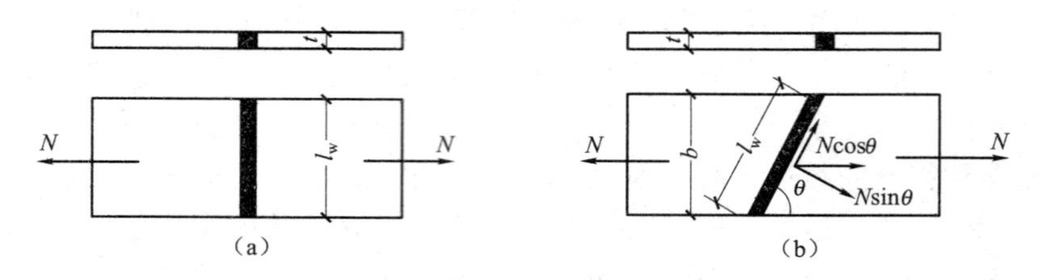

图 1-30　轴心力(拉力或压力)作用下的对接焊缝

(a)直焊缝；(b)斜焊缝

由于一、二级检验的焊缝与母材强度相等，只有三级检验的焊缝才需按式(1-9)进行抗拉强度验算。如果直缝不能满足强度要求，可采用如图 1-30 所示的斜对接焊缝。焊缝与作用力间的夹角 θ 满足 $\tan\theta \leqslant 1.5$ 时，斜焊缝的强度不低于母材强度，不再进行验算。

2)弯矩和剪力共同作用时的对接焊缝计算。

①矩形截面。如图 1-31(a)所示，焊缝中的最大正应力和剪应力应分别符合下列公式的要求：

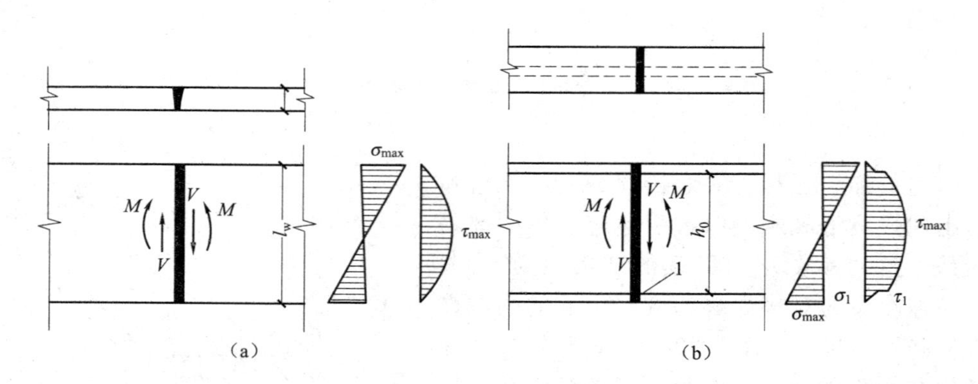

图 1-31　弯矩和剪力共同作用时的对接焊缝

(a)矩形截面；(b)工字形截面

$$\sigma_{max} = \frac{M}{W_w} \leqslant f_t^w \tag{1-10}$$

$$\sigma_{max} = \frac{VS_w}{I_w t_w} = f_v^w \tag{1-11}$$

式中　W_w——焊缝截面模量，对矩形截面 $W_w = l_w^2 t/6$；

S_w——焊缝截面计算剪应力处以上部分对中和轴的面积矩；

I_w——焊缝截面惯性矩；

f_v^w——对接焊缝的抗剪强度设计值，按表 1-21 选用。

②工字形截面。如图 1-31(b)所示，焊缝中的最大正应力和剪应力除应分别符合式(1-10)和式(1-11)的要求外，在同时受有较大 σ_1 和剪应力 τ_1 的梁腹板横向对接焊缝受拉区的端部“1”点，还应按下式计算折算应力：

$$\sqrt{\sigma_1^2+3\tau_1^2}\leqslant 1.1f_t^w \tag{1-12}$$

式中 σ_1——腹板对接焊缝"1"点处的正应力，$\sigma_1=\frac{M}{I_w}\cdot\frac{h_0}{2}$；

τ_1——腹板对接焊缝"1"点处的剪应力，$\tau_1=\frac{VS_{w1}}{I_w t_w}$；

S_{w1}——受拉翼缘对中和轴的面积矩；

t_w——腹板厚度；

1.1——考虑最大折算应力只在焊缝的局部产生，因而将焊缝强度设计值提高的系数。

【例 1-1】 试验算图 1-31(a)所示钢板的对接焊缝。图中 $l_w=540$ mm，$t=22$ mm，轴心力的设计值 $N=2\ 150$ kN。钢材为 Q235B，手工焊，焊条为 E43 型，三级检验标准的焊缝，施焊时加引出板和引弧板。

【解】 直缝连接计算长度 $l_w=540$ mm，厚度 $t=22$ mm。焊缝正应力为

$$\sigma=\frac{N}{l_w t}=\frac{2\ 150\times10^3}{540\times22}=181(\text{N/mm}^2)>f_t^w=175\ \text{N/mm}^2$$

不满足要求，改为对接斜缝，取 $\tan\theta=1.5(\theta=56°)$，焊缝计算长度 $l_w=\frac{540}{\sin56°}=651$ mm。

故此时的焊缝正应力为

$$\sigma=\frac{N\sin\theta}{l_w t}=\frac{2\ 150\times10^3\times\sin56°}{651\times22}=124(\text{N/mm}^2)<f_t^w=175\ \text{N/mm}^2$$

$$\tau=\frac{N\cos\theta}{l_w\times t}=\frac{2\ 150\times10^3\times\cos56°}{651\times22}=84(\text{N/mm}^2)<f_v^w=120\ \text{N/mm}^2$$

这就说明：当 $\theta\leqslant56°$时，焊缝强度能够得到保证，不必验算。

【例 1-2】 计算图 1-32 所示牛腿与柱子连接的对接焊缝。已知 $F=260$ N(设计值)，钢材 Q235，焊条 E43 型，手工焊，施焊时无引出板和引弧板，三级检验标准的焊缝。

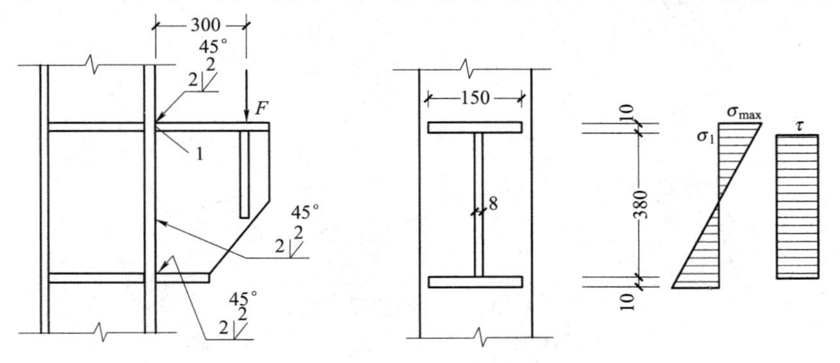

图 1-32 【例 1-2】图

【解】 工字形(或 T 形)截面牛腿与柱子连接的对接焊缝，有着不同于一般工字形截面梁的特点。当其在相邻近的竖向剪力作用下，由于翼缘在此方向的抗剪刚度很低，故一般不宜考虑其承受剪力。即在计算时假定剪力全部由腹板上的焊缝平均承受，弯矩由整个焊缝承受。

焊缝计算截面的几何特性：焊缝的截面与牛腿相等，但因无引弧板和引出板，故须将每条焊缝长度在计算时减去 $2t$。

$$I_w=\frac{1}{12}\times0.8\times(38-2\times0.8)^3+2\times1\times(15-2\times1)\times19.5^2=13\,102(\text{cm}^2)$$

(由于翼缘焊缝厚度较小，故计算式中忽略了对其自身轴的惯性矩一项。凡类似情况，包括对构件截面，本书以后皆同)

$$W_w=\frac{13\,102}{20}=655(\text{cm}^3)$$

$$A_w^w=0.8\times(38-2\times0.8)=29.1(\text{cm}^2)$$

焊缝强度计算：

按式(1-10)、式(1-11)、式(1-12)：

最大正应力 $\sigma_{max}=\frac{M}{W_w}=\frac{260\times30\times10^4}{655\times10^3}=119(\text{N/mm}^2)<f_t^w=185\ \text{N/mm}^2$(满足)

剪应力 $\tau=\frac{V}{A_w^w}=\frac{260\times10^3}{29.1\times10^2}=89.3(\text{N/mm}^2)<f_v^w=125\ \text{N/mm}^2$(满足)

“1”点的折算应力

$$\sigma_1=119\times\frac{380}{400}=113(\text{N/mm}^2)$$

$$\sqrt{\sigma_1^2+3\tau^2}=\sqrt{113^2+3\times89.3^2}=191.6(\text{N/mm}^2)<1.1f_t^w=1.1\times185=203.5(\text{N/mm}^2)\text{(满足)}$$

3. 角焊缝连接

(1)角焊缝的形式。角焊缝按其长度方向和外力作用方向的不同，可分为平行于力作用方向的侧面角焊缝、垂直于力作用方向的正面角焊缝和与力作用方向成斜角的斜向角焊缝，如图 1-33 所示。

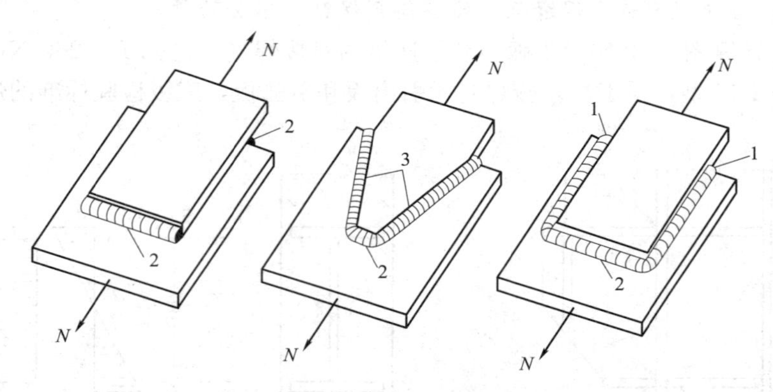

图 1-33 角焊缝的受力形式

1—侧面角焊缝；2—正面角焊缝；3—斜向角焊缝

角焊缝的截面形式可分为普通型、凹面型和平坦型三种，如图 1-34 所示。图中，h_f 称为角焊缝的焊脚尺寸。钢结构一般采用表面微凸的普通型截面，其两焊脚尺寸比例为 1∶1，近似于等腰直角三角形，故力线弯折较多，应力集中严重。对直接承受动力荷载的结构，为使传力平缓，正面角焊缝宜采用两焊脚尺寸比例为 1∶1.5 的平坦型(长边顺内力方向)，侧面角焊缝则宜采用比例为 1∶1 的凹面型。

(2)角焊缝的构造。

1)最小焊脚尺寸 h_{fmin}。角焊缝的焊脚尺寸与焊件的厚度有关。当焊件较厚而焊脚又过

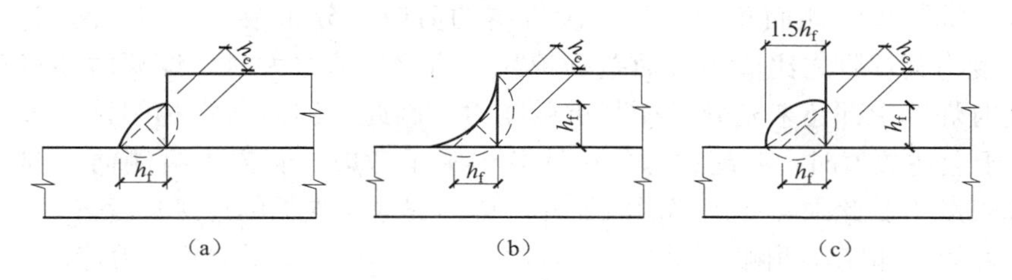

图 1-34　角焊缝的截面形式

(a)普通型；(b)凹面型；(c)平坦型

小时，焊缝内部将因冷却过快而产生淬硬组织，容易形成裂纹。因此，角焊缝的最小焊脚尺寸 h_{fmin}应符合下式要求，如图 1-35(a)所示。

$$h_{fmin} \geqslant 1.5\sqrt{t_{max}} \tag{1-13}$$

式中　t——较厚焊件的厚度(mm)；当采用低氢型碱性焊条施焊时，可采用较薄焊件的厚度。

2)最大焊脚尺寸 h_{fmax}。角焊缝的焊脚过大，易使焊件形成烧伤、烧穿等“过烧”现象，且使焊件产生较大的焊接残余应力和焊接变形。因此，角焊缝的最大焊脚尺寸 h_{fmax}应符合式(1-14)要求，如图 1-35(b)所示。

$$h_{fmax} \leqslant 1.2t_{min} \tag{1-14}$$

式中　t_{min}——较薄焊件的厚度。

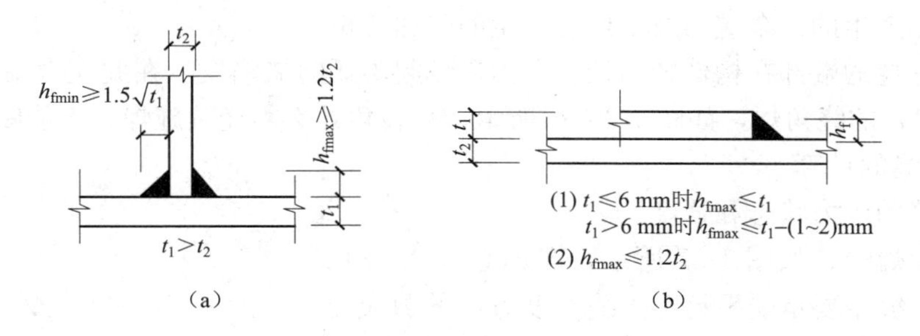

图 1-35　角焊缝的最大、最小焊脚尺寸

对位于焊件边缘的角焊缝[图 1-35(b)]，施焊时一般难以焊满整个厚度，且容易产生“咬边”，故应比焊件厚度稍小。但薄焊件一般用较细焊条施焊，焊接电流小，操作较易掌握，故 h_{fmax}可与焊件等厚。因此：

①当 $t_1 > 6$ mm 时，$h_{fmax} \leqslant t_1-(1\sim2)$mm；

②当 $t_1 \leqslant 6$ mm 时，$h_{fmax} \leqslant t_1$。

3)不等焊脚尺寸。当两焊件的厚度相差较大，且采用等焊脚尺寸无法满足最大和最小焊脚尺寸要求时，可采用不等焊脚尺寸，即与较薄焊件接触的焊脚边应符合式(1-14)的要求，与较厚焊件接触的焊脚边则应符合式(1-12)的要求。

4)最小计算长度。角焊缝焊脚尺寸大而长度过小时，将使焊件局部受热严重，且焊缝起落弧的弧坑相距太近，加上可能产生的其他缺陷，也使焊缝不够可靠。因此，角焊缝的计算长度不宜小于 $8h_f$ 和 40 mm，即其最小实际长度应为 $8h_f+2h_f$；当 $h_f \leqslant 5$ mm 时，则应为 50 mm。

5)最大计算长度。侧面角焊缝沿长度方向的剪应力分布很不均匀，两端大，中间小，且随焊缝长度与其焊脚之比值增大而差别越大。当此比值过大时，焊缝两端将会首先出现裂纹，而此时焊缝中部还未充分发挥其承载能力。因此，侧面角焊缝的计算长度不宜大于 $60h_f$。当大于上述数值时，其超过部分在计算中不予考虑。若内力沿侧面角焊缝全长分布时，其计算长度不受此限，如工字形截面柱或梁的翼缘与腹板的连接焊缝等。

6)当板件的端部仅有两侧面角焊缝连接时[图 1-36(a)]，为了避免应力传递过分弯折而使构件中应力过分不均，应使每条侧面角焊缝长度大于它们之间的距离，即 $l_w \geqslant b$；再为了避免焊缝收缩时引起板件的拱曲过大，还宜使 $b \leqslant 16t$(当 $t>12$ mm)或 190 mm(当 $t \leqslant 12$ mm)，t 为较薄焊件厚度。当不满足此规定时，则应加正面角焊缝。

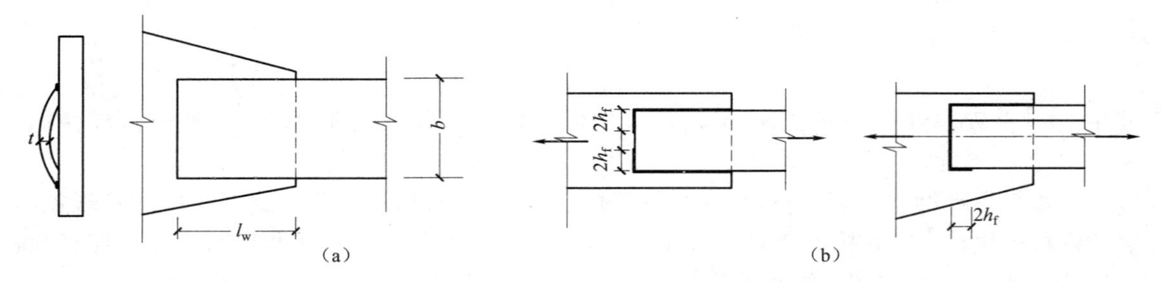

图 1-36 侧面角焊缝引起焊件拱曲和角焊缝的绕角焊

7)在搭接连接中。搭接长度不得小于焊件较小厚度的 5 倍，并不得小于 25 mm，以减小因焊缝收缩产生的残余应力及因偏心产生的附加弯矩。

8)当角焊缝的端部在构件转角处时。为避免起落弧的缺陷发生在此应力集中较大部位，宜作长度为 $2h_f$ 的绕角焊，如图 1-36(b)所示，且转角处必须连续施焊，不能断弧。

(3)角焊缝的计算。

1)角焊缝的应力状态和强度。

①侧面角焊缝。如图 1-37 所示，在轴心力 N 作用下，侧面角焊缝主要承受平行于焊缝长度方向的剪应力 $\tau_{//}$。由于构件的内力传递集中到侧面，力线产生弯折，故在弹性阶段，$\tau_{//}$ 沿焊缝长度方向分布不均匀，两端大、中间小，但侧面角焊缝塑性较好，在长度适当的情况下，应力经重分布可趋于均匀。侧面角焊缝的破坏常由两端开始，在出现裂纹后，通常即沿 45°喉部截面迅速断裂。

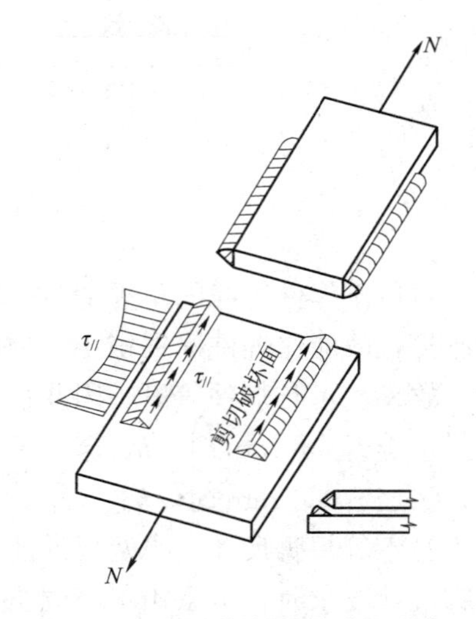

图 1-37 侧面角焊缝的应力状态

②正面角焊缝。在轴心力 N 作用下，正面角焊缝中应力沿焊缝长度方向分布比较均匀，两端比中间略低，但应力状态比侧面角焊缝复杂。在 45° 喉部截面上，则有剪应力和正应力。由于在焊缝根部应力集中严重，故裂纹首先在此处产生，随即整条焊缝断裂，破坏面不太规则。除沿 45° 喉部截面外，还可能沿焊缝的两熔合边破坏，如图 1-38 所示。正面角焊缝刚度大、塑性较差，破坏时变形小，但强度较高，其平均破坏强度为侧面角焊缝的 1.35～1.55 倍。

工程中假定角焊缝的破坏面均位于 45° 喉部截面，但不计熔深和凸度，此截面称为有效截面，如图1-39所示。其宽度 $h_e = h_f \cos 45° = 0.7h_f$ 称为计算厚度，h_f 为较小焊脚尺寸。另外，还假定截面上的应力均匀分布。

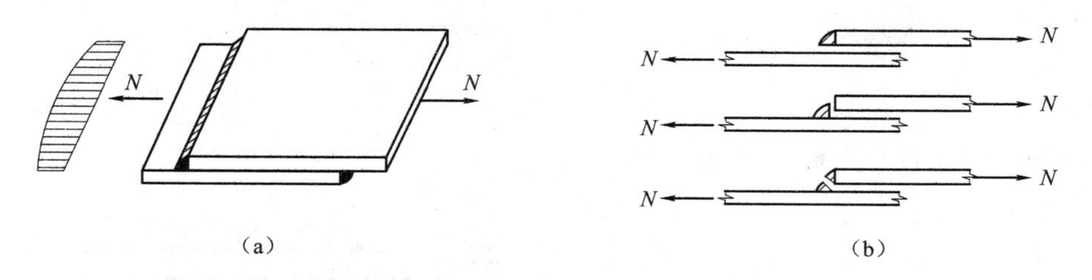

图1-38　正面角焊缝的应力状态

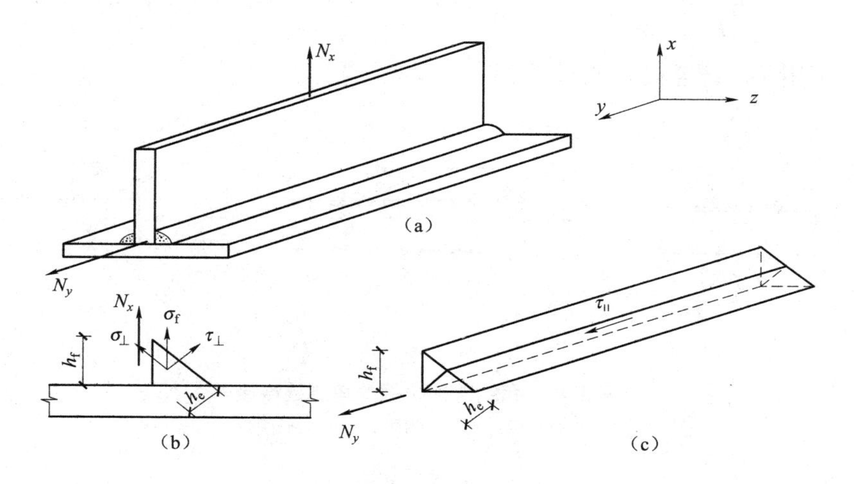

图1-39　角焊缝的有效截面

每条焊缝的有效长度取其实际长度减去 $2h_f$（每端 $1h_f$，以考虑起落弧缺陷）。

2)角焊缝强度条件的一般表达式：

$$\sqrt{\left(\frac{\sigma_f}{\beta_f}\right)^2 + \tau_f^2} \leqslant f_f^w \tag{1-15}$$

式中　σ_f——垂直于焊缝长度方向按有效截面计算的应力；

τ_f——平行于焊缝长度方向按有效截面计算的应力；

β_f——正面角焊缝的强度设计值提高系数。对承受静力或间接承受动力荷载结构，取 $\beta_f = 1.22$；对直接承受动力荷载结构，取 $\beta_f = 1.0$；

f_f^w——角焊缝的强度设计值，查附表1-3。

①轴心力作用时的角焊缝计算。当作用力（拉力、压力、剪力）通过角焊缝群的形心时，可认为焊缝的应力为均匀分布。但由于作用力与焊缝长度方向间关系的不同，故在应用式(1-15)计算时应分别为：

a. 当作用力垂直于焊缝长度方向时，如图1-38(a)所示。

此种情况相当于正面角焊缝受力，此时式(1-15)中 $\tau_f = 0$，故得：

$$\sigma_f = \frac{N}{h_e \sum l_w} \leqslant \beta_f f_f^w \tag{1-16}$$

b. 当作用力平行于焊缝长度方向时，如图 1-37 所示。

此种情况相当于侧面角焊缝受力，此时式(1-15)中 $\sigma_f=0$，故得：

$$\tau_f=\frac{N}{h_e\sum l_w}\leqslant f_f^w \tag{1-17}$$

c. 当焊缝方向较复杂时，如图 1-40 所示菱形盖板连接。

为使计算简化，均按侧面角焊缝对待，偏安全地取 $\beta_f=1.0$，故得：

$$\frac{N}{h_e\sum l_w}\leqslant f_f^w \tag{1-18}$$

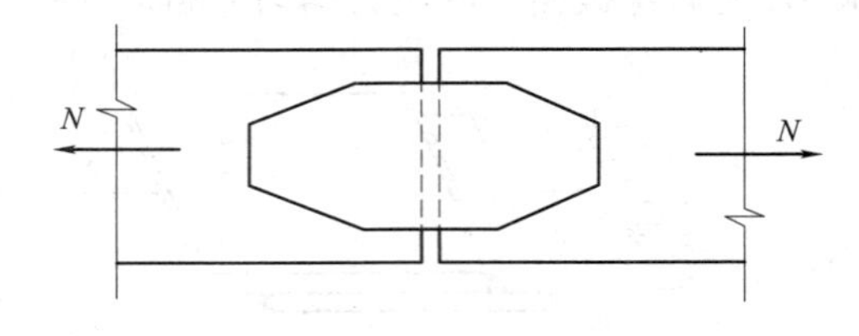

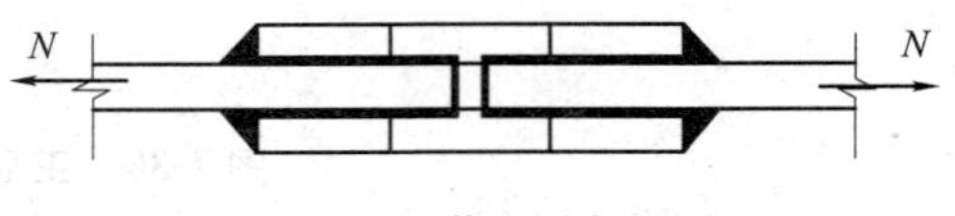

图 1-40 菱形盖板连接

d. 当角钢用角焊缝连接时，如图 1-41 所示。

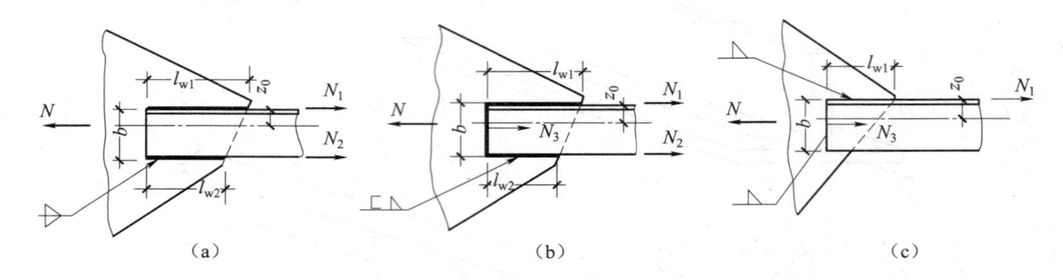

图 1-41 角钢与连接板的角焊缝连接

(a)两面侧焊；(b)三面围焊；(c)L 形围焊

角钢与连接板用角焊缝连接时，一般宜采用两面侧焊，也可用三面围焊或 L 形围焊。为避免偏心受力，应使焊缝传递的合力作用线与角钢杆件的轴线重合。各种形式的焊缝内力为：

当采用两面侧焊时，如图 1-41(a)所示。设 N_1、N_2 分别为角钢肢背和肢尖焊缝分担的内力，由 $\sum M=0$ 平衡条件，可得：

$$N_1=\frac{b-z_0}{b}N=\eta_1 N \tag{1-19}$$

$$N_2=\frac{z_0}{b}N=\eta_2 N \tag{1-20}$$

式中 b——角钢肢宽；

z_0——角钢形心距；

η_1，η_2——角钢肢背和肢尖焊缝的内力分配系数，可按表 1-13 的近似值取用。

当采用三面围焊时，如图 1-41(b)所示：可先选取正面角焊缝的焊脚尺寸 h_{f3}，并计算其所能承受的内力(设截面为双角钢组成的 T 形截面，见附表 3-1、附表 3-2 中附图)。

$$N_3=2\times 0.7h_{f3}b\beta_f f_f^w \tag{1-21}$$

再由 $\sum M=0$ 平衡条件，可得：

$$N_1=\frac{b-z_0}{b}N-\frac{N_3}{2}=\eta_1 N-\frac{N_3}{2} \tag{1-22}$$

$$N_2 = \frac{z_0}{b}N - \frac{N_3}{2} = \eta_2 N - \frac{N_3}{2} \tag{1-23}$$

当采用L形围焊时，如图1-41(c)所示，可令式(1-23)中 $N_2=0$，即得：

$$N_3 = 2\eta_2 N \tag{1-24}$$

$$N_1 = N - N_3 \tag{1-25}$$

按上述方法求出各条焊缝分担的内力后，假定角钢肢背和肢尖焊缝尺寸 h_{f1} 和 h_{f2}（对三面围焊宜假定 h_{f1}、h_{f2}、h_{f3} 相等），即可分别求出所需的焊缝长度：

$$l_{w1} = \frac{N_1}{2 \times 0.7 h_{f1} f_f^w} \tag{1-26}$$

$$l_{w2} = \frac{N_2}{2 \times 0.7 h_{f2} f_f^w} \tag{1-27}$$

对L形围焊，可按下式先求其正面角焊缝的焊脚尺寸 h_{f3}；然后，使 $h_{f1}=h_{f3}$，再由式(1-26)即可求出 l_{w1}。

$$h_{f3} = \frac{N_3}{2 \times 0.7 b \beta_f f_f^w} \tag{1-28}$$

采用的每条焊缝实际长度应取其计算长度加 $2h_f$，并取5 mm的倍数。

表1-13　角钢两侧角焊缝的内力分配系数

角钢类型		等　边	不　等　边	不　等　边
连接情况				
分配系数	角钢肢背 η_1	0.70	0.75	0.65
	角钢肢尖 η_2	0.30	0.25	0.35

e. 当弯矩、剪力和轴力共同作用时，如图1-42所示。

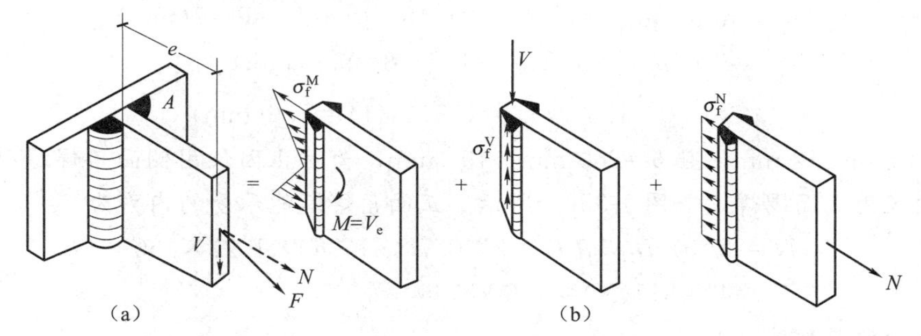

图1-42　弯矩、剪力和轴力共同作用时T形接头的角焊缝

将力 F 分解并向角焊缝有效截面的形心简化后，可与图1-42(b)所示的 $M=V_e$、V 和 N 共同作用等效。图中，焊缝端点 A 为危险点，其所受由 M 和 N 产生的垂直于焊缝长度方向的应力分别为

$$\sigma_f^M = \frac{M}{W_f^w} = \frac{6M}{2 \times 0.7 h_f l_w^2} \tag{1-29}$$

$$\sigma_f^N=\frac{N}{A_f^w}=\frac{N}{2\times0.7h_fl_w} \tag{1-30}$$

式中 W_f^w，A_f^w——分别为角焊缝有效截面的截面模量和截面面积。

由 V 产生的平行于焊缝长度方向的应力为：

$$\tau_f^V=\frac{V}{A_f^w}=\frac{V}{2\times0.7h_fl_w} \tag{1-31}$$

根据式(1-15)，A 点焊缝应满足：

$$\sqrt{\left(\frac{\sigma_f^M+\sigma_f^N}{\beta_f}\right)^2+(\tau_f^V)^2}\leqslant f_f^w \tag{1-32}$$

当仅有弯矩和剪力共同作用时，即上式中 $\sigma_f^N=0$ 时，可得：

$$\sqrt{\left(\frac{\sigma_f^M}{\beta_f}\right)^2+(\tau_f^V)^2}\leqslant f_f^w \tag{1-33}$$

【例 1-3】 试设计一双盖板的角焊缝对接接头，如图 1-43 所示，已知钢板截面为 300 mm×14 mm，承受轴心力设计值 N=800 kN(静力荷载)。钢材 Q235，手工焊，焊条 43 型。

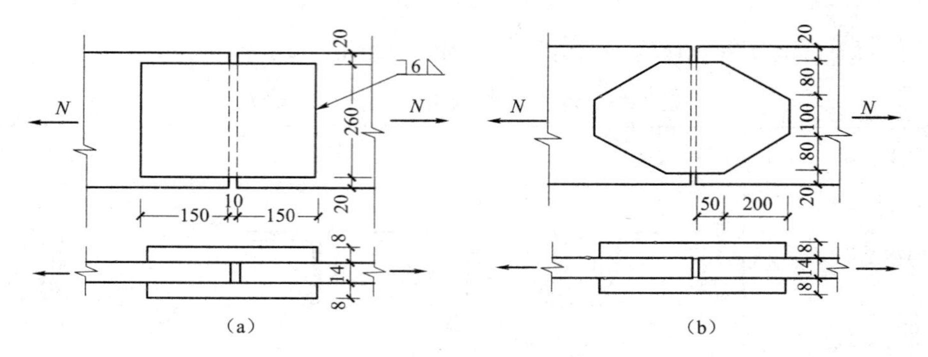

图 1-43 【例 1-3】图

【解】 根据母材等强原则，取 2—260×8 盖板，钢材 Q235，其截面面积为

$$A=2\times26\times0.8=41.6(\mathrm{cm^2})\approx30\times1.4=42(\mathrm{cm^2})$$

取
$$h_f=6\ \mathrm{mm}<h_{fmax}=t-(1\sim2)=8-(1\sim2)=6\sim7(\mathrm{mm})$$
$$<h_{fmax}=1.2t_{min}=1.2\times8=9.6(\mathrm{mm})$$
$$>h_{fmin}=1.5\sqrt{t_{max}}=1.5\times\sqrt{14}=5.6(\mathrm{mm})$$

因 t=8 mm<12 mm，且 b=260 mm>190 mm，为防止因仅用侧面角焊缝引起板件拱曲过大，故采用三面围焊，如图 1-35(a)所示。正面角焊缝能承受的内力为

$$N'=2\times0.7h_fl'_w\beta_ff_f^w=2\times0.7\times6\times260\times1.22\times160$$
$$=426\ 317(\mathrm{N})\approx426\ \mathrm{kN}$$

接头一面的长度为

$$l''_w=\frac{N-N'}{4\times0.7h_ff_f^w}=\frac{(800-426)\times10^3}{4\times0.7\times6\times160}=139(\mathrm{mm})$$

盖板总长：$l=2\times(139+6)+10=300(\mathrm{mm})$，取 310 mm(式中 6 mm 是考虑三面围焊连续施焊，故可按一条焊缝仅在侧面焊缝一端减去起落弧缺陷 $1h_f$)，接头布置如图 1-43(a)所示。

为了减少矩形盖板四角处焊缝的应力集中，现改用如图 1-43(b)所示的菱形盖板。接头

一侧需要焊缝的总计长度，按式(1-18)为

$$\sum l_w=\frac{N}{h_e f_f^w}=\frac{800\times10^3}{2\times0.7\times6\times160}=595(\text{mm})$$

实际焊缝的总长度为

$$\sum l_w=2\times(50+\sqrt{200^2+80^2})+100-2\times6=619\ \text{mm}>595(\text{mm})(\text{满足})$$

改用菱形盖板后长度有所增加，但焊缝受力情况有较大改善。

【例 1-4】 试设计角钢与连接板的角焊缝，如图 1-44 所示。轴心力设计值 $N=800$ kN(静力荷载)，角钢为 2∟125×80×10，长肢相连，连接板厚度 $t=12$ mm，钢材 Q235，手工焊，焊条 E43 型。

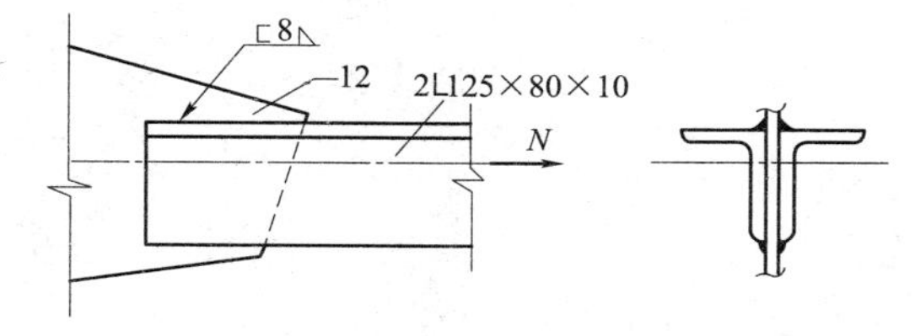

图 1-44 【例 1-4】图

【解】 取 $h_f=8\ \text{mm}<h_{fmax}=t-(1\sim2)=10-(1\sim2)=8\sim9$ mm(角钢肢尖)

$$<h_{fmax}=1.2t_{min}=1.2\times10=12\ \text{mm}(\text{角钢肢背})$$

$$>h_{fmin}=1.5\sqrt{t_{max}}=1.5\times\sqrt{12}=5.2(\text{mm})$$

采用三面围焊，正面角焊缝能承受的内力，按式(1-21)为

$$N_3=2\times0.7h_f b\beta_f f_f^w=2\times0.7\times8\times125\times1.22\times160$$
$$=273\ 280(\text{N})\approx273\ \text{kN}$$

肢背和肢尖焊缝分担的内力，按式(1-22)、式(1-23)为

$$N_1=\eta_1 N-\frac{N_3}{2}=0.65\times800-\frac{273}{2}=383.5(\text{kN})$$

$$N_2=\eta_2 N-\frac{N_3}{2}=0.35\times800-\frac{273}{2}=143.5(\text{kN})$$

肢背和肢尖需要的焊缝实际长度，按式(1-26)、式(1-27)为

$$l_{w1}=\frac{N_1}{2\times0.7h_f f_f^w}+h_f=\frac{383.5\times10^3}{2\times0.7\times8\times160}+8=222(\text{mm})，\text{取 }225\text{ mm}$$

$$l_{w2}=\frac{N_2}{2\times0.7h_f f_f^w}+h_f=\frac{143.5\times10^3}{2\times0.7\times8\times160}+8=88(\text{mm})，\text{取 }90\text{ mm}$$

【例 1-5】 某钢板厚 14 mm，用角焊缝焊于工字钢的翼缘板上，翼缘板厚 20 mm。钢板承受静力荷载设计值 $F=585$ kN，如图 1-45 所示。Q235－B·F 钢，手工焊，E43 焊条，试求此角焊缝的焊脚尺寸 h_f。

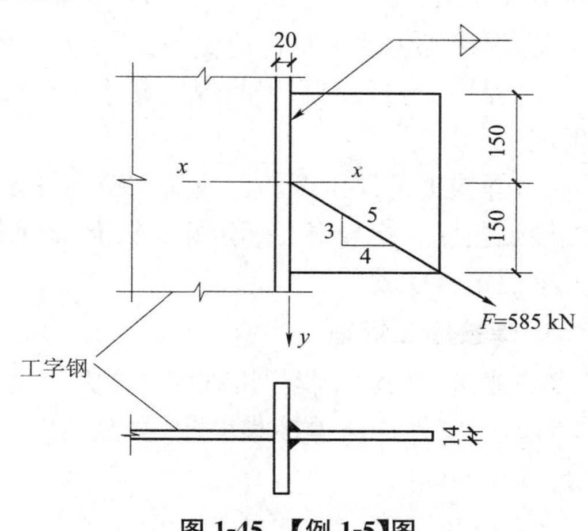

图 1-45 【例 1-5】图

【解】 对外力 F 而言，两角焊缝为斜向焊缝。把 F 分解成水平和竖向两分力：

$$F_x=\frac{4}{5}F=0.8\times585=468(\text{kN})$$

$$F_y=\frac{3}{5}F=0.6\times585=351(\text{kN})$$

外力通过焊缝形心，故焊缝应力：

$$\sigma_f=\frac{F_x}{2\times0.7h_f\times l_w}=\frac{468\times10^3}{2\times0.7h_f\times(300-10)}=\frac{1.153\times10^3}{h_f}$$

$$\tau_f=\frac{F_y}{2\times0.7h_f l_w}=\frac{351\times10^3}{2\times0.7h_f\times(300-10)}=\frac{0.865\times10^3}{h_f}$$

代入角焊缝的强度条件公式(1-15)，得：

$$\frac{10^3}{h_f}\sqrt{\left(\frac{1.153}{1.22}\right)^2+0.865^2}\leqslant160$$

即

$$h_f\geqslant\frac{10^3}{160}\sqrt{0.8932+0.7482}=8.0(\text{mm})$$

采用

$$h_f=8\text{ mm}>1.5\sqrt{t_{max}}=1.5\times\sqrt{20}=6.7(\text{mm})$$

$$<1.2t_{min}=1.2\times14=16.8(\text{mm})$$

4. 焊接工艺评定

(1)凡符合以下情况之一者，应在钢结构构件制作及安装施工前进行焊接工艺评定。

1)国内首次应用于钢结构工程的钢材(包括钢材与标准相符但微合金强化元素的类别和供货状态不同，或国外钢号国内生产)。

2)国内首次应用于钢结构工程的焊接材料。

3)设计规定的钢材类别、焊接材料、焊接方法、接头形式、焊接位置、焊后热处理制度以及施工单位所采用的焊接工艺参数、预热、后热措施等各种参数的组合条件为施工企业首次采用。

(2)焊接工艺评定应由结构制作、安装企业根据所承担钢结构的设计节点形式、钢材类型、规格、采用的焊接方法、焊接位置等，制订焊接工艺评定方案，拟定相应的焊接工艺评定指导书，按规定施焊试件、切取试样并由具有国家技术质量监督部门认证资质的检测单位进行检测试验。

(3)焊接工艺评定的施焊参数，包括热输入、预热、后热制度等，应根据被焊材料的焊接性制订。

(4)焊接工艺评定所用设备、仪表的性能，应与实际工程施工焊接相一致并处于正常工作状态。焊接工艺评定所用的钢材、焊钉、焊接材料必须与实际工程所用材料一致并符合相应标准要求，具有生产厂出具的质量证明文件。

(5)焊接工艺评定试件应由该工程施工企业中技能熟练的焊接人员施焊。

(6)焊接工艺评定所用的焊接方法、钢材类别、试件接头形式、施焊位置分类代号应符合规定。

(7)焊接工艺评定试验完成后，应由评定单位根据检测结果提出焊接工艺评定报告，连同焊接工艺评定指导书、评定记录、评定试样检验结果一起，报工程质量监督验收部门和有关单位审查备案。

5. 焊接施工管理

(1)建筑钢结构工程焊接难度可分为一般、较难和难三种情况。施工单位在承担钢结构焊接工程时，应具备与焊接难度相适应的技术条件。建筑钢结构工程的焊接难度可按表1-14区分。

表 1-14　建筑钢结构工程的焊接难度区分原则

焊接难度 影响因素 / 焊接难度	节点复杂程度和拘束度	板厚/mm	受力状态	钢材碳当量 C_{eq}/%
一般	简单对接、角接，焊缝能自由收缩	$t<30$	一般静载拉、压	<0.38
较难	复杂节点或已施加限制收缩变形的措施	$30 \leqslant t \leqslant 80$	静载且板厚方向受拉或间接动载	0.38～0.45
难	复杂节点或局部返修条件而使焊缝不能自由收缩	$t>80$	直接动载、抗震设防烈度大于8度	>0.45

(2)施工图中应标明下列焊接技术要求：

1)应明确规定结构构件使用钢材和焊接材料的类型和焊缝质量等级。有特殊要求时，应标明无损探伤的类别和抽查百分比。

2)应标明钢材和焊接材料的品种、性能及相应的国家现行标准，并应对焊接方法、焊缝坡口形式和尺寸、焊后热处理要求等作出明确规定。对于重型、大型钢结构，应明确规定工厂制作单元和工地拼装焊接的位置，标注工厂制作或工地安装焊缝符号。

3)制作与安装单位承担钢结构焊接工程施工图设计时，应具有与工程结构类型相适应的设计资质等级或由原设计单位认可。

4)钢结构工程焊接制作与安装单位应具备下列条件：

①应具有国家认可的企业资质和焊接质量管理体系。

②应具有相应资格的焊接技术责任人员、焊接质检人员、无损探伤人员、焊工、焊接预热和后热处理人员。

③对焊接技术难或较难的大型及重型钢结构、特殊钢结构工程，施工单位的焊接技术责任人员应由中、高级焊接技术人员担任。

④应具备与所承担工程的焊接技术难易程度相适应的焊接方法、焊接设备、检验和试验设备。

⑤ 属计量器具的仪器、仪表，应在计量检定有效期内。

⑥ 应具有与所承担工程的结构类型相适应的企业钢结构焊接规程、焊接作业指导书、焊接工艺评定文件等技术文件。

⑦ 特殊结构或采用屈服强度等级超过 390 MPa 的钢材、新钢种、特厚材料及焊接新工艺的钢结构工程的焊接制作与安装企业，应具备焊接工艺试验室和相应的试验人员。

5)建筑钢结构焊接有关人员的资格应符合下列规定：

①焊接技术责任人员应接受过专门的焊接技术培训，取得中级以上技术职称并有一年以上焊接生产或施工实践经验。

②焊接质检人员应接受过专门的技术培训，有一定的焊接实践经验和技术水平，并具

有质检人员上岗资质证。

③无损探伤人员必须由国家授权的专业考核机构考核合格，其相应等级证书应在有效期内，并应按考核合格项目及权限从事焊缝无损检测和审核工作。

④焊工应经考试合格并取得资格证书并在有效期内，其施焊范围不得超越资格证书的规定。

⑤气体火焰加热或切割操作人员应具有气割、气焊操作上岗证并在有效期内。

⑥焊接预热、后热处理人员应具备相应的专业技术。用电加热设备加热时，其操作人员应经过专业培训。

6)建筑钢结构焊接有关人员的职责应符合下列规定：

①焊接技术责任人员负责组织进行焊接工艺评定，编制焊接工艺方案及技术措施和焊接作业指导书或焊接工艺卡，处理施工过程中的焊接技术问题。

②焊接质检人员负责对焊接作业进行全过程的检查和控制，根据设计文件要求确定焊缝检测部位、填报签发检测报告。

③无损探伤人员应按设计文件或相应规范规定的探伤方法及标准，对受检部位进行探伤，填报签发检测报告。

④焊工应按焊接作业指导书或工艺卡规定的工艺方法、参数和措施进行焊接。当遇到焊接准备条件、环境条件及焊接技术措施不符合焊接作业指导书要求时，应要求焊接技术责任人员采取相应整改措施，必要时应拒绝施焊。

⑤ 焊接预热、后热处理人员应按焊接作业指导书及相应的操作规程进行作业。

6. 焊接活动训练

活动一：手工电弧焊

能力标准和要求：熟悉手工电弧焊的应用、设备；掌握手工电弧焊的要点。

(1)手工电弧焊的设备：电源设备、焊钳、软电缆、焊条、焊件、地线、弧光眩目罩、BX-500 型交流弧焊机(图 1-46)。

(2)联路。如图 1-47 所示的联路示意图。

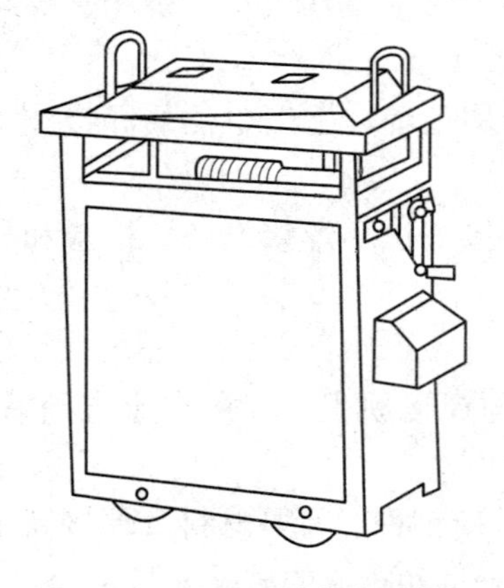

图 1-46　BX-500 型交流弧焊机

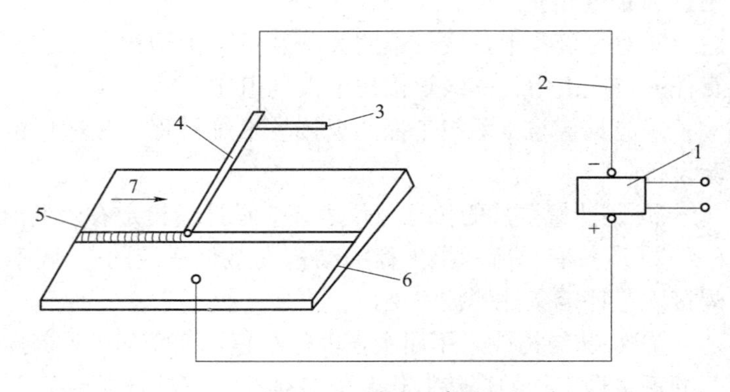

图 1-47　联路示意图

1—弧焊机；2—软电缆；3—焊钳；4—焊条；
5—焊缝；6—焊件；7—焊接方向

(3)施焊。首先，使分接电焊机两极的焊条和焊件瞬间短路打火；然后，迅速将焊条提起少许，此时强大电流会通过焊条端部与焊件间的空隙，使空气离子化引发出电弧，使焊条和焊件迅速熔化。随着熔池中金属的冷却、结晶，即形成焊缝，并将焊件连成整体。

(4)注意事项。

1)焊接电流。焊接电流必须选用得当。电流过大，会使焊条芯过热，致使涂药过早脱落，增加飞溅和烧损，降低燃弧的稳定性，使焊缝成形困难；同时，易造成焊缝两边咬边，根部过薄和烧穿；平焊、立焊和横焊位置的根部出现焊瘤，仰焊位置根部出现凹陷。对于合金钢来说，金属组织过热，焊缝及近缝区金属容易变质，机械强度降低。若电流过小，则熔深不够，又易造成焊不透和熔化不良。同时，由于电弧热能小，熔金属冷凝快，而形成焊缝中的夹渣和气孔。

2)施工现场电流大小的判定。根据电弧吹力、熔池深浅、焊条熔化速度、飞溅大小来判断。电流过大时，电弧吹力就大，熔深就深，焊条熔化速度就快，飞溅就大。由于飞溅大，造成焊缝两边的表面很不干净。电流太小时，电弧吹力小，熔池很浅，焊条熔化速度极慢，飞溅特别小，而且熔渣和铁水不易分离和辨别。电流适合时，不仅电弧吹力、熔池深浅、焊条熔化速度、飞溅等都适当，而且熔渣与铁水也容易分离和辨别。据焊缝形状判断：电流过大时，焊缝波纹较低，外形不规则，沿焊缝有咬边现象，如图 1-48 中 a 处所示；电流太小时，焊波窄而高，焊缝两侧与基本金属熔合得很不平整，甚至缺乏充分熔合，如图 1-48 中 b 处所示；电流适合时，焊缝两侧与基本金属结合得很好，是缓坡形，如图 1-48 中 c 处所示。连接焊把的电缆易发热，焊条后半截发红等都是电流过大的表现。电流过小时，焊条容易粘在焊件上。

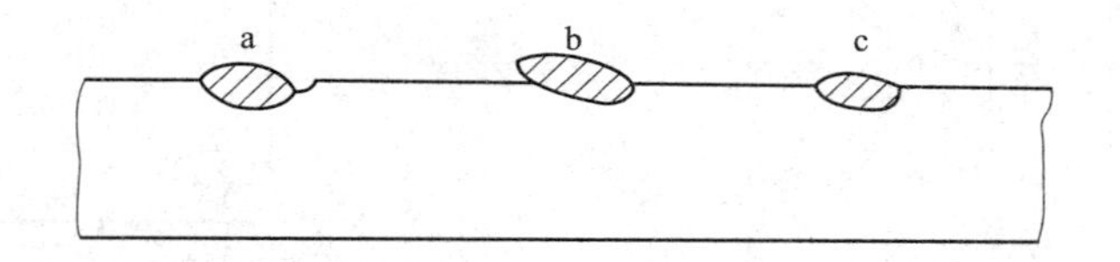

图 1-48　不同电流时的焊缝形状

a—电流过大；b—电流太小；c—电流适合

活动二：钢结构对接焊缝

(1)能力标准和要求：了解设计图纸中对接焊缝与施工实际的关系，掌握对接焊缝的施工工艺及焊缝检测。

(2)内容。

1)识读图纸。

2)对接焊缝构造的技术交底，即画出对接焊缝坡口大样，写出施焊技术要点。

3)进行对接焊缝质量检验，主要是外观检验，写出检验报告。

活动三：钢结构角焊缝

(1) 能力标准和要求：了解设计图纸中角焊缝与施工实际的关系，掌握角焊缝的施工工艺及焊缝检测。

(2)内容。

1)识读图纸。

2)角焊缝构造的技术交底，写出施焊技术要点。

3)进行角焊缝质量检验，主要是外观检验，写出检验报告。

(三)普通螺栓连接

概述：普通螺栓连接的构造及计算

1. 普通螺栓连接的构造

(1)普通螺栓的形式和规格。钢结构采用的普通螺栓形式为六角头型，粗牙普通螺纹，其代号用字母 M 与公称直径表示，工程中常用 M16、M20、M22 和 M24。螺栓的最大连接长度随螺栓直径而异，选用时宜控制其不超过螺栓标准中规定的夹紧长度，一般为 4～6 倍螺栓直径(大直径螺栓取大值；反之取小值。高强度螺栓为 5～7 倍)，即螺栓直径不宜小于 1/4～1/6(或 1/5～1/7)夹紧长度，以免出现板叠过厚而紧固力不足和螺栓过于细长而受力弯曲的现象，影响连接的受力性能。另外，螺栓长度还应考虑螺栓头部及螺母下各设一个垫圈和螺栓拧紧后外露丝扣不少于 2～3 扣。对直接承受动力荷载的普通螺栓，应采用双螺母或其他能防止螺母松动的有效措施(设弹簧垫圈、将螺纹打毛或螺母焊死)。

C 级螺栓的孔径比螺栓杆径大 1.5～3 mm。具体为 M12、M16 为 1.5 mm；M18、M22、M24 为 2 mm；M27、M30 为 3 mm。

(2)螺栓的排列。螺栓的排列应遵循简单紧凑、整齐划一和便于安装紧固的原则，通常采用并列和错列两种形式，如图 1-49(a)所示。并列简单，但栓孔削弱截面较大；错列可减少截面削弱，但排列较繁。

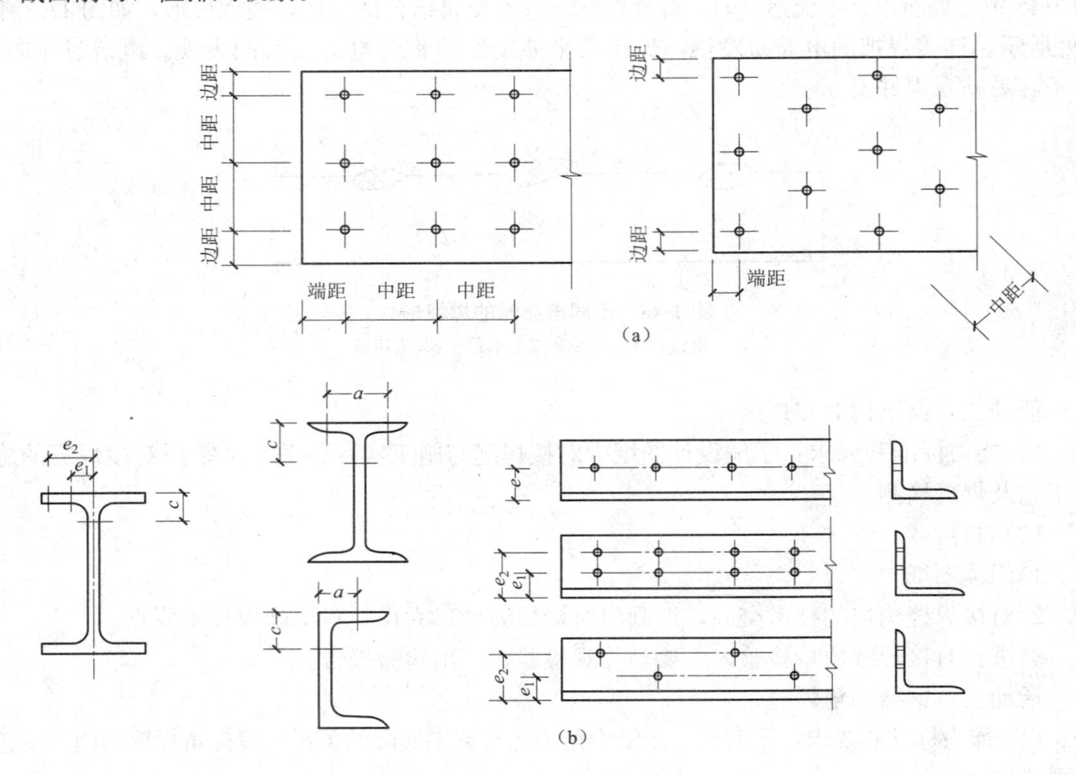

图 1-49　螺栓的排列

无论采用何种排列，螺栓的中距(螺栓中心间距)、端距(顺内力方向螺栓中心至构件边缘距离)和边距(垂直内力方向螺栓中心至构件边缘距离)应满足下列要求：

1)受力要求。螺栓任意方向的中距以及边距和端距均不应过小，以免构件在承受拉力作用时，加剧孔壁周围的应力集中和防止钢板过度削弱而承载力过低，造成沿孔与孔或孔与边间拉断或剪断。当构件承受压力作用时，顺压力方向的中距不应过大，否则螺栓间钢板可能失稳，形成鼓曲。

2)构造要求。螺栓的中距不应过大，否则钢板不能紧密贴合。外排螺栓的中距以及边距和端距更不应过大，以防止潮气侵入，引起锈蚀。

3)施工要求。螺栓间应有足够距离，以便于转动扳手，拧紧螺母。

《钢结构设计规范》(GB 50017—2003)根据上述要求制定的螺栓的最大、最小容许距离见表 1-15。排列螺栓时，宜按最小容许距离取用，且应取 5 mm 的倍数，并按等距离布置，以缩小连接的尺寸。最大容许距离，一般只在起联系作用的构造连接中采用。

表 1-15　螺栓的最大、最小容许距离

<table>
<tr><th>名称</th><th colspan="3">位置和方向</th><th>最大容许距离
(取两者的较小值)</th><th>最小容许距离</th></tr>
<tr><td rowspan="5">中心间距</td><td colspan="3">外排(垂直内力方向或顺内力方向)</td><td>$8d_0$ 或 $12t$</td><td rowspan="5">$3d_0$</td></tr>
<tr><td rowspan="4">中间排</td><td colspan="2">垂直内力方面</td><td>$16d_0$ 或 $24t$</td></tr>
<tr><td rowspan="2">顺内力方向</td><td>构件受压力</td><td>$12d_0$ 或 $18t$</td></tr>
<tr><td>构件受拉力</td><td>$16d_0$ 或 $24t$</td></tr>
<tr><td colspan="2">沿对角线方向</td><td>—</td></tr>
<tr><td rowspan="4">中心至构件边缘距离</td><td colspan="3">顺内力方向</td><td rowspan="4">$4d_0$ 或 $8t$</td><td>$2d_0$</td></tr>
<tr><td rowspan="3">垂直内力方向</td><td colspan="2">剪切边或手工气割边</td><td>$1.5d_0$</td></tr>
<tr><td rowspan="2">轧制边、自动精密气割或锯割边</td><td>高强度螺栓</td><td rowspan="2">$1.2d_0$</td></tr>
<tr><td>其他螺栓</td></tr>
<tr><td colspan="6">注：①d_0 为螺栓孔直径，t 为外层较薄板件的厚度。
②钢板边缘与刚性构件(如角钢、槽钢等)相连的螺栓的最大间距，可按中间排的数值采用。</td></tr>
</table>

工字钢、槽钢、角钢上螺栓的排列如图 1-49(b)所示，除应满足表 1-15 规定的最大、最小容许距离外，还应符合各自的线距和最大孔径 d_{0max} 的要求(表 1-16、表 1-17、表 1-18)，以使螺栓大小和位置适当并便于拧固。H 型钢腹板上和翼缘上螺栓的线距和最大孔径，可分别参照工字钢腹板和角钢的选用。

表 1-16　工字钢翼缘和腹板上螺栓的最小容许线距和最大孔径

型号	12.6	14	16	18	20	22	25	28	32	36	40	45	50	56	63
a	40	45	50	50	55	60	65	70	75	80	80	85	90	90	95
c	40	45	45	45	50	50	55	60	60	65	70	75	75	75	75
d_{0max}	11.5	13.5	15.5	17.5	17.5	20	20	20	22	24	24	26	26	26	26

表 1-17　槽钢翼缘和腹板上螺栓的最小容许线距和最大孔径

型号	12.6	14	16	18	20	22	25	28	32	36	40
a	30	35	35	40	40	45	45	45	50	55	60
c	40	45	50	50	55	55	55	60	65	70	75
$d_{0\max}$	17.5	17.5	20	22	22	22	22	24	24	26	26

表 1-18　角钢上螺栓的最小容许线距和最大孔径

肢宽		40	45	50	56	63	70	75	80	90	100	110	125	140	160	180	200
单行	e	25	25	30	30	35	40	40	45	50	55	60	70				
	$d_{0\max}$	11.5	13.5	13.5	15.5	17.5	20	22	22	24	24	26	26				
双行错列	e_1												55	60	70	70	80
	e_2												90	100	120	140	160
	$d_{0\max}$												24	24	26	26	26
双行并列	e_1														60	70	80
	e_2														130	140	160
	$d_{0\max}$														24	24	26

2. 普通螺栓连接的计算

(1)受剪的普通螺栓连接。

1)受剪螺栓连接在达极限承载力时可能出现以下五种破坏形式：

①栓杆剪断[图 1-50(a)]：当螺栓直径较小而钢板相对较厚时可能发生。

②孔壁挤压破坏[图 1-50(b)]：当螺栓直径较大而钢板相对较薄时可能发生。

③钢板拉断[图 1-50(c)]：当钢板因螺孔削弱过多时可能发生。

④端部钢板剪断[图 1-50(d)]：当顺受力方向的端距过小时可能发生。

⑤栓杆受弯破坏[图 1-50(e)]：当螺栓过长时可能发生。

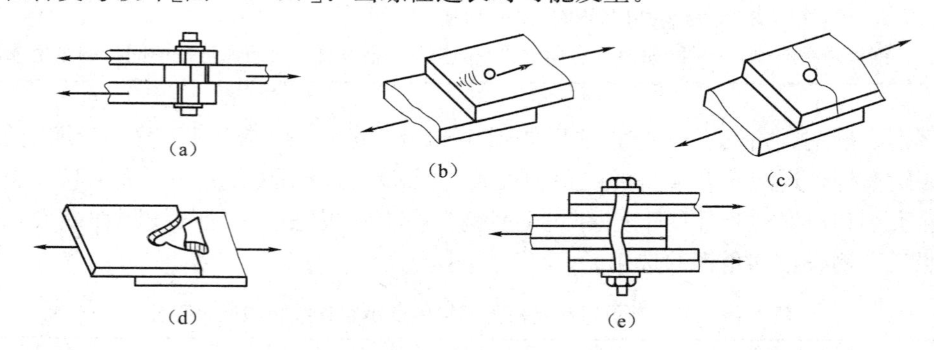

图 1-50　受剪螺栓连接的破坏形式

(a)栓杆剪断；(b)孔壁挤压破坏；(c)钢板拉断；(d)端部钢板剪断；(e)栓杆受弯破坏

上述破坏形式中的后两种，在选用最小容许端距 $2d$ 和使螺栓的夹紧长度不超过 4～6 倍螺栓直径的条件下，均不会产生。但对其他三种形式的破坏，则须通过计算来防止。

2)计算方法。

①单个普通螺栓受剪时的抗剪承载力设计值(假定螺栓受剪面上的剪应力为均匀分布):

$$N_v^b = n_v \frac{\pi d^2}{4} f_v^b \tag{1-34}$$

式中 n_v——受剪面数目，单剪 $n_v=1$、双剪 $n_v=2$、四剪 $n_v=4$(图 1-51);

d——螺栓杆直径;

f_v^b——螺栓的抗剪强度设计值。根据试验值确定，见附表 1-4。

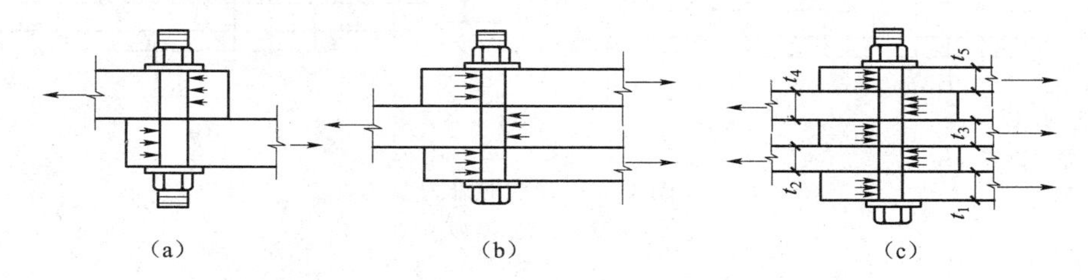

图 1-51 受剪螺栓的计算

(a)单剪;(b)双剪;(c)四剪

②单个普通螺栓受剪时的承压承载力设计值(假定承压应力沿螺栓直径的投影面均匀分布):

$$N_c^b = d\sum t f_c^b \tag{1-35}$$

式中 $\sum t$——在同一受力方向的承压构件的较小总厚度[如图 1-51(c)中的四剪，$\sum t$ 取 $t_1+t_3+t_5$ 或 t_2+t_4 中的较小值];

f_c^b——螺栓的(孔壁)承压强度设计值。与构件的钢号有关，根据试验值确定，见附表 1-4;

d——螺栓杆直径。

③普通螺栓群受轴心剪力作用时的数目计算。图 1-52 所示为一受轴心力 N 作用的螺栓连接双盖板对接接头。尽管 N 通过螺栓群形心，但试验证明，各螺栓在弹性工作阶段受力并不相等，两端大、中间小。但在进入弹塑性工作阶段后，由于内力重分布，各螺栓受力将逐渐趋于相等，故可按平均受力计算。因此，连接一侧螺栓需要的数目为:

$$n = \frac{N}{N_{min}^b} \tag{1-36}$$

《钢结构设计规范》(GB 50017—2003)规定，每一杆件在节点上以及拼接接头的一端，永久螺栓数不宜少于两个，图 1-52(a)所示为并列排布，图 1-52(b)所示为错列排布。

在构件的节点处或拼接接头的一端，当螺栓沿受力方向的连接长度 l_1[图 1-52(a)]过大时，根据试验资料，各螺栓的受力将很不均匀，端部螺栓受力最大，往往首先破坏，然后，依次逐个向内破坏。因此,《钢结构设计规范》(GB 50017—2003)规定，对 $l_1>15d_0$ 时的螺栓(包括高强度螺栓)的承载力设计值 N_{min}^b 应乘以下列折减系数给予降低，即:

当 $l_1>15d_0$ 时 $$\beta = 1.1 - \frac{l_1}{150d_0} \tag{1-37}$$

当 $l_1 \geqslant 60d_0$ 时 $$\beta = 0.7 \tag{1-38}$$

对搭接或用拼接板的单面连接和加填板的连接，由于螺栓偏心受力，其数目应适当增加。

④验算净截面强度。为防止构件或连接板因螺孔削弱而拉(或压)断，还须按下式验算

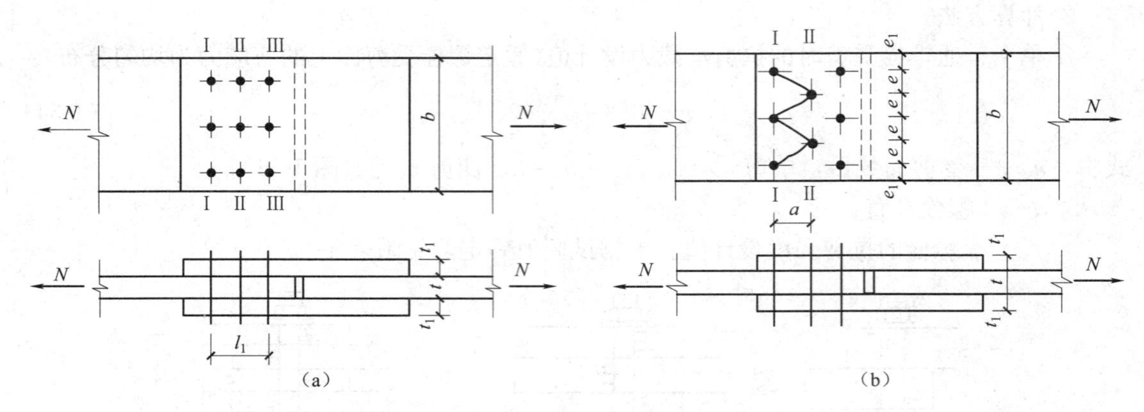

图 1-52　螺栓的排列

(a)并列排布；(b)错列排布

连接开孔截面的净截面强度：

$$\sigma=\frac{N}{A_n}\leqslant f \tag{1-39}$$

式中　A_n——构件或连接板的净截面面积；

　　f——钢材的抗拉(或抗压)强度设计值。

净截面强度验算应选择构件或连接板的最不利截面，即内力最大或螺孔较多的截面。如图 1-52(a)所示螺栓为并列布置时，构件最不利截面为截面Ⅰ－Ⅰ，其内力最大为 N。而截面Ⅱ－Ⅱ和Ⅲ－Ⅲ因前面螺栓已传递部分力，故内力分别递减。但对连接板各截面，因受力相反，截面Ⅲ－Ⅲ受力最大，即为 N，故还须按下面公式比较它和构件截面，以确定最不利截面(A_n 最小)。

$$A_n=(b-n_1d_0)t \tag{1-40}$$

$$A_n=2(b-n_3d_0)t_1 \tag{1-41}$$

式中　n_1、n_3——截面Ⅰ－Ⅰ和Ⅲ－Ⅲ上的螺孔数；

　　t、t_1、b——构件和连接板的厚度及宽度。

当螺栓为错列布置时[图 1-52(b)]，构件或连接板除可能沿直线截面Ⅰ－Ⅰ破坏外，还可能沿折线截面Ⅱ－Ⅱ破坏，因其长度虽较大，但螺孔较多，故须按下式计算净截面面积，以确定最不利截面：

$$A_n=[2e_1+(n_2-1)\sqrt{a^2+e^2}-n_2d_0]t \tag{1-42}$$

式中　n_2——折线截面Ⅱ－Ⅱ上的螺孔数。

【例 1-6】　如图 1-53 所示，两截面为 400 mm×14 mm 的钢板，采用双盖板和C级普通螺栓拼接，螺栓 M20，钢材 Q235，承受轴心拉力设计值 N=960 kN，试设计此连接。

【解】　1. 确定连接盖板截面

采用双盖板拼接，截面尺寸选 400 mm×7 mm，与被连接钢板截面面积相等，钢材也采用 Q235。

2. 确定所需螺栓数目和螺栓排列布置

由附表 1-4 查得 f_v^b=140 N/mm²，f_c^b=305 N/mm²。

单个螺栓受剪承载力设计值：

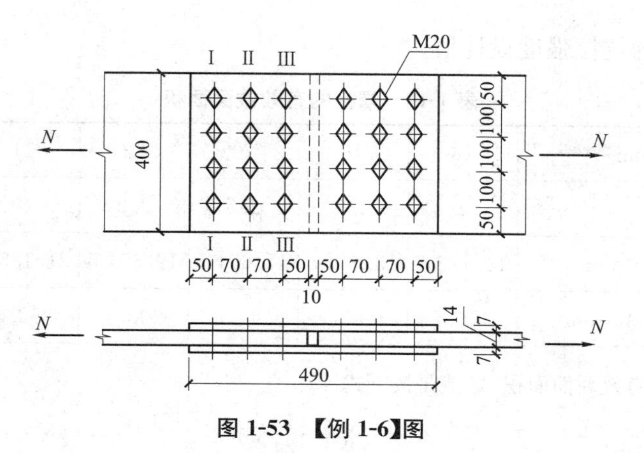

图 1-53 【例 1-6】图

$$N_{v}^{b}=n_{v}\frac{\pi d^{2}}{4}f_{v}^{b}=2\times\frac{\pi\times 20^{2}}{4}\times 140=87\ 964(\text{N})$$

单个螺栓承压承载力设计值：

$$N_{c}^{b}=d\sum tf_{c}^{b}=20\times 14\times 305=85\ 400(\text{N})$$

则连一侧所需螺栓数目为：

$$n=\frac{N}{N_{\min}^{b}}=\frac{960\times 10^{3}}{85\ 400}=11，取\ n=12$$

采用图 1-53 所示的并列布置。连接盖板尺寸采用 2－400 mm×7 mm×490 mm，其螺栓的中距边距和端距均满足要求。另 $l_1=140\ \text{mm}<15d_0=15\times 22=330(\text{mm})$，螺栓数目不应增加。

3. 验算连接板件的净截面强度

连接钢板在截面Ⅰ－Ⅰ受力最大为 N，连接盖板则是截面Ⅲ－Ⅲ受力最大为 N，但因两者钢材、截面面积均相同，故只验算连接钢板。取螺栓孔径 $d_0=22$ mm，连接钢板的 $f=215\ \text{N/mm}^2$。

$$A_{n}=(b-n_{1}d_{0})t=(400-4\times 22)\times 14=4\ 368(\text{mm}^{2})$$

$$\sigma=\frac{N}{A_{n}}=\frac{960\times 10^{3}}{4\ 368}=219.8(\text{N/mm}^{2})\approx f=215\ \text{N/mm}^{2}(满足)$$

(2)受拉的普通螺栓连接。

1) 受力性能和破坏形式。图 1-54 所示为一螺栓连接的 T 形接头。在外力 N 作用下，构件相互间有分离趋势，从而使螺栓沿杆轴方向受拉。受拉螺栓的破坏形式是栓杆被拉断，其部位多在被螺纹削弱的截面处。

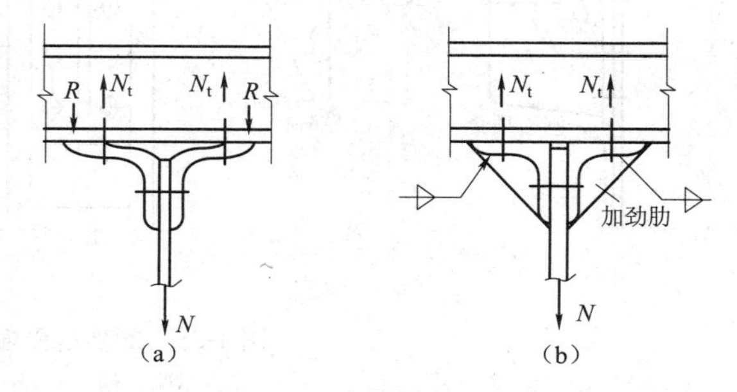

图 1-54 受拉螺栓连接

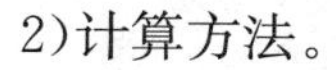
2)计算方法。

①单个受拉螺栓的承载力设计值。假定拉应力在螺栓螺纹处截面上均匀分布，因此，单个螺栓的抗拉承载力设计值为

$$N_{t}^{b}=A_{e}f_{t}^{b}=\frac{\pi d_{e}^{2}}{4}f_{t}^{b}\qquad(1\text{-}43)$$

式中 A_e，d_e——螺栓螺纹处的有效截面面积和有效直径，按表 1-19 选用；

f_t^b——螺栓的抗拉强度设计值。

表 1-19　螺栓的有效截面面积

螺栓直径 d/mm	16	18	20	22	24	27	30
螺距 p/mm	2	2.5	2.5	2.5	3	3	3.5
螺栓有效直径 d_e/mm	14.123 6	15.654 5	17.654 5	19.654 5	21.185 4	24.185 4	26.716 3
螺栓有效截面面积 A_e/mm²	156.7	192.5	244.8	303.4	352.5	459.4	560.6

注：表中的螺栓有效截面面积 A_e 值是按下式计算：

$$A_e=\frac{\pi}{A}\left(d-\frac{13}{24}\sqrt{3}p\right)^2$$

在螺栓连接的T形接头中，构造上一般须采用连接件，如图 1-54(b)中角钢或钢板，以加强连接件的刚度，减少螺栓中的附加力 R，如图 1-54(a)所示。

②普通螺栓群受轴心拉力作用时的计算。当外力 N 通过螺栓群形心时，假定每个螺栓所受的拉力相等，因此连接所需螺栓数目为

$$n=\frac{N}{N_t^b} \tag{1-44}$$

③普通螺栓群受偏心拉力作用时的计算。图 1-55 所示为钢结构中常见的一种普通螺栓连接形式(如屋架下弦端部与柱的连接)。螺栓群受偏心拉力 F(与图中所示的 $M=Fe$ 和 $N=F$ 共同作用等效)和剪力 V 作用。由于有焊在柱上的支托承受剪力 V，故螺栓群只承受偏心拉力 N 的作用。但在计算时，还须根据偏心距的大小，将其区分为小偏心和大偏心两种情况。

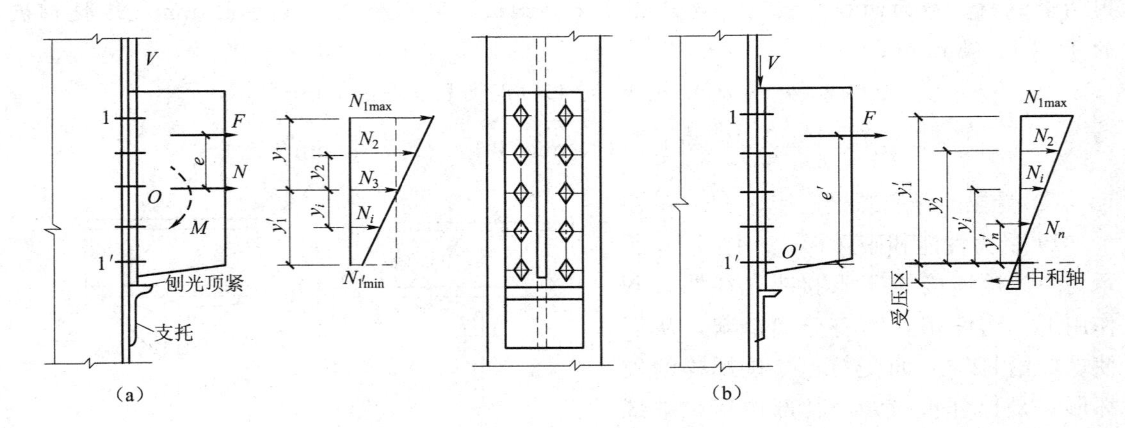

图 1-55　螺栓群受偏心拉力作用

(a)小偏心情况；(b)大偏心情况

a. 小偏心情况：偏心距 e 不大，弯矩 M 不大，连接以承受轴心拉力 N 为主时。此种情况时，螺栓群将全部受拉，下部端板不出现受压区，故在计算 M 产生的螺栓内力时，中和轴应取在螺栓群的形心轴 O 处，螺栓内力按三角形分布(上部螺栓受拉、下部螺栓受压)，即每个螺栓 i 所受拉力或压力的大小与该螺栓至中和轴 O 的距离 y_i 成正比；在轴心拉力 N

作用下，每个螺栓均匀受力，由此可得，顶端和底端螺栓“1”和“1′”由弯矩 M 和 N 产生的拉力和压力为

$$N_{1\max}=\frac{N}{n}+\frac{Ney_1}{m\sum y_i^2}\leqslant N_t^b \tag{1-45}$$

$$N_{1'\min}=\frac{N}{n}-\frac{Ney_{1'}}{m\sum y_i^2}\geqslant 0 \tag{1-46}$$

式中　y_1，$y_1{}'$为螺栓“1”和“1′”至中和轴 O 的距离；m 为螺栓列数，图 1-55 中 $m=2$。

若式(1-46)中 $N_{1'\min}<0$ 或 $e>m\sum y_i^2/ny_{1'}$，则表示最下一排螺栓“1′”为受压(实际是端板底部受压)，此时须改用下述大偏心情况计算。

b. 大偏心情况：偏心距 e 较大，弯矩 M 较大时。此种情况时，端板底部会出现受压区，如图 1-55(b)所示，中和轴位置将下移。为简化计算，可近似地将中和轴假定在(弯矩指向一侧)最外一排螺栓轴线 O' 处。因此，与小偏心情况相似方法，由力的平衡条件(端板底部压力的力矩因力臂很小可忽略)，可得最不利螺栓“1”所受的拉力和应满足的强度条件为：

$$N_{1\max}=\frac{Fe'y'_1}{m\sum y_i'^2}\leqslant N_t^b \tag{1-47}$$

式中　e'、$y_1{}'$、y_i'——自轴线 O' 计算的偏心距及至螺栓“1”和螺栓 i 的距离。

④螺栓群受弯矩作用时的计算。图 1-56 所示为钢结构常见的另一种普通螺栓连接形式，如牛腿或梁端部与柱的连接。螺栓群受偏心力 F 或弯矩 $M(M=Fe)$ 和剪力 $V(V=F)$ 的共同作用。由于有焊在柱上的支托板承受剪力 V，故螺栓群只承受弯矩的作用。此种情况类似于前述螺栓群受偏心力作用时的大偏心(弯矩较大)状态，即中和轴可近似地取在弯矩指向一侧最外一排螺栓轴线 O' 处，并同样可得类似式(1-47)计算最不利螺栓 1 所受的拉力和应满足的强度条件为

$$N_{1\max}=\frac{My'_1}{m\sum y_i'^2}\leqslant N_t^b \tag{1-48}$$

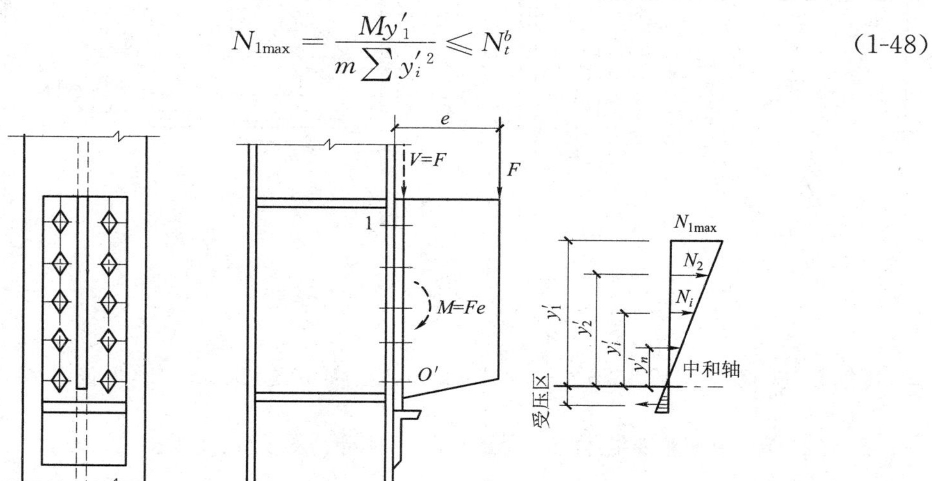

图 1-56　螺栓群受弯矩作用

【例 1-7】　试设计一梁端部和柱翼缘的 C 级螺栓连接，柱上设有支托板(图 1-57)。承受的竖向剪力 $V=350$ kN，弯矩 $M=60$ kN·m(均为设计值)。梁和柱钢材均为 Q235 钢。

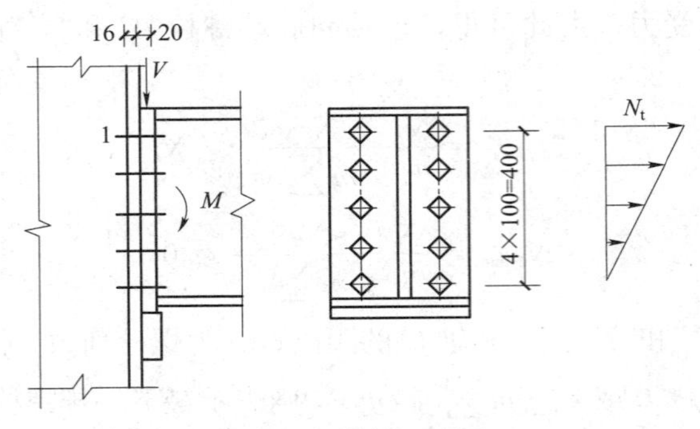

图 1-57 【例 1-7】图

【解】 初选 10 个 M20 螺栓，$d_0=22$ mm，并按图中尺寸排列。中距布置较大，以增加抵抗弯矩能力。

单个螺栓的抗拉承载力设计值按式(1-43)计算，即：

$$N_t^b=A_e f_t^b=244.8\times170=41\ 616\ \text{N}=41.6(\text{kN})$$

由式(1-48)得：

$$N_{1\max}=\frac{My_1'}{m\sum y_i'^2}=\frac{60\times10^2\times40}{2\times(10^2+20^2+30^2+40^2)}=40(\text{kN})<N_t^b=41.6\ \text{kN}(满足)$$

【例 1-8】 如图 1-58(a)所示的屋架下弦端节点 A，其连接如图 1-58(b)所示。图中下弦、腹杆与节点板等在工厂焊成整体，在工地吊装就位于柱的支托处，然后用螺栓与柱连成整体，钢材 Q235，C 级普通螺栓 M22。试验算该连接的螺栓是否安全。

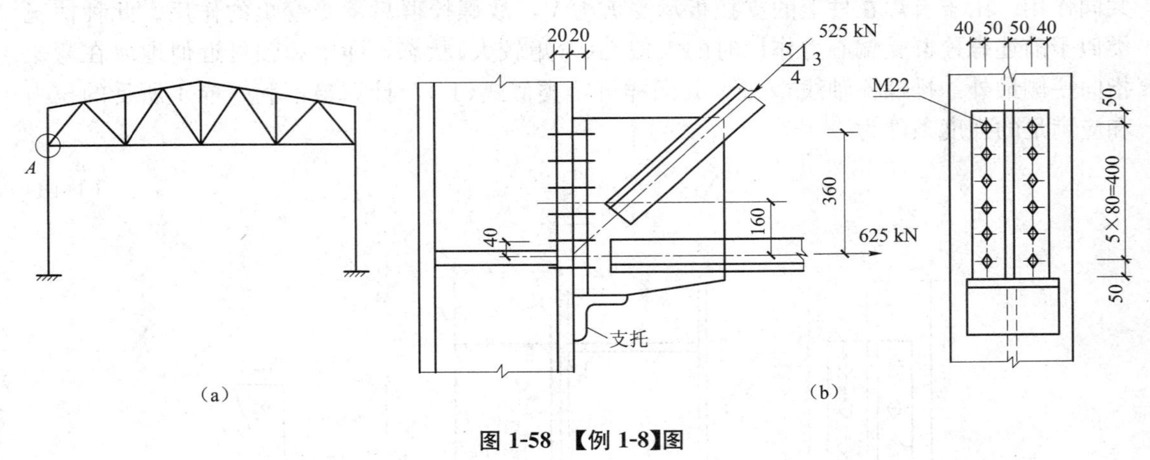

图 1-58 【例 1-8】图

【解】 竖向剪力 $V=525\times\dfrac{3}{5}=315(\text{kN})$，全部由支托承担；水平偏心力 $N=625-525\times\dfrac{4}{5}=205(\text{kN})$，由螺栓群连接承受(最底排螺栓受力最大)。

1. 单个螺栓的抗拉承载力设计值

由附表 1-4 查得，$f_t^b=170\ \text{N/mm}^2$，由表 1-19 查得，螺栓 $A_e=303.4\ \text{mm}^2$。

$N_t^b=A_e f_t^b=303.4\times170=51\ 578(\text{N})$

2. 螺栓强度验算

下弦杆轴线距螺栓群中心 $e=160$ mm。

$$N_{\min}=\frac{N}{n}-\frac{My_1}{m\sum y_i^2}=\frac{205\times10^3}{12}-\frac{205\times10^3\times160\times200}{2\times(40^2+120^2+200^2)\times2}$$

$$=17\,083-29\,286=-12\,203(\mathrm{N})<0$$

由于 $N_{\min}<0$，表示端板上都有受压区，属于大偏心情况。此时，螺栓群转动轴在最顶排螺栓，最底排螺栓受力最大值为 $N_{\max}$。下弦杆轴线距顶排螺栓 $e'=360$ mm。

$$N_{\max}=\frac{Ne'y_1'}{m\sum y_i'^2}=\frac{205\times10^3\times360\times400}{2\times(80^2+160^2+240^2+320^2+400^2)}=41\,932(\mathrm{N})<N_t^b=51\,578\ \mathrm{N}\text{（满足）}$$

3. 普通螺栓连接活动训练

能力标准及要求：能进行普通受剪螺栓连接的设计、施工技术指导及质量检验。

任务：制作【例 1-6】的连接。

步骤：

(1)材料准备：加工好的钢板：构件板为 2—400 mm×14 mm，长为 500 mm，连接板为 2—400 mm×7 mm×490 mm，钢材为 Q235；M20 的 C 级螺栓 24 个，冲钉 16 个；手动扳手，划针，台式钻床，直尺，游标卡尺，孔径量规，小锤。

(2)测量、画线：用直尺测量并用划针画细“+”线给螺栓定位。

(3)螺栓孔加工：用台式钻床钻孔，$d_0=22$ mm，并用游标卡尺或孔径量规检验，允许误差≤1 mm。

(4)螺栓安装：首先，将冲钉打入试件孔定位；然后逐个换成螺栓，先用手拧紧，再用手动扳手拧紧，顺序是从里向外。

(5)螺栓紧固检查：紧固应牢固、可靠，外露丝扣不应少于两扣。用小锤敲击法进行普查，防止漏拧。“小锤敲击法”是用手指紧按住螺母的一个边，按的位置尽量靠近螺母垫圈处，然后宜采用 0.3～0.5 kg 重的小锤敲击螺母相对应的另一个边(手按边的对边)，如手指感到轻微颤动即为合格，颤动较大即为欠拧或漏拧，完全不颤动即为超拧。

(四)钢结构受弯构件——钢梁

概述：钢结构受弯构件、轴心受力构件、拉弯和压弯构件的基本概念、受力性能、基本计算公式和设计思路，钢梁、钢柱、柱头、柱脚的连接构造。

1. 梁的设计要点

荷载垂直作用于杆件轴线的构件被称为受弯构件，如楼(屋)盖梁、吊车梁等。钢梁按截面形式可分为型钢梁和组合梁两大类。型钢梁是指工字钢或槽钢、H 型钢独立组成的钢梁；组合梁指由几块钢板经焊接组成的工字梁、箱形梁等，如图 1-59 所示。

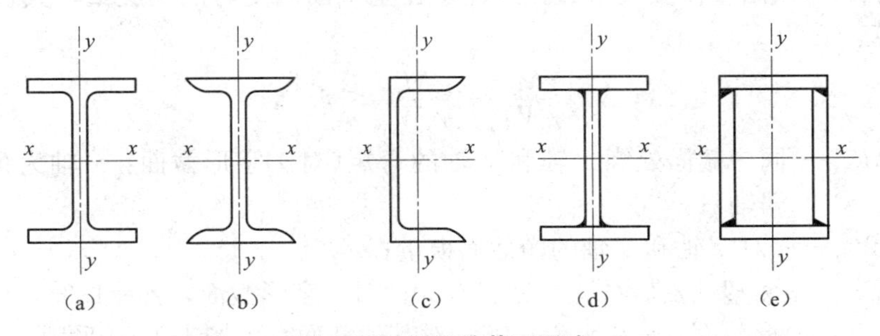

图 1-59　钢梁的截面形式

梁的设计要点有截面选择、强度、刚度、整体稳定、局部稳定、构造设计等几个方面，下面分别予以介绍。

(1)梁的强度。荷载在梁内引起弯矩 M 和剪力 V，因此，需验算抗弯强度和抗剪强度。当梁的上翼缘有荷载作用而又未设横向加劲肋时，应验算腹板边缘的局部压应力强度。对梁中弯曲应力、剪应力和局部压应力共同作用的部位，应验算折算应力。

1)抗弯强度。钢梁在弯矩作用下，梁截面的正应力将经历弹性、弹塑性和塑性三个应力阶段(图 1-60)。

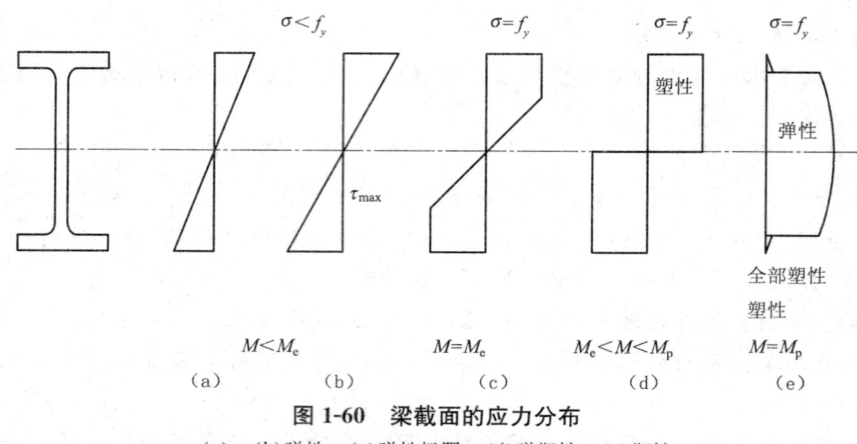

图 1-60　梁截面的应力分布

(a)、(b)弹性；(c)弹性极限；(d)弹塑性；(e)塑性

①弹性工作阶段：这时弯矩较小，截面上的正应力是直线分布，其最大正应力 $\sigma=\dfrac{M}{W_n}$ [图 1-60(a)、(b)、(c)]。

②弹塑性工作阶段：随着荷载的增加，弯矩引起的正应力 σ 进一步加大，截面外边缘部分逐渐进入塑性状态，中间部分仍保持弹性[图 1-60(d)]。

③塑性工作阶段：荷载继续增加，梁截面中间部分的正应力 σ 全部达到屈服强度 f_y，弹性区消失，截面全部进入塑性工作阶段，形成塑性铰[图 1-60(e)]。这时，梁的截面弯矩称为塑性弯矩 M_p：

$$M_p=W_{pn}f_y \tag{1-49}$$

式中　W_{pn}——梁的净截面塑性模量。

《钢结构设计规范》(GB 50017—2003)考虑到梁在塑性阶段变形过大，受压翼缘可能过早丧失局部稳定，而取梁内塑性发展到一定深度(弹塑性阶段)作为梁抗弯设计的依据。取 $W_{pn}\approx\gamma W_n$，γ 称为截面塑性发展系数。因此，在主平面内受弯的实腹梁，其抗弯强度应按下列规定计算：

$$\frac{M_x}{\gamma_x W_{nx}}+\frac{M_y}{\gamma_y W_{ny}}\leqslant f \tag{1-50}$$

式中　M_x，M_y——同一截面处绕 x 轴和 y 轴的弯矩(对工字形截面：x 轴为强轴，y 轴为弱轴)；

W_{nx}，W_{ny}——对 x 轴和 y 轴的净截面模量；

γ_x，γ_y——截面塑性发展系数，见表 1-20；对工字形截面，$\gamma_x=1.05$，$\gamma_y=1.20$；对箱形截面，$\gamma_x=\gamma_y=1.05$；对其他截面，可按表 1-20 采用；

f——钢材的抗弯强度设计值。

表 1-20　截面塑性发展系数 γ_x、γ_y

项次	截面形式	γ_x	γ_y
1	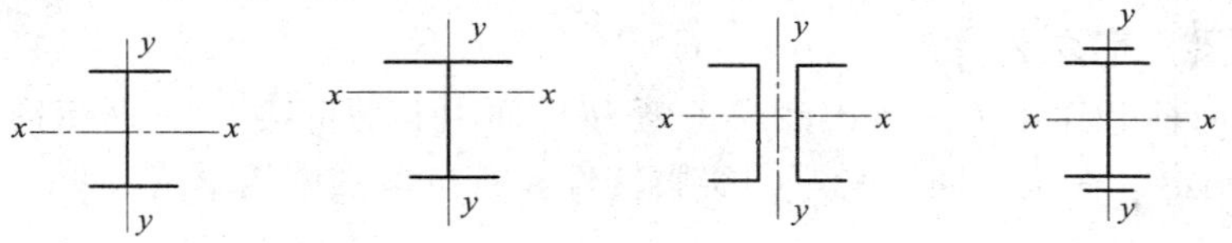	1.05	1.2
2	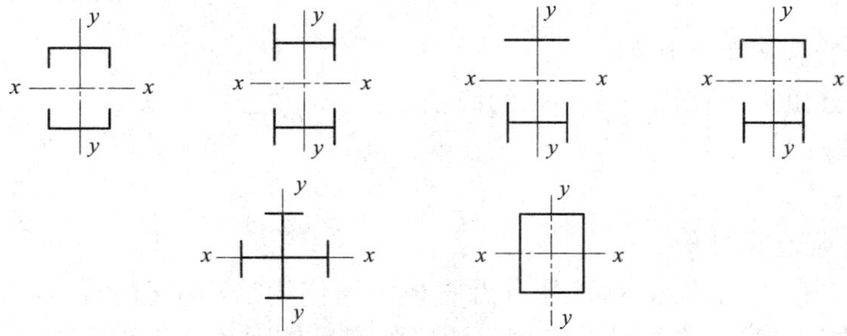		1.05
3	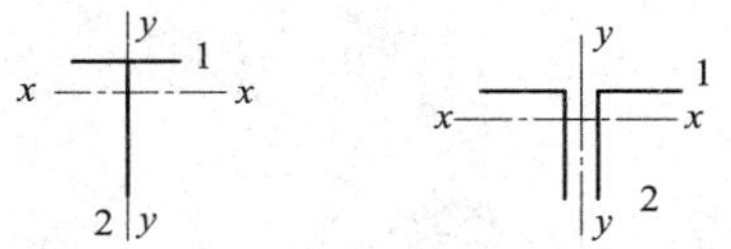	$\gamma_{x1}=1.05$ $\gamma_{x2}=1.2$	1.2
4	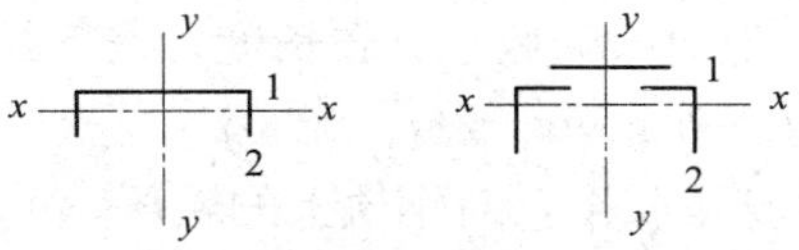	$\gamma_{x1}=1.05$ $\gamma_{x2}=1.2$	1.05
5	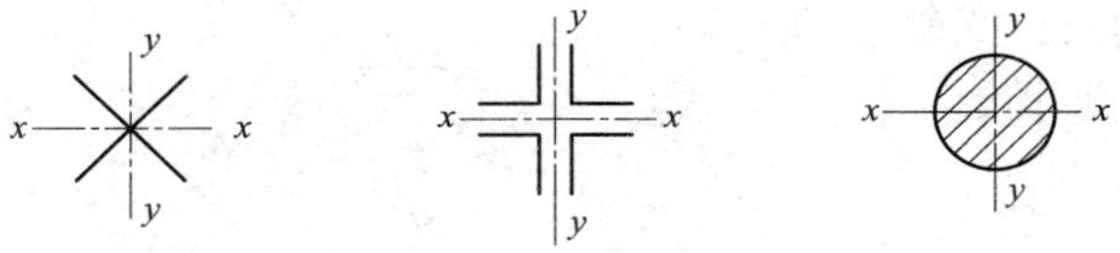	1.2	1.2
6	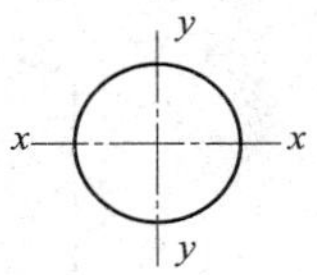	1.15	1.15
7	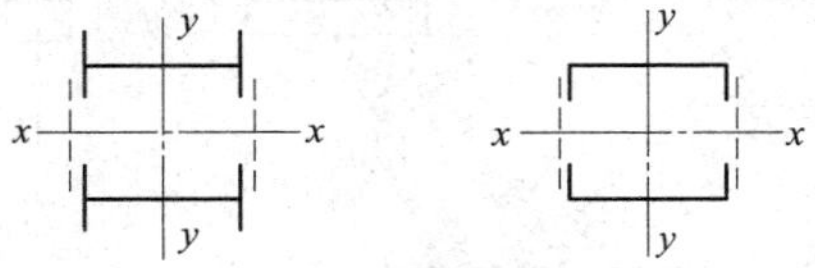	1.0	1.05
8	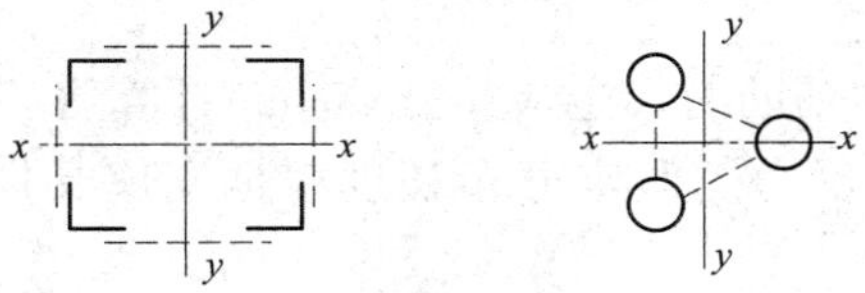		1.0

当梁受压翼缘的自由外伸宽度与其厚度之比大于 $13\sqrt{\frac{235}{f_y}}$ 而不超过 $15\sqrt{\frac{235}{f_y}}$ 时，应取 $\gamma_x=1.0$。f_y 为钢材屈服强度。

对需要计算疲劳的梁，宜取 $\gamma_x=\gamma_y=1.0$。

2)抗剪强度。在竖向荷载作用下，梁内会产生剪力 V 而引起剪应力 τ。《钢结构设计规范》(GB 50017—2003)规定：在主平面内受弯的实腹构件，其抗剪强度按下式计算：

$$\tau=\frac{VS}{It_{\mathrm{w}}}\leqslant f_{\mathrm{v}} \tag{1-51}$$

式中 V——计算截面沿腹板平面作用的剪力；

S——计算剪应力处以上毛截面对中和轴的面积矩；

I——毛截面惯性矩；

t_{w}——腹板厚度；

f_{v}——钢材的抗剪强度设计值。

3)腹板局部压应力。当工字形梁上翼缘受有沿腹板平面作用的集中荷载，且该荷载处又未设置支承加劲肋时(图 1-61)，腹板计算高度上边缘将产生较大的局部压应力 σ_{c}，此时，腹板计算高度的局部承压强度应按下式验算：

$$\sigma_{\mathrm{c}}=\frac{\psi F}{t_{\mathrm{w}}l_z}\leqslant f \tag{1-52}$$

式中 F——集中荷载，对动力荷载应考虑动力系数；

ψ——集中荷载增大系数；对重级工作制吊车梁，$\psi=1.35$，对其他梁，$\psi=1.0$；

l_z——集中荷载在腹板计算高度上边缘的假定分布长度，按下式计算：

$$l_z=a+5h_y+2h_{\mathrm{R}} \tag{1-53}$$

a——集中荷载沿梁跨度方向的支承长度，对钢轨上的轮压，可取 50 mm；

h_y——自梁顶面至腹板计算高度上边缘的距离；

h_{R}——轨道的高度，对梁顶无轨道的梁 $h_{\mathrm{R}}=0$；

f——钢材的抗压强度设计值。

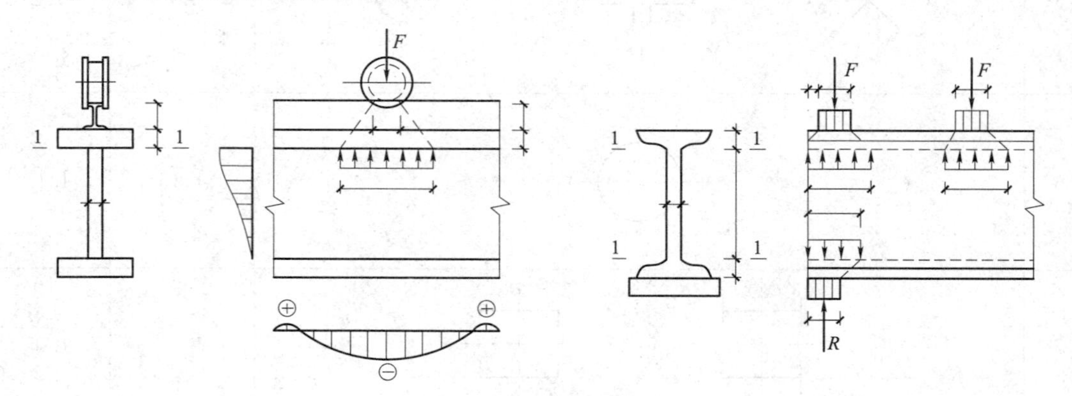

图 1-61 梁腹板局部压应力

在梁的支座处，当不设置支承加劲肋时，也应按式(1-52)计算腹板计算高度下边缘的局部压应力，取 $\psi=1.0$；支座集中反力的假定分布长度根据支座具体尺寸，按式(1-53)确定。

腹板计算高度 h_0 的取值：轧制型钢梁，取腹板与上、下翼缘相接处两内弧起点间的距离；焊接组合梁，取腹板高度；铆接(或高强度螺栓连接)组合梁，取上、下翼缘与腹板连接的铆钉(或高强度螺栓)之间最近距离。

4)折算应力。对组合梁或型钢梁中翼缘与腹板交接的部位，若同时承受有较大的正应力、剪应力和局部压应力，或同时承受有较大的正应力和剪应力(如连续梁中部支座处或梁的翼缘截面改变处等)时，应验算其折算应力 σ_{eq}：

$$\sigma_{eq}=\sqrt{\sigma^2+\sigma_c^2-\sigma\sigma_c+3\tau^2}\leqslant\beta_1 f \tag{1-54}$$

式中 σ、τ、σ_c——腹板计算高度边缘同一点上同时产生的正应力、剪应力和局部压应力，τ 和 σ_c 应按式(1-51)和式(1-52)计算。其中正应力 σ 按下式计算：

$$\sigma=\frac{M}{I_n}y_1 \tag{1-55}$$

σ、σ_c 以拉应力为正值，压应力为负值。

I_n——梁净截面惯性矩；

y_1——计算点至梁中和轴的距离；

β_1——计算折算应力的强度设计值增大系数；当 σ 与 σ_c 异号时，取 $\beta_1=1.2$；当 σ 与 σ_c 同号或 $\sigma_c=0$ 时，取 $\beta_1=1.1$。

2. 梁的刚度

梁的刚度以正常使用极限状态下，荷载标准值引起的挠度来衡量。挠度过大会影响正常使用，必须限制梁的挠度 υ 不超过《钢结构设计规范》(GB 50017—2003)规定的容许挠度$[\upsilon]$。

即

$$\upsilon\leqslant[\upsilon] \tag{1-56}$$

$$\frac{\upsilon}{l}\leqslant\frac{[\upsilon]}{l} \tag{1-57}$$

式中 υ——梁的最大挠度，按荷载标准值计算；

$[\upsilon]$——受弯构件挠度容许值，按表 1-21 取值；

l——梁的跨度。

表 1-21 受弯构件挠度容许值

项次	构件类别	挠度容许值	
		$[\upsilon_T]$	$[\upsilon_Q]$
1	吊车梁和吊车桁架(按自重和起重量最大的一台吊车计算挠度) (1)手动吊车和单梁吊车(含悬挂吊车) (2)轻级工作制桥式吊车 (3)中级工作制桥式吊车 (4)重级工作制桥式吊车	 l / 500 l / 800 l / 1 000 l / 1 200	
2	手动或电动葫芦的轨道梁	l / 400	
3	有重轨(质量等于或大于 38 kg/m)轨道的工作平台梁 有轻轨(质量等于或小于 24 kg/m)轨道的工作平台梁	l / 600 l / 400	

续表

项次	构 件 类 别	挠度容许值	
		$[\upsilon_T]$	$[\upsilon_Q]$
4	楼(屋)盖梁或桁架、工作平台梁(第 3 项除外)和平台板 (1)主梁或桁架(包括设有悬挂起重设备的梁和桁架) (2)抹灰顶棚的次梁 (3)除(1)、(2)款外的其他梁(包括楼梯梁) (4)屋盖檩条 支承无积灰的瓦楞铁和石棉瓦屋面者 支承压型金属板、有积灰的瓦楞铁和石棉瓦等屋面者 支承其他屋面材料者 (5)平台板	 l / 400 l / 250 l /250 l / 150 l / 200 l / 200 l / 150	 l / 500 l / 350 l /300
5	墙架构件 (1)支柱 (2)抗风桁架(作为连续支柱的支承时) (3)砌体墙的横梁(水平方向) (4)支承压型金属板、瓦楞铁和石棉瓦屋面的横梁(水平方向) (5)带有玻璃的横梁(竖直和水平方向)	 l / 200	 l / 400 l / 1 000 l / 300 l / 200 l / 200

注：l——受弯构件的跨度(对悬臂梁和伸臂梁为悬伸长度的两倍)。

$[\upsilon_T]$——全部荷载标准值产生的挠度(如有起拱应减去拱度)的容许值。

$[\upsilon_Q]$——可变荷载标准值产生的挠度的容许值。

3. 梁的整体稳定

工字形截面梁翼宽、腹板较薄，在竖向荷载作用下，若无侧向支承，梁将从平面弯曲状态转到同时发生侧向弯曲和扭曲的变形状态，从而丧失稳定性而破坏，如图 1-62 所示。这种梁从平面弯曲状态转变为弯扭状态的现象称为整体失稳。因此，设计钢梁除了要保证强度、刚度要求外，还需保证梁的整体稳定。

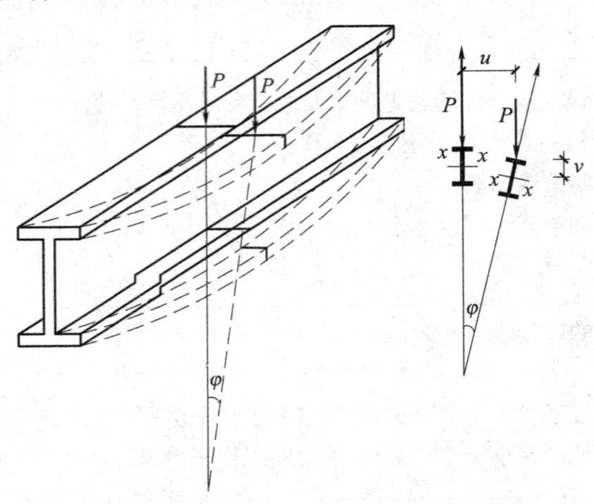

图 1-62　梁丧失整体稳定的情况

（1）梁的整体稳定计算。

1）在最大刚度主平面内受弯的构件，其整体稳定性的按下式计算：

$$\frac{M_x}{\varphi_b W_x} \leqslant f \tag{1-58}$$

式中　M_x——绕强轴作用的最大弯矩；

W_x——按受压翼缘确定的梁毛截面模量；

φ_b——梁的整体稳定系数。

2）在两个主平面受弯的 H 型截面或工字形截面梁的整体稳定的计算公式为

$$\frac{M_x}{\varphi_b W_x} + \frac{M_y}{\gamma_y W_y} \leqslant f \tag{1-59}$$

式中　W_x，W_y——按受压翼缘确定的梁毛截面模量；

φ_b——绕强轴弯曲所确定的梁整体稳定系数；

γ_y——截面塑性发展系数。

（2）梁的整体稳定系数 φ_b。

1）等截面焊接工字形和轧制 H 型钢：

$$\varphi_b = \beta_b \frac{4\ 320}{\lambda_y^2} \cdot \frac{Ah}{W_x}\left[\sqrt{1+\left(\frac{\lambda_y t_1}{4.4\ h}\right)^2} + \eta_b\right]\frac{235}{f_y} \tag{1-60}$$

式中　β_b——梁整体稳定的等效临界弯矩系数，按表 1-22 取值；

A——梁毛截面面积；

h——梁截面高度；

t——梁受压翼缘厚度；

λ_y——梁对弱轴（y 轴）的长细比，$\lambda_y = \frac{l_1}{i_y}$，$i_y$ 为梁毛截面对弱轴（y 轴）的回转半径；

η_b——截面不对称影响系数。双轴对称工字形截面，如图 1-63（a）所示：$\eta_b = 0$；单轴对称工字形截面，加强受压翼缘：$\eta_b = 0.8(2\alpha_b - 1)$；加强受拉翼缘：$\eta_b = 2\alpha_b - 1$；$\alpha_b = \frac{I_1}{I_1 + I_2}$，$I_1$ 和 I_2 分别为受压翼缘和受拉翼缘对 y 轴的惯性矩。

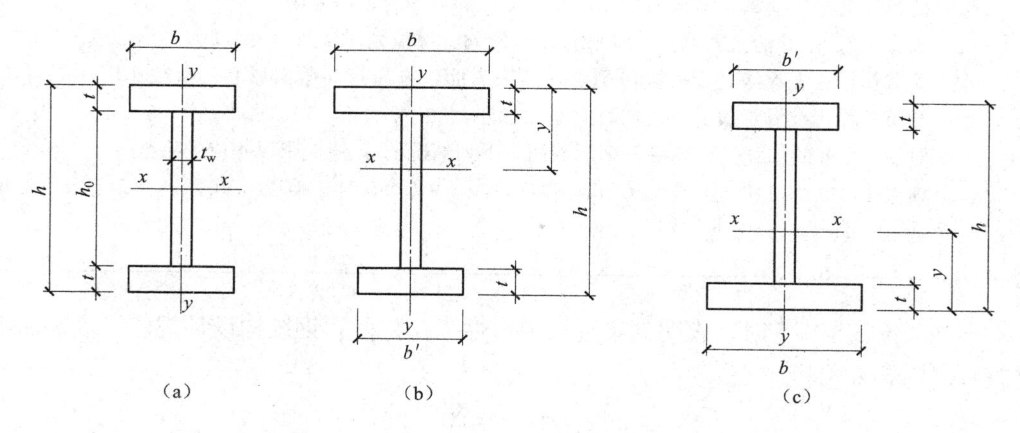

图 1-63　工字形截面

（a）双轴对称截面；（b）加强受压翼缘；（c）加强受拉翼缘

表 1-22　H 型钢和等截面工字形简支梁的系数 β_b

项次	侧向支撑	荷　　载		$\xi=l_1t/(bh)$		适用范围
				$\xi\leqslant2.0$	$\xi>2.0$	
1	跨中无侧向支撑	均布荷载作用在	上翼缘	$0.69+0.13\xi$	0.95	图 1-63 中(a)、(b)的截面
2			下翼缘	$1.73-0.20\xi$	1.33	
3		集中荷载作用在	上翼缘	$0.73+0.18\xi$	1.09	
4			下翼缘	$2.23-0.28\xi$	1.67	
5	跨度中点有一个侧向支撑点	均布荷载作用在	上翼缘	1.15		图 1-63 中所有的截面
6			下翼缘	1.40		
7		集中荷载作用在截面高度上任意位置		1.75		
8	跨中有不少于两个等距离侧向支撑点	任意荷载作用在	上翼缘	1.20		
9			下翼缘	1.40		
10	梁端有弯矩，但跨中无荷载作用			$1.75-1.05\times\left(\frac{M_2}{M_1}\right)+0.3\times\left(\frac{M_2}{M_1}\right)^2$，但$\leqslant2.3$		

注：1. $\xi=l_1t/(bh)$——系数，其中，b 和 l_1 为梁的受压翼缘宽度和其侧向支点的距离。

2. M_1 和 M_2 为梁的端弯矩，使梁产生同向曲率时，M_1、M_2 取同号，产生反向曲率时取异号，$|M_1|\geqslant|M_2|$。

3. 表中项次 3、4 和 7 的集中荷载是指一个或少数几个集中荷载位于跨中央附近的情况；对其他情况的集中荷载，应按表中项次 1、2、5 和 6 内的数值采用。

4. 表中项次 8、9 的 β_b，当集中荷载作用在侧向支撑点处时，取 $\beta_b=1.20$。

5. 荷载作用在上翼缘是指荷载作用点在翼缘表面，方向指向截面形心；荷载作用在下翼缘是指荷载作用在翼缘表面，方向背向截面形心。

6. 对 $\alpha_b>0.8$ 的加强受压翼缘工字形截面，下列情况的 β_b 值应乘以相应的系数。
项次 1：当 $\xi\leqslant1.0$ 时，乘以 0.95；项次 3：当 $\xi\leqslant0.5$ 时，乘以 0.90；当 $0.5\leqslant\xi\leqslant1.0$ 时，乘以 0.95。

式(1-60)中，若 $\varphi_b>0.6$ 时，表明钢梁进入弹塑性工作阶段，钢结构设计规定，应采用下式计算的 φ'_b 代替 φ_b 值：

$$\varphi'_b=1.07-\frac{0.282}{\varphi_b}\leqslant1.0 \tag{1-61}$$

2)轧制普通工字钢简支梁。轧制普通工字钢简支梁的整体稳定性系数 φ_b，按表 1-23 查用。当 φ_b 值大于 0.6 时，按式(1-61)算得的 φ'_b 值代替 φ_b 值。

表 1-23　轧制普通工字钢简支梁的 φ_b 值

项次	荷载情况			工字钢型号	自由长度 l_1/m								
					2	3	4	5	6	7	8	9	10
1	跨中无侧向支承点的梁	集中荷载作用于	上翼缘	10～20	2.0	1.30	0.99	0.80	0.68	0.58	0.53	0.48	0.43
				22～32	2.40	1.48	1.09	0.86	0.72	0.62	0.54	0.49	0.45
				36～63	2.80	1.60	1.07	0.83	0.68	0.56	0.50	0.45	0.40
2			下翼缘	10～20	3.10	1.95	1.34	1.01	0.82	0.69	0.63	0.57	0.52
				22～40	5.50	2.80	1.84	1.37	1.07	0.86	0.73	0.64	0.56
				45～63	7.30	3.60	2.30	1.62	1.20	0.96	0.80	0.69	0.60
3		均布荷载作用于	上翼缘	10～20	1.70	1.12	0.84	0.68	0.57	0.50	0.45	0.41	0.37
				20～40	2.10	1.30	0.93	0.73	0.60	0.51	0.45	0.40	0.36
				45～63	2.60	1.45	0.97	0.73	0.59	0.50	0.44	0.38	0.35
4			下翼缘	10～20	2.50	1.55	1.08	0.83	0.68	0.56	0.52	0.47	0.42
				22～40	4.00	2.20	1.45	1.10	0.85	0.70	0.60	0.52	0.46
				45～63	5.60	2.80	1.80	1.25	0.95	0.78	0.65	0.55	0.49
5	跨中有侧向支承点的梁(不论荷载作用点在截面高度上的位置)			10～20	2.20	1.39	1.01	0.79	0.66	0.57	0.52	0.47	0.42
				22～40	3.00	1.80	1.24	0.96	0.76	0.65	0.56	0.49	0.43
				45～63	4.00	2.20	1.38	1.01	0.80	0.66	0.56	0.49	0.43

注：1. 同表 1-22 的注 3 和 5；

2. 表中的 φ_b 适用于 Q235(3 号)钢，对其他钢号，表中数值应乘以 $235/f_y$。

3)轧制槽钢简支梁。轧制槽钢简支梁的稳定系数与荷载形式和作用点位置无关，均可按下式计算：

$$\varphi_b=\frac{570bt}{l_1h}\cdot\frac{235}{f_y} \tag{1-62}$$

式中　h，b，t——分别为槽钢截面的高度、翼缘宽度和平均厚度。

按式(1-62)算得的 φ_b 大于 0.6 时，应用式(1-61)算得的 φ'_b 值代替 φ_b 值。

(3)可不作整体稳定性验算的条件。

1)有铺板(各种钢筋混凝土板和钢板)密铺在梁的受压翼缘上并与其牢固相连，能阻止梁受压翼缘的侧向位移时。

2)H 型钢或等截面工字形简支梁受压翼缘的自由长度 l_1 与其宽度 b_1 之比不超过表 1-24 所规定的数值时。

表 1-24　H 型钢或等截面工字形简支梁不需计算整体稳定性的最大 l_1/b_1 值

钢号	跨中无侧向支承点的梁		跨中受压翼缘有侧向支承点的梁，不论荷载作用于何处
	荷载作用在上翼缘	荷载作用在下翼缘	
Q235	13.0	20.0	16.0
Q345	10.5	16.5	13.0
Q390	10.0	15.5	12.5
Q420	9.5	15.0	12.0
注：其他钢号的梁不需计算整体稳定性的最大 l_1/b_1 值，应取 Q235 钢的数值乘以 $235/f_y$。			

对跨中无侧向支承点的梁，l_1 为其跨度；对跨中有侧向支承点的梁，l_1 为受压翼缘侧向支承点间的距离(梁的支座处视为有侧向支承)。

4. 梁的局部稳定

梁的局部稳定，对型钢梁设计时可不考虑。组合梁从强度、刚度和整体稳定性考虑，腹板宜高而薄，翼缘宜宽而薄。但若设计不好，在荷载作用下，受压应力和剪应力作用的翼缘和腹板的相应区域将产生波形屈曲，即局部失稳，从而影响梁的强度、刚度及整体稳定性，对梁的受力产生不利影响，设计中应加以避免。

(1)组合梁翼缘的局部稳定。钢结构设计采用限制梁受压翼缘宽厚比的措施来保证翼缘的局部稳定性。

1)工字形截面。梁受压翼缘自由外伸宽度 b_1 与其厚度 t 之比，应满足下式要求：

$$\frac{b_1}{t}\leqslant 13\sqrt{\frac{235}{f_y}} \tag{1-63}$$

当计算梁抗弯强度取 $\gamma_x=1.0$ 时，b_1/t 可放宽至 $15\sqrt{\frac{235}{f_y}}$。

b_1 的取值：对焊接构件，取腹板边至翼缘板(肢)边缘的距离；对轧制构件，取内圆弧起点至翼缘板(肢)边缘的距离。

2)箱形截面。梁受压翼缘板在两腹板之间的无支承宽度 b_0 与其厚度 t 之比，应满足下式要求：

$$\frac{b_0}{t}\leqslant 40\sqrt{\frac{235}{f_y}} \tag{1-64}$$

当箱形截面梁受压翼缘板设有纵向加劲肋时，则式(1-64)中的 b_0 取为腹板与纵向加劲肋之间的翼缘板无支承宽度。

(2)组合梁腹板的局部稳定。腹板的局部稳定性与腹板的受力情况、腹板的高厚比 h_0/t_w 及材料性能有关。按照临界应力不低于相应的材料强度设计值原则，规范通过限定 h_0/t_w 的值来保证腹板的局部稳定。

1)在局部压应力作用下：

$$\frac{h_0}{t_w}\leqslant 84\sqrt{\frac{235}{f_y}} \tag{1-65}$$

2)在剪应力作用下：

$$\frac{h_0}{t_w}\leqslant 104\sqrt{\frac{235}{f_y}} \tag{1-66}$$

3)在弯曲应力作用下：

$$\frac{h_0}{t_w}\leqslant 174\sqrt{\frac{235}{f_y}} \tag{1-67}$$

(3)组合梁腹板加劲肋的设计。

1)腹板加劲肋的设置(图 1-64)：

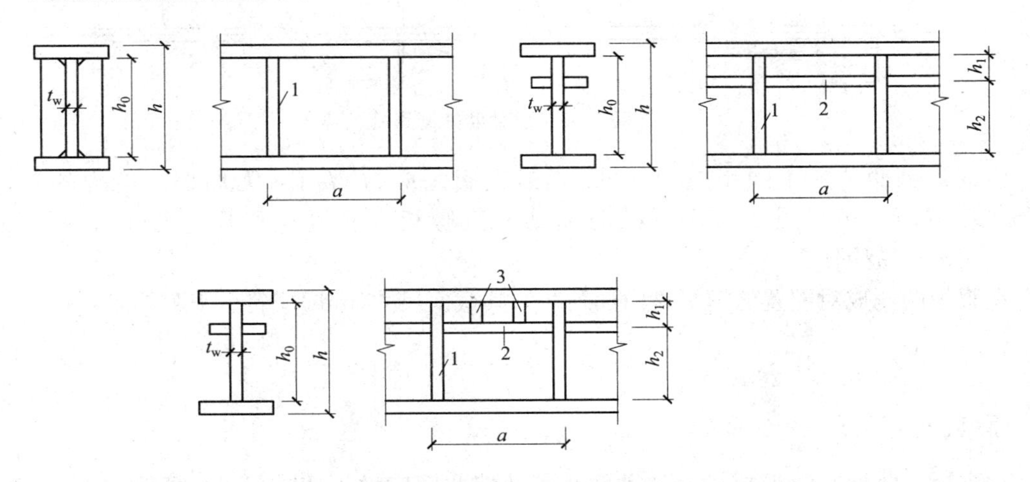

图 1-64　腹板上加劲肋的布置

1—横向加劲肋；2—纵向加劲肋；3—短加劲肋

钢结构设计规定，组合梁腹板配置加劲肋应符合表 1-25 的规定。

表 1-25　组合梁腹板加劲肋布置规定

腹　板　情　况		加劲肋布置规定
$\frac{h_0}{t_w}\leqslant 80\sqrt{\frac{235}{f_y}}$	$\sigma_c=0$	可以不配置加劲肋
	$\sigma_c\neq 0$	应按构造要求配置横向加劲肋
$\frac{h_0}{t_w}>80\sqrt{\frac{235}{f_y}}$		应设置横向加劲肋
$\frac{h_0}{t_w}>170\sqrt{\frac{235}{f_y}}$ 或 $\frac{ho}{t_w}>80\sqrt{\frac{235}{f_y}}$		应设置横向及纵向加劲肋，并满足构造要求和计算要求。必要时，还应在受压区配置短加劲肋
支座及上翼缘有较大固定集中荷载时		应设置支承加劲肋，并进行相应的计算

注：1. 横向加劲肋间距 a 应满足 $0.5h_0\leqslant a\leqslant 2h_0$，对于 $\sigma_c=0$，$\frac{h_0}{t_w}\leqslant 100\sqrt{\frac{235}{f_y}}$ 情况，允许 $a\leqslant 2.5h_0$。

2. 纵向加劲肋距腹板计算高度受压边缘的距离 h_1 应在 $h_0/5\sim h_0/4$ 内。

3. 用型钢(H 型钢、工字钢、槽钢、肢尖焊于腹板的角钢)做成的加劲肋，其截面惯性矩不得小于相应钢板加劲肋的惯性矩。

4. 在腹板两侧成对配置的加劲肋，其截面惯性矩应按梁腹板中心线为轴线进行计算。

5. 在腹板一侧配置的加劲肋，其截面惯性矩应按与加劲肋相连的腹板边缘为轴线进行计算。

2)加劲肋的构造要求。加劲肋宜在腹板两侧成对配置，也可单侧配置(图 1-65)，但支承加劲肋、重级工作制吊车梁的加劲肋不应单侧配置。

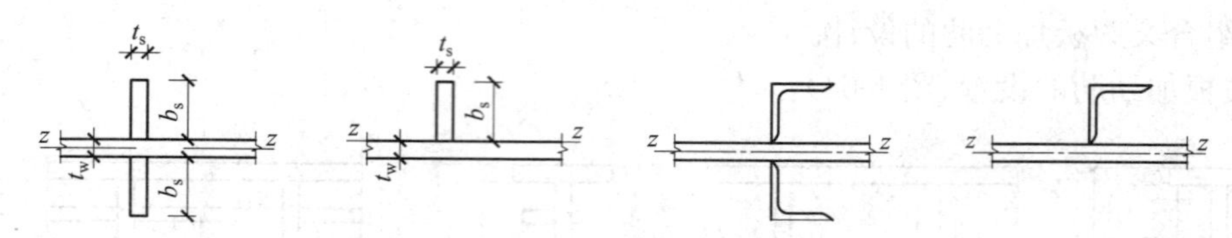

图 1-65　加劲肋的配置

横向加劲肋的最小间距应为 $0.5h_0$，最大间距应为 $2h_0$（对无局部压应力的梁，当 $h_0/t_w \leqslant 100$ 时，可采用 $2.5h_0$）。纵向加劲肋至腹板计算高度受压边缘的距离，应在 $h_c/2.5 \sim h_c/2$ 范围内。

在腹板两侧成对配置的钢板横向加劲肋，其截面尺寸(mm)应符合下列要求：

外伸宽度：
$$b_s \geqslant \frac{h_0}{30} + 40 \tag{1-68}$$

厚度：
$$t_s \geqslant \frac{b_s}{15} \tag{1-69}$$

在腹板一侧配置的钢板横向加劲肋，其外伸宽度应大于按式(1-68)算得的 1.2 倍，厚度不应小于其外伸宽度的 1/15。

在同时用横向加劲肋和纵向加劲肋加强的腹板中，横向加劲肋的截面尺寸除应符合上述规定外，其截面惯性矩 I_z 应满足下列要求：

$$I_z \geqslant 3h_0 t_w^3 \tag{1-70}$$

纵向加劲肋的截面惯性矩 I_y，应符合下列公式要求：

当 $a/h_0 \leqslant 0.85$ 时：

$$I_y \geqslant 1.5h_0 t_w^3 \tag{1-71}$$

当 $a/h_0 > 0.85$ 时：

$$I_y \geqslant \left(2.5 - 0.45\frac{a}{h_0}\right)\left(\frac{a}{h_0}\right)^2 h_0 t_w^3 \tag{1-72}$$

短加劲肋的最小间距为 $0.75h_1$。短加劲肋外伸宽度应取横向加劲肋外伸宽度的 0.7～1.0 倍，厚度不应小于短加劲肋外伸宽度的 1/15。

3)支承加劲肋设计。钢梁的支承加劲肋如图 1-66 所示，应按承受梁支座反力或固定集中荷载的轴心受压构件计算其在腹板平面外的稳定性。此受压构件的截面应包括加劲肋和加劲肋每侧 $15t_w\sqrt{\frac{235}{f_y}}$ 范围内的腹板面积，计算长度取 h_0。对突缘式支座，其加劲肋向下伸出的长度不得大于厚度的 2 倍。

当梁支承加劲肋的端部为刨平顶紧时，应按其所承受的支座反力或固定集中荷载计算其端面承压力；当端部为焊接时，应按传力情况计算其焊缝应力。

支承加劲肋与腹板的连接焊缝，应按传力需要进行计算。

5. 型钢梁设计

型钢梁设计应满足强度、刚度及整体稳定的要求，局部稳定可不必验算。

(1)单向受弯型钢梁。单向受弯型钢梁多采用工字钢和 H 型钢，计算步骤如下：

1)确定设计条件：根据建筑使用功能或主要要求确定荷载、跨度和支承情况，选定钢材型号，确定强度指标。

2)计算梁的内力：M_{max} 和 V_{max}。

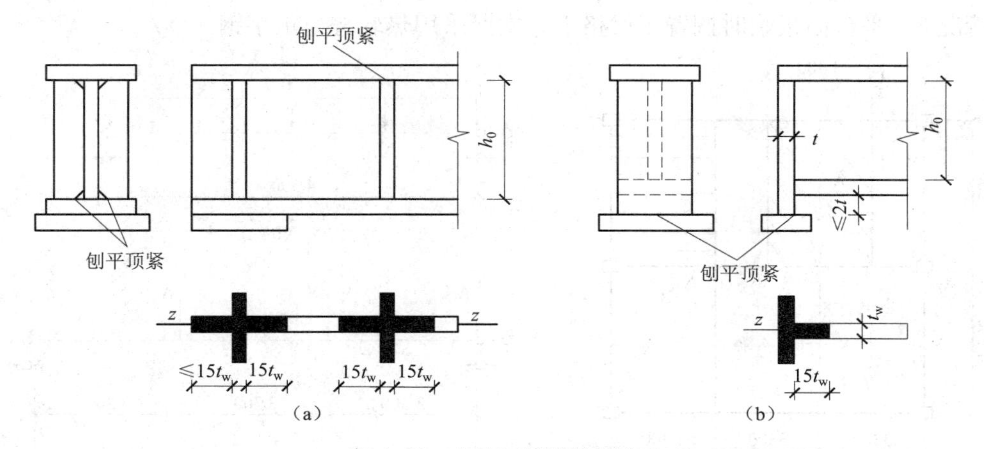

图 1-66　支承加劲肋的构造

(a)一般支座加劲肋；(b)突缘式支座加劲肋

3)初选截面：计算梁所需的净截面抵抗矩 W_{nx}。

$$W_{nx}=\frac{M_{max}}{\gamma_x \cdot f} \tag{1-73}$$

对工字钢取 $\gamma_x=1.05$，其他根据不同截面形式查表 1-20 选用，按 W_{nx} 值查型钢表，初选型钢规格。

4)截面强度验算。

抗弯强度：$\dfrac{M_x}{\gamma_x W_{nx}}\leqslant f$

抗剪强度：$\tau=\dfrac{V \cdot S}{It_w}\leqslant f_v$

局压强度：$\sigma_c=\dfrac{\psi \cdot F}{t_w l_z}\leqslant f$

折算应力：$\sigma_{eq}=\sqrt{\sigma^2+\sigma_c^2-\sigma\sigma_c+3\tau^2}\leqslant \beta_1 f$

热轧型钢的腹板较厚，若截面无削弱和无较大固定集中荷载时，可不验算抗剪强度、局部承压强度和折算应力。

5)刚度验算。钢梁的刚度验算按荷载标准值计算，并按材料力学所述的挠度计算方法进行刚度验算。

$$\upsilon\leqslant[\upsilon]\text{或}\frac{\upsilon}{l}\leqslant\frac{[\upsilon]}{l}$$

6)整体稳定性验算。当型钢梁无保证整体稳定的可靠措施时，应按下式验算整体稳定性：

$$\frac{M_x}{\varphi_b W_x}\leqslant f$$

【例 1-9】　如图 1-67(a)所示的工作平台，平台由主梁与次梁组成，承受由板传来的荷载，平台恒载标准值为 3.5 kN/m²，平台活载标准值为 4.5 kN/m²，无动力荷载，恒载分项系数 $\gamma_G=1.2$，活载分项系数 $\gamma_Q=1.4$，钢材为 Q235。试按下列三种情况分别设计次梁：

情况 1：平台面板视为刚性，并与次梁牢固连接，次梁采用热轧普通工字钢；

情况 2：平台面板临时搁置于梁格上，次梁跨中设有一侧向支撑，次梁采用 H 型钢；

情况 3：平台面板临时搁置于梁格上，次梁采用热轧普通工字钢。

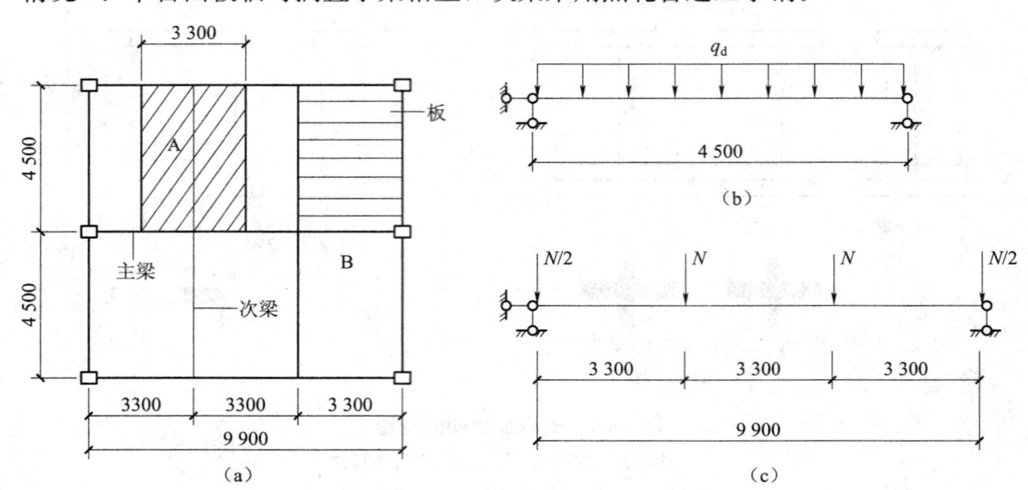

图 1-67 【例 1-9】、【例 1-10】图

(a)工作平台平面布置图；(b)次梁 A 计算简图；(c)主梁 B 计算简图

【解】 次梁按简支梁设计，由附表 1-1 查得 $f=215\ \text{N/mm}^2$

次梁 A 承担 3.3 m 宽板内荷载：

荷载标准值 $q_k=(3.5+4.5)\times3.3=26.4(\text{kN/m})$

荷载设计值 $q_d=(3.5\times1.2+4.5\times1.4)\times3.3=34.65(\text{kN/m})$

最大设计弯矩 $M=\dfrac{1}{8}\times34.65\times4.5^2=87.71(\text{kN}\cdot\text{m})$

次梁所需截面抵抗矩

$$W_n=\frac{M}{\gamma_x\cdot f}=\frac{87.71\times10^6}{1.05\times215}=388\ 527.131(\text{mm}^3)\approx388.53\ \text{cm}^3$$

下面分三种情况分别选择截面，然后进行验算。

情况 1：

查附表 3-3 选用 I25a，质量为 38.105 kg/m，$I_x=5\ 020\ \text{cm}^4$，$W_x=402\ \text{cm}^3$，$S_x=232\ \text{cm}^3$，$t_w=8\ \text{mm}$。

最大内力设计值

$$M_{max}=87.71+\frac{1}{8}\times1.2\times38.1\times9.8\times4.5^2\times10^{-3}=88.84\ (\text{kN}\cdot\text{m})$$

$$V_{max}=\frac{1}{2}\times34.65\times4.5+\frac{1}{2}\times1.2\times38.1\times9.8\times4.5\times10^{-3}=78.97(\text{kN})$$

(1)抗弯强度验算。

$$\sigma=\frac{M}{\gamma_xW_x}=\frac{88.84\times10^6}{1.05\times402\times10^3}=210(\text{N/mm}^2)<f=215\ \text{N/mm}^2$$

满足要求。

(2)抗剪强度验算。

$$\tau=\frac{V\cdot S}{I_xt_w}=\frac{78.97\times10^3\times232\times10^3}{5\ 020\times10^4\times8}=45.62(\text{N/mm}^2)<f_v=125\ \text{N/mm}^2$$

满足要求。

(3)支座处局部受压强度验算。

取支座长度 $a=100$ mm，$l_z=a+h_y=100+(13+10)=123(\text{mm})$

$$\sigma_c=\frac{\psi \cdot F}{t_w l_z}=\frac{1.0\times 78\ 060}{123\times 8}=79.3(\text{N/mm}^2)<f=215\ \text{N/mm}^2$$

满足要求。

(4)刚度验算。

$$q_k=26.4+38.1\times 9.8\times 10^{-3}=26.77(\text{kN/m})$$

$$\upsilon=\frac{5}{384}\times\frac{q_k l^4}{EI}=\frac{5}{384}\times\frac{26.77\times 4\ 500^4}{206\ 000\times 5\ 020\times 10^4}=13.82(\text{mm})$$

$$<[\upsilon]=\frac{l}{250}=\frac{4\ 500}{250}=18(\text{mm})$$

满足要求。

因次梁与刚性面板连接牢固，可不验算整体稳定性。

因此，所选截面 I25a 满足要求，可作为梁的设计截面。

情况 2：

查附表 3-5 选用 HW200×200，质量为 50.5 kg/m，$I_x=4\ 770\ \text{cm}^4$，$W_x=477\ \text{cm}^3$，$i_y=4.99$ cm，$A=64.3\ \text{cm}^2$，$h=200$ mm，$b=200$ mm，$t_2=12$ mm。

最大弯矩设计值

$$M_{\max}=87.71+\frac{1}{8}\times 1.2\times 50.5\times 9.8\times 4.5^2\times 10^{-3}=89.21(\text{kN}\cdot\text{m})$$

(1)抗弯强度验算。

$$\sigma=\frac{M}{\gamma_x W_x}=\frac{89.21\times 10^6}{1.05\times 477\times 10^3}=178(\text{N/mm}^2)<f=215\ \text{N/mm}^2$$

满足要求。

(2)刚度验算。

$$q_k=26.4+50.5\times 9.8\times 10^{-3}=26.89(\text{kN/m})$$

$$\upsilon=\frac{5}{384}\times\frac{q_k l^4}{EI}=\frac{5}{384}\times\frac{26.89\times 4\ 500^4}{206\ 000\times 4\ 770\times 10^4}=14.6(\text{mm})$$

$$<[\upsilon]=\frac{l}{250}=\frac{4\ 500}{250}=18(\text{mm})$$

满足要求。

(3)整体稳定性验算。

查表 1-22 得 $\beta_b=1.15$

$$\lambda_y=\frac{l_1}{i_y}=\frac{225}{4.99}=45.1$$

$$\varphi_b=\beta_b\frac{4\ 320}{\lambda_y^2}\cdot\frac{Ah}{W_x}\sqrt{1+\left(\frac{\lambda_y t_1}{4.4h}\right)^2}$$

$$=1.15\times\frac{4\ 320}{45.1^2}\times\frac{6\ 430\times 200}{477\times 10^3}\times\sqrt{1+\left(\frac{45.1\times 12}{4.4\times 200}\right)^2}$$

$$=8.37>0.6$$

$$\varphi_b'=1.07-\frac{0.282}{\varphi_b}=1.07-\frac{0.282}{8.37}=1.04>1.0$$

取 $\varphi'_b=1.0$，则

$$\frac{M}{\varphi'_b W_x}=\frac{89.21\times10^6}{1.0\times477\times10^3}=187(\text{N/mm}^2)<f=215\ \text{N/mm}^2$$

满足要求。

因此，所选截面 HW200×200 满足要求，可作为梁的设计截面。

情况 3：

查附表 3-3 选用 I32a，质量 52.717 kg/m，$I_x=11\ 100\ \text{cm}^4$，$W_x=692\ \text{cm}^3$，$S_x=404\ \text{cm}^3$，$t_w=9.5\ \text{mm}$。

与情况 1 相比，强度、刚度更安全，只需验算整体稳定性。

由表 1-23 按 $l_1=4.5$ m，查得：

$$\varphi_b=0.93-\frac{(0.93-0.73)}{(5-4)}\times(4.5-4)=0.83>0.6$$

$$\varphi'_b=1.07-\frac{0.282}{0.83}=0.73$$

最大弯矩设计值

$$M_{max}=88.84+\frac{1}{8}\times1.2\times52.717\times9.8\times4.5^2\times10^{-3}=90.41(\text{kN}\cdot\text{m})$$

$$\frac{M}{\varphi'_b W_x}=\frac{90.41\times10^6}{0.73\times692\times10^3}=179(\text{N/mm}^2)<f=215\ \text{N/mm}^2$$

满足要求。

(2)双向受弯型钢梁。钢结构中的檩条、墙梁，大多属于双向受弯构件。其设计步骤与单向受弯构件基本相同，不同点如下：

1)截面确定：先单独按 M_x 或 M_y 计算 W_{nx} 或 W_{ny}，然后适当加大 W_{nx} 或 W_{ny}，选定型钢截面。

2)强度验算：$\dfrac{M_x}{\gamma_x W_{nx}}+\dfrac{M_y}{\gamma_y W_{ny}}\leqslant f$

3)稳定验算：$\dfrac{M_x}{\varphi_b W_x}+\dfrac{M_y}{\gamma_y W_y}\leqslant f$

4)刚度验算：$\sqrt{\upsilon_x^2+\upsilon_y^2}\leqslant[\upsilon]$

有的结构(如檩条)可只要求控制 x 方向的挠度，则 $\upsilon\leqslant[\upsilon]$。

6. 组合梁设计

当荷载或梁的跨度较大，采用型钢梁已不能满足设计要求时，可采用钢板组合梁。

钢板组合梁的设计有：确定梁的截面形式及各部分尺寸；根据初选的截面进行强度、刚度、整体稳定和局部稳定验算及加劲肋设置；确定翼缘与腹板的焊缝；钢梁支座加劲肋设计等内容。

以上设计有的内容与型钢梁类似，这里就不再赘述了。下面着重讲述组合梁截面设计及翼缘与腹板的焊缝。

(1)截面设计。工字形截面组合梁(图 1-68)的截面设计任务是：

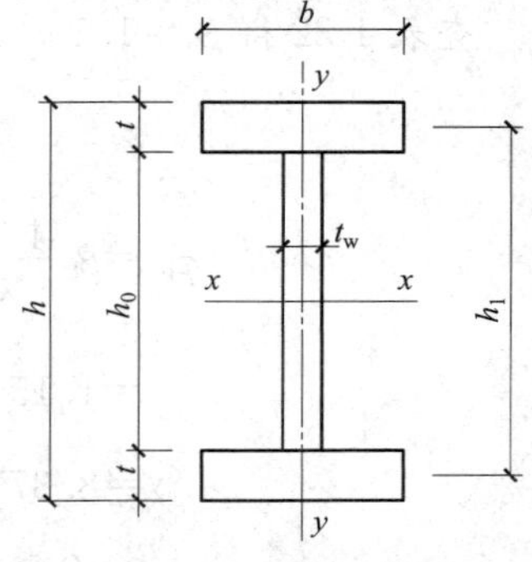

图 1-68　工字形截面

合理确定 h、t_w、b、t，使之满足强度、刚度、整体稳定

和局部稳定的要求。

设计的顺序是先确定 h，再确定 t_w，然后确定 b，最后确定 t。

1)截面高度 h。组合梁的截面高度，应满足建筑高度、刚度及经济要求。

①建筑高度：应满足建筑的使用功能和生产工艺要求的净空允许值高度，即 $h \leqslant h_{max}$。

②刚度要求：指在正常使用时，梁的挠度不得超过规定的容许值[见(式 1-56)]。

以一承受均布荷载的简支梁为例：

$$\upsilon=\frac{5}{384}\times\frac{q_k l^4}{EI}\leqslant[\upsilon]$$

$$M=\frac{1}{8}q_k l^2\times 1.3$$

$$\sigma=\frac{M}{W}=\frac{Mh}{2I}$$

$$\therefore \upsilon=\frac{5}{1.3\times 48}\times\frac{Ml^2}{EI}=\frac{5}{1.3\times 24}\times\frac{\sigma\cdot l^2}{Eh}\leqslant[\upsilon]$$

取塑性发展系数 $\gamma=1.05$，$\sigma=1.05f$，$E=2.06\times 10^5\ \text{N/mm}^2$，则

$$h=\frac{5}{1.3\times 24}\cdot\frac{1.05fl^2}{206\ 000[\upsilon]}=\frac{fl^2}{1.224\times 10^6[\upsilon]}\geqslant h_{min} \tag{1-74}$$

若上述条件成立，则所选截面高度满足梁的刚度要求，即 $h \geqslant h_{min}$。

③经济要求：梁的经济高度 h_e，可按下式确定。

$$h_e\approx 2W_x^{0.4} \text{ 或 } h_e=7\sqrt[3]{W_x}-300\ \text{mm} \tag{1-75}$$

式中　h_e——梁的经济高度；

　　W_x——按强度条件计算所需的梁截面模量。

此外，h 的取值应满足 50 mm 的倍数。

2)腹板厚度 t_w。组合梁的腹板以承担剪力为主，故腹板厚度 t_w 的确定应满足抗剪强度的要求，设计时可近似假定最大剪应力为腹板平均剪应力的 1.2 倍，即：

$$\tau_{max}=\frac{V\cdot S}{I_x t_w}\approx 1.2\frac{V}{h_0 t_w}\leqslant f_v$$

$$\therefore t_w\geqslant 1.2\frac{V}{h_0 f_v} \tag{1-76}$$

考虑腹板局部稳定和构造等因素时，可按下列经验公式估算：

$$t_w\geqslant\frac{\sqrt{h_0}}{3.5} \tag{1-77}$$

选用腹板厚度时，还应符合现有钢板规格要求，一般 $t_w\geqslant 8$ mm。

3)翼缘宽度 b 及厚度 t。可根据抗弯条件确定翼缘面积 $A_f=bt\approx\frac{W_x}{h_0}-\frac{h_0 t_w}{6}$，$b$ 值一般在$\left(\frac{1}{3}\sim\frac{1}{5}\right)h$ 范围内选取，同时要求 $b\geqslant 180$ mm(对于吊车梁要求 $b\geqslant 300$ mm)。考虑局部稳定要求，$(b-t_w)/t\leqslant 26\sqrt{f_y/235}$[不考虑塑性发展，即 $\gamma=1.0$ 时，可取$(b-t_w)/t\leqslant 30\sqrt{f_y/235}$]。翼缘厚度 t 一般不应小于 8 mm，同时应符合钢板规格。

4)截面验算。当梁的截面尺寸确定后，应按实际尺寸计算其各项截面几何特征，然后，验算抗弯强度、抗剪强度、局部压应力、折算应力、整体稳定、刚度及翼缘局部稳定。若不满足，应重新选定截面尺寸然后验算，直到满足为止。若梁的跨度较大，可制成变截面

梁，即在梁的跨度方向沿梁长改变截面。

(2)翼缘焊缝的计算。梁弯曲时，翼缘与腹板交接处(图 1-69)将产生剪应力 $\tau_1=\frac{V\cdot S_1}{It_w}$，该剪应力由腹板两侧的翼缘焊缝承担。其焊缝单位长度上的水平剪应力为

$$T_1=\tau_1(t_w\times1)=\tau_1t_w=\frac{VS_1}{I}$$

翼缘焊缝的强度条件是：

$$\tau_f=\frac{T_1}{2\times0.7\times h_f\times1}\leqslant f_f^w$$

$$h_f\geqslant\frac{T_1}{1.4f_f^w}=\frac{VS_1}{1.4f_f^wI} \tag{1-78}$$

式中 V——所计算截面处的剪力；

S_1——所计算翼缘毛截面对中和轴的面积矩；

I——所计算毛截面的惯性矩。

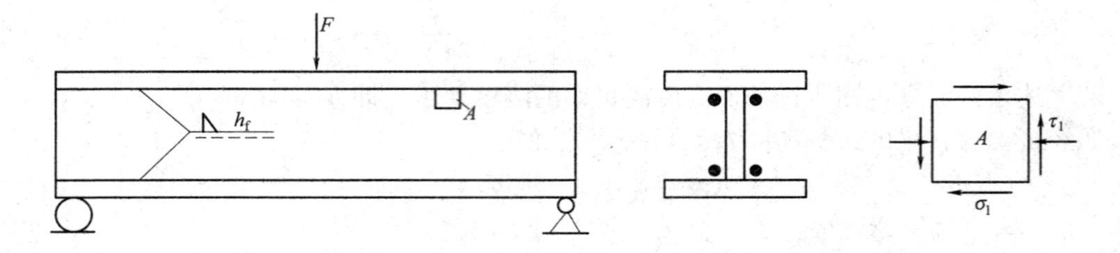

图 1-69 翼缘焊缝的受力情况

若翼缘上有固定集中荷载或移动集中荷载 F 作用，翼缘焊缝的单位长度上还将产生垂直剪力 V_1，可得：

$$V_1=\sigma_ct_w=\frac{\psi F}{l_zt_w}\cdot t_w=\frac{\psi F}{l_z}$$

在 T_1 和 V_1 的共同作用下，翼缘焊缝强度应满足下式要求：

$$\sqrt{\left(\frac{T_1}{2\times0.7\times h_f}\right)^2+\left(\frac{V_1}{\beta_f\times2\times0.7\times h_f}\right)^2}\leqslant f_f^w$$

$$h_f\geqslant\frac{1}{1.4f_f^w}\sqrt{T_1^2+\left(\frac{V_1}{\beta_f}\right)^2} \tag{1-79}$$

【例 1-10】 将【例 1-9】中工作平台主梁 B 按情况 1(即次梁为 I25a)设计成等截面焊接工字形梁，钢材采用 Q235。

【解】 (1)初步选定截面尺寸。主梁按简支梁设计，承受由两侧次梁传来的集中反力 N，其标准值 N_k 和设计值 N_d 为

$$N_k=2\times\left[\frac{1}{2}\times(3.5+4.5)\times3.3\times4.5+\frac{1}{2}\times38.1\times9.8\times10^{-3}\times4.5\right]=120.48(\text{kN})$$

$$N_d=2\times\left[\frac{1}{2}\times(1.2\times3.5+1.4\times4.5)\times3.3\times4.5+\frac{1}{2}\times1.2\times38.1\times9.8\times10^{-3}\times4.5\right]$$
$$=157.94(\text{kN})$$

梁端集中力为 $N/2$(直接传给支座，对梁的内力没有影响)。

支座设计剪力：$V=N_d=157.94(\text{kN})$

跨中设计弯矩：$M=157.94\times3.3=521.202(\text{kN}\cdot\text{m})$

由附表 1-1 查得：$f=215\ \text{N/mm}^2$，$f_v=125\ \text{N/mm}^2$(因钢板厚度未知，暂按第 1 组查用，待截面确定后再按实际钢板厚度查用)。

所需截面模量：$W_v=\dfrac{M}{\gamma_x f}=\dfrac{521.202\times10^6}{1.05\times215}=2\ 308\ 757.5(\text{mm}^3)$

1)初选腹板高度 h_0。本例对梁的建筑高度有限制。查表 1-21 得，工作平台主梁$[\upsilon]=l/400$。

由式(1-74)得：

$$h_{\min}=\frac{fl^2}{1.224\times10^6[\upsilon]}=\frac{215\times9\ 900\times400}{1.224\times10^6}=695.6(\text{mm})$$

由式(1-75)得梁经济高度：

$$h_e\approx2W_x^{0.4}=2\times2\ 308\ 757.5^{0.4}=702.1\ \text{mm}$$

$$h_e=7\sqrt[3]{W_x}-300=7\sqrt[3]{2\ 308\ 757.5}-300=625(\text{mm})$$

参照以上数据，初步选定 $h_0=750$ mm。

2)初选腹板厚度 t_w。考虑抗剪要求，由式(1-76)得：

$$t_w\geqslant1.2\frac{V}{h_0f_v}=1.2\times\frac{157.94\times10^3}{800\times125}=1.90(\text{mm})$$

按经验由式(1-77)得：

$$t_w\geqslant\frac{\sqrt{h_0}}{3.5}=\frac{\sqrt{750}}{3.5}=7.82(\text{mm})$$

初步选定 $t_w=8$ mm。

3)选定翼缘宽度及厚度 b、t。考虑强度要求得：

$$A_f=bt\approx\frac{W_x}{h_0}-\frac{h_0t_w}{6}=\frac{2\ 308\ 757.5}{750}-\frac{750\times8}{6}=2\ 078(\text{mm}^2)$$

由 $b=\left(\dfrac{1}{3}\sim\dfrac{1}{5}\right)h_0=\left(\dfrac{1}{3}\sim\dfrac{1}{5}\right)\times750=250\sim150$ mm，以及 $b\geqslant180$ mm 的要求，初步选定$b=220$ mm，则：

$$t=\frac{A_f}{b}=\frac{2\ 078}{220}=9.45(\text{mm})$$

考虑公式近似性及钢梁自重等因素，选定 $t=12$ mm。

梁的截面形式如图 1-70 所示。

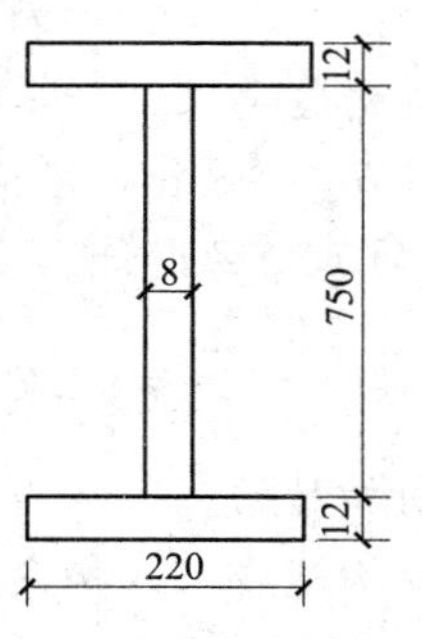

图 1-70　主梁截面(单位：mm)

(2)截面验算。计算截面的各项几何特征

$$A=75\times0.8+2\times22\times1.2=112.8(\text{cm}^2)$$

$$I=\frac{0.8}{12}\times75^3+2\times22\times1.2\times38.1^2=104\ 770(\text{cm}^4)$$

$$W=\frac{104\ 770}{38.7}=2\ 707(\text{cm}^3)$$

$$S=37.5\times0.8\times\frac{37.5}{2}+22\times1.2\times40.6=1\ 634.34(\text{cm}^3)$$

主梁自重荷载标准值(考虑设置加劲肋等因素，增大 1.2 倍)：

$$q_k=(1.2\times75\times0.8+2\times22\times1.2)\times0.785\times9.8=960.1(\text{N/m})=0.96\ \text{kN/m}$$

跨中最大设计弯矩：$M=521.202+1.2\times0.96\times\frac{9.9^2}{8}=535.32(\text{kN}\cdot\text{m})$

因腹板、翼缘厚度均小于16 mm，由附表1-1可知属第一组，钢材设计强度与初选截面相同。

抗弯强度验算：

$$\sigma=\frac{M}{\gamma_x W}=\frac{535.32\times10^6}{1.05\times2\ 707\times10^3}=188.3(\text{N/mm}^2)<f=215\ \text{N/mm}^2(\text{满足要求})$$

支座设计剪力：

$$V=157.94+\frac{1}{2}\times1.2\times0.96\times9.9=163.64(\text{kN})$$

抗剪强度验算：

$$\tau=\frac{V\cdot S}{I_{t_w}}=\frac{163.64\times10^3\times1\ 568.34\times10^3}{104\ 770\times10^4\times8}$$
$$=30.62(\text{N/mm}^2)<f_v=125\ \text{N/mm}^2(\text{满足要求})$$

次梁处设支承加劲肋，不需验算腹板局部压应力。

次梁与面板连牢，可以作为主梁侧向支承，因此主梁受压翼缘自由长度可取为次梁间距，即 $l_1=3.3$ m，则 $\frac{l_1}{b}=\frac{330}{22}=15.0<16$。

由表1-25可知，主梁不必验算整体稳定。

刚度验算：

主梁跨间有两个集中荷载，根据材料力学计算公式，主梁挠度为

$$\upsilon=\frac{13.63}{384}\times\frac{N_k l^2}{EI}+\frac{5}{384}\times\frac{q_k l^4}{EI}$$
$$=\left(\frac{13.63}{384}\times120.48\times10^3+\frac{5}{384}\times0.96\times9\ 900\right)\times\frac{9\ 900^3}{206\ 000\times104\ 770\times10^4}$$
$$=19.8(\text{mm})<[\upsilon]=\frac{9\ 900}{400}=24.75\ \text{mm}(\text{满足要求})$$

(3)翼缘焊缝计算。由附表1-3查得 $f_f^w=160\ \text{N/mm}^2$，由式(1-78)得：

$$h_f\geqslant\frac{T_1}{1.4f_f^w}=\frac{VS_1}{1.4f_f^w I}=\frac{163.64\times10^3\times220\times12\times381}{1.4\times104\ 770\times10^4\times160}=0.701(\text{mm})$$

按构造要求，$h_f\geqslant1.5\sqrt{t_{max}}=1.5\times\sqrt{12}=5.2(\text{mm})$

取 $h_f=6$ mm，沿梁跨全长 h_f 不变。

(4)加劲肋设计。主梁腹板高厚比：

$h_0/t_w=\frac{750}{8}=93.75$，在 $80\sqrt{\frac{235}{f_y}}=80$ 和 $170\sqrt{\frac{235}{f_y}}=170$ 之间，按表1-25规定，应设置横向加劲肋。

按构造要求，横向加劲肋间距 $a\leqslant2h_0=1\ 500$ mm，考虑支座及次梁处应设支承加劲肋，次梁间距为3.3 m，取 $a=1\ 100$ mm，在腹板两侧成对配置。

加劲肋截面尺寸：

$$b_s\geqslant\frac{h_0}{30}+40=\frac{750}{30}+40=65(\text{mm})\text{，取 }b_s=70\ \text{mm；}$$

$$t_s\geqslant\frac{b_s}{15}=\frac{70}{15}=4.7(\text{mm})\text{，取 }t_s=6\ \text{mm。}$$

(5)端部支承加劲肋。根据工作平台的布置，梁端支承加劲肋采用钢板成对布置于腹板两侧。每侧 70 mm(与中间肋相同)，切角 20 mm，端部净宽为 50 mm，厚度为 10 mm，下端支承处刨平后与下翼缘顶紧，如图 1-71 所示。

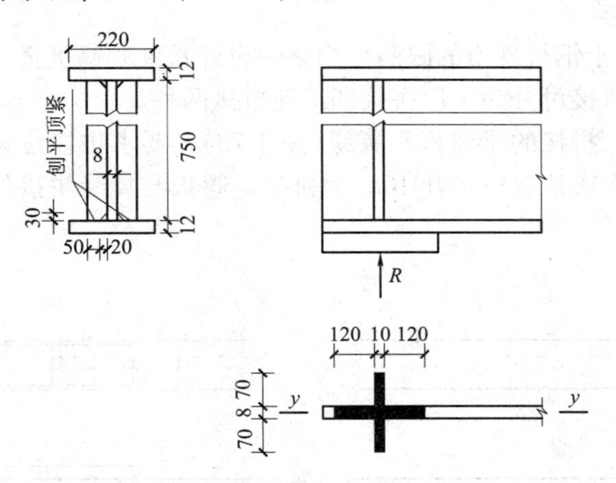

图 1-71 【例 1-10】端部支承加劲肋(单位：mm)

1)加劲肋的稳定性计算。支承加劲肋承受半跨梁的荷载及自重：

$$R=157.94\times\frac{3.3}{2}+\frac{1}{2}\times1.2\times0.96\times9.9$$

$$=266.3(\text{kN})$$

计算面积： $A=(2\times7+0.8)\times1.0+2\times12\times0.8=34(\text{cm}^2)$

绕腹板中线惯性矩：

$$I_y=\frac{(2\times7+0.8)^3\times1.0}{12}=270.1(\text{cm}^4)$$

$$i_y=\sqrt{\frac{I_y}{A}}=\sqrt{\frac{270.1}{34}}=2.82(\text{cm})$$

$$\lambda_y=\frac{h_0}{i_y}=\frac{75}{2.82}=26.6$$

按 b 类截面，查附表 2-4，得：$\varphi=0.95-\frac{0.95-0.946}{27-26}\times(26.6-26)=0.947\ 6$

$$\frac{R}{\varphi A}=\frac{266.3\times10^3}{0.941\ 4\times3\ 400}=83.2(\text{N/mm}^2)<f=215\ \text{N/mm}^2$$

满足要求。

2)承压强度计算。

承压面积：$A_{ce}=2\times1.0\times5=10(\text{cm}^2)$

由附表 1-1 查得：$f_{ce}=325\ \text{N/mm}^2$

$$\frac{R}{A_{ce}}=\frac{266.3\times10^3}{10\times10^2}=266.3(\text{N/mm}^2)<f_{ce}=325\ \text{N/mm}^2$$

满足要求。

(6)支承加劲肋与腹板的焊缝设计。

$$h_f\geqslant\frac{R}{4\times0.7\times(h_0-70)f_f^w}=\frac{266.3\times10^3}{4\times0.7\times(750-70)\times160}=0.87(\text{mm})$$

取 $h_f=6\ \text{mm}\geqslant1.5\sqrt{t_{max}}=1.5\times\sqrt{10}=4.7(\text{mm})$，满足构造要求。

横向加劲肋与腹板连接焊缝也取 $h_f=6\ \text{mm}\geqslant1.5\sqrt{t_{max}}=1.5\sqrt{8}=4.2(\text{mm})$。

7. 梁的拼接与连接

(1)梁的拼接。由于钢材规格的限制，当梁的设计长度和高度大于钢材尺寸时，就需要对梁进行拼接。梁的拼接可分为工厂拼接和工地拼接两种。

1)工厂拼接。工厂拼接的梁腹板和翼缘(图 1-72)，要求拼接位置设于弯矩较小处，腹板与翼缘、加劲肋与次梁位置应错开 $10t_w$ 后拼接。腹板与翼缘拼接处一般采用对接焊缝进行拼接。

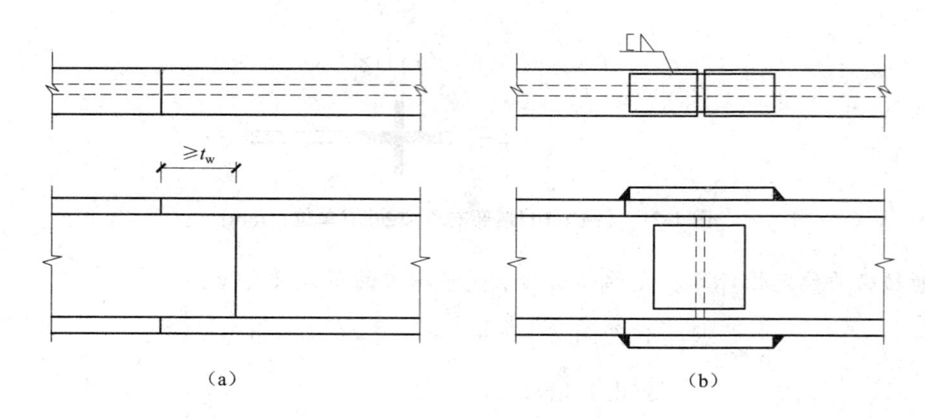

图 1-72　梁的工厂拼接构造

2)工地拼接。当梁的跨度较大，需分成几段运输到工地进行拼接时，称为工地拼接。

工地拼接的要求是：拼接位置设于弯矩较小处，一般采用 V 形坡口对接焊缝[图 1-73(a)]。为了减小焊缝应力，在工厂制作时，应将翼缘焊缝端部留出 500 mm 到工地后再进行焊接，并按图中标记的焊缝顺序(1、2、3、4、5)进行焊接。

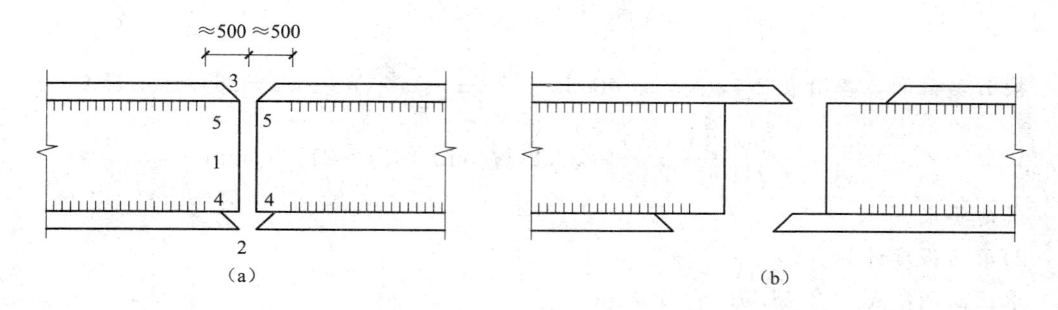

图 1-73　焊接梁的工地拼接

为改善受力状况，可将翼缘与腹板拼接位置略微错开[图 1-73(b)]，但在运输和吊装过程中端部易碰损，应采取相应措施加以保护。

(2)次梁与主梁的连接。

1)简支次梁与主梁连接。这种连接的特点是：次梁只传递支座反力给主梁。其连接形式有叠接和平接两种。叠接是将次梁直接搁置在主梁上[图 1-74(a)]，用螺栓或焊缝固定，构造简单，但占用建筑空间较大，不经济。

平接[图 1-74(b)、(c)、(d)、(e)]是将次梁端部上翼缘切去一部分，通过角钢用螺栓与主梁腹板相连，或通过主梁加劲肋用螺栓和焊缝相连。当次梁支座反力较大时，应设置支托。在计算螺栓和焊缝时，应将次梁支座反力增大 20%～30%后进行计算。

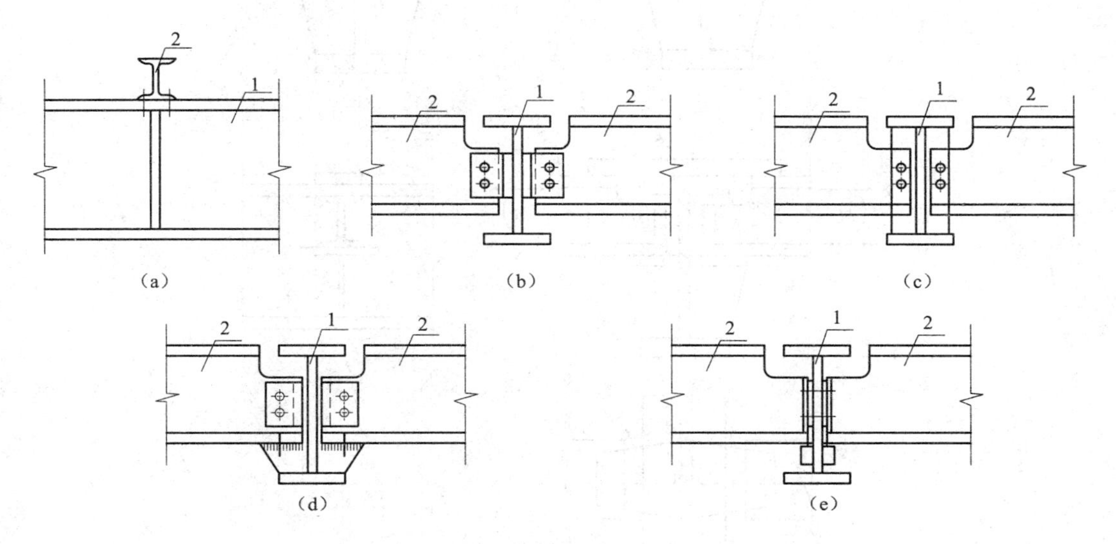

图 1-74　次梁和主梁的铰接连接

1—主梁；2—次梁

2)连续次梁与主梁。连续次梁与主梁的连接，也分为叠接和平接两种形式。叠接时次梁不断开，只有支座反力传给主梁。平接时，次梁在主梁处断开，分别连于主梁两侧[图 1-75]。除支座反力外，连续次梁在主梁支座处的弯矩 M 也通过主梁传递，其连接构造是在主梁上翼缘设置连接盖板并用焊缝连接，次梁下翼缘与支托顶板也用焊缝连接，焊缝受力按 $N=\frac{M}{h_1}$计算。盖板宽度应比次梁上翼缘宽度小 20～30 mm，而支托顶板应比次梁下翼缘宽度大 20～30 mm，以避免施工仰焊。次梁的竖向支座反力则由支托承担。

(五)轴心受力构件

概述：轴心受力构件的强度、刚度、整体稳定、局部稳定的验算；实腹式轴心受压构件和格构式轴心受压构件的设计要点；轴心受力构件柱头和柱脚的构造。

轴心受力构件是指承受通过构件截面形心的轴向力(拉力或压力)作用的构件。在桁架、网架、塔架和支撑实腹式结构中应用较为广泛。

轴心受力构件的截面形式一般分为实腹式型钢截面和格构式组合截面两类。实腹式型钢截面有圆钢、圆管、角钢、工字钢、槽钢、T 型钢、H 型钢等[图 1-76(a)]，或由型钢或钢板组成的组合截面[图 1-76(b)]。格构式组合截面是指由单独的肢件通过缀板或缀条相连形成的构件[图 1-76(c)]，可分为双肢、三肢、四肢等形式。

1. 轴心受力构件的设计要点

轴心受力构件的设计要点有强度、刚度、整体稳定和局部稳定验算四个内容。

(1)强度验算。轴心受力构件为单向受力构件，其强度承载力极限状态是截面的平均正

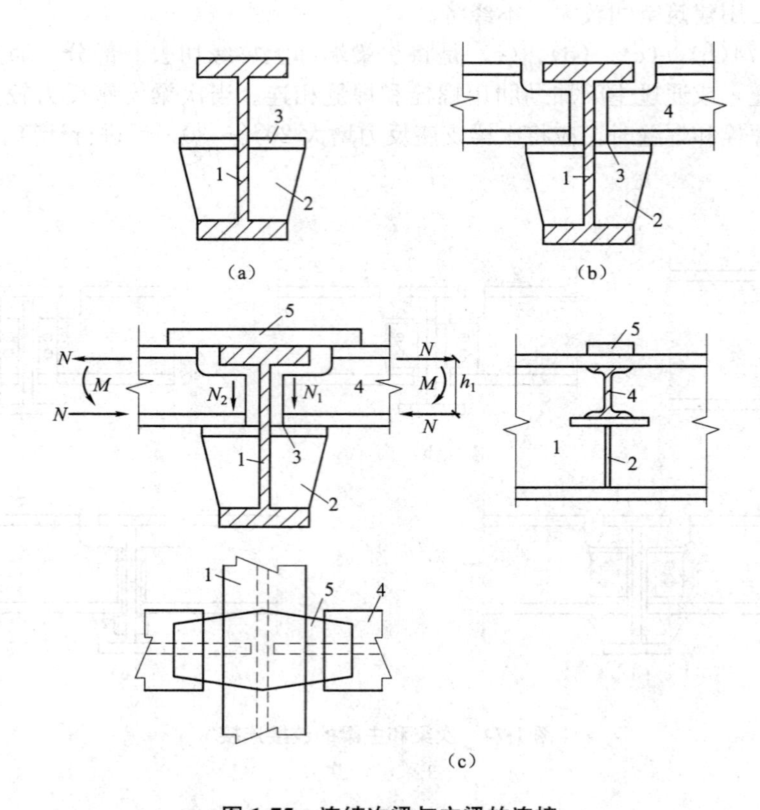

图 1-75　连续次梁与主梁的连接

1—主梁；2—承托竖板；3—支托顶板；4—次梁；5—连接盖板

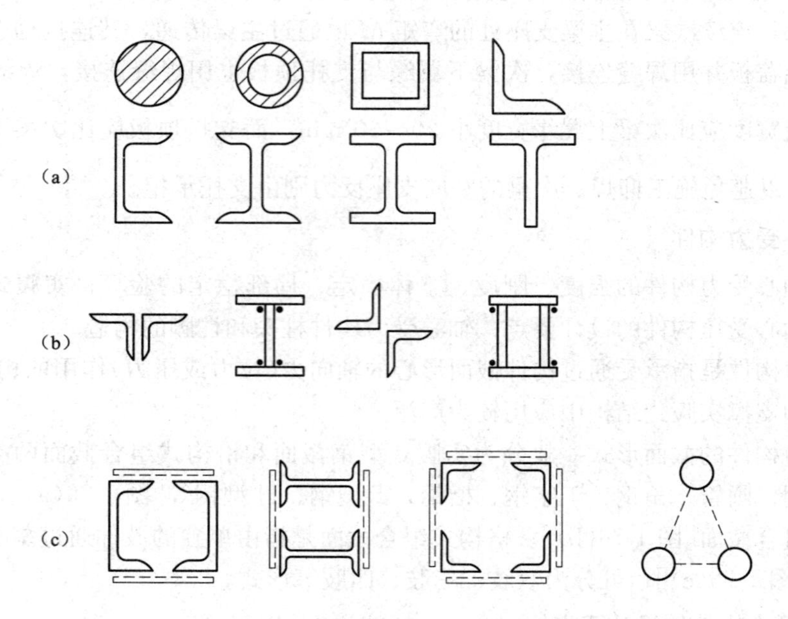

图 1-76　轴心受力构件的截面形式

（图中虚线表示缀板或缀条）

应力 σ 达到钢材的屈服强度 f_y。《钢结构设计规范》(GB 50017—2003)规定：强度验算时，构件净截面的平均正应力不应超过钢材的强度设计值，轴心受力构件的计算公式是：

$$\sigma=\frac{N}{A_n}\leqslant f \tag{1-80}$$

式中 N ——轴心力(拉力或压力)的设计值；

A_n——构件的净截面面积；

f ——钢材的抗拉、抗压强度设计值。

(2)刚度验算。为避免轴心受力构件在制作安装和正常使用过程中，因刚度不足，横向干扰过大，产生过大的附加应力，必须保证构件具有足够的刚度。轴心受力构件的刚度是以它的长细比来衡量的。可按下列公式验算：

$$\lambda=\frac{l_0}{i}\leqslant[\lambda] \tag{1-81}$$

式中 λ——构件在两主轴方向长细比的较大值；

l_0——相应方向的构件计算长度，$l_0=\mu l$(表 1-26)；

i——相应方向的截面回转半径；

$[\lambda]$——构件的允许长细比，按表 1-27、表 1-28 选用。

表 1-26 轴心受压构件的计算长度系数 μ

构件的屈曲形式		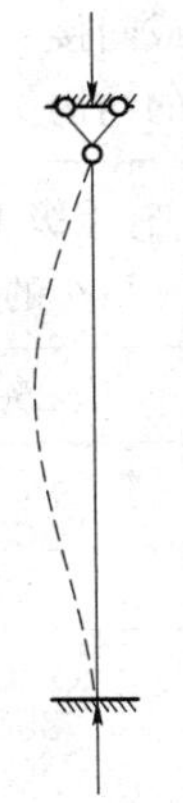		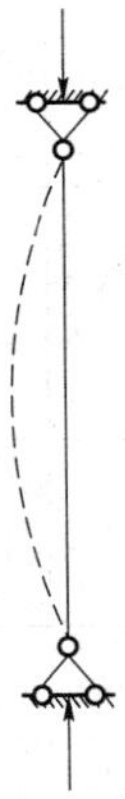	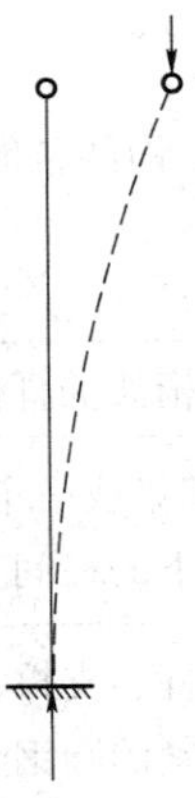	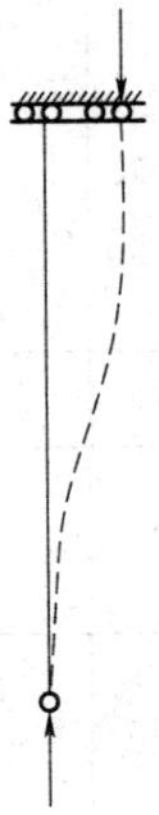
理论 μ 值	0.5	0.7	1.0	1.0	2.0	2.0
建议 μ 值	0.65	0.80	1.2	1.0	2.1	2.0
端部条件示意	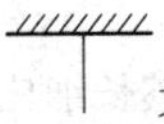 无转动、无侧移；无转动、自由侧移；自由转动、无侧移；自由转动、自由侧移 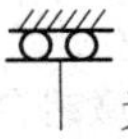 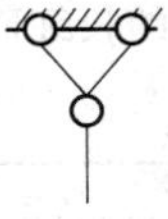 					

表 1-27　受压构件的容许长细比

项次	构 件 名 称	容许长细比
1	柱、桁架和天窗架中的杆件	150
	柱的缀条、吊车梁或吊车桁架以下的柱间支撑	
2	支撑(吊车梁或吊车桁架以下的柱间支撑除外)	200
	用以减少受压构件长细比的杆件	

注：1. 桁架(包括空间桁架)的受压腹杆，当其内力等于或小于承载能力的 50% 时，容许长细比值可取为 200。

2. 在直接或间接承受动力荷载的结构中，计算单角钢受压构件的长细比时，应采用角钢的最小回转半径；在计算单角钢交叉受压杆平面外的长细比时，应采用与角钢肢边平行轴的回转半径。

3. 跨度等于或大于 60 m 的桁架，其受压弦杆和端压杆的容许长细比宜取 100，其受压腹杆可取 150(承受静力荷载或间接承受动力荷载)或 120(直接承受动力荷载)。

4. 由容许长细比控制截面的杆件，在计算其长细比时，可不考虑扭转效应。

表 1-28　受拉构件的容许长细比

项次	构件名称	承受静力荷载或间接承受动力荷载的结构		直接承受动力荷载的结构
		一般建筑结构	有重级工作制吊车的厂房	
1	桁架的杆件	350	250	250
2	吊车梁或吊车桁架以下的柱间支撑	300	200	—
3	其他拉杆、支撑、系杆等(张紧的圆钢除外)	400	350	—

注：1. 承受静力荷载的结构中，可仅计算受拉构件在竖向平面内的长细比。

2. 在直接或间接承受动力荷载的结构中，计算单角钢受拉构件的长细比时，应采用角钢的最小回转半径；在计算单角钢交叉受拉杆平面外的长细比时，应采用与角钢肢边平行轴的回转半径。

3. 中、重级工作制吊车桁架下弦杆的长细比不宜超过 200。

4. 在设有夹钳或刚性料耙等硬钩吊车的厂房中，支撑(表中第 2 项除外)的长细比不宜超过 300。

5. 受拉构件在永久荷载与风荷载组合作用下受压时，其长细比不宜超过 250。

6. 跨度等于或大于 60 mm 的桁架，其受拉弦杆和腹杆的长细比不宜超过 300(承受静力荷载或间接承受动力荷载)或 250(直接承受动力荷载)。

(3)轴心受压构件的整体稳定。整体稳定破坏是轴心受压构件的主要破坏形式。实际轴心受压构件的整体稳定受到构件的初始缺陷(如偏心、弯曲、挠度等)、焊接残余应力、材料性能、长细比、支座条件等多方面因素的影响。《钢结构设计规范》(GB 50017—2003)在大量试验、实测数据和理论分析的基础上，提出了较为简捷的计算公式。

$$\sigma=\frac{N}{A}\leqslant\varphi f \tag{1-82}$$

式中 N——轴心压力设计值；

A——构件的毛截面面积；

f——钢材的抗压强度设计值；

φ——轴心受压构件的整体稳定系数。

式(1-82)中可见，在强度计算公式中，引入小于1的系数 φ，就考虑了构件稳定性对承载力的影响。φ 值取截面两个主轴方向稳定系数的较小值。影响稳定系数 φ 的主要因素是构件的长细比 λ，此外，钢材种类、截面类型(附表 2-1、附表 2-2)对其也有一定的影响，《钢结构设计规范》(GB 50017—2003)按钢材种类、截面类型制成了 $\lambda-\varphi$ 关系表(附表 2-3～附表2-6)，可直接查用。

长细比的取值按照下列规定确定：

1)实腹式轴心受压构件。双轴对称或极对称截面的实腹式柱：

$$\lambda_x=\frac{l_{0x}}{i_x},\ \lambda_y=\frac{l_{0y}}{i_y} \tag{1-83}$$

l_0 和 i 分别为相应方向的构件计算长度和回转半径。

2)格构式轴心受压柱。如图 1-77 所示的两种不同的双肢格构式构件，其截面有两根主轴：一根主轴横穿缀条或缀板平面(图 1-77 中的 $x-x$ 轴)，称为虚轴，另一根主轴横穿两个肢(图 1-77 中的 $y-y$ 轴)，称为实轴。

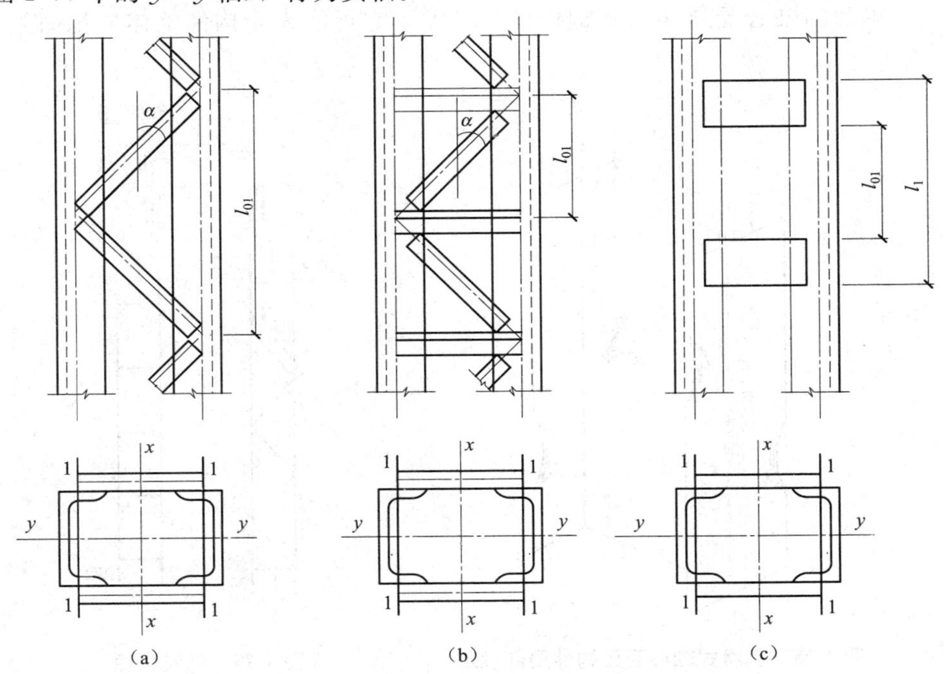

图 1-77 格构式构件的组成

(a)缀条式；(b)缀条式；(c)缀板式；

当格构式构件绕实轴失稳时，取 $\lambda_y = \frac{l_{0y}}{i_y}$。

当格构式构件绕虚轴失稳时，应考虑在剪力作用下，肢件和缀条或缀板变形的影响，对虚轴的长细比取换算长细比。

缀条式构件[图 1-77(a)、(b)]：

$$\lambda_{0x} = \sqrt{\lambda_x^2 + 27\frac{A}{A_{1x}}} \tag{1-84}$$

$$\lambda_x = \frac{l_{0x}}{i_x}$$

缀板式构件[图 1-77(c)]：

$$\lambda_{0x} = \sqrt{\lambda_x^2 + \lambda_1^2} \tag{1-85}$$

$$\lambda_1 = \frac{l_{01}}{i_1}$$

式中 λ_{0x}——构件换算长细比；

λ_x——构件对虚轴的长细比；

A——构件的横截面面积；

A_{1x}——构件截面中垂直于 x 轴各斜缀条的截面面积之和；

λ_1——分肢对最小刚度轴 1—1 的长细比，其计算长度 l_{01} 取值为：焊接时取相邻缀板间的净距离；螺栓连接时，为相邻两缀板边缘螺栓间的距离。

(4)轴心受压构件的局部稳定。实腹式工字形组合截面构件，由于腹板和翼缘较薄，在轴心压力的作用下，腹板或翼缘可能产生局部凹凸鼓屈变形(图 1-78)而降低构件的承载能力，这种现象称为板件局部失稳。另外，格构式轴心受压柱的单肢在缀条或缀板的相邻节点间是一个单独的轴心受压实腹式构件(图 1-79)，它可能先于构件整体失稳而先行失稳屈曲。

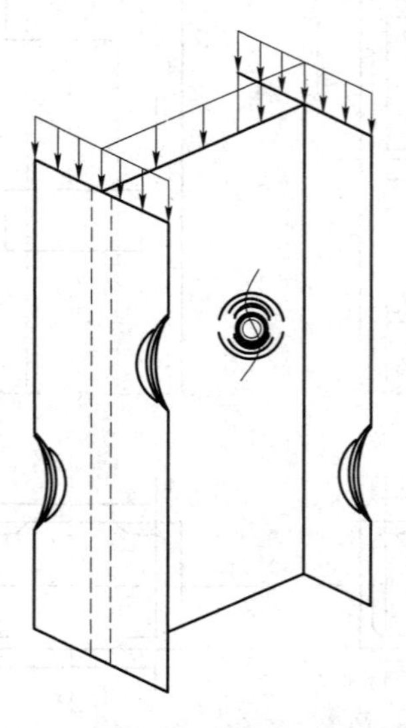

图 1-78　实腹式轴心受压构件局部稳定

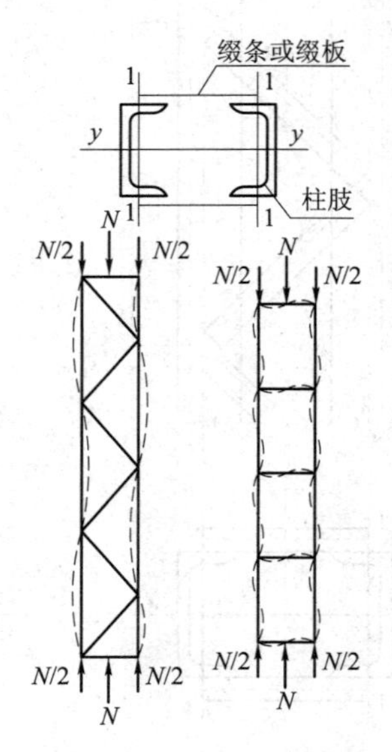

图 1-79　单肢失稳

这两种局部失稳都会降低构件的整体承载能力，在设计制作时必须予以避免。

1)实腹式轴心受压柱的局部稳定。板的宽厚比$\frac{t}{b}$是影响板件局部稳定的主要因素。为保证轴心受压构件的局部稳定不先于整体失稳，主要应限制板的宽厚比不能过大。《钢结构设计规范》(GB 50017—2003)对图 1-72 中工字形截面、箱形截面、T 形截面的宽厚比(高厚比)作了如下规定。

工字形：
$$\frac{b_1}{t}\leqslant(10+0.1\lambda)\sqrt{\frac{235}{f_y}} \tag{1-86}$$

$$\frac{h_0}{t_w}\leqslant(25+0.5\lambda)\sqrt{\frac{235}{f_y}} \tag{1-87}$$

箱形：
$$\frac{h_0}{t_w}\leqslant 40\sqrt{\frac{235}{f_y}} \tag{1-88}$$

$$\frac{b_0}{t}\leqslant 13\sqrt{\frac{235}{f_y}} \tag{1-89}$$

T 形截面：翼缘采用式(1-87)，腹板采用以下两式：

热轧剖分 T 型钢
$$\frac{h_0}{t_w}\leqslant(15+0.2\lambda)\sqrt{\frac{235}{f_y}} \tag{1-90}$$

焊接 T 型钢
$$\frac{h_0}{t_w}\leqslant(13+0.17\lambda)\sqrt{\frac{235}{f_y}} \tag{1-91}$$

式中 λ——构件在两主轴方向长细比的较大值，当$\lambda<30$时，取$\lambda=30$；当$\lambda>100$时，取$\lambda=100$；

f_y——钢材的屈服强度。

截面尺寸如图 1-80 所示。

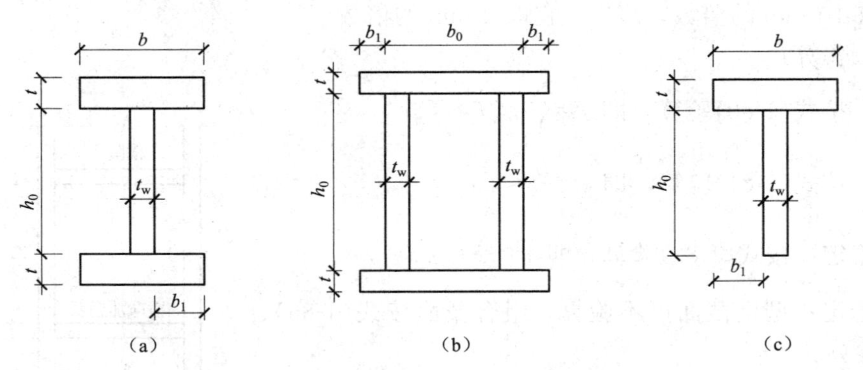

图 1-80 工字形及箱形截面尺寸

2)格构式轴心受压构件的单肢稳定性。为保证格构式轴心受压构件在荷载作用下单肢的稳定性不低于构件的整体稳定性，《钢结构设计规范》(GB 50017—2003)对单肢的长细比λ_1做了如下规定：

缀条式格构柱：$\lambda_1\leqslant 0.7\lambda_{max}$($\lambda_{0x}$、$\lambda_{0y}$中的较大者)；

缀板式格构柱：$\lambda_1\leqslant 40$且$\lambda_1\leqslant 0.5\lambda_{max}$，当$\lambda_{max}<50$时，取$\lambda_{max}=50$。

2. 轴心受压构件的设计要点

(1)实腹式轴心受压构件的设计。实腹式轴心受压构件的设计步骤是：选择截面形式，然后根据整体稳定和局部稳定等要求选择截面尺寸，最后进行截面的强度、稳定验算。截面设计的步骤如下：

1)选择截面形式。实腹式轴心受压构件的截面形式(图 1-76)有型钢截面和组合截面两类。在选择截面形式时应遵循下列原则：

①肢宽壁薄原则：在满足局部稳定的条件下，尽量使截面面积分布远离形心轴，以增大截面惯性矩和回转半径，提高构件的整体稳定性。

②等稳定性原则：尽可能使构件两个主轴方向的长细比接近，即 $\lambda_x \approx \lambda_y$，来提高构件的承载能力。

③经济性原则：尽量做到构造简单，制作方便，用料经济。

2)选择截面尺寸。

①假定长细比 λ，一般在 60～100 范围内选取。当轴力大、计算长度小时，λ 取小值；反之取大值。根据 λ、钢号和截面类别查表求 φ，计算初选截面几何特征值：

$$A_{\mathrm{T}}=\frac{N}{\varphi f} \tag{1-92}$$

$$i_{x\mathrm{T}}=\frac{l_{0x}}{\lambda} \tag{1-93}$$

$$i_{y\mathrm{T}}=\frac{l_{0y}}{\lambda} \tag{1-94}$$

②确定初选截面尺寸：

型钢截面：根据初选的 A_{T}、$i_{x\mathrm{T}}$、$i_{y\mathrm{T}}$ 查附录型钢表确定适当的型钢截面。

组合截面：按附表 2-7 近似确定 $h \approx \frac{i_{x\mathrm{T}}}{\alpha_1}$，$b \approx \frac{i_{x\mathrm{T}}}{\alpha_2}$，$\alpha_1$、$\alpha_2$ 为表中系数。

其余尺寸，对工字形截面：可取 $b \approx h$；腹板厚度 $t_{\mathrm{w}}=(0.4 \sim 0.7)t$，$t$ 为翼缘板厚度。h 和 b 宜取 10 mm 的倍数，t 和 t_{w} 宜取 2 mm 的倍数。

3)截面验算：

强度：按式(1-80)验算，即 $\sigma=\frac{N}{A_{\mathrm{n}}} \leqslant f$

刚度：按式(1-81)验算，即 $\lambda=\frac{l_0}{i} \leqslant [\lambda]$

整体稳定：按式(1-82)验算，即 $\sigma=\frac{N}{A} \leqslant \varphi f$

局部稳定：型钢截面可不验算，组合截面按式(1-86)、式(1-87)验算。

若经验算不满足，须调整截面尺寸重新验算，直至满足要求为止。

(2)实腹式轴心受压构件的构造要求。如图 1-81 所示是实腹柱的构造要求。

为防止施工和运输中构件发生扭转失稳破坏，实腹柱的宽厚比 $h_0/t_{\mathrm{w}} > 80\sqrt{\frac{235}{f_y}}$ 时，应设置横向加劲肋，横向加劲肋间距 $a \leqslant 3h_0$，其外伸宽度 $b_{\mathrm{s}} \geqslant \frac{h_0}{30}+40$ mm，厚度 $t_{\mathrm{s}} \geqslant b_{\mathrm{s}}/15$。

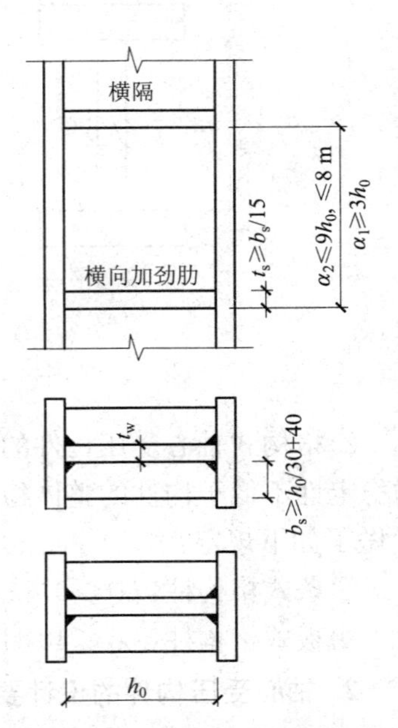

图 1-81　实腹柱的构造要求

(α_1 适用于加劲肋，α_2 适用于横隔)

大型实腹式柱，为了增加抗扭刚度及传递集中力，在受有较大水平力处和运输单元的端部，应设置横隔(即加宽的横向加劲肋)。横隔间距不应大于构件截面宽度的 9 倍和 8 m。

【例 1-11】 试设计一实腹式轴心受压柱，柱长为 6 m，两端铰支(图 1-82)。侧向(x 方向)中点有一支撑，该柱所受轴心压力设计值 $N=400$ kN，容许长细比$[\lambda]=150$，采用热轧工字钢，钢材为 Q235。

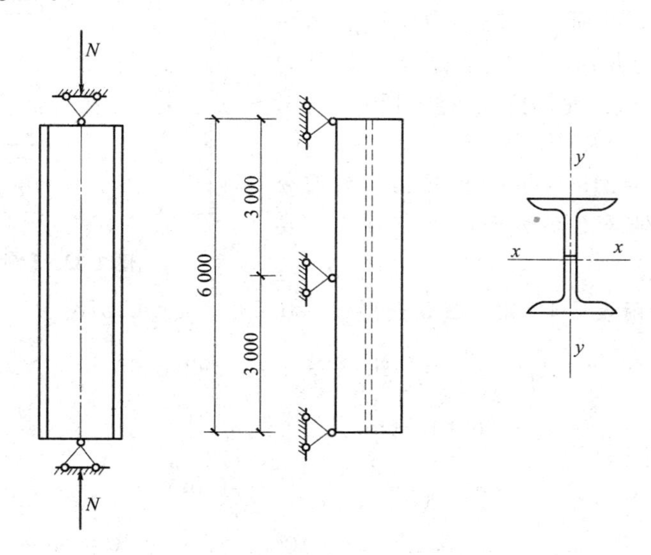

图 1-82 【例 1-11】图

【解】 (1)初选截面尺寸假定长细比 $\lambda=140$，对 x 轴按 a 类截面，对 y 轴按 b 类截面，查附表 2-3、附表 2-4 得 $\varphi_x=0.383$，$\varphi_y=0.345$，由附表 1-1 得 $f=215$ N/mm²，则：

$$A_T=\frac{N}{\varphi f}=\frac{400\times10^3}{0.345\times215}=53.93(\text{cm}^2)$$

$$i_{xT}=\frac{l_{0x}}{\lambda}=\frac{600}{140}=4.29(\text{cm})$$

$$i_{yT}=\frac{l_{0y}}{\lambda}=\frac{300}{140}=2.14(\text{cm})$$

根据 A_T、i_{xT}、i_{yT} 查附表 3-3 选 I28a，$A=55.404$ cm²，$i_x=11.3$ cm，$i_y=2.50$ cm，$h=280$ mm，$b=122$ mm。

(2)验算。

$$\lambda_x=\frac{l_{0x}}{i_x}=\frac{600}{11.3}=53.1$$

$$\lambda_y=\frac{l_{0y}}{i_y}=\frac{300}{2.5}=120<[\lambda]=150$$

$$b/h=\frac{122}{280}=0.436<0.8$$

由附表 2-1 截面分类可知，该截面 x 轴对应 a 类截面，y 轴对应 b 类截面，查附表2-3、附表 2-4 得：$\varphi_x=0.906\ 7$，$\varphi_y=0.436$，则：

$$\frac{N}{\varphi_y A}=\frac{400\times10^3}{0.437\times55.404\times10^2}=165(\text{N/mm}^2)<f=215\ \text{N/mm}^2$$

(整体稳定满足要求)

$$\sigma=\frac{N}{A}=\frac{400\times10^3}{55.37\times10^2}=72.2(\text{N/mm}^2)<f=215\ \text{N/mm}^2$$

（强度满足要求）

因此，该截面满足要求。

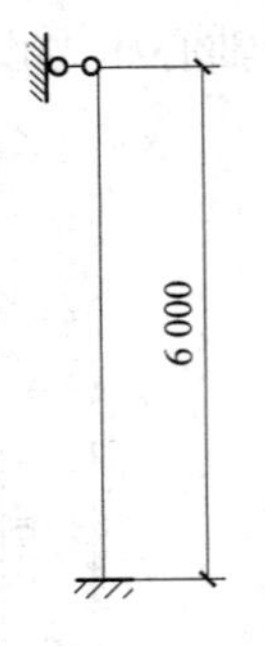

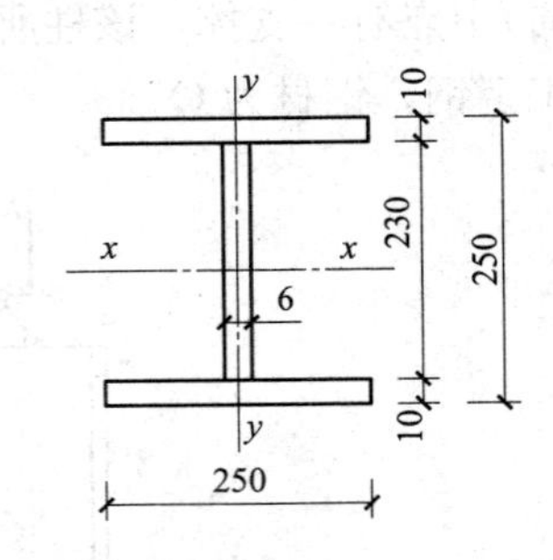

图 1-83 【例 1-12】图

【例 1-12】 试设计一端固定一端铰接工字形截面组合柱，如图 1-83 所示。轴心力设计值 $N=$ 670 kN，柱的长度为 6 m，钢材为 Q235，焊条为 E43 型，翼缘为轧制边，允许挠度$[\lambda]=150$。

【解】 1. 初选截面尺寸

由附表 1-1 得 $f=215\ \text{N/mm}^2$。根据表截面分类可知，截面对 x 轴属 b 类截面，对 y 轴属 c 类截面。

假定$\lambda=80$，由附表 2-4、附表 2-5 查得 $\varphi_x=0.688$，$\varphi_y=0.578$。

$$A_{\text{T}}=\frac{N}{\varphi_y f}=\frac{670\times10^3}{0.578\times215}=53.92(\text{cm}^2)$$

构件计算长度 $l_0=\mu l=0.8\times6=4.8(\text{m})$。

$$i_{x\text{T}}=\frac{l_{0x}}{\lambda}=\frac{4.8\times10^2}{80}=6(\text{cm})$$

$$i_{y\text{T}}=\frac{l_{0y}}{\lambda}=\frac{4.8\times10^2}{80}=6(\text{cm})$$

根据附表 2-7 可得 $\alpha_1=0.43$、$\alpha_2=0.24$

$$h\approx\frac{i_{x\text{T}}}{\alpha_1}=\frac{6}{0.43}=13.9(\text{cm}),\ b\approx\frac{i_{x\text{T}}}{\alpha_2}=\frac{6}{0.24}=25(\text{cm})$$

初选 $b=250$ mm，根据 b、h 大致相等的原则，取 $h=250$ mm。

翼缘采用 10×250，其面积为 $A_{翼}=25\times1\times2=50(\text{cm}^2)$。

腹板所需面积 $A_{腹}=53.92-50=3.92(\text{cm}^2)$。

$$t_{\text{w}}=\frac{3.92}{(25-2)}=0.17(\text{cm})，取\ t_{\text{w}}=6\ \text{cm}。$$

截面尺寸如图 1-83 所示。

2. 截面验算

$$A=23\times0.6+2\times25\times1.0=63.8(\text{cm}^2)$$

$$I_x=\frac{0.6}{12}\times23^3+2\times25\times1.0\times12^2=7\ 808.35(\text{cm}^4)$$

$$I_y=2\times1.0\times\frac{25^3}{12}=2\ 604(\text{cm}^4)$$

$$i_x=\sqrt{\frac{I_x}{A}}=\sqrt{\frac{7\ 808.35}{63.8}}=11.06(\text{cm}),\ \lambda_x=\frac{480}{11.06}=43.4$$

$$i_y=\sqrt{\frac{I_y}{A}}=\sqrt{\frac{2\ 604}{63.8}}=6.4(\text{cm}),\ \lambda_y=\frac{480}{6.4}=75$$

验算：

强度

$$\sigma=\frac{N}{A}=\frac{670\times 10^3}{63.8\times 10^2}=105(\text{N/mm}^2)< f=215\ \text{N/mm}^2(\text{满足})$$

刚度

$$\lambda_{max}=\lambda_y=75\leqslant[\lambda]=150(\text{满足})$$

整体稳定

查附表 2-5 得：$\varphi_x=0.885$，$\varphi_y=0.610$（c 类）

$$\frac{N}{\varphi_y A}=\frac{670\times 10^3}{0.610\times 63.8\times 10^2}=172.2(\text{N/mm}^2)< f=215\ \text{N/mm}^2(\text{满足})$$

局部稳定

$$\frac{b_1}{t}=\frac{122}{10}=12.2<10+0.1\lambda=10+0.1\times 75=17.5(\text{满足})$$

$$\frac{h_0}{t_w}=\frac{230}{6}=38.3<25+0.5\lambda=25+0.5\times 75=62.5(\text{满足})$$

据上面验算可知，该截面能够满足要求。

(3)格构式轴心受压构件的设计。格构式轴心受压构件的设计内容与实腹式轴心受压构件相比，仍需要进行强度、刚度、整体稳定性的验算，另外，还需要进行单肢的局部稳定性验算，并且需要进行缀材（缀条、缀板）的设计。下面简要介绍格构式轴心受压构件的缀材设计和计算思路。

1)缀材设计。

①缀材的剪力。格构式轴心受压构件受压屈曲时，将产生横向剪力 V，该剪力按下式计算：

$$V=\frac{Af}{85}\sqrt{\frac{f_y}{235}} \tag{1-95}$$

该剪力 V 值沿构件全长不变，由缀材分担。对双肢格构式构件，每侧缀材（图 1-84）分担的剪力值为 $V_1=\frac{V}{2}$。

②缀条设计。斜缀条可以看作平行弦桁架的腹杆，为轴心受压构件（图 1-84），其内力 N_t 按下式计算：

$$N_t=\frac{V_1}{n\cos\alpha} \tag{1-96}$$

式中 V_1——分配到一个缀材面的剪力；

n——承受剪力 V_1 的斜缀条数，图 1-84(a)所示为单缀条体系，$n=1$；图 1-84(b)所示为双缀条体系，$n=2$；

α——缀条与构件轴线的夹角。

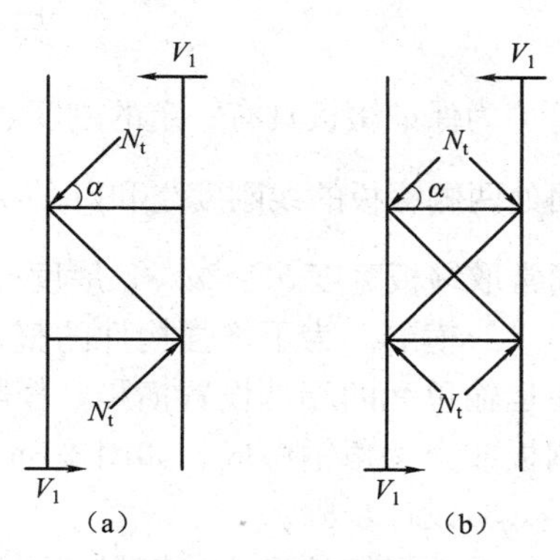

图 1-84 缀条计算简图

缀条是采用角钢单面连接的构件，缀条设计时需按 N_t 以轴心受压构件进行强度和稳定性验算。考虑偏心和可能的弯扭屈曲影响，《钢结构设计规范》(GB 50017—2003)规定其强度设计值 f 应乘以下列相应折减系数：

a. 当按轴心受力计算缀条连接强度时，取 0.85。

b. 当按轴心受压计算稳定性时：

对等边角钢取 0.6+0.001 5λ，但不大于 1.0；

对短边相连的不等边角钢取 0.5+0.002 5λ，但不大于 1.0；

对长边相连的不等边角钢取 0.70。

λ 为长细比，对中间无连系的单角钢压杆，应按最小回转半径计算；当 $\lambda<20$ 时，取 $\lambda=20$。缀条不应采用小于∟45×45×4 或∟56×36×4 的角钢。

③缀板设计。缀板式格构柱的受力可视为一单跨多层框架，在剪力 V_1 的作用下，受力和变形如图 1-85 所示：

剪力
$$T=\frac{V_1 l_1}{\alpha} \tag{1-97}$$

弯矩
$$M=T\cdot\frac{\alpha}{2}=\frac{V_1 l_1}{\alpha} \tag{1-98}$$

式中 l_1——相邻两缀板轴线间的距离；

α——分肢轴心间的距离。

当缀板用角焊缝与肢件相连接时，搭接长度一般为 20～30 mm。

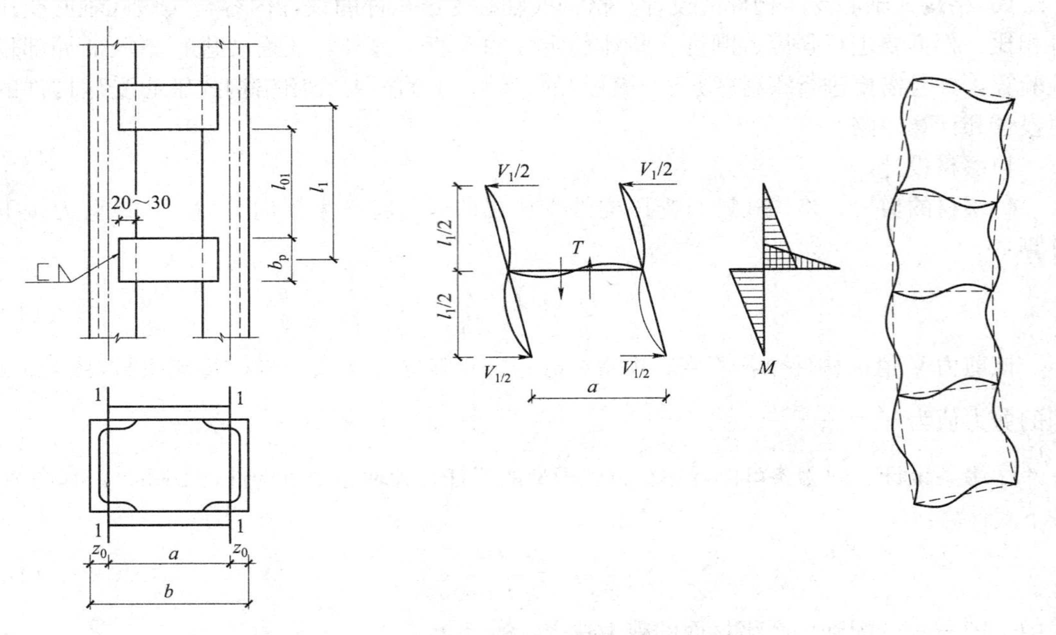

图 1-85 缀板计算简图(单位：mm)

为保证缀板具有一定的刚度，《钢结构设计规范》(GB 50017—2003)规定：在构件同一截面处两侧缀板的线刚度之和(I_b/a)不得小于柱分肢线刚度(I_1/l_1)的 6 倍，此处 $I_b=2\times\frac{1}{12}t_p b_p^3$。通常取缀板宽度 $b_p\geqslant 2a/3$，厚度 $t_p\geqslant a/40$ 及≥6 mm。

2)横隔。为了增强构件的整体刚度，格构柱除在受有较大水平力处设置横隔外，还应在运输单元的端部设置横隔，横隔的间距不得大于柱截面较大宽度的 9 倍或 8 m。横隔可用钢板或交叉角钢做成，如图 1-86 所示。

3)设计步骤。

①选择构件形式和钢材强度等级。根据轴心力大小、构件长度和材料供应等确定构件形式和钢号，一般中小型构件常采用缀板式，大型构件宜采用缀条式。肢件常采用槽钢、

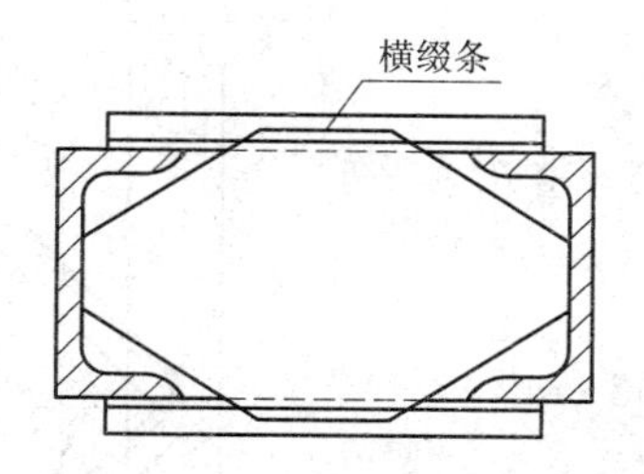

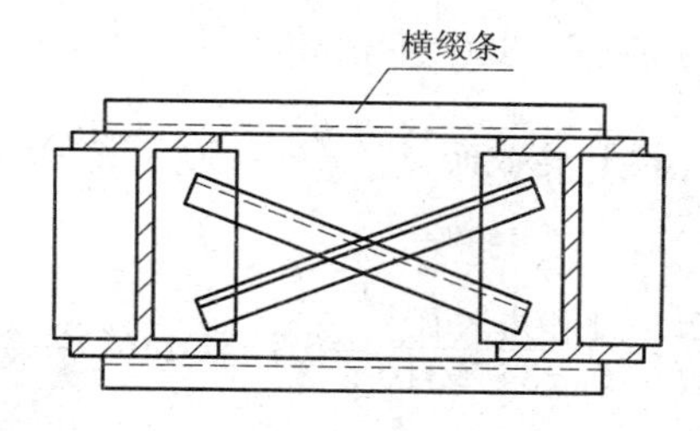

图 1-86　格构式构件的横隔

工字钢、角钢、圆管等做成双肢、三肢、四肢格构柱。

②确定肢件截面。格构柱的肢件截面由实轴的整体稳定条件计算确定。可先假定长细比 λ，查附表 2-4 得 φ_y，则：

$$A_T=\frac{N}{\varphi_y f}\ ,\ i_{yT}=\frac{l_{0y}}{\lambda}$$

根据 A_T 和 i_{yT} 查型钢表，选择合适的型钢截面，然后验算强度、刚度和整体稳定性；若不满足应调整截面，直到满足为止。

③确定肢件间的间距。肢件间的间距由虚轴（x 轴）方向的整体稳定计算确定。根据实轴计算出的 λ_y，再由等稳定条件 $\lambda_{0x}=\lambda_y$，由式(1-81)、式(1-82)可得虚轴的长细比：

缀条式构件
$$\lambda_{xT}=\sqrt{\lambda_y^2-27\frac{A}{A_{1x}}} \tag{1-99}$$

缀板式构件
$$\lambda_{xT}=\sqrt{\lambda_y^2-\lambda_1^2} \tag{1-100}$$

求 λ_{xT} 时，可先假定 $A_{1x}=2\times0.05A$，选定斜缀条的角钢型号（最小型钢即∟45×45×4 或∟56×36×4）。对于缀板式格构柱，可近似取 $\lambda_1<0.5\lambda_y$，且 $\lambda_1\leqslant40$ 进行计算。

由 λ_{xT} 求得：
$$i_{xT}=\frac{l_{0x}}{\lambda_{xT}}$$

由 λ_{xT} 求得所需的分肢间距：
$$b\approx\frac{i_{xT}}{\alpha_2}$$

一般 b 宜取 10 mm 的倍数，且 $b\leqslant100$ mm。

按式(1-99)、式(1-100)计算出换算长细比 λ_{0x}，按式(1-82)验算虚轴的整体稳定性。

④截面验算。

强度验算：
$$\sigma=\frac{N}{A_n}\leqslant f$$

刚度验算：
$$\lambda=\frac{l_0}{i}\leqslant[\tau_\lambda]$$

整体稳定性验算：
$$\sigma=\frac{N}{\varphi A}\leqslant f$$

单肢稳定性验算：$\lambda_1\leqslant0.7\lambda_{max}$ 或 $\lambda_1\leqslant0.5\lambda_{max}$

⑤ 缀材连接节点设计见【例 1-13】。

【例 1-13】　一两端铰接的轴心受压格构柱承受轴心压力设计值 $N=1\ 400$ kN，在 x 方向上计算长度为 6 m，在 y 方向上计算长度为 3 m，采用 Q345 钢材，E50 系列焊条，允许长细比[λ]=150，试按缀条式和缀板式格构柱进行设计，如图 1-87 所示。

【解】　1. 缀条柱

(1)确定肢件截面。

查附表 1-1 得 $f=310\ \text{N/mm}^2$。

设 $\lambda=60$，按 b 类截面 $\lambda\sqrt{\frac{f_y}{235}}=60\sqrt{\frac{345}{235}}=72.7$，查附表 2-4 得：$\varphi=0.734$。

$$A_T=\frac{N}{\varphi f}=\frac{1\ 400\times10^3}{0.734\times310}=6\ 153(\text{mm}^2)=61.53\ \text{cm}^2$$

$$i_{yT}=\frac{l_{0y}}{\lambda}=\frac{300}{60}=5(\text{cm})$$

由附表 3-4 选 22a，截面如图 1-87 所示。

$A=2\times31.84=63.66\ \text{cm}^2$，$i_y=8.67\ \text{cm}$，$I_y=158\ \text{cm}^4$，$\lambda_1=2.23\ \text{cm}$，$z_0=2.10\ \text{cm}$。

$$\lambda_y=\frac{l_{0y}}{i_y}=\frac{300}{8.67}=34.6<[\lambda]=150(\text{满足要求})$$

由 $\lambda_y\sqrt{\frac{f_y}{235}}=34.6\times\sqrt{\frac{345}{235}}=42$，按 b 类截面查附表 2-4 得：$\varphi=0.891$，

$$\frac{N}{\varphi_y A}=\frac{1\ 400\times10^3}{0.891\times63.68\times10^2}=247(\text{N/mm}^2)<f=310\ \text{N/mm}^2$$

（满足）

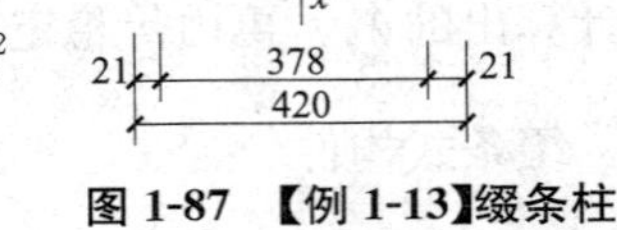

图 1-87 【例 1-13】缀条柱

所选 2[22a 满足要求。

(2)确定肢件间距。

$\frac{A_{1x}}{2}\approx0.05A=0.05\times63.68=3.2\ \text{cm}^2$，按构造要求选两根最小角钢∟ 45×4 得：$A_{1x}=2\times3.49=6.98\ \text{cm}^2$

按 x、y 方向等稳定条件 $\lambda_{0x}=\lambda_y$，则：

$$\lambda_{xT}=\sqrt{\lambda_y^2-27\frac{A}{A_{1x}}}=\sqrt{34.6^2-27\times\frac{63.68}{6.98}}=30.84$$

$$i_{xT}=\frac{l_{0x}}{\lambda_{xT}}=\frac{600}{30.84}=19.5(\text{cm})$$

由附表 3-1 得 $i_x\approx0.44b$，$b=\frac{19.5}{0.44}=44\ \text{cm}$，可取 $b=42\ \text{cm}$，截面尺寸如图 1-87 所示。

(3)验算 x 方向稳定条件。

$$\frac{a}{2}=\frac{b}{2}-z_0=\frac{42}{2}-2.10=18.9\ \text{cm}$$

$$I_x=2\times(158+31.84\times18.9^2)=23\ 063\ \text{cm}^4$$

$$i_x=\sqrt{\frac{I_x}{A}}=\sqrt{\frac{23\ 063}{63.68}}=19\ \text{cm}$$

$$\lambda_x=\frac{l_{0x}}{i_x}=\frac{600}{19}=31.6$$

$$\lambda_{0x}=\sqrt{\lambda_x^2-27\frac{A}{A_{1x}}}=\sqrt{31.6^2-27\times\frac{63.68}{6.98}}=27.4<[\lambda]=150(\text{满足刚度要求})$$

由 $\lambda_{0x}\sqrt{\frac{f_y}{235}}=27.4\times\sqrt{\frac{345}{235}}=33.2$，按 b 类截面查附表 2-4 得：$\varphi_x=0.924\ 4$

$$\frac{N}{\varphi_x A}=\frac{1\ 400\times10^3}{0.924\ 4\times63.68\times10^2}=238(\text{N/mm}^2)<f=310\ \text{N/mm}^2(\text{满足要求})$$

(4)缀条计算。

斜缀条按45°布置，如图1-87所示。

缀件面剪力

$$V_1=\frac{1}{2}\left(\frac{Af}{85}\sqrt{\frac{f_y}{235}}\right)=\frac{1}{2}\times\left(\frac{63.68\times10^2\times310}{85}\sqrt{\frac{345}{235}}\right)=14\ 070(\text{N})$$

斜缀条内力

$$N_t=\frac{V_1}{\cos\alpha}=\frac{14\ 070}{\cos45^\circ}=19\ 898\ \text{N}$$

缀条截面面积：$A=3.49\ \text{cm}^2$，$i_{min}=0.89\ \text{cm}$，

$$\lambda=\frac{l_t}{i_{min}}=\frac{42-2\times2.10}{\cos45^\circ\times0.89}=60<[\lambda]=150(\text{满足要求})$$

单角钢为b类截面，再由$\lambda\sqrt{\frac{f_y}{235}}=60\sqrt{\frac{345}{235}}=72.7$，查附表2-4得：$\varphi=0.734\ 1$，折算系数为$0.6+0.001\ 5\lambda=0.6+0.001\ 5\times60=0.69$

$$\frac{N_t}{\varphi A}=\frac{19\ 898}{0.734\ 1\times3.49\times10^2}=77.7(\text{N/mm}^2)<0.69f=0.69\times310=213.9(\text{N/mm}^2)(\text{满足})$$

(5)单肢稳定性验算。

$$l_{01}=2(b-2z)=2\times(420-2\times21)=756(\text{mm})$$

$$\lambda_1=\frac{l_{01}}{i_1}=\frac{756}{22.3}=33.9$$

$$\lambda_{max}=\lambda_{0x}=27.4<50，取\ \lambda_{max}=50$$

$$\lambda_1\leqslant0.7\lambda_{max}=0.7\times50=35$$

单肢稳定满足要求。

(6)连接焊缝。

由附表1-3查得$f_f^w=200\ \text{N/mm}^2$；采用两面侧焊，取$h_f=4\ \text{mm}$。

肢背焊缝所需长度

$$l_{w1}=\frac{k_1N_t}{0.7h_f\cdot\gamma_1f_f^w}=\frac{0.7\times19\ 898}{0.7\times4\times0.85\times200}=29.3(\text{mm})$$

$$l_1=l_{w1}+10=39.3(\text{mm})$$

肢尖焊缝所需长度

$$l_{w2}=\frac{k_2N_t}{0.7h_f\cdot\gamma_1f_f^w}=\frac{0.3\times19\ 898}{0.7\times4\times0.85\times200}=12.5(\text{mm})$$

$$l_2=l_{w2}+10=22.5(\text{mm})$$

角钢总长 $$l=756\times\frac{\sqrt{2}}{2}-50=485(\text{mm})$$

搭接长度 $$l_d=\frac{(485-246\sqrt{2})}{2}=68.55(\text{mm})>l_1$$

双侧焊缝可以满足要求。

2. 缀板柱

(1)对实轴计算与缀条柱相同，选用2[22a，截面形式如图1-88所示。

(2)确定肢间距离。

$\lambda_y=34.6$，设 $\lambda_1=22$，令 $\lambda_{0x}=\lambda_y$ 则：

$$\lambda_{xT}=\sqrt{\lambda_y^2-\lambda_1^2}=\sqrt{34.6^2-22^2}=26.7$$

$$i_{xT}=\frac{l_{0x}}{\lambda_{xT}}=\frac{600}{26.7}=22.47(\text{cm})$$

查附表 2-7 得 $\alpha_2=0.44$，

$$b=\frac{i_{xT}}{\alpha_2}=\frac{22.47}{0.44}=51.07(\text{cm})$$

取 $b=50$ cm，$l_{01}=\lambda_1\cdot i_1=22\times2.23=49.1(\text{cm})$，取 $l_{01}=49$ cm，

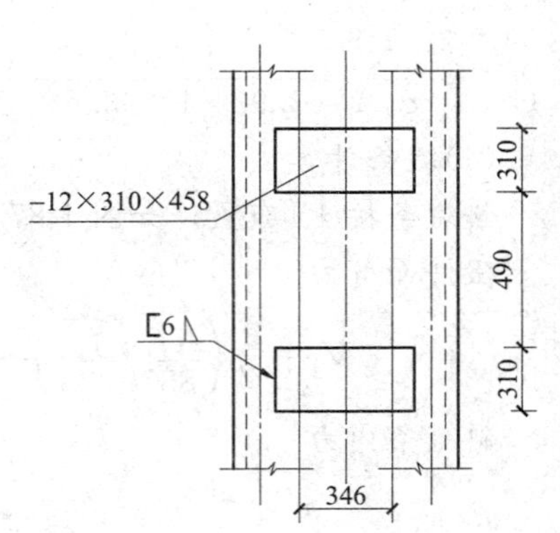

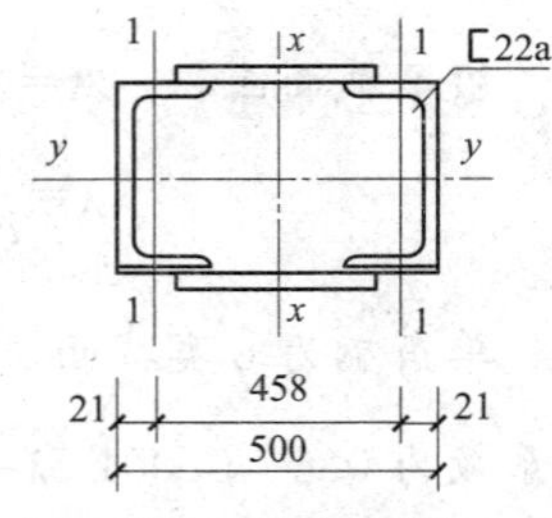

图 1-88 【例 1-13】缀板柱

$$a=\frac{b}{2}-z_0=\frac{50}{2}-2.10=22.9(\text{cm})$$

$$I_x=2\times(158+31.84\times22.9^2)=33\ 710(\text{cm}^4)$$

$$i_x=\sqrt{\frac{I_x}{A}}=\sqrt{\frac{33\ 710}{63.68}}=23(\text{cm})$$

$$\lambda_x=\frac{l_{0x}}{i_x}=\frac{600}{23}=26.1，\lambda_1=\frac{l_{01}}{i_1}=\frac{49}{2.23}=22$$

$$\lambda_{0x}=\sqrt{\lambda_x^2+\lambda_1^2}=\sqrt{26.1^2+22^2}=34.1<[\lambda]=150(\text{满足刚度要求})$$

按 b 类截面查附表 2-4 得，$\varphi_x=0.921\ 6$

$$\frac{N}{\varphi_x A}=\frac{1\ 400\times10^3}{0.921\ 6\times63.68\times10^2}=238.6(\text{N/mm}^2)<f=310\ \text{N/mm}^2(\text{满足要求})$$

(3)单肢稳定性验算。

$$\lambda_{\max}=34.1<50，\text{取}\ \lambda_{\max}=50$$

$$\lambda_1=22\leqslant0.5\lambda_{\max}=0.5\times50=25$$

且不大于 40，单肢稳定性满足要求。

(4)缀板设计。

由图 1-88 可知：$b=500$ mm，$a=458$ mm，

$$b_p\geqslant\frac{2a}{3}=\frac{2\times458}{3}=305(\text{mm})，\text{取}\ b=310\ \text{mm}$$

$$t_p\geqslant\frac{a}{40}=\frac{458}{40}=11.45(\text{mm})，\text{取}\ t=12\ \text{mm}$$

$$l_{01}=\lambda_1 i_1=22\times2.23=49(\text{cm})$$

$$l_1=l_{01}+b_p=49+31=80(\text{cm})$$

缀板为− 10×310×458

缀板刚度验算

$$\frac{2I_b/a}{I_1/l_1}=\frac{2\times\dfrac{1.0\times31^3}{12\times45.8}}{\dfrac{158}{80}}=55>6(\text{满足要求})$$

(5)连接焊缝。

缀板与分肢连接处的内力为

剪力 $$T=\frac{V_1 l_1}{a}=\frac{14\ 070\times80}{45.8}=24\ 576(\text{N})$$

弯矩 $$M=\frac{V_1 l_1}{2}=\frac{14\ 070\times 80}{2}=562\ 800(\mathrm{N\cdot cm})$$

采用角焊缝，三面围焊，计算时偏安全地仅考虑竖直焊缝，但不扣除考虑缺陷的 $2h_f$ 段，取 $h_f=6$ mm

$$A_f=0.7\times 0.6\times 31=13.02(\mathrm{cm^2})$$

$$W_f=\frac{1}{6}\times 0.7\times 0.6\times 31^2=67.27(\mathrm{cm^3})$$

$$\sqrt{\left(\frac{\sigma_f}{\beta_f}\right)^2+(\tau_f)^2}=\sqrt{\left(\frac{562\ 800\times 10}{1.22\times 67.27\times 10^3}\right)^2+\left(\frac{24\ 576}{13.02\times 10^2}\right)^2}=71(\mathrm{N/mm^2})<f_f^w=200\ \mathrm{N/mm^2}$$

满足要求。

3. 轴心受压柱的柱头与柱脚

(1)柱头。柱头指柱的上端与梁相连的构造，其作用是承受并传递梁及上部结构传来的内力。柱头的连接形式有梁支承于柱顶和柱侧两种形式，节点有铰接和刚接两种。

1)梁支承于柱顶的构造。在柱顶设一厚 16～20 mm 的柱顶板，顶板与柱焊接并与梁用普通螺栓相连，以传递梁的支座反力。

如图 1-89(a)所示，将梁的支承加劲肋对准柱的翼缘，使梁的支承反力通过加劲肋直接传递给柱翼缘。在相邻梁之间留有孔隙并用夹板和构造螺栓相连。这种连接方式构造简单，传力明确，但当两侧梁的反力不等时，易引起柱的偏心受压。

如图 1-89(b)所示，在梁端设置突缘加劲肋，在梁的轴线附近与柱顶板顶紧；同时，在柱顶板下腹板两侧设支承加劲肋，这时柱腹板为主要受力部分，不能太薄。这样，即使相邻梁反力不等，柱仍接近轴心受压。

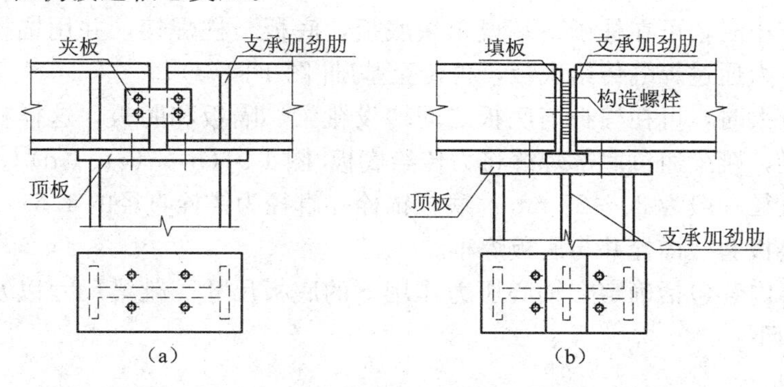

图 1-89　梁支承于柱顶的铰接连接

2)梁支承于柱侧的构造。如图 1-90(a)所示，将梁搁置于柱侧的承托上，用普通螺栓连接。梁与柱侧之间留有间隙，用角钢和构造螺栓相连。这种连接方式较简捷，施工方便。

如图 1-90(b)所示，当梁的反力较大时，用厚钢板作承托，用焊缝与柱相连。梁与柱侧之间留有间隙。梁吊装就位后，用填板和构造螺栓将柱翼缘和梁端连接起来。

如图 1-90(c)所示，梁沿柱翼缘平面方向与柱相连，在柱腹板上设置支托，梁端板支承在承托上。梁吊装就位后，用填板和构造螺栓将柱腹板与梁端板连接起来。

(2)柱脚。柱下端与基础的连接部分称为柱脚。其作用是承受柱身的荷载并将其传给基础。柱脚按构造可以分为铰接和刚接两种不同的形式。这里主要介绍铰接柱脚。

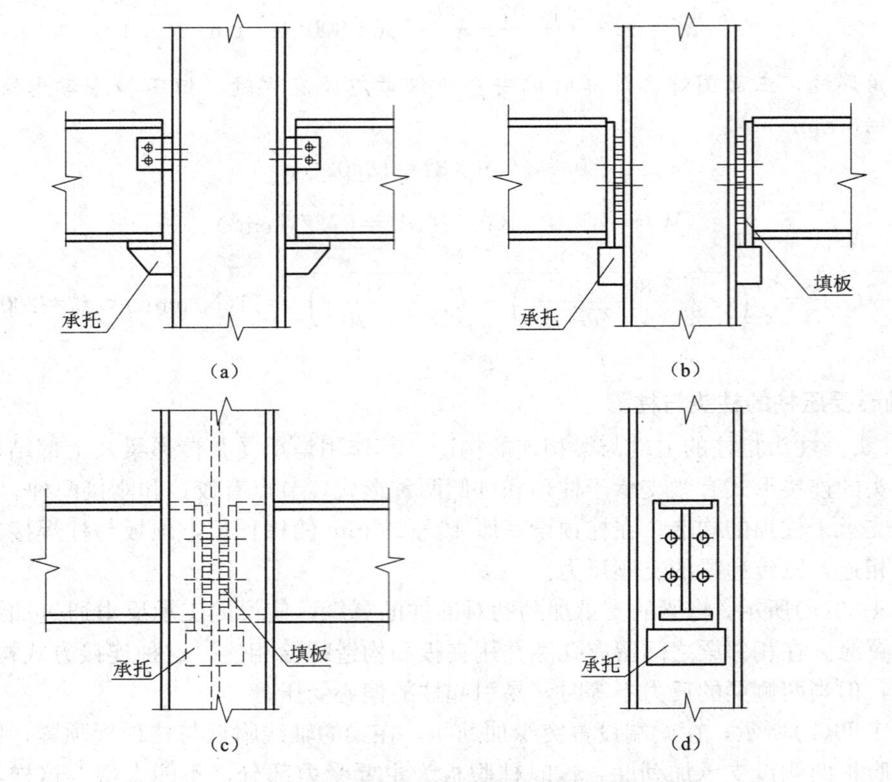

图 1-90　梁支承于柱侧的铰接连接

当柱轴力较小时，可在柱子下端设单块底板，底板与柱焊接，并用锚栓固定于混凝土基础上，柱身压力通过焊缝传给底板，再传至基础[图 1-91(a)]。

当柱轴力较大时，可在柱身与底板之间增设靴梁、隔板和肋板，这样柱端通过垂直焊缝将力传给靴梁，靴梁通过底部焊缝将力传给底板[图 1-91(b)、(c)、(d)]。

柱脚锚栓直径一般为 20～25 mm。底板锚栓孔直径为锚栓直径的 1.5～2.0 倍。当柱吊装就位后，用垫板套柱锚栓并与底板焊牢。

柱脚的计算内容包括确定在轴心压力作用下的底板尺寸、靴梁尺寸以及连接焊缝的尺寸等，现分述如下：

1)底板面积。

$$A=\frac{N}{f_{cc}} \tag{1-101}$$

式中　N ——作用于柱脚的压力设计值；

f_{cc}——基础材料抗压强度设计值；

A ——底板的净面积；$A=BL-A_0$；

B，L——矩形底板的外围宽度和长度；

A_0——锚栓孔面积。

2)底板均匀反力。

$$q\leqslant f_{cc}=\frac{N}{A}=\frac{N}{BL-A_0} \tag{1-102}$$

3)柱脚底板所承受的弯矩值。在底板反力 q 的作用下，基础底板被靴梁、柱身、隔板

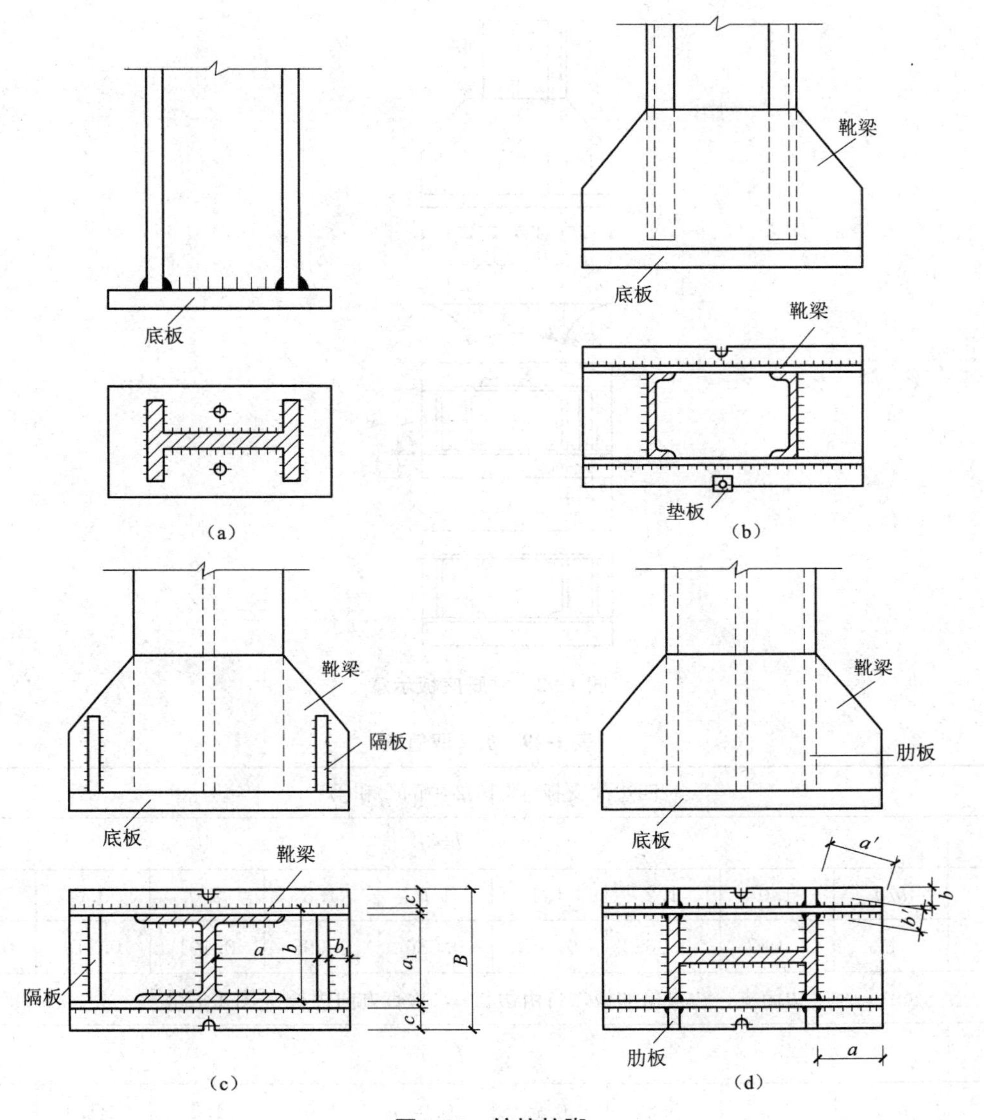

图 1-91　铰接柱脚

划分为不同支承边的受力区格(图 1-92)。各区格内底板所承受的弯矩 M 可以统一表示为

$$M=\beta q l^2 \tag{1-103}$$

式中　M ——单位板宽所承受的弯矩值；

l ——板格长或板格宽(按表 1-29 取)；

β ——弯矩系数(按表 1-29 取)。

4)底板厚度。由底板的抗弯强度确定：

$$\delta \geqslant \sqrt{\frac{6M_{max}}{f}} \tag{1-104}$$

式中　M_{max}——取底板所承受的最大弯矩；

f ——钢材的强度设计值；

δ ——底板厚度，一般取 20～40 mm，考虑刚度要求，$\delta \geqslant 14$ mm。

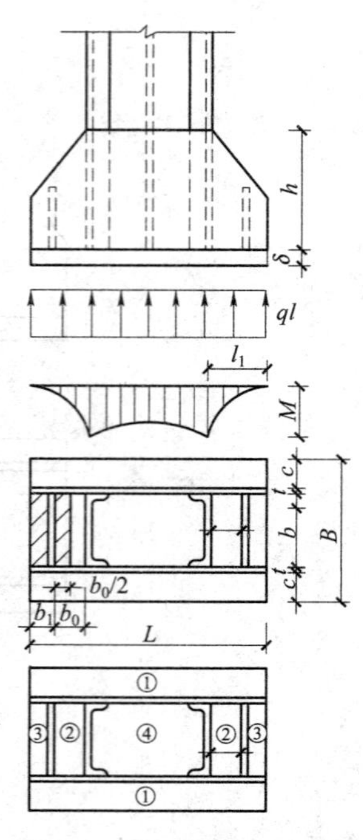

图 1-92　柱脚底板示意

表 1-29　β、l 取值表

四边简支板[图 1-92 中的②和④]									
l	$l=a$								
β	b/a	1.0	1.2	1.4	1.6	1.8	2.0	3.0	≥4.0
	β	0.048	0.063	0.075	0.086	0.095	0.101	0.119	0.125
三边简支一边自由的板，自由边长 a，垂直方向边长 b[图 1-92③]									
l	$l=a$								
β	b/a	0.3	0.5	0.7	0.9	1.0	1.2	≥1.4	
	β	0.026	0.058	0.085	0.104	0.111	0.120	0.125	
悬臂板，伸臂长 c[图 1-92①]									
l	c								
β	0.5								
两邻边支承板另两边自由，支承边长 a、b[图 1-92]									
l	$l=\sqrt{a^2+b^2}=a'$　　$b'=\frac{ab}{a'}$								
β	b'/a	0.3	0.5	0.7	0.9	1.0	1.2	≥1.4	
	β	0.026	0.058	0.085	0.104	0.111	0.120	0.125	

5)靴梁的计算。靴梁的受力如图 1-92 所示，可简化成两端外伸的简支梁。在柱肢范围内，底板与靴梁共同工作，可不必验算。故多余靴梁板所承受的最大弯矩为外伸梁支承处的弯矩：

$$M=\frac{1}{2}q_1 l_1^2，q_1=\frac{B}{2}q \tag{1-105}$$

支承处的剪力：

$$V=\frac{1}{2}Bql_1 \tag{1-106}$$

式中　l_1——悬臂端外伸长度。

根据 M、V，验算靴梁的抗弯和抗剪强度：

$$\sigma=\frac{M}{W}\leqslant f \tag{1-107}$$

$$\tau=1.5\frac{V}{A}\leqslant f_v \tag{1-108}$$

式中　A，W——靴梁支承端处的截面面积和抵抗矩。

靴梁的厚度应与被连接的翼缘厚度大致相同，靴梁的高度由连接柱所需要的焊缝长度决定，但每条焊缝的长度不应超过角焊缝焊脚尺寸 h_f 的 60 倍；同时，h_f 也不应大于被连接的较薄板件厚度的 1.2 倍。

6)隔板。隔板为底板的支承边，承受底板反力 q 作用，受荷范围(图 1-92)中阴影部分，可按简支梁考虑。

【例 1-14】　一格构式轴心受压柱柱脚如图 1-93 所示，尺寸为 350 mm×200 mm，柱轴心压力设计值 N=1 350 kN(包括柱自重)。基础混凝土强度等级 C15，钢材选用 Q235，焊条选用 E43 系列，底板螺栓孔直径 40 mm。

【解】　1. 底板设计

C15 混凝土 $f_{cc}=7.5\ \text{N/mm}^2$，考虑局部受压，可提高强度，系数为 $\gamma=1.1$。

底板所需面积：$A_0=2\times\frac{\pi\times 40^2}{4}=25.13(\text{cm}^2)$

$$A=\frac{N}{\gamma f_{cc}}+A_0=\frac{1\,400\times 10^3}{1.1\times 7.5}+25.13=1\,722.1(\text{cm}^2)$$

设靴梁板厚 10 mm，底板悬臂外伸 60 mm，则：

底板宽度　$B=250+2\times 10+2\times 60=390(\text{mm})$

底板长度　$L=\frac{A}{B}=\frac{1\,722.1}{39}=44(\text{cm})$，取 $L=$

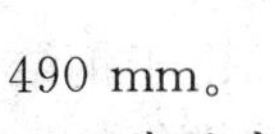

490 mm。

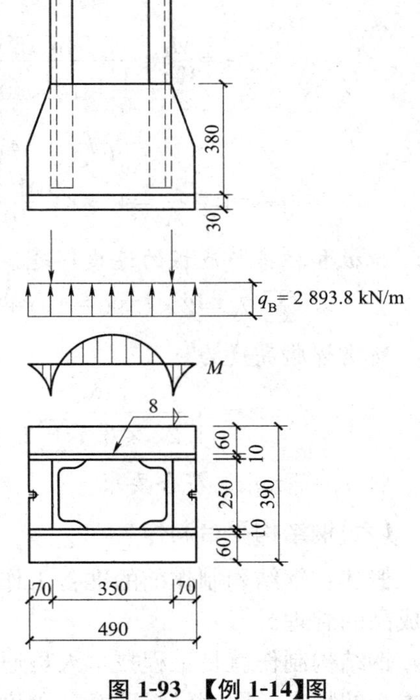

图 1-93　【例 1-14】图

基础底部平均压应力

$$q=\frac{N}{BL-A}=\frac{1\,400\times 10^3}{390\times 490-2\,513}=7.42(\text{N/mm}^2)<1.1f_{cc}=1.1\times 7.5=8.25(\text{N/mm}^2)$$

将底板划分为三种区格，区格①为四边支承板。

查表 1-29 得：$\frac{b}{a}=\frac{350}{250}=1.4$，$\beta=0.075$

$$M_1=\beta qa^2=0.075\times7.42\times250^2=34\ 781(\text{N})$$

经计算其他区格内的弯矩值远小于 M_1，则：

$$M_{max}=M_1=34\ 781(\text{N})$$

由附表 1-1，取第二组钢材的抗弯强度设计值 $f=205\ \text{N/mm}^2$

底板厚度为 $$\delta\geqslant\sqrt{\frac{6M_{max}}{f}}=\sqrt{\frac{6\times34\ 781}{205}}=32(\text{mm})$$

取 $\delta=32$ mm。

2. 靴梁计算

由附表 1-3 查得 $f_f^w=160\ \text{N/mm}^2$

取靴梁与柱身连接的焊脚尺寸用 $h_f=8$ mm，两侧靴梁共用四条焊缝，则焊缝长度：

$$l_w=\frac{N}{4\times0.7h_ff_f^w}=\frac{1\ 400\times10^3}{4\times0.7\times8\times160}=390.6(\text{mm})<60h_f=480(\text{mm})$$

靴梁高度取 40 cm，厚度取 1.0 cm。

一块靴梁所承受的线荷载密度为

$$q_1=\frac{B}{2}q=\frac{1}{2}\times390\times7.42=1\ 447(\text{N/mm})$$

$$l_1=70$$

则 $$M=\frac{1}{2}q_1l_1^2=\frac{1}{2}\times1\ 447\times70^2=3\ 545\ 150(\text{N}\cdot\text{mm})$$

$$\sigma=\frac{M}{W}=\frac{3\ 545\ 150}{\frac{1}{6}\times10\times400^2}=13.29(\text{N/mm}^2)<f=215\ \text{N/mm}^2$$

$$V=q_1l=1\ 447\times70=101\ 290\ \text{N}=101.29(\text{kN})$$

$$\tau=1.5\frac{V}{A}=1.5\times\frac{101.29\times10^3}{10\times400}=38(\text{N/mm}^2)<f_v=120\ \text{N/mm}^2$$

靴板和柱身与底板的连接焊缝按传递全部柱压力计算，则焊缝总长度为

$$\sum l_w=2\times(490-10)+4\times(70-10)+2\times(250-10)=1\ 680(\text{mm})$$

所需焊脚高度为

$$h_f=\frac{N}{1.22\times0.7\sum l_wf_f^w}=\frac{1\ 400\times10^3}{1.22\times0.7\times1\ 680\times160}=6.1(\text{mm})$$

取 $h_f=7$ mm，符合要求。

(六)钢结构平台制作

概述：钢结构制作前的准备工作、制作工艺流程、典型构件的制作加工范例、成品及半成品的管理。

钢结构制作就是工程技术人员通过各种工序把设计蓝图加工成实物的过程。由于钢结构本身的特点，即钢材强度高、硬度大，结构空间大、自重轻等，因而，钢结构构件的加工、制作需要专门的机械设备、工作平台和空旷的场地。也就是说，钢结构构件宜在金属结构构件厂加工、制作，运输到现场进行拼装连接，然后再安装就位。

钢结构的制作单位应具备相应的钢结构工程施工资质(即具有足够的工程技术人员和合格工人)，并具有必要的技术装备。

钢结构的制作，必须严格按设计文件、施工详图的要求进行。施工前，制作单位应按

要求编制制作工艺并经项目技术负责人审批。制作工艺应包括：施工中依据的标准，质量管理体系，质量保证体系，保证质量所采取的措施，生产场地的布置，加工制作的设备，技术人员和工人的上岗资质证明，以及生产进度控制的计划。

制作工艺作为技术文件，应经发包单位代表或监理工程师批准，并在施工过程中认真执行、严格实施。

1. 钢结构制作的常用工具

(1)加工设备。切割：剪板机、龙门剪床、数控切割机、型钢切割机、型钢带锯机、带齿圆盘锯、无齿摩擦圆盘锯以及氧气切割(自动和半自动切割机，手工切割)。

制孔：冲孔机、摇臂钻床、立式钻床。

边缘加工：刨床、钻铣床、端面铣床以及铲边用的风铲。

弯制：辊床、水平直弯机、立式压力机、卧式压力机。

(2)焊接设备。直流焊机、交流焊机、CO_2 焊机、埋弧焊机、焊条烘干箱、焊剂烘干箱、焊接滚轮架、钢卷尺、游标卡尺、划针。

(3)涂装设备。电动空气压缩机、喷砂机、回收装置、喷漆枪、电动钢丝刷、铲刀、手动砂轮、砂布、油漆桶、刷子。

(4)检测设备。磁粉探伤仪、超声波探伤仪、焊缝检验尺、漆膜测厚仪、电流表、温湿度仪。

(5)运输设备。桥式起动机、门式起动机、塔式起动机、汽车起动机、运输汽车、运输火车。

2. 钢结构制作前的准备工作

企业应针对某一特定的钢结构工程，成立一个项目经理部，实行项目经理责任制。项目经理部在开工前应做好如下准备工作：

(1)技术准备。

1)设计文件：施工详图、设计变更、施工技术要求等。施工详图必须经过图纸会审，参加人员应为甲方、设计方、监理方和施工技术人员，施工企业技术部门要做好图纸会审记录并办理相关签证手续。施工技术人员要充分理解设计意图，开工前对施工一线人员作书面的技术交底。

2)技术文件：包括施工技术文件和企业技术标准文件。

施工技术文件：除设计文件外，与施工图相对应的现行规范、标准和质量验收标准以及经审批的施工方案。

3)企业技术标准：企业内部的钢结构施工工艺标准、操作规程标准等；钢结构基本构件的试验、检测方法标准等。

(2)材料准备。

1)施工项目所需的主要材料和大宗材料，应由企业物资部门订货或市场采购，按计划供应给项目经理部。在编制材料采购计划中，结构所用主材一般按 10%的余量进行采购。构件和杆件的拼接接头布置，应照顾到订货钢材的标准长度；必要时，可根据使用长度定尺进料，以减少不必要的拼接和损耗。

2)若采购个别钢材的品种、规格、性能等，不能完全满足设计要求需要进行材料代用时，须经设计单位同意并签署代用文件。钢材代用应遵循下列原则进行：

①代用钢材的化学成分和机械性能，应与原设计的一致。

②采用代用钢材时，一般是以高强度材料代替低强度材料，以厚代薄，并应复核构件的强度、刚度和稳定性，注意因材料代用可能产生的偏心影响。

③钢材代用可能会引起构件间连接尺寸和施工图的变动，应予以修改。

3)材料管理：施工项目所采用的钢材、焊接材料、紧固标准件、涂装材料等，应附有产品的质量合格证明文件、中文标志及检验报告，并应符合现行国家产品标准和设计要求。

4)项目经理部的材料管理应满足下列要求：

①按计划保质、保量、及时供应材料。

②材料需要量计划，应包括材料需要量总计划、年计划、季计划、月计划、日计划。

③材料仓库的选址应有利于材料的进出和存放，符合防火、防雨、防盗、防风、防变质的要求。

④进场的材料应进行数量验收和质量认证，做好相应的验收记录和标识。

不合格的材料应更换、退货，严禁使用不合格的材料。

⑤ 进入现场的材料应有生产厂家的材质证明(包括厂名、品种、出厂日期、出厂编号、试验数据)和出厂合格证。要求复检的材料，要在甲方、监理的见证下，进行现场见证取样、送检、检验和验收，做好记录，并向甲方和监理提供检验报告。新材料未经试验鉴定，不得用于工程中。现场配制的材料应经试配，使用前应经认证。

⑥ 材料储存应满足下列要求：

a. 入库的材料应按型号、品种分区堆放，并分别编号、标识。

b. 易燃、易爆的材料应专门存放、专人负责保管，并有严格的防火、防爆措施。

c. 有防湿、防潮要求的材料，应采取防湿、防潮措施，并做好标识。

d. 有保质期的库存材料应定期检查，防止过期，并做好标识。

⑦ 加工过程中，如发现原材料有缺陷，必须经检查人员、主管技术人员研究处理。

⑧ 严禁使用药皮脱落或焊芯生锈的焊条、受潮结块或已熔烧过的焊剂以及生锈的焊丝。严禁使用过期、变质、结块失效的涂料。

⑨ 建立材料使用台账，记录使用和节超状况。建立周转材料保管、使用制度。

(3)人员。项目经理部应根据钢结构作业特点和施工进度计划优化配置人力资源，制定劳动力需求计划，报企业劳动力管理部门批准，企业劳动管理部门与劳务分包公司签订劳务分包合同。

项目经理部应对劳动力进行动态管理。劳动力动态管理应包括下列内容：

1)对施工现场的劳动力进行跟踪平衡、劳动力补充与减员，向企业劳动管理部门提出申请计划。

2)向进入施工现场的作业班组下达施工任务书，进行考核并兑现费用支付和奖惩。

3)项目经理部应加强对人力资源的教育培训和思想管理；加强对劳务人员作业质量和效率的检查。

(4)机械。项目所需机械设备可从企业自有机械设备调配，或租赁，或购买，提供给项目经理部使用。项目经理部应编制机械设备使用计划，报企业审批。对进入施工现场的机械设备，必须进行安装验收，并做到资料齐全、准确。机械设备在使用中应做好维护和管理。

项目经理部应采取技术、经济、组织、合同措施，保证施工机械设备合理使用，提高施工机械设备的使用效率，用养结合，降低项目的施工机械使用成本。

机械设备操作人员应持证上岗、实行岗位责任制，严格按照操作规范作业，搞好班组核算，加强考核和激励。

(5)现场。项目经理部应做好施工现场管理工作，做到文明施工、安全有序、整洁卫生、不扰民、不损害公众利益。

项目经理部应在现场醒目位置公示下列内容：

1)工程概况牌，包括：工程规模、性质、用途，发承包单位、设计单位、和监理单位的名称，施工起止年月等。

2)安全记录牌，防火须知牌，安全生产、文明施工牌，安全无重大事故计时牌。

3)施工总平面图。

4)项目经理部组织架构及主要管理人员名单图。

项目经理应把施工现场管理列入经常性的巡视检查内容，并与日常管理有机结合，认真听取邻近单位、社会公众的意见和反映，及时抓好整改。

项目经理部应规范场容，搞好环境保护、防火保安和卫生防疫等工作。

(6)作业条件。

1)工程详图已经会审，并经设计人员、甲方、监理等签字认可。

2)主要原材料及成品已经进场，并验收合格。

3)加工机械设备已安装到位，并验收合格。

4)各工种生产人员都进行了岗前培训，取得了相应的上岗资格证，并进行了施工技术交底。

5)工厂、施工现场已能满足实际施工要求。

6)各种施工工艺评定试验及工艺性能试验已完成。

7)施工组织设计、施工方案、作业指导书等各种技术工作已准备就绪。

3. 钢结构制作的工序、工艺流程

(1)钢结构制作工艺的编制。工艺是指导生产的技术文件，在生产过程中能起到安全、适用、提高生产效率，最终使产品达到优质目标的作用。钢结构制作工艺应由项目经理主持编制，经企业技术主管部门批准后实施。

1)编制依据。

①设计文件，承包合同中附加的技术要求、现行规范及相关标准。

②工厂设备条件，生产方式。

③原材料材质，品种，规格。

④施工操作人员素质。

2)编制原则。

①应符合设计要求和相关标准的规定。

②降低成本，提高效率。

③结合实际，充分发挥设备及人员的潜力。

④采用新技术、新材料、新工艺、新设备时，应经过试验和可行性研究后，方可正式采用。

3)编制内容。

①工程概况：工程性质、工程特点、规模、结构形式、环境特征、重要程度及工程

量等。

②工艺总则：技术要求、操作方法和质量标准等。

③制作工艺。

a. 工艺流程图。

b. 生产准备。

c. 零件下料、加工方法和要求。

d. 零件矫正的方法和要求。

e. 构件组装顺序、方法和要求。

f. 焊接方法、顺序和要求。

g. 新材料、新技术、新工艺和新设备的实施意见，特殊工艺措施。

h. 专用工具、灰具明细表。

i. 零、部件制作清单。

④总装工艺。

a. 总装场地要求，包括场地面积、流水线布置、起重设备配置等。

b. 组装平台、模胎及灰具的准备。

c. 基准线的设置；

d. 总装方案：包括构件就位顺序、临时固定措施，基准线、中心线、标高等控制办法及措施。

⑤ 工艺总结。

(2)钢结构制作的工艺流程如图 1-94 所示。钢材进厂到钢材构件出厂，一般要经过生产准备、放样、号料、零件加工、装配和油漆涂装等一系列工序。

(3)制作工艺。

1)钢材矫正。钢材经过长途运输、装卸或堆放不当等原因，使钢材产生较大的变形，给加工造成困难，影响制造精度，因此，加工前必须进行矫正。钢板和角钢常用辊床矫正；槽钢和工字钢一般用水平直弯机矫正。

2)放样、号料。放样、号料这道工序，目前大部分厂家已被数控切割和数控钻孔所取代，只有中、小型厂家仍保留此道工序。

放样是根据施工详图用 1∶1 的比例在样板台上画出实样，求出实长。根据实长制作成样板或样杆，以作为下料、弯制、刨铣和制孔等加工制作的标记；样板所用材料要求轻质、价廉，且不易产生变形，最常用的有薄钢板、纸板和油毡，有时也用薄木板或胶合板。样板及样杆上应用油漆写明加工号、构件编号、规格、数量以及螺栓孔位置，直径和各种工作线、弯曲线等加工符号。

号料：就是以样板(杆)为依据，在原材料上画出实样，并打上各种加工记号。

放样、号料所用工具为钢尺、划针、划规、粉线、石笔等。所用钢尺必须经计量部门检验，合格后方可使用。

放样、号料时，应预留收缩量，即焊接、切割、刨边和铣端等加工余量。焊接时，对接焊缝沿焊缝长度方向每米留 0.7 mm；对接焊缝垂直于焊缝方向每个对口留 1 mm；角焊缝每米留 0.5 mm；切割余量：自动气割割缝宽度为 3 mm，手工气割割缝宽度为 4 mm(与钢板厚度有关)；铣端余量：剪切后加工的一般每边加 3～4 mm，气割后加工的则每边加 4～5 mm。

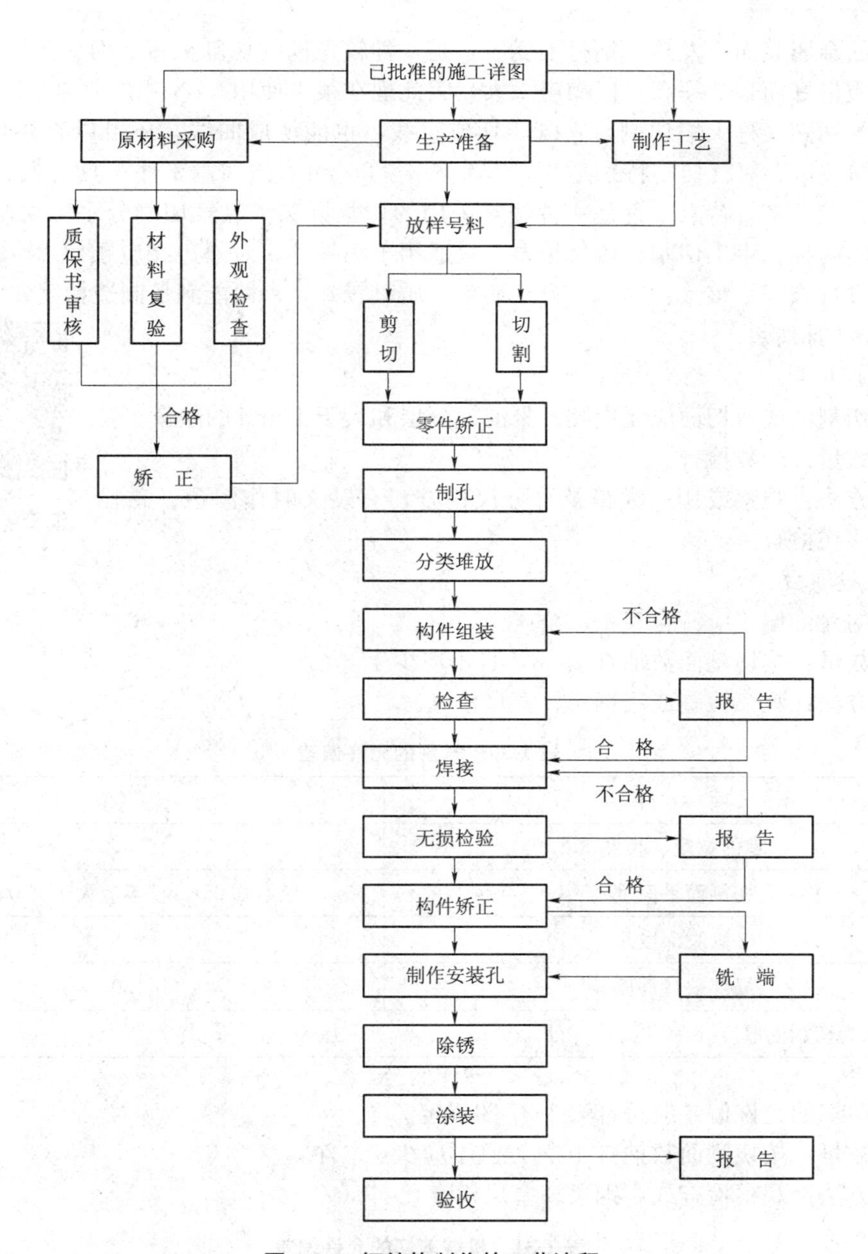

图 1-94　钢结构制作的工艺流程

3)切割。经过号料(划线)以后的钢材，必须按其形状和尺寸进行切割(下料)，常用的切割方法有剪切、锯切和气割三种。

①剪切，用剪切机(剪板机或型钢剪切机)切割钢材是最简单和最方便的方法。厚度≤12 mm的钢材可用压力剪切机切割，厚钢板(14～22 mm)则须在强大的龙门剪切机上用特殊的刀刃切割。钢材在剪切过程中，一部分钢材是剪切断的，而另一部分钢材是撕裂断的，剪切后在剪切边缘2～3 mm范围内将发生严重的冷作硬化现象，使这部分钢材脆性增大。因此，对于厚度较大且直接承受动荷载的重要结构，剪切后应将冷作硬化区的钢材刨去。

②锯切，对于工字钢、H型钢、槽钢、钢管和大号角钢等型钢，主要采用带齿圆盘锯和带锯等机械锯锯切，这种带齿圆盘锯采用高压空气冷却，锯切质量好、速度快、效率高，

且锯切后的金属表面不发热，钢材不变质，是一种较先进的切割机械。而无齿圆盘摩擦锯，虽然切割质量好而且效率高，但噪声太大，因此现在很少使用。

③氧气切割又称火焰切割，它既能切成直线，也能切成曲线，还可以直接切出V形、X形的焊缝坡口。氧气切割特别适用于厚钢板(≥25 mm)的切割工序。具有设备简单、生产效率高、较经济等特点，它是一种经常采用的切割方法。氧气切割分手工切割、自动和半自动切割两种。手工切割，质量较差，只适用于小零件，对外边缘应预留2～3 mm的加工余量，进行修磨平整。自动和半自动切割，质量较好，一般能满足制造精度要求。

④切割的检验。

钢管等离子切割

a. 主控项目。

钢材切割面或剪切面应无裂纹、夹渣、分层和大于1 mm的缺棱。

检查数量：全数检查。

检验方法：观察或用放大镜及百分尺检查，有疑义时作渗透、磁粉或超声波探伤检查。

b. 一般项目。

气割的允许偏差应符合表1-30的规定。

检查数量：按切割面数抽查10%，且不应少于3个。

检验方法：观察检查或用钢尺、塞尺检查。

表1-30　气割的允许偏差　　mm

项　　目	允　许　偏　差
零件宽度、长度	±3.0
切割面平面度	0.05t，且不应大于2.0
割纹深度	0.3
局部缺口深度	1.0
注：t为切割面厚度。	

机械剪切的允许偏差应符合表1-31的规定。

检查数量：按切割面数抽查10%，且不应少于3个。

检验方法：观察检查或用钢尺、塞尺检查。

表1-31　机械剪切的允许偏差　　mm

项　　目	允　许　偏　差
零件宽度、长度	±3.0
边缘缺棱	1.0
型钢端垂直度	2.0

4)矫正和成型。

①冷矫正和冷弯曲成型：在常温下采用机械矫正或自制夹具矫正，即为冷矫正。当钢板和型钢需要弯曲成某一角度或圆弧时，在常温下采用机械方法进行弯曲，即为冷弯曲成型。钢板、型钢可在专门的辊弯机上进行加工。由于钢材在低温状态下其塑性，韧性将相

应降低。为避免钢材在冷加工时发生脆裂，《钢结构设计规范》(GB 20017—2003)规定：碳素结构钢在环境温度低于−16 ℃时，低合金结构钢在环境温度低于−12 ℃时，不应进行冷矫正和冷弯曲。

矫正后的钢材表面，不应有明显的凹面或损伤，划痕深度不得大于0.5 mm，且不应大于该钢材厚度允许偏差的1/2。

检查数量：按冷矫正和冷弯曲的件数抽查10%，且不应少于3个。

检验方法：观察检查和实测检查。

冷矫正和冷弯曲的最小曲率半径和最大弯曲矢高，应符合表1-32的规定。

表1-32　冷矫正和冷弯曲的最小曲率半径和最大弯曲矢高　mm

钢材类别	图例	对应轴	矫正		弯曲	
			r	f	r	f
钢板扁钢		$x-x$	$50t$	$\frac{l^2}{400t}$	$25t$	$\frac{l^2}{200t}$
		$y-y$(仅对扁钢轴线)	$100b$	$\frac{l^2}{800b}$	$50b$	$\frac{l^2}{400b}$
角钢		$x-x$	$90b$	$\frac{l^2}{720b}$	$45b$	$\frac{l^2}{360b}$
槽钢		$x-x$	$50h$	$\frac{l^2}{400h}$	$25h$	$\frac{l^2}{200h}$
		$y-y$	$90b$	$\frac{l^2}{720b}$	$45b$	$\frac{l^2}{360b}$
工字钢		$x-x$	$50h$	$\frac{l^2}{400h}$	$25h$	$\frac{l^2}{200h}$
		$y-y$	$50b$	$\frac{l^2}{400b}$	$25b$	$\frac{l^2}{200b}$

注：r为曲率半径；f为弯曲矢高；l为弯曲弦长；t为钢板厚度。

②热矫正和热加工成型(热弯曲)。热矫正：当设备能力受到限制或钢材厚度较厚时，采用冷矫正有困难或达不到质量要求时，可采用热矫正。对碳素结构钢和低合金结构钢，在加热矫正时，加热温度不应超过 900 ℃。低合金结构钢在加热矫正后，应自然冷却。

热加工成型：当零件采用热加工成型时，加热温度应控制在 900 ℃～1 000 ℃；碳素结构钢和低合金结构钢在温度分别下降到 700 ℃和 800 ℃前，应结束加工；低合金结构钢应自然冷却。

钢材矫正后的允许偏差应符合表 1-33 的规定。

检查数量：按矫正件数抽查 10%，且不应少于 3 件。

检验方法：观察检查和实测检查。

表 1-33　钢材矫正后的允许偏差　　mm

项　　目		允许偏差	图　　例
钢板的局部平面度	$t \leqslant 14$	1.5	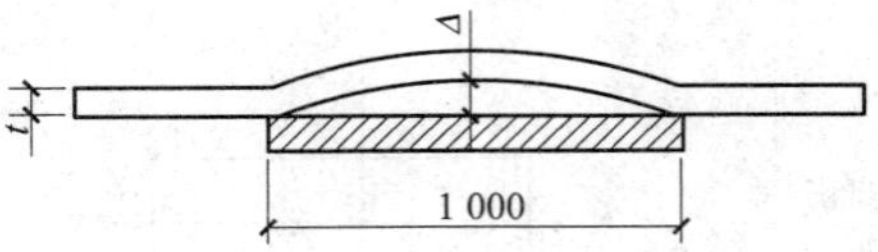 Δ　t　1 000
	$t > 14$	1.0	
型钢弯曲矢高		l/1 000 且不应大于 5.0	
角钢肢的垂直度		b/100 双肢栓接角钢的角度不得大于 90°	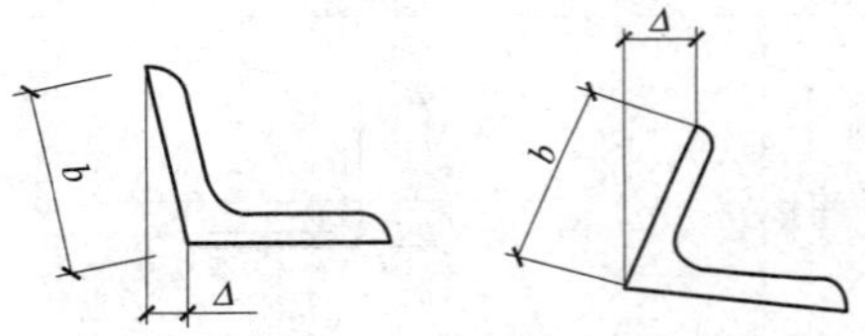 b　Δ　Δ　b
槽钢翼缘对腹板的垂直度		b/80	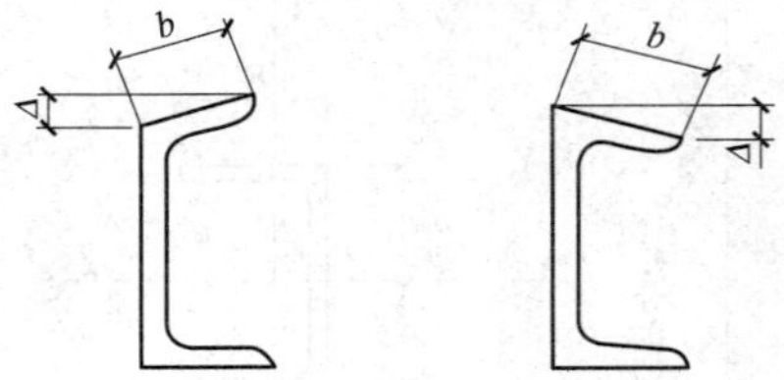 b　Δ　b　Δ
工字钢、H 型钢翼缘对腹板的垂直度		b/100 且不大于 2.0	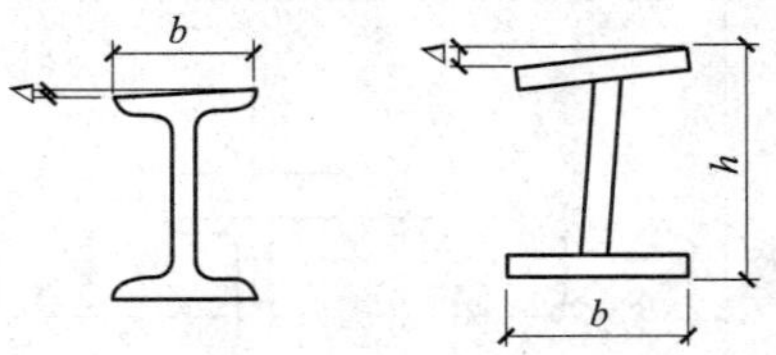 b　Δ　Δ　h　b

5)制孔。制孔是钢材结构制作中的重要工序，制作的方法有以下两种：

①冲孔：冲孔在冲孔机上进行，一般只能冲较薄的钢板，冲孔的原理是剪切，在孔壁

周围的钢材将产生冷作硬化现象，因此，在工程中很少使用。

②钻孔：钻孔在钻床上进行，可以钻任何厚度的钢材。钻孔的原理是切削，因此孔壁损伤较小，质量较高。制孔时，应按下列规定进行：

a. 宜采用下列制孔方法：

(a)使用多轴立式钻床或数控机床等制孔；

(b)同类孔径较多时，采用模板制孔；

(c)小批量生产的孔，采用样板画线制孔；

(d)精度要求较高时，整体构件采用成品制孔。

b. 制孔过程中，孔壁应保持与构件表面垂直。

c. 孔周围的毛刺、飞边，应用砂轮等清除。

A、B级螺栓孔(Ⅰ类孔)应具有 H12 的精度，孔壁表面粗糙度 R_a 不应大于 12.5 μm。其孔径的允许偏差应符合表 1-34 的规定。

C级螺栓孔(Ⅱ类孔)，孔壁表面粗糙度 R_a 不应大于 25 μm，其允许偏差应符合表 1-35 的规定。

检查数量：按钢构件数量抽查 10%，且不应少于 3 件。

检验方法：用游标卡尺或孔径量规检查。

表 1-34　A、B 级螺栓孔径的允许偏差　mm

序号	螺栓公称直径、螺栓孔直径	螺栓公称直径允许偏差	螺栓孔直径允许偏差
1	10～18	0.00 −0.21	+0.18 0.00
2	18～30	0.00 −0.21	+0.21 0.00
3	30～50	0.00 −0.25	+0.25 0.00

表 1-35　C 级螺栓孔的允许偏差　mm

项　目	允 许 偏 差
直径	+1.0 0.0
圆度	2.0
垂直度	0.03t，且不应大于 2.0

螺栓孔孔距的允许偏差应符合表 1-36。

检查数量：按钢构件数量抽查 10%，且不应少于 3 件。

检验方法：用钢尺检查。

表 1-36　螺栓孔孔距允许偏差　mm

螺栓孔孔距范围	≤500	501～1 200	1 201～3 000	>3 000
同一组内任意两孔间距离	±1.0	±1.5	—	—
相邻两组的端孔间距离	±1.5	±2.0	±2.5	±3.0

注：1. 在节点中连接板与一根杆件相连的所有螺栓孔为一组。
2. 对接接头在拼接板一侧的螺栓孔为一组。
3. 在两邻节点或接头间的螺栓孔为一组，但不包括上述两款所规定的螺栓孔。
4. 受弯构件翼缘上的连接螺栓孔，每米长度范围内的螺栓孔为一组。

螺栓孔孔距的允许偏差超过表 1-36 规定的允许偏差时，应采用与母材材质相匹配的焊条补焊后重新制孔。

检查数量：全数检查。

检验方法：观察检查。

6)边缘加工。通常情况下，对气割或机械剪切的零件并不需要进行机械切削加工，对直接承受动力荷载的剪切外露边缘，则需要进行边缘加工，其刨削量应不小于 2.0 mm。边缘加工有刨边、铣边和铲边三种方法。

①刨边：是在刨床上或大型龙门刨边机上进行。费工费时，成本较高，因此一般尽量避免采用。

②铣边：是在铣边机床上进行，其光洁度比刨边的要差一些。

③铲边：是用风铲进行。风铲是利用高压空气作为动力的风动机具。其优点是设备简单，使用方便，成本低；缺点是噪声大，劳动强度高，加工质量差。

焊接坡口加工宜采用自动切割、半自动切割、坡口机、刨边等方法进行。

边缘加工允许偏差应符合表 1-37 的规定。

检查数量：按加工面数抽查 10%，且不应少于 3 件。

检验方法：观察检查和实测检查。

表 1-37　边缘加工的允许偏差　mm

项　目	允 许 偏 差
零件宽度、长度	±1.0
加工边直线度	l/3 000，且不应大于 2.0
相邻两边夹角	±6′
加工面垂直度	0.025t，且不应大于 0.5
加工面表面粗糙度	50∨

7)构件组装。组装就是将已加工好的零件按照施工图纸的要求，拼装成构件。钢结构构件组装应符合下列规定：

①组装应按制作工艺规定的顺序进行。

②组装前应对零件进行严格检查，填写实测记录，制作必要的模胎。并且，将零件上的铁锈、毛刺和油污等清除干净。

③组装平台的模胎应平整、牢固，并具有一定的刚度，以保证构件组装的精度。

④焊接结构组装时，要求用螺丝夹和卡具等夹紧固定，然后点焊。点焊部位应在焊缝部位之内，点焊焊缝的焊脚尺寸不应超过设计焊缝的焊脚尺寸的2/3。

⑤应考虑预放焊接收缩量及其他各种加工余量。

⑥应根据结构形式、焊接方法和焊接顺序，确定合理的焊接组装顺序，一般宜先主要零件后次要零件，先中间后两端，先横向后纵向，先内部后外部，以减小焊接变形。

⑦当有隐蔽焊缝时，必须先行施焊，并经质检部门确认合格后，方可覆盖。当有复杂装配部件不易施焊时，可采用边组装边施焊的方法来完成其组装工作。

⑧当采用夹具组装时，拆除夹具时，不得用锤击落，应采用气割切除，对残留的焊疤、熔渣等，应修磨平整。

⑨对需要顶紧接触的零件，应经刨或铣加工。如吊车梁的加劲肋与上翼缘顶紧等，应用0.3 mm的塞尺检查，塞尺面积应小于25%，说明顶紧接触面积已达到75%的要求。

⑩对重要的安装接头和工地拼接接头，应在工厂进行试拼装。

⑪组装出首批构件后，必须由质量检查部门进行全面检查，检查合格后，方可进行批量组装。

8)构件焊接。钢结构制作常用的焊接方法是手工电弧焊、埋弧焊、气体保护焊、电渣焊、栓钉焊等。

从焊接的角度来看，建筑钢构件的特征如下：

①焊接长度长短不一，板厚的种类较多，构件数量也较多。

②T型连接较多。

③焊缝集中。

主要连接处的焊接，对于短连接主要采用二氧化碳气体保护焊焊接，柱以及梁等长连接采用自动埋弧焊，或者采用二氧化碳气体保护焊自动焊接；另一方面，箱形柱的加劲板以及梁柱节点的一部分也可以采用电渣焊或电气焊。

焊接H型钢翼缘板与腹板的纵向长焊缝，在工厂内多采用船形焊的焊接工艺。船形焊时，焊丝在垂直位置，工件倾斜，熔池处于水平位置，焊缝成形较好，不易产生咬边或熔池满溢现象。根据工件的倾斜角度，可控制腹板和翼板的焊脚尺寸。要求焊脚相等时，腹板和翼板与水平面呈45°。

9)构件铣端和钻安装孔。

①构件铣端。

a. 对受力较大的柱或支座底板，宜进行端部铣平，使所传力由承压面直接传递给底板，以减小连接焊缝的焊脚尺寸，其工序应在矫正合格后进行。

b. 应根据构件的形式采取必要的措施，保证铣平端面与轴线垂直。

c. 端部铣平的允许偏差应符合表1-38的规定。

表1-38　端部铣平的允许偏差 mm

项　目	允　许　偏　差
两端铣平时构件长度	±2.0
两端铣平时零件长度	±0.5

续表

项　目	允 许 偏 差
铣平面的平面度	0.3
铣平面对轴线的垂直度	l/1 500

②钻安装孔。钻安装孔一般在构件焊好以后进行，以保证有较高的精确度。

学习单元二　钢结构平台的安装

一、任务描述

(一)工作任务

4.0 m×2.0 m，高 2.2 m，工字形型钢截面平台安装。

具体任务如下：

(1)安装前准备。

(2)安装流程设计。

(3)安装柱子。

(4)安装梁。

(5)安装质量验收。

(二)可选工作手段

千斤顶，卷扬机，滑轮，链式手拉葫芦，吊装索具，卡具，测量仪器，轮胎式起重机，桅杆，架设走线滑车，电焊机，扳手，高强度螺栓。

二、案例示范

(一)案例描述

工作任务：安装一单层平台，如图 1-1 所示。

(二)案例分析与实施

1. 安装前准备

钢结构安装前准备工作的内容，包括技术准备、安装用机具设备的准备、材料准备、作业条件准备等。

(1)技术准备。技术准备包括编制施工组织设计、现场基础的验收等。

1)编制施工组织设计。

2)基础准备。

①根据测量控制网对基础轴线、标高进行技术复核。

②检查地脚螺栓的轴线、标高和地脚螺栓的外露情况；若有螺栓发生弯曲、螺纹损坏的，必须进行修正。

③将柱子就位轴线弹在柱子基础的表面，对柱子基础标高进行找平。

(2)安装用机具设备的准备。电焊机、栓钉机、倒链、滑车、千斤顶、螺栓、扳手、桅杆、架设走线滑车等。

(3)材料准备。材料准备包括钢构件、普通螺栓、焊接材料等。

1)钢构件的准备。钢构件的准备包括：钢构件堆放场的准备；钢构件的验收。

①钢构件堆放场的准备。钢构件堆放遵循“重近轻远”(即重构件摆放的位置离吊机近一些；反之，可远一些)的原则。堆垛高度一般不超过 2 m 和三层。钢构件堆放应以不产生超出规范要求的变形为原则。

②钢构件验收。所有构件必须经过质量和数量检查，全部符合设计要求并经办理验收、签认手续后，方可进行安装。

2)螺栓、焊接材料的准备。应对螺栓、焊接材料的品种、规格、性能进行检查，各项指标应符合现行国家标准和设计要求。

(4)拼装平台。拼装平台应具有适当的承重刚度和水平度，水平度误差不应超过 2～3 mm。

2. 安装流程设计

钢结构平台的安装流程如图 1-95 所示。

3. 安装柱子

(1)基础检查及放线。按基础的表面实际标高和柱设计标高至柱底实际尺寸相差的高度配置垫板，并用水平仪测量。

基础平面的纵横中心线根据厂房的定位轴线测出，并与柱的安装中心线相对应，作为柱安装、对位和校正的依据。

钢柱安装前，在钢柱上按照下列要求设置标高观测点和中心线标志：

1)设置标高观测点。标高观测点的设置，应以柱顶端与钢梁连接的最上一个安装孔中心为基准，设在柱的便于观测处。

2)设置中心线标志。

①在柱底板上表面上行线方向设一个中心标志，列线方向两侧各设一个中心标志。

②在柱身表面上行线和列线方向各设一个中心线，每条中心线在柱底部、中部(牛脚或肩梁部)和顶部各设一处中心标志。

在柱身上的三个面弹出安装中心线，在柱顶还要弹出纵、横水平梁的安装中心线。

(2)钢柱的吊装。钢柱起吊前，在离柱板底向上 500～1 000 mm 处画一水平线，安装固定前后作复查平面标高基准用。以该线测量各柱肩尺寸，依据测量的结果按规范给定的偏差要求，对该线进行修正后作为标高基准点线。

吊装机械采用桅杆或架设走线滑车进行吊装。常用的钢柱吊装方法有旋转法、递送法和滑行法。

(3)钢柱的校正。钢柱校正的工作内容：柱基础标高调整，平面位置校正，柱身垂直度校正，主要内容为垂直度校正和柱基标高调整。

柱校正时，先校正偏差大的一面，后校正偏差较小的一面；柱子的垂直度在两个方向校好后，再复查一次平面轴线和标高。符合要求后，打紧柱子四周的八个楔子，八个楔子的松紧要一致，以防止柱子在风荷载的作用下向楔子松的一侧倾斜。

1)柱基础标高调整。根据钢柱实际长度、柱底平整度、钢柱顶部距柱底部的距离，控制基础找平标高，如图 1-96 所示。重点要保证钢牛腿顶部标高值。

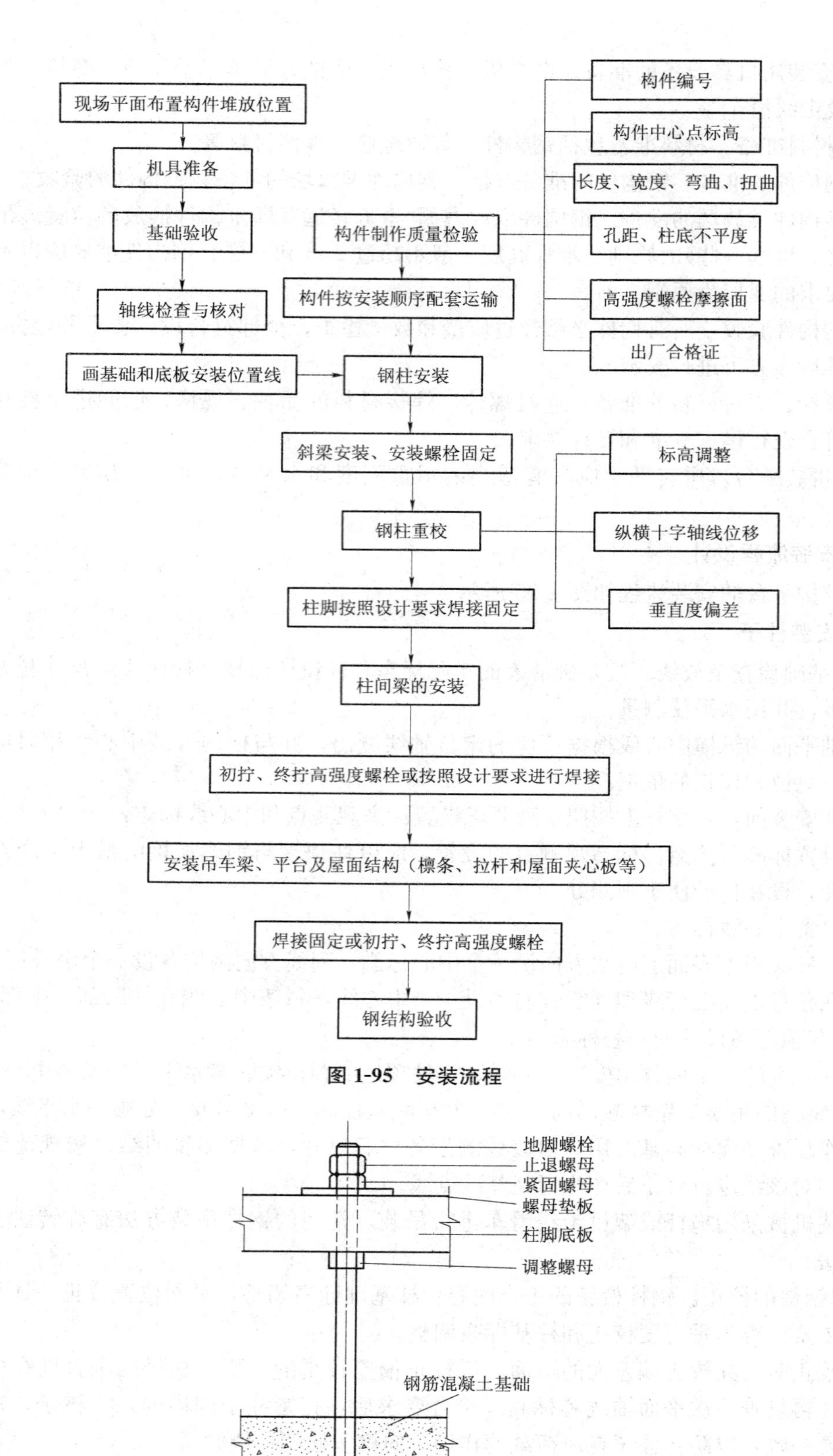

图 1-95　安装流程

图 1-96　柱基标高调整示意图

调整方法：柱安装时，在柱子底板下的地脚螺栓上加一个调整螺母，将螺母上表面的标高调整到与柱底板标高齐平。放上柱子后，利用底板下的螺母控制柱子的标高，精度可达 ±1 mm 以内。柱子底板下面预留的空隙，用无收缩砂浆以捻浆法填实。

2)平面位置校正。钢柱底部制作时，在柱底板侧面用钢冲打出互相垂直的十字线上的四个点，作为柱底定位线。在起重机不脱钩的情况下，将柱底定位线与基础定位轴线对准缓慢落至标高位置。就位后，若有微小的偏差，用钢楔子或千斤顶侧向顶移动校正。

预埋螺杆与柱底板螺孔有偏差时，适当将螺孔加大，上压盖板后焊接。

3)柱身垂直度校正。柱身的垂直度校正可采用两台经纬仪测量，也可采用线坠测量。柱身校正的方法有用千斤顶校正法、撑杆校正法、缆风绳校正法等。

(4)钢柱子的固定。在校正过程中不断调整柱底下螺母，直至校正完毕。将柱底上面的两个螺母拧上，柱身呈自由状态，再用经纬仪复核，如有小偏差，调整下螺母；如无误，将上螺母拧紧。

地脚螺栓螺母一般用双螺母，地脚螺栓紧固轴力见表 1-39。

有垫板安装的柱子，用赶浆法或压浆法进行二次灌浆。

表 1-39　钢柱地脚螺栓紧固轴力

地脚螺栓直径/mm	紧固轴力/kN
30	60
36	90
42	150
48	160
56	240
64	300

4. 钢梁的安装

(1)吊装。吊装时，一般利用梁上的工具式吊耳作为吊点或用捆绑法进行吊装。用桅杆吊装，如图 1-97 所示。

(2)钢梁的校正。钢梁的校正包括标高调整、纵横轴线和垂直度的调整。

钢梁的标高和垂直度校正，可通过对钢垫板或连接板的调整来实现。钢梁的垂直度校正应和钢梁轴线的校正同时进行。用钢丝、千斤顶、手拉葫芦进行轴线位移，将铁楔再次调整、垫实。

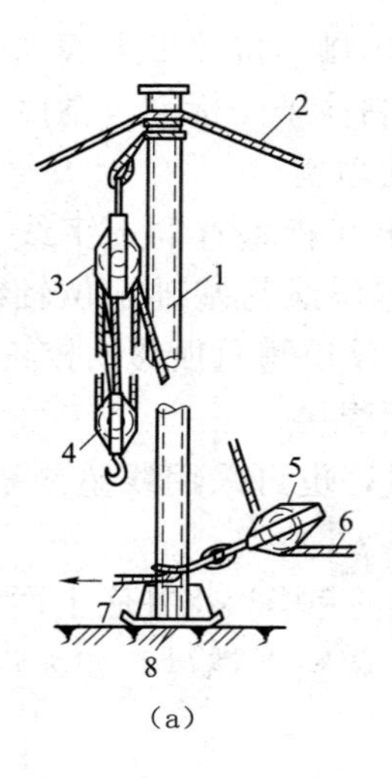

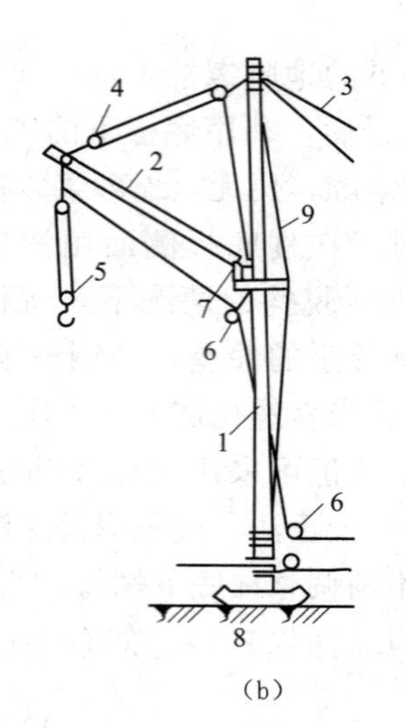

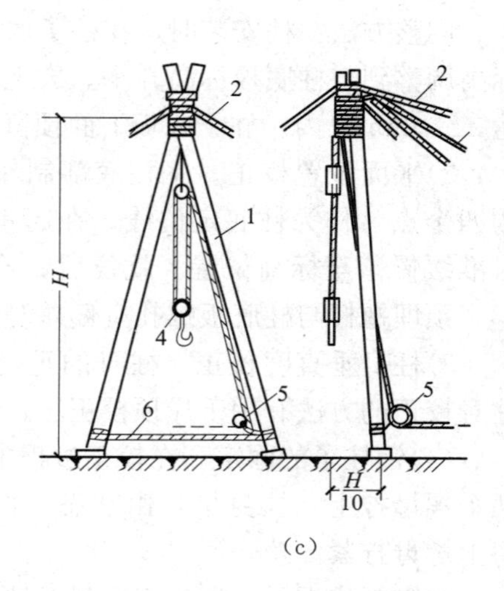

图 1-97　桅杆吊装

(a)钢管独脚桅杆构造；

1—钢管桅杆；2—缆风绳；3—定滑车；4—动滑车；5—导向滑车；6—接绞磨或卷扬机；7—溜绳；8—底座

(b)回转式桅杆；

1—主桅杆；2—悬臂桅杆；3—缆风绳；4—起重滑车组；5—起伏滑车组；6—底座；7—转盘；8—底座；9—绳索

(c)人字桅杆构造

1—人字桅杆；2—缆风绳；3—主缆风；4—起重滑车组；5—导向轮；6—缆风绳

5. 安装质量验收

钢结构分项工程质量验收记录表见表 1-40。

表 1-40　钢结构分项工程质量验收记录表

工程名称		结构类型	
施工单位		项目经理	
监理单位		总监理工程师	
分包工程		分包工程单位责任人	
序号	检验批部位、区段	验收评定结果	备注
1	梁的垂直度和侧向弯曲		
2	钢柱垂直度		
3	整体垂直度		
4	整体平面弯曲		
	连接缺陷		
施工单位验收结论	施工单位项目技术负责人：　　年　月　日		
监理单位验收结论	监理工程师：　　年　月　日 (建设单位项目工程师)		

三、知识链接

(一)钢结构安装的常用吊装机具和设备

概述：钢结构安装的常用吊装机具和设备，钢结构安装工艺。

1. 起重机械

钢结构的吊装，根据起重的质量可分为三个级别：大型起重质量为 80 t 以上，中型起重质量为 10～80 t，一般起重质量为 40 t 以下。

钢结构安装时，合理配备选择吊装机械，对于提高安装工作的效益，缩短安装工期，具有非常重要的意义。

常用的吊装机械有各种自行式起重机、塔式起重机、起重桅杆等。

下面介绍各种起重吊装机械的构造、性能、应用和选择条件。

(1)自行式起重机。

1)履带式起重机。履带式起重机又称坦克吊，其构造由回转台和履带行走机构两部分组成，在回转台上装有动力装置、传动装置、工作机构及平衡重等，工作机构主要包括起重杆、起重滑轮组、变幅滑轮组、卷扬机及车体和车体后面的平衡配重等。履带式起重机能够 360°旋转，如图 1-98 所示。

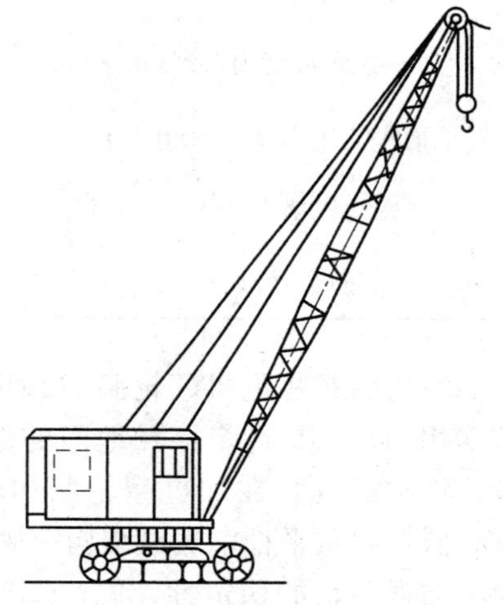

图 1-98　履带式起重机

履带式起重机操作灵活，使用方便。履带着地、前后行走可转向 360°，履带上部车身也能顺时针、逆时针方向旋转 360°。在一般的平整、结实路面上均可以行驶，吊物时可退可避，对施工场地要求不严，可在不平整、泥泞的场地或略加处理的松软场地(如垫道木、铺垫块石、厚钢板等)行驶和工作，但这类起重机自重大，行驶速度慢。远途行驶时速度慢，转向不方便，对柏油马路压有履带痕迹。因此，履带式起重机不得远距离空载行驶，应该用拖车运输到现场。

履带式起重机常用型号有 W_1—50、W_1—100、W_1—100A、W_1—200、W_1—1004、国庆 1 号、Deme—20、布尼茶、L952、KH180—3、KH180—3、P&H5300R 等。根据型号的不同，起重臂的长度有 18 m、24 m 和 40 m 等，起重质量有 10 t、20 t，直至 50 t。履带式起重机适用于各种场合吊装大、中型构件，是结构安装工程中广泛使用的起重机械。常用履带式起重机的性能见表 1-41。

表 1-41　常用履带式起重机的性能

起重机型号		W_1—50		W_1—100		W_1—100A		W_1—200		
起重长度/m		10	18	13	23	12.5	25	15	30	40
幅度	最大/m	10	17	12	17	—	23	14	22	30
	最小/m	3.7	4.5	4.5	6.5	3.9	—	4.5	8	10

续表

起重机型号		W_1－50		W_1－100		W_1－100A		W_1－200		
起重长度/m		10	18	13	23	12.5	25	15	30	40
起重量	最大幅度时/t	2.6	1.0	3.7	1.7	—	—	9.4	4.8	1.5
	最小幅度时/t	10	7.5	15	8		—	50	20	8
起重高度	最大幅度时/m	3.7	7.6	6.5	16	5.8	—	5	19.8	25
	最小幅度时/m	9.2	17.2	11	19	—	27.4	12.1	26.5	30
操纵形式		液压		液压		—		气压		
行走速度/(km·h^{-1})		1.5～3.6		1.49		1.3～2.2		1.43		
最大爬坡能力/%		25		20		20		20		
对地面平均压力/(N·mm^{-2})		0.071		0.089		0.09		0.128		
发动机功率/kW		66.2		88.3		88.3		184		
总质量/t		23.11		40.74		31.5		79.14		

2)轮胎式起重机。轮胎式起重机构造与履带式起重机基本相同，只是行走接触地面的部分改用多轮胎而不是履带，将起重机装在加重型轮胎和轮轴组成的特制底盘上，重心低，起重平稳，底盘结构牢固，车轮间距大。工作时，为了加强吊车的稳定性，同汽车起重机一样，也装有四个伸缩支腿，它在工作时也需固定在一个限制的位置上，如图 1-99 所示。

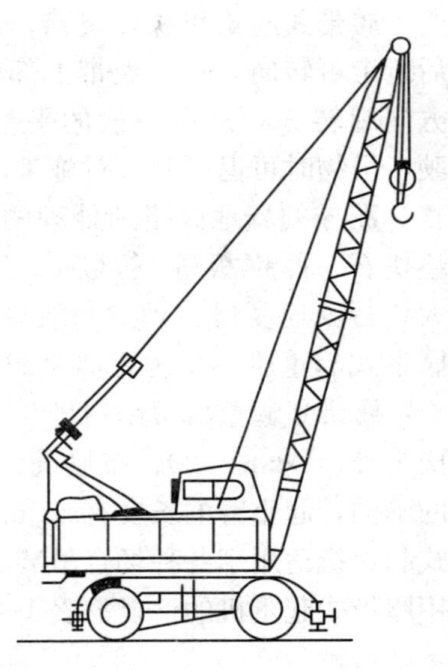

图 1-99　轮胎式起重机

轮胎式起重机的常用型号有 QLY－8、QLY－16、QLY－40 等，以及日产多田野 TR－200E、TR－350E 和 TR－400E 型液压越野轮胎式起重机。起重质量分 16 t、25 t 和 40 t 等。起重臂长度分别在 20～32 m、32～42 m 之间。

轮胎式起重机机动性高，行驶速度快，操作和转移方便，有较好的稳定性。起重臂多为伸缩式，长度可改变，自由、快速，对路面无破坏性；但在工作状态下不能行走，工作面受到限制，对构件布置、排放要求严格，施工场地需平整、碾压坚实，在泥泞场地行走困难。

轮胎式起重机适用于装卸和一般工业厂房吊装较高、较重的构件。轮胎式起重机常用性能见表 1-42。

表 1-42　轮胎式起重机常用性能

项　目		起重机型号												
		Q_1—5	Q_2—5		Q_2—8				Q_2—12			Q_2—16		
起重臂长度/mm		6.5	6.98	10.98	6.95	8.5	10.15	11.7	8.5	10.8	13.2	8.2	14.1	20
幅度	最大/m	5.5	6	6	5.5	7.5	9	10.5	6.4	7.8	10.4	7	12	18
	最小/m	2.5	3.1	3.5	3.2	3.4	4.2	4.9	3.6	4.6	5.5	3.5	3.5	4.25
起重量	最大幅度时/t	2	1.5	0.65	2.6	1.5	1.0	0.8	4	3	2	5	1.9	0.8
	最小幅度时/t	5	5	3.2	8	6.7	4.2	3.2	12	7	5	16	8	6
起重高度	最大幅度时/m	4.5	3.46	4.18	4.6	4.2	4.8	5.2	5.8	7.8	8.6	4.4	7.7	9
	最小幅度时/m	6.5	6.49	10.88	7.5	9.2	10.6	12.0	8.4	10.4	12.8	7.9	14.2	20
行驶速度/(km·h^{-1})		30	30		60				55			—		
最小转弯半径/m		—	11.2		11.1				9.5			6		
最大爬坡能力/(°)		—	28		15				30%			6		
发动机功率/kW		69.9	80.9		110.3				161.7			161.7		
总重量/t		7.5			17.3				21.5					

3)汽车式起重机。汽车式起重机把起重机构装在汽车底盘上，起重臂杆采用高强度钢板做成箱形结构，吊臂可根据需要自动逐节伸缩，并设有各种限位和报警装置。起重机动力由汽车发动机供给。

汽车式起重机行走速度快，转向方便，对路面没有损坏。行走时，轮胎接触地面，对地面产生的压强大，因此，在行走工作时，需要路面坚实、平坦。这种起重机工作时，如果只用轮胎支撑吊装构件，达不到承压能力要求；可放下四支撑腿支撑车体四角，起到稳定作用，如图 1-100 所示。

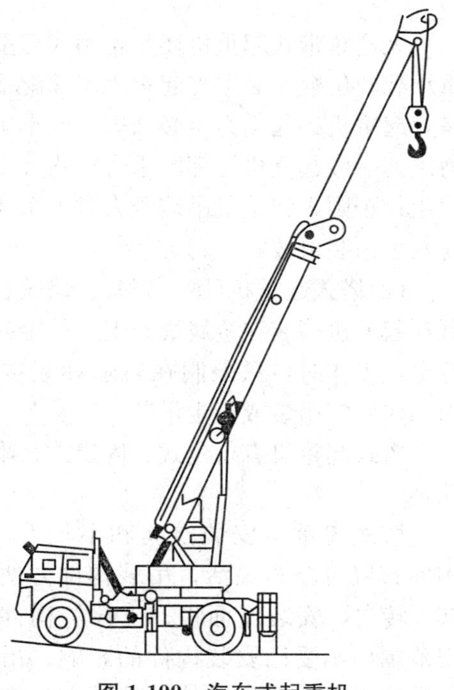

图 1-100　汽车式起重机

汽车式起重机吊装构件时，不能行走，车体需在固定的位置上工作。因此，用汽车起重机吊装构件时，必须事先周密地考虑吊件与安装位置的距离，吊件应放到吊车的工作半径范围内。汽车式起重机常用型号有 Q_1、Q_2 系列，QY 系列以及日产多田野 TG—350、TG—400E、TG—500E 和 TG—900E 型液压汽车式起重机。起重量由几吨到几百吨，有液压自动伸缩的吊臂，可根据需要进行选择。常用汽车式起重机性能见表 1-43。

表 1-43 常用汽车式起重机性能

项目		起重机型号										
		QL_1-16		QL_2-8	QL_3-16			QL_3-25			QL_3-40	
起重臂长度/mm		10	15	7	10	15	20	12	22	32	15	42
幅度	最大/m	11	15.5	7	9.5	15.5	20	11.5	19	21	13	25
	最小/m	4	4.7	3.2	4	4.7	5.5	4.5	7	10	5	11.5
起重量	最大幅度时/t	2.8	1.5	2.2	3.5	1.5	0.8	21.6	1.4	0.6	9.2	1.5
	最小幅度时/t	16	11	8	16	11	8	25	10.6	5	40	10
起重高度	最大幅度时/m	5	4.6	1.5	5.3	4.6	6.85	—	—	—	8.8	33.75
	最小幅度时/m	8.3	13.2	7.2	8.3	13.2	17.95	—	—	—	10.4	37.23
行驶速度/($km\cdot h^{-1}$)		18		30	30			9～18			15	
转弯半径/m		7.5		6.2	7.5			—			13	
爬坡能力/(°)		7		12	7			—			13	
发动机功率/kW		58.8		66.2	58.8			58.8			117.6	
总重量/t		23		12.5	22			28			53.7	

无论履带式起重机还是轮胎式起重机，它们的起重承载吨位数量必须与起重机尾部配重成比例。也就是，起重机的起重力矩必须等于或小于起重机的配重力矩。一般起重机尾部配重力矩均大于起重机的起重力矩；否则，起重机吊装受力时，车体向前倾斜，容易发生吊装事故。

(2)塔式起重机(图 1-101)。塔式起重机是将起重臂和起重机构装在金属塔架上，整个起重机沿钢轨道行走。工作时，只限制在轨道和起重臂的长度范围内，作固定吊装或行走吊装。

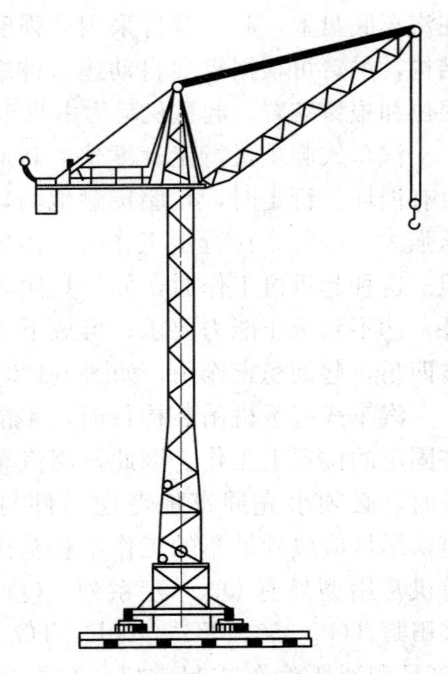

图 1-101 塔式起重机

塔式起重机有行走式、固定式、附着式和内爬式几种。

塔式起重机安装空间和半径大，吊装效率高，构件布置可较为灵活，吊装构件方便，起重臂可以 360°转向。安装屋面板、支撑等构件时，臂杆在使用范围内不受已安装构件的影响。吊装旋转半径可由塔式起重机起重臂伸出的距离确定，需要时还可以调节起重臂的角度。吊装的吨位可根据塔式起重机的型号、种类，以及起重臂的仰角大小确定。但起重机只能直线行走或移动，工作面受到限制。如在建筑物跨中布置时，所有构件必须一次顺序安装完成，而且轨道修筑麻烦、要求严格，起重机转移搬运、拆卸和组装不方便，较费工、费时，吊装场地利用率低。

塔式起重机按用途，可分为普通(地面)行走式塔式起重机和自升式塔式起重机两种。普通塔式起重机按起重量大小，分为轻型塔式起重机(起重量为 0.5～5 t)、中型塔式起重机(起重量为 50～15 t)和重型塔式起重机(起重量为 15～40 t)。

(3)起重桅杆。起重桅杆可根据安装现场的具体情况，安装工件的品种、规格、重量、吊装高度等要求来确定。制造桅杆所用的材料，一般有坚硬的木质材料、角钢、钢管及钢板等。

桅杆可分为固定式和移动式两种。根据吊装需要，可调节缆绳的松紧，制作时杆件底座立在钢制爬犁上，可用卷扬机牵动。

常见的起重桅杆有木独脚桅杆、钢管桅杆脚桅杆、型钢格构式独脚桅杆、人字桅杆、独脚悬臂式桅杆、井架悬臂式桅杆、回转式桅杆、台灵式桅杆等形式，如图 1-102 所示。

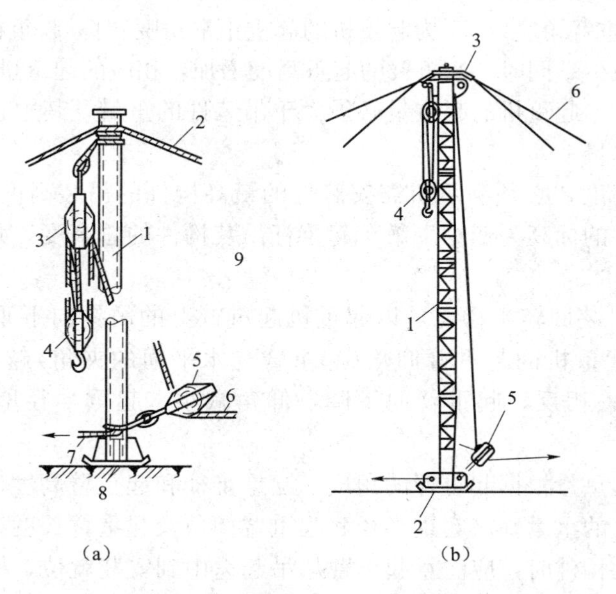

图 1-102　常见桅杆的几种形式

(a)钢管独脚桅杆构造；

1—钢管桅杆；2—缆风绳；3—定滑车；4—动滑车；

5—导向滑车；6—接绞磨或卷扬机；7—溜绳；8—底座；

(b)型钢格构式独脚桅杆构造

1—型钢格构式桅杆；2—底座；3—活顶板；

4—起重滑车组；5—导向滑车组；6—缆风绳

一般木质桅杆的起重量可达 10 t 左右，高度为 10～15 m。钢管制成桅杆的起重量在 50～60 t 左右，高度可达 25～30 m。钢板和型钢混合制成箱形或格式桅杆，起重量可达 100 t 以上。用扳倒法、滑移法或吊推法，可实现高、长、大质量物体的整体吊装。

(4)起重机械的选择。起重机械的合理选用，是保证安装工作安全、快速、顺利进行的基本条件。安装工作中，根据安装件的种类、重量、安装高度、现场的自然条件等情况来选择起重机械。

如果现场吊装作业面积能满足吊车行走和起重臂旋转半径距离要求时，可采用履带式起重机或胶轮式起重机进行吊装。

如果安装工地在山区，道路崎岖不平，各种起重机械很难进入现场，一般可利用起重桅杆进行吊装。高长结构或大质量结构构件，无法使用起重机械时，可利用起重桅杆进行吊装。

对于吊装件重量很轻、吊装高度低(一般在4～5 m高度以下)的情形，可利用简单的起重机械，如链式起重机(手拉葫芦)等吊装。

如果安装工地设有塔式起重机，可根据吊装地点位置、安装件的高度及吊件重量等条件(符合塔吊吊装性能时)，利用现有塔式起重机进行吊装。

选择应用起重机械时，除考虑安装件的技术条件和现场自然条件外，更主要的是要考虑起重机的起重能力，即起重量(t)、起重高度(m)和回转半径(m)三个基本条件。

起重量(t)、起重高度(m)和回转半径(m)三个基本条件之间是密切相连的。起重机的起重臂长度一定(起重臂角度以75°为起重机的起重正常角度)时，起重机的起重量随着起重半径的增加而逐渐减少；同时，起重臂的起重高度增加，相应的起重量也减少。

为保证吊装安全，起重机的起重量必须大于吊装件的重量，其中包括绑扎索具的重量和临时加固材料的重量。

起重机的起重高度，必须满足所需安装件的最高构件的吊装高度要求。在施工现场，实际安装是以安装件的标高为依据。吊车起重杆吊装构件的总高度，必须大于安装件的最高标高的高度。

起重半径也称吊装回转半径，是以起重机起重臂上的吊钩向下垂直于地面一点至吊车中心间的距离。起重机的起重臂仰角(起重臂与水平面的夹角)越大，起重半径越小，则起重的重量越大；相反，起重臂向下降，仰角减小，起重半径增大，起重量就相对减少。

一般起重机的起重量根据起重臂的角度、起重半径和起重臂高度确定。所以，在实际吊装时，要根据吊装的重量确定起重半径和起重臂仰角及起重臂长度。在安装现场吊装高度较高、截面较宽的构件时，应注意起重臂从吊起途中到安装就位，构件不能与起重臂相碰。构件和起重臂之间至少要保持0.9～1 m的距离。

2. 简易起重设备

(1)千斤顶。千斤顶有油压、螺旋、齿条三种形式。其中，螺旋式和油压式两种千斤顶最为常用。齿条式千斤顶一般承载能力不大，螺旋式千斤顶起重能力较大，可达100 t，常见的有LQ—5、LQ—10、LQ—15、LQ—30、LQ—50、HLQ—50等，5～50 t螺旋式千斤顶结构如图1-103所示。油压千斤顶起重能力最大，可达320 t，常见的型号有YQ—3、YQ—5、YQ—8、YQ—12.5、YQ—16、YQ—20、YQ—30、32、YQ—50、YQ—100、YQ—200、8—160 H、12—160 H、16—160 H、20—180 H、25—180 H、32—180 H、50—180 H、100—180 H、5—117、5—142、8—142、QW100—320型等。图1-104所示为油压千斤顶结构示意图。

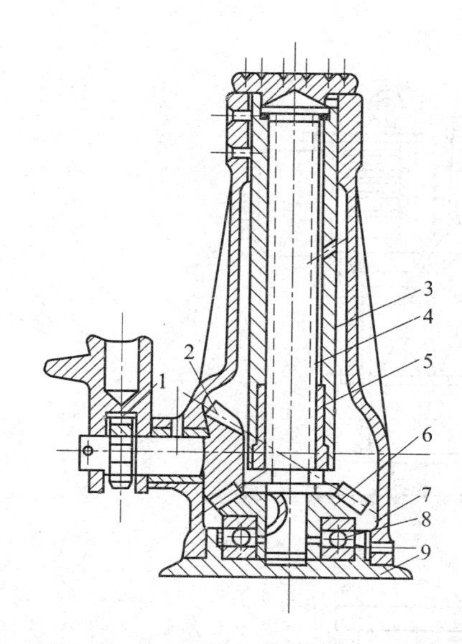

图 1-103　5～50 t 手动螺旋千斤顶

1—棘轮组；2—小伞齿轮；3—升降套筒；
4—锯齿形螺杆；5—铜螺母；6—大伞齿轮；
7—单向推力球轴承；8—主架；9—底座

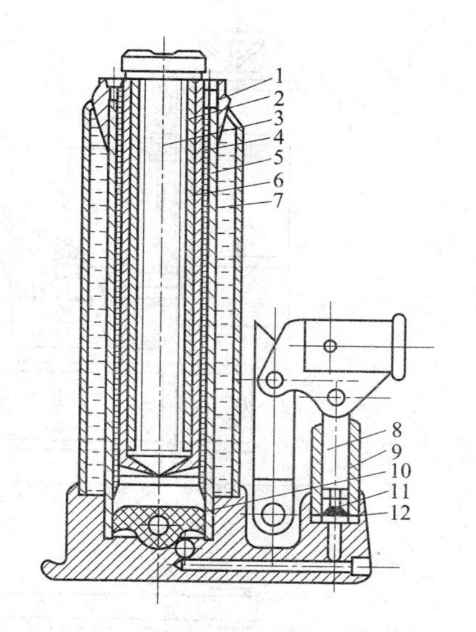

图 1-104　油压千斤顶结构示意图

1—顶帽；2—螺母；3—调整丝杆；4—外套；
5—活塞缸；6—活塞；7—工作液；
8—油泵心子；9—油泵套筒；10—皮碗；
11—油泵皮碗；12—底座

安装作业时，千斤顶常常用来顶升工件或设备、矫正工件的局部变形。

千斤顶在使用前，应进行检查：对齿条千斤顶应检查下面有无销子；螺旋千斤顶先要检查齿轮和齿条是否变形，动作是否灵活，丝母与丝杠的磨损是否超过允许范围；油压千斤顶重点要看油路连接是否可靠、阀门是否严密，以免承重时油发生回漏；在使用时，不要站在保险塞对面。

千斤顶应放在坚实、平坦的平面上，在地面上使用时，如果地面土质松软，应铺设垫板，以扩大承压面积；构件被顶部位应平整、坚实并加垫木板，载荷应与千斤顶轴线一致。应严格按照千斤顶的标定起重量顶重，每次顶升高度不得超过有效行程。

千斤顶开始工作时，应先将构件稍微顶起一点后暂停，检查千斤顶、枕木垛、地面和物件等情况是否良好；如发现偏斜和枕木垛不稳等情况，进行处理后才能继续工作。顶升过程中应设保险垫并随顶随垫，其脱空距离应小于 50 mm，以防千斤顶倾倒或突然回油而造成安全事故。

用两台或两台以上千斤顶同时顶升一个构件时，应统一指挥，动作一致。不同类型的千斤顶应避免放在同一端使用。

(2)卷扬机。卷扬机是吊装作业中常用的动力装置，可分为电动卷扬机和手动卷扬机。

1)电动卷扬机。电动卷扬机种类很多，按滚筒数目分为单滚筒和双滚筒两种；按传动形式，分为可逆齿轮箱式和摩擦式两种。

电动卷扬机由卷筒、减速器、电动机和电磁抱闸等部件组成，如图 1-105 所示。一般可逆齿轮箱式卷扬机牵引速度慢，但牵引力大，重物下降时安全可靠，适用于机械设备的吊装和搬运；摩擦式卷扬机牵引快，但牵引力小，适用于建筑工程使用。

常用电动卷扬机的最大牵引力有 5 kN、10 kN、15 kN、30 kN、50 kN、100 kN、200 kN。其规格见表 1-44。

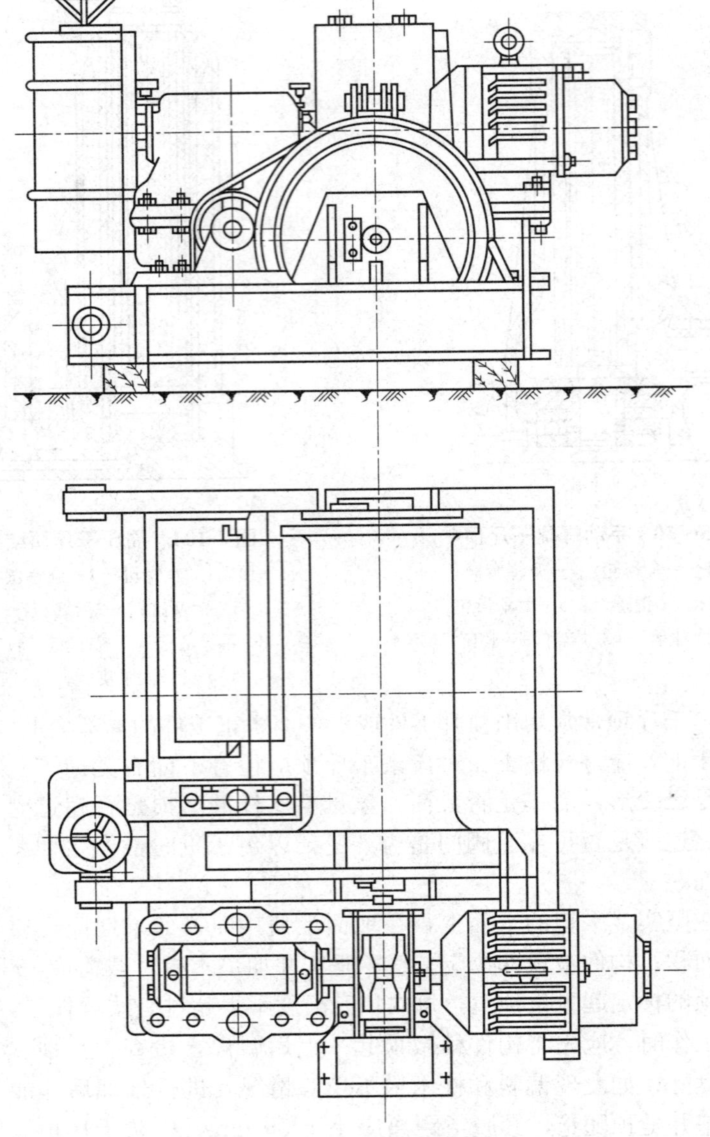

图 1-105　可逆式电动卷扬机

表 1-44　常见电动卷扬机规格表

最大牵引力/kN	最大容绳量/m	平均速度/(m·min^{-1})	钢丝绳直径/mm	外形尺寸/mm			自重/kg	电动机动率/kW
				长度	宽度	高度		
5	150	15	13	880	750	500	300	2.8
10	150	22	13	1 128	900	500	600	7
15	200	9.6	14	1 595	1 140	850	705	5
30	300	13	20	1 600	1 240	900	1 300	7.5
50	300	8.7	24	2 100	1 700	1 000	1 800	11
100	550～600	16	32	3 000	2 000	1 500	5 000	30
200	600	10	42	3 360	3 820	2 085		55

为确保吊装工作安全，使用前应根据吊装物的重量计算起重机的载荷能力。其计算公式如下：

$$S=102\frac{N_h}{v}\eta \tag{1-109}$$

式中 S——牵引力(N)；

N_h——电动机的功率(kW)；

v——钢丝绳的线速度(m/s)；

η——总功率(%)。

常用电动卷扬机使用时，不能超荷载运行。检查相互摩擦部分和转动部分，保持良好润滑，经常注入适当的润滑油；定期检查维修，至少每月检查一次。在检查过程中，对每次提升临界载荷也要检查。

电动卷扬机的使用与维护：

①卷扬机使用时，一端必须设地锚、利用构筑物或压重固定，以防起重时产生滑动或倾覆。钢丝绳绕入卷筒的方向，应与卷筒轴线垂直或成小于150°的偏角，使绳圈能排列整齐，不致斜绕和互相错叠挤压。

②卷扬机、钢丝绳绕入卷筒的方向应与卷筒轴线垂直。缠绕方式应根据钢丝绳的捻向和卷扬的转向而采用不同的方法，使钢丝绳互相紧靠在一起；成为平整的一层，而不会自行散开、互相错叠，增加磨损。一般用右捻(或左捻)钢丝绳上卷时，绳一端固定在卷筒左边(或右边)，由左(或右)向右(或向左)卷；如钢丝绳下卷时，则缠绕相反；当吊物松绳时，为了保证安全，卷筒上的钢丝绳不应全部放出，至少要保留3～4圈。绕绳伸引线的倾斜度，对于光卷筒不应大于1/40；缠绕多层绳圈时，在卷筒上的每层绳索须缠绕正确。卷筒两边的凸缘，要比最外一层绳圈至少要高出一倍绳索直径。

③装好的卷扬机的卷筒中心线应与钢绳的方向垂直，最近一个导向滑轮的中心线，应与卷筒中心线平行。两者的距离，应不少于卷筒长度的20倍。

④要有明确的、统一的指挥。电动卷扬机的单机或机组工作时，一切参加人员必须坚决服从指挥。

⑤ 起落动作要同步。整个机组工作时，除个别单机有时作升降调整外，起落动作必须同步进行。

⑥ 经常检查相互摩擦部分和转动部分，保持良好润滑，经常注入适当的润滑油；定期检查维修，至少每月检查一次，在检查过程中，对每次提升临界载荷也要检查。

2)手动卷扬机。手动卷扬机由卷筒、钢丝绳、摩擦止动器、止动齿轮装置、小齿轮、大齿轮、变速器、手柄等组成。其结构如图1-106所示。在卷扬机上装有安全摇柄或制动装置，用来止动齿轮，使制动设备悬吊于一定位置，防止卷筒倒转。当机械设备下降时，则由摩擦制动器减低下降速度，保证工作时的安全可靠。

手动卷扬机常见型号有ST0.5、ST1、DST3、DST5等，额定牵引力为5～50 t。

手动卷扬机使用注意事项同电动卷扬机。

3)绞磨。绞磨又称绞盘，是一种最为普遍的由人力牵引的起重工具。其结构如图1-107所示，它由中心轴、支架和推杆等组成。绞盘是依靠摩擦力驱动绳索的，绳索围绕在鼓轮上(一般为4～6圈)。工作时，一端使绳索拉紧(用来牵引)；另一端又把绳索放松(用手拉住)。为防止倒转而产生事故，在鼓轮中心轴上装有止动齿轮装置。

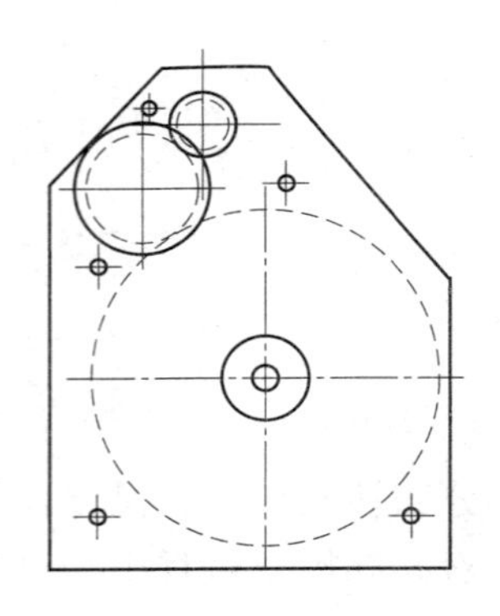

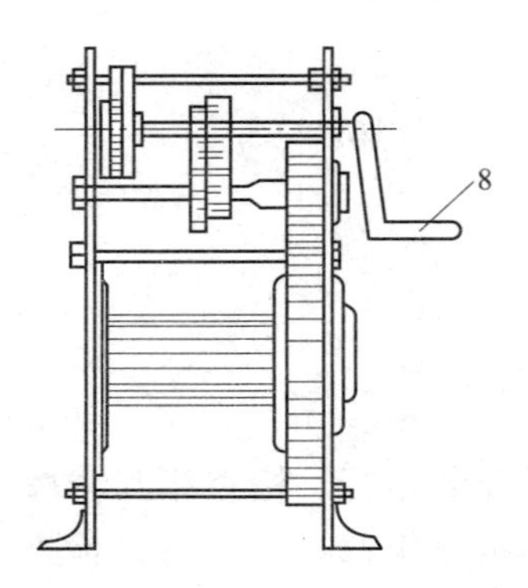

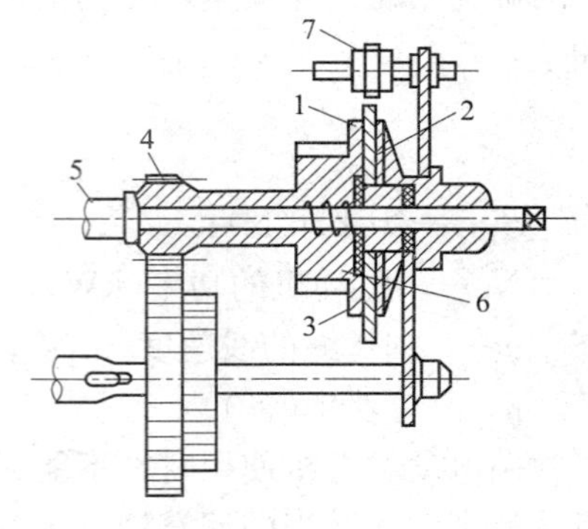

图 1-106　手动卷扬机

1—转轮；2、3—制动盘；4—传动齿轮；
5—制动轴；6—螺母；7—卡爪；8—手柄

绞磨构造简单，易于制造，移动方便，工作平稳，操作时易于掌握。但使用绞盘时，需要人力较多，劳动强度较大，工作速度不快，工作不够安全，一般只用于缺乏起重机械、绳索牵引力不大的工作和辅助作业。

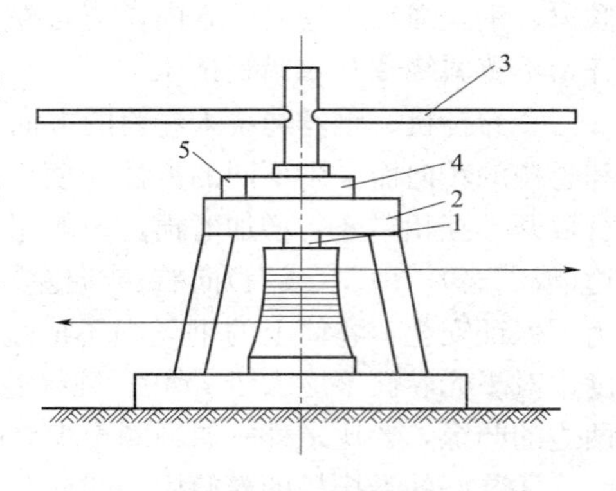

图 1-107　手动绞盘

1—鼓轮中心轴；2—支架；3—推杆；
4—棘轮；5—棘爪

使用时，将磨体固定牢靠并检查各部位是否可靠，尤其是防倒转齿轮一定要灵活，严防倒转伤人；绞磨上的钢丝绳应是一头卷入，另一头退出，在磨心上只留固定不变的几圈，退出的一端力量很小，只需用人力拉住即可。

绞磨在工作过程中，必须始终保持磨腰上不少于 4～6 圈钢丝绳，并一律用拉梢法。绳梢从绞磨引出后，应在锚桩上绕一圈，再由人力拉住，并将拉出的钢丝绳在右后方盘好。如发生卡绳现象，应立即停止转动，待将绳圈理顺后，才可继续使用绞磨。

绞磨上的所有转动摩擦部位都要定期注油润滑。

4)起重滑车。起重滑车又称铁滑车滑轮。在起重作业中起重滑车与索具、吊具、卷扬机等配合，完成各种结构设备、构件的运输及吊装工作，是不可缺少的起重工具之一。

常见开口吊钩型、闭口吊环型滑轮如图 1-108 所示。

滑轮按使用性质可分为定滑轮、动滑轮、导向轮和滑轮组等。

①定滑轮。定滑轮用以支持挠性件的运动。当绳索受力时，转子转动，而轴的位置不变。在使用时，只能改变钢丝绳的方向，不节省力，如图 1-109(a)所示。

②动滑轮。动滑轮安装在运动的轴上，它与被牵引的工作物一起升或降。用动滑轮工作省力，但不能改变用力方向，如图 1-109(b)所示。

③导向滑轮。导向滑轮又称开门滑子，它与定滑轮相似，仅能改变绳索方向，不省力，如图 1-109(c)所示。

④滑轮组。滑轮组是由一定数量的定滑轮、动滑轮及索具组成的一种起重工具。它既能减少牵引力，又能改变拉力的方向。在吊装工程中，常使用滑轮组，以便用较少的牵引

力起吊重量较大的机械设备。如采用5～20 t(5～200 kN)的卷扬机来牵引滑轮组的出绳端头时(一般称跑线)，可完成几吨或几百吨重的设备或构件的吊装任务。

如图1-110所示，滑轮组的荷重与牵引力计算如下：

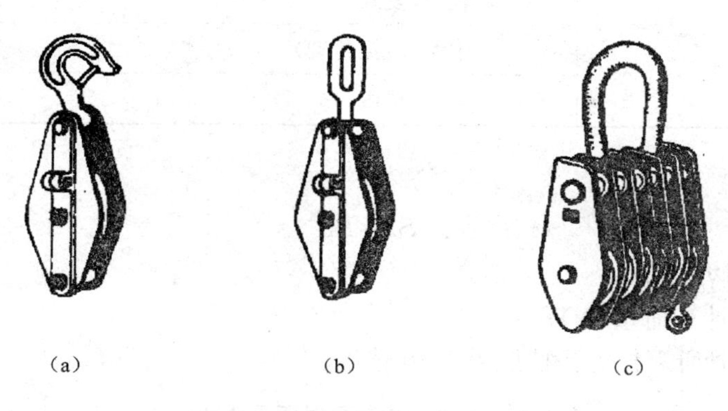

图1-108　起重滑车

(a)开口吊钩型；(b)开口链环型；(c)闭口吊环型

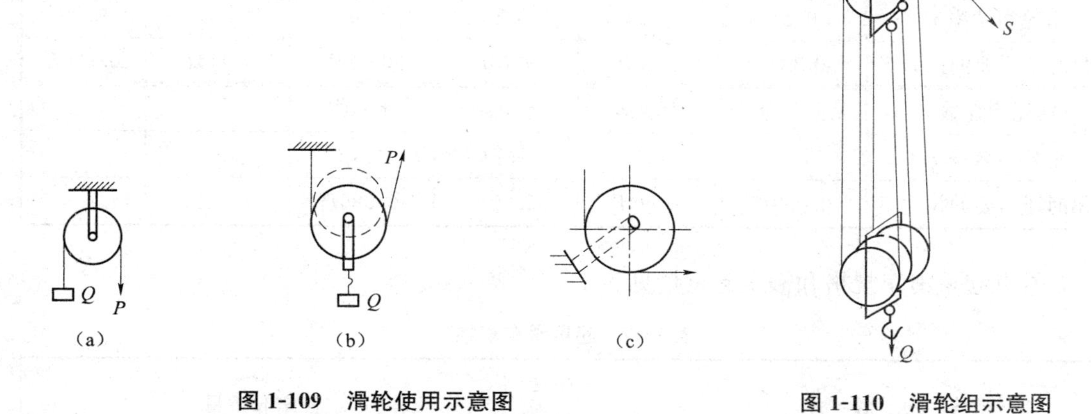

图1-109　滑轮使用示意图

(a)定滑轮；(b)动滑轮；(c)导向滑轮

图1-110　滑轮组示意图

a. 荷重可按下式计算：

$$P=(Q+g)K_{动}\text{；} \tag{1-110}$$

式中　P——滑轮计算荷重(N)；

Q——起吊工作物重量(N)；

g——索具重量(N)；

$K_{动}$——动载系数，按表1-45选用。

表 1-45　动载系数表（$K_{动}$）

驱动方式及运行条件		$K_{动}$
手动		1.0
机动	轻级（复式传动）	1.10
	中级（直接传动）	1.30
	重级	1.50

b. 牵引力计算：

$$S_n = PS \tag{1-111}$$

式中　S_n——牵引力（N）；

P——滑车计算荷重（N）；

S——起吊时所需拉力，按照表 1-46 选用。

表 1-46　用滑轮组起吊时所需要的拉力　　N

滑轮组绳数	单绳	双绳	三绳	四绳	五绳	六绳
滑轮组效率 η	0.96	0.94	0.92	0.90	0.88	0.87
起吊时所需要的拉力 S	1.04P	0.53P	0.36P	0.28P	0.23P	0.19P
滑轮组绳数	七绳	八绳	九绳	十绳	十一绳	十二绳
滑轮组效率 η	0.86	0.85	0.83	0.82	0.79	0.78
起吊时所需要的拉力 S	0.17P	0.15P	0.13P	0.12P	0.114P	0.106P
滑轮组绳数	十三绳	十四绳	十五绳	十六绳		
滑轮组效率 η	0.775	0.765	0.74	0.72		
起吊时所需要的拉力 S	0.099P	0.094P	0.09P	0.086P		

⑤常见起重滑车规格和额定起重量见表 1-47、表 1-48。

表 1-47　起重滑车规格　　t

结构形式				形式代号（通用滑车）	额定起重量
单轮	开口	滚针轴承	吊钩型	HQGZK1	0.32，0.5，1，2，3.2，5，8，10
			链环型	HQLZK1	
		滑动轴承	吊钩型	HQGK1	0.32，0.5，1，2，3.2，5，8，10，16，20
			链环型	HQLK1	
	闭口	滚针轴承	吊钩型	HQGZ1	0.32，0.5，1，2，3.2，5，8，10
			链环型	HQLZ1	
		滑动轴承	吊钩型	HQG1	0.32，0.5，1，2，3.2，5，8，10，16，20
			链环型	HQL1	
			吊环型	HQD1	1，2，3.2，5，8，10

续表

结构形式				形式代号（通用滑车）	额定起重量
双轮	双开口	滑动轴承	吊钩型	HQGK2	1，2，3.2，5，8，10
			链环型	HQLK2	
	闭口		吊钩型	HQG2	1，2，3.2，5，8，10，16，20
			链环型	HQL2	
			吊环型	HQD2	1，2，3.2，5，8，10，16，20，32
三轮	闭口	滑动轴承	吊钩型	HQG3	3.2，5，8，10，16，20
			链环型	HQL3	
			吊环型	HQD3	3.2，5，8，10，16，20，32，50
四轮			吊环型	HQD4	8，10，16，20，32，50
五轮				HQD5	20，32，50，80
六轮				HQD6	32，50，80，100
八轮				HQD8	80，100，160，200
十轮				HQD10	200，250，320

表 1-48　起重滑车额定起重量与滑车数目、滑轮直径、钢丝绳直径对照

滑轮直径/mm	额定起重量/kN																		钢丝绳直径范围/mm
	3.2	5	10	20	32	50	80	100	160	200	320	500	800	1 000	1 600	2 000	2 500	3 200	
	滑轮数目																		
63	1																		6.2
71		1	2																6.2～7.7
85			1	2	3														7.7～11
112				1	2	3	4												11～14
132					1	2	3	4											12.5～15.5
160						1	2	3	4	5									15.5～18.5
180								2	3	4	5								17～20
210							1			3	5								20～23
240								1	2		4	5							23～24.5
280										2	3	5	6						26～28
315									1			4	6	8					28～31
355										1	2	3	5	6	8	10			31～35
400																8	10		34～38
435																		10	40～43

⑥滑轮的使用与维护。

a. 滑轮绳槽表面应光滑，不得有裂痕、凹凸等缺陷。

b. 滑车在使用时应经常检查，重要部件(轴、吊环或吊钩)应进行无损探伤。当发现有下列情况之一时，必须更换其零件：

(a)滑车上发现有裂纹或永久变形。

(b)滑轮绳槽面磨损深度超过钢丝绳直径的20%。

(c)轮缘部分有破碎损伤。

(d)吊钩的危险断面损伤厚度超过10%。

(e)轮轴磨损超过轴径的2%。

(f)轴套磨损超过壁厚的10%。

c. 滑车所有转动部分必须动作灵活，润滑良好，定期添加润滑剂。

d. 滑车组两滑车之间净距不宜小于轮径的5倍。

e. 当滑车贴在地面使用时，则应垫一翘头钢板，以保护滑轮。

f. 吊钩上的吊索有自行脱钩可能时，应将钩口加封。

g. 严禁用焊接补强的方法修补吊钩、吊环及吊梁的缺陷。

h. 使用中应缓慢加力。绳索收紧后，如有卡绳、磨绳情况，应立即纠正。滑车等各部分使用情况良好，才能继续工作。

i. 滑车使用后，应清洗干净，涂以防锈漆，存放在干燥的库房内。

5)链式手拉葫芦。链式手拉葫芦也称斤不落、倒链、链式起重机，是由链条、链轮及差动齿轮等构成的人力起吊工具，可分为链条式和蜗轮式两种。两者只是内部构造不同，由机体、上下吊钩、吊链和手动导链等构成，如图1-111所示，其规格性能见表1-49。

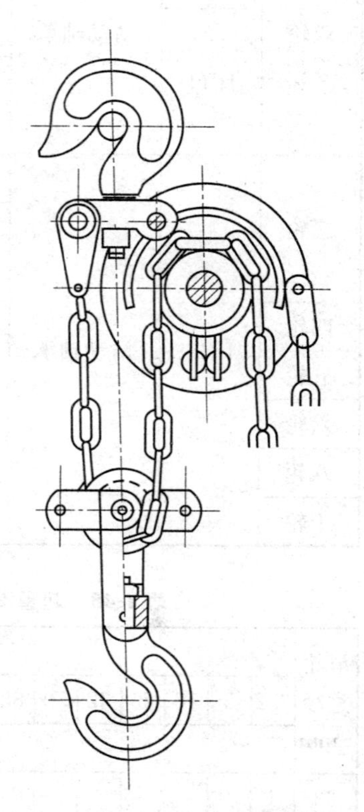

图1-111 链式手拉葫芦

表1-49 手拉葫芦规格参数

额定起重量/kN										
5	10	16	20	25	32	50	80	100	160	200
标准起升高度/m										
2.5					3					
两钩间最小距离/mm										
350	400	460	530	600	700	850	1 000	1 200	1 300	1 400

吊装时，上吊钩的吊点有时利用固定设备作吊点。当拉动牵引链条时，链条转动齿轮传动，通过吊钩拉动重物升降。当松开牵引链条时，重物靠本身自重产生的自锁停止在空中。操作时靠机体本身固定上下两点，进行竖向垂直吊装或对构件作任意水平方向的拉紧、移动或矫正工作等。吊装时，需要利用已安装好的结构吊装其他构件和设备时，应征得设计单位

的同意。除利用固定设备作吊点外，有时还可以设立两木搭或管制三脚架进行吊装。

链式手拉葫芦体积小、质量轻、效率高、操作简便、节省人力。常与木搭或管制三脚架配合使用，用来起重高度不大的轻型构件或进行短距离水平运输，或拉紧缆风绳以及在构件运输中拉紧捆绑构件的绳索等。在安装工程中应用较广。

链式手拉葫芦的起重能力根据构造、型号、规格和性能确定，一般吊重有 0.5 t、1 t、2 t、3 t、5 t、10 t、20 t 等。其吊装高度(吊钩最低与最高工作位置之间距离)一般为 4～6 m，最大吊装高度不超过 12 m。0.5～2 t 间隔 0.5 m 选用，3～20 t 间隔 1 m 选用。常见的型号有 SH1/2、SH1、SH2、SH3、SH5、SH10、SH20 等。

链式手拉葫芦使用时，悬挂倒链的固定点必须妥善地挂在绑好绳索或焊好的吊环上，防止滑动；使用前，应仔细检查吊钩链条及轮轴是否有损伤，传动部分是否灵活；倒链挂上重物后，先慢慢拉动链条，待起重链条受力后再检查一次，如定轮啮合和自锁装置等良好，方可继续工作；起吊物必须用绳索妥善绑扎，绳索必须可靠地挂在吊钩的中央，防止滑脱；起吊的重量不得超过规定荷载量，拉链条时应用力均匀；当接近满负荷时，不得用力猛拉；不得随意把链条放开，延长作吊链使用。

链式手拉葫芦应经常加注润滑油，以保护良好的使用状态，每年作负荷试验一次。

3. 吊装索具和吊具

吊装索具和吊具是起重安装工作中最基本的工具。它们主要起绑扎重物、传递拉力和夹紧的作用。吊装过程中要根据不同的条件和要求，来选择各种索具和吊具，并要考虑它们的强度和安全。

(1)吊装索具。

1)钢丝绳。单股钢丝绳是由多根直径为 0.3～2 mm 的钢丝搓绕制成的。整股钢丝绳是用六根单股钢丝绳围绕一根浸过油的麻芯拧成的。

钢丝绳以丝细、丝多、柔软为好。钢丝绳具有强度高、不易磨损、弹性大、在高速下受力平稳、没有噪声、工作可靠等特点，是起重吊装中常用的绳索，被广泛地应用于各种吊装、运输设备上；其主要缺点是不易弯曲，使用时需增大起重机卷筒和滑轮的直径，同时，也相应地增加了机械的尺寸重量。

①钢丝绳规格。钢结构安装施工中常用的钢丝绳是由 6 股 19 丝、6 股 37 丝和 6 股 61 丝拧成的。可用 6×19、6×37、6×61 等符号表示。

②钢丝绳安全系数及需用滑车直径。钢丝绳安全系数及需用滑车直径按照表 1-50 选择。

表 1-50　钢丝绳安全系数及需用滑车直径

用　　途		安全系数	需用滑车直径
缆风绳及拖拉绳		3.5	$\geq 12d$
用于起重设备	手动	4.5	$\geq 16d$
	机动	5～6	
作吊索	无弯曲时	5～7	—
	有绕曲时	6～8	$\geq 20d$
作捆绑吊索		8～10	—
作地锚绳		5～6	—
用于载人的升降机		14	$\geq 30d$

③钢丝绳的负荷。钢丝绳的负荷能力除与本身材料、加工方法有关，在使用时还要考虑正确选用钢绳的直径和滑轮直径的比例及钢丝绳的安全系数。对于钢丝绳的破断拉力和抗拉强度值，均可从相关表格查出，或按照下列方法计算求得：钢丝绳的破坏强度是以整根钢丝绳的破坏强度来计算的，或用全部钢丝绳的断面面积乘以钢丝绳公称抗拉强度的最小值，作为整根钢丝绳的破断拉力，再以钢丝绳的破断拉力除以安全系数，即得到钢丝绳的许用值。

钢丝绳的破断拉力许用值计算公式：

$$[P]=\frac{P\varphi_{修}}{K} \tag{1-112}$$

式中 $[P]$——钢丝绳的许用拉力(N)；

P——整根钢丝绳的破断拉力(N)；

$\varphi_{修}$——修正系数，查表1-51；

K——安全系数。

钢丝绳的拉力除用式(1-112)计算和直接查表外，还可近似估算，用估算得出的结果同前式计算方法得出结果数值相近，可用于实际吊装。

钢丝绳的破断拉力估算公式：

$$P\approx500d^2 \tag{1-113}$$

式中 P——破断拉力(N)；

d——钢丝绳直径(mm)。

表1-51 常用钢丝绳的修正系数

钢丝绳规格	修正系数 $\varphi_{修}$
6×19+1	0.85
6×36+1	0.82
6×61+1	0.8

④钢丝绳夹的使用。钢丝绳夹应按图1-112所示，把夹座扣在钢丝绳的工作段上，U形螺栓扣在钢丝绳的尾段上。钢丝绳夹不得在钢丝绳上交替布置。钢丝绳夹间的距离等于6～7倍的钢丝绳直径(如图1-112中A所示)，其固定处的强度至少是钢丝绳自身强度的80%。紧固绳夹时，须考虑每个绳夹的合理受力，离套环最远处的绳夹不得首先单独紧固。离套环最近处的绳夹(第一个绳夹)，应尽可能地靠紧套环，但仍须保证绳夹的正确拧紧，不得损坏钢丝绳的外层钢丝。

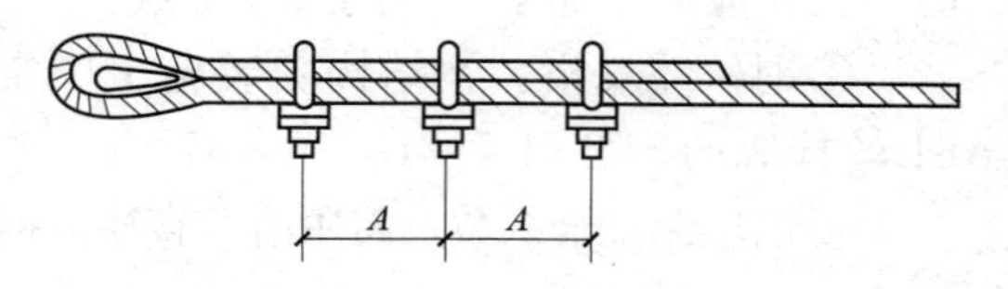

图1-112 钢丝绳夹的正确布置方法

A—绳夹间距

⑤钢丝绳的使用和维护。

a. 钢丝绳均应按使用性质、荷载大小、新旧程度和工作条件等因素，根据经验或经计算选用规格型号。

b. 钢丝绳开卷时，应放在卷盘上或用人力推滚卷筒，不得倒放在地面上，人力盘(甩)开，以免造成扭结，缩短寿命。钢丝绳切断时，应在切口两侧1.5倍绳径处用细钢丝扎结，或用铁箍箍紧，扎紧段长度不小于 30 mm，以防钢丝绳松捻。

c. 新绳使用前，应以 2 倍最大吊重作载重试验 15 min。

d. 钢丝绳穿过滑轮时，滑轮槽的直径应比绳的直径大 1.0～2.5 mm，滑轮直径应比钢丝绳直径大 10～12 倍，轮缘破损的滑轮不得使用。

e. 钢丝绳在使用前应抖直理顺，严禁扭结受力，使用中不得抛掷，与地面、金属、电焊导线或其他物体接触摩擦，应加护垫或托绳轮；不能使钢丝绳发生锐角曲折、挑圈或由于被夹、被砸变形。

f. 钢丝绳扣、8 形千斤索和绳圈等的连接采用卡接法时，夹头规格、数量和间距应符合规定。上夹头时，螺栓要拧紧，直至钢丝绳被压扁 1/3～1/4 直径时为止，并在绳受力后，再将夹头螺栓拧紧一次。采用编接法时，插接的双绳和绳扣的接合长度应大于钢丝绳直径的 20 倍，或绳头插足三圈且最短不得少于 300 mm。

g. 钢丝绳与构件棱角相触时，应垫上木板或橡胶板。起重物时，起动和制动均必须缓慢，不得突然受力和承受冲击荷重。在起重时，如绳股有大量油挤出，应进行检查或更换新绳，以防发生事故。

h. 钢丝绳每工作 4 个月左右应涂润滑油一次。涂油前，应将钢丝绳浸入汽油或柴油中洗去油污，并刷去铁锈。涂油应在干燥和无锈情况下进行，最好用热油浸透绳芯，再擦去多余的油。

i. 钢丝绳使用一段时间后，应判断其可用程度或换新绳，以确保使用安全。

j. 库存钢丝绳应成卷排列，避免重叠堆置并应加垫和遮盖，防止受潮锈蚀。

2)麻绳。麻绳又称白棕绳、棕绳，以剑麻为原料，按拧成的股数的多少，分为三股麻绳、四股麻绳和九股麻绳三种；按浸油与否，分为浸油绳和素绳两种。吊装中多用不浸油素绳。常用素绳、白棕绳的技术性能，见表 1-52、表 1-53，麻绳安全系数见表 1-54。麻绳较软，建筑工地应用广泛，多用于牵拉、捆绑，有时也用于吊装轻型构件绑扎绳。

浸油绳具有防潮、防腐蚀能力强等优点，但不够柔软，不易弯曲，强度较低；素绳弹性和强度较好(比浸油绳高 10%～20%)，但受潮后容易腐烂，强度要降低 50%。

麻绳主要用于绑扎吊装轻型构件和受力不大的缆风绳、溜绳等。

表 1-52　素绳技术性能

直径/mm	特　制		加　重		普　通	
	每 100 m 重/kg	最小拉断力/kN	每 100 m 重/kg	最小拉断力/kN	每 100 m 重/kg	最小拉断力/kN
9.6	7.0	6.10	7	5.35	—	—
11.1	9.0	7.35	8.85	6.55	8.75	6.10
12.7	12.0	9.35	11.9	8.35	11.7	7.75
14.3	14.8	11.35	14.75	10.20	14.6	9.45
15.9	19.0	14.60	17.7	12.10	17.4	11.20
19.1	28.0	21.15	26.6	17.90	24.8	15.70
20.7	32.5	23.50	31.0	19.84	29.3	17.55

续表

直径 /mm	特制		加重		普通	
	每 100 m 重 /kg	最小拉断力 /kN	每 100 m 重 /kg	最小拉断力 /kN	每 100 m 重 /kg	最小拉断力 /kN
23.9	43.0	32.25	41.5	26.55	39.5	23.93
28.7	61.0	44.70	60	37.58	57.2	34.33
31.8	76.0	52.90	74	44.77	70.0	40.13
36.6	100	69.55	96	58.21	92	51.15
39.8	118	78.00	114	65.85	110	58.25
47.8	168	111.25	163	94.95	156	83.90
55.7	232	142.35	225	121.45	216	107.40
63.7	302	184.50	293	157.00	260	138.05

表 1-53　白棕绳技术性能

直径 /mm	圆周 /mm	每卷重量长 250 mm/kg	破断接力 /kN	直径 /mm	圆周 /mm	每卷重量长 250 mm/kg	破断接力 /kN
6	19	6.5	2.00	22	69	70	18.50
8	25	10.5	3.25	25	79	90	24.00
11	35	17	5.75	29	91	120	26.00
13	41	23.5	8.00	33	103	165	29.00
14	44	32	9.50	38	119	200	35.00
16	50	41	11.50	41	129	250	37.50
19	60	52.5	13.00	44	138	290	45.00
20	63	60	16.00	51	160	330	60.00

表 1-54　麻绳安全系数

项　次	麻绳的用途		安全系数值 K
1	一般吊装	新绳 旧绳	3 6
2	作缆风绳	新绳 旧绳	6 12
3	作捆绑吊索或重要的起重吊装		8～10

麻绳使用要点：

①麻绳在开卷时，应卷平放在地上，绳头一面放在底下，从卷内拉出绳头，然后按需要的长度切断。切断前，应用细钢丝或麻绳将切断口两侧的绳扎紧。

②麻绳穿绕滑车时，滑轮的直径应大于绳直径的10倍。

③使用时，应避免在构件上或地上拖拉。与构件棱角相接触部位，应衬垫麻袋、木板等物。

④使用中，如发生扭结，应抖直，以免受拉时折断。

⑤ 绳应放在干燥和通风良好的地方，以免腐烂，不得和涂料、酸、碱等化学物品放在一起，以防腐蚀。

(2)吊具。

1)吊钩。吊钩分单吊钩和双吊钩两种，是用整块20号优质碳素钢锻制后进行退火处理而成吊。

钩表面应光滑，无剥裂、刻痕、锐角裂缝等缺陷。

常用的吊索用带吊环吊钩主要规格，见表1-55。

单吊钩常与吊索连接在一起使用，有时也与吊钩架组合在一起使用；双吊钩仅用在起重机上。

表1-55　吊索用带吊环吊钩主要规格

简图	安全吊重量/t	尺寸/mm						质量/kg	适用钢丝绳直径/mm
		A	*B*	*C*	*D*	*E*	*F*		
	0.5	7	114	73	19	19	19	0.34	6
	0.75	9	113	86	22	25	25	0.45	6
	1.0	10	146	98	25	29	27	0.79	8
	1.5	12	171	109	32	32	35	1.25	10
	2.0	13	191	121	35	35	37	1.54	11
	2.5	15	216	140	38	38	41	2.04	13
	3.0	16	232	152	41	41	48	2.90	14
	3.75	18	257	171	44	48	51	3.86	16
	4.5	19	282	193	51	51	54	5.00	18
	6.0	22	330	206	57	54	64	7.40	19
	7.0	24	356	227	64	57	70	9.76	22
	10.0	27	394	255	70	64	79	12.30	25

2)卡环。卡环由一个弯环和一根横销组成。卡环按弯环形式，分直形和马蹄形；按上动销与弯气环连接方法的不同，又分为螺栓式和活络式两种，如图1-113(a)、(b)、(c)所示，而以螺栓式卡环使用较多。但在柱子吊装中，多用活络卡环；卸钩时，吊车松钩将拉绳下拉，销子自动脱开，可避免高空作业，但接绳一端宜向上，如图1-113(d)所示，以防销子脱落。常用普通(直形)卡环的规格和容许安全荷重，见表1-56。

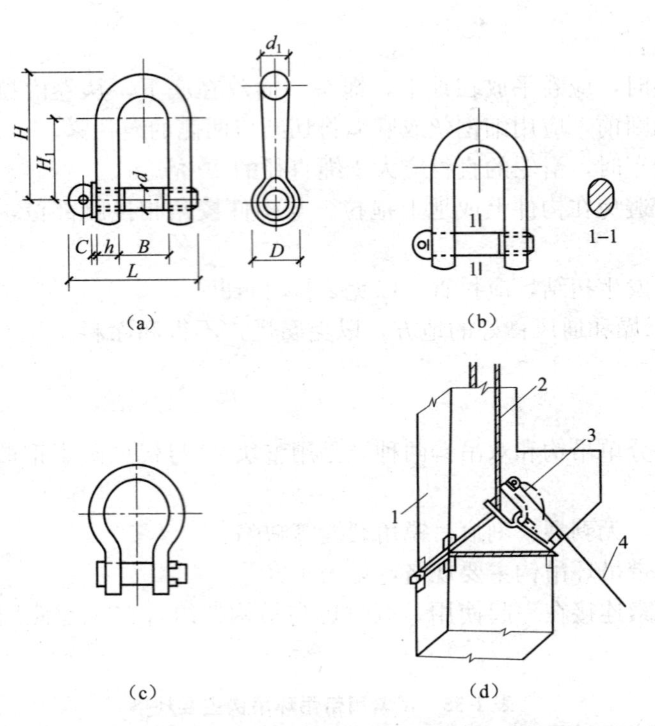

图 1-113　卡环形式及柱子绑扎自动脱钩示意图

(a)螺栓式卡环(直形)；(b)椭圆活络卡环(直形)；(c)马蹄形卡环；
(d)柱子绑扎用活络卡环自动脱钩示意

表 1-56　普通直形卡环规格及容许安全荷重

号码	安全荷重/kN	钢绳直径/mm	尺寸/mm									质量/kg
			B	D	H	H_1	L	d	d_1	c	h	
0.2	2.0	4.7	12	15	49	35	35	M8	6	4	3	0.02
0.3	3.3	6.5	16	19	63	45	44	M10	8	4	3	0.03
0.5	5.0	8.5	20	23	72	50	65	M12	10	4	3	0.05
0.9	9.3	9.5	24	29	87	60	65	M16	12	4	4	0.10
1.4	14.5	13.0	32	38	115	80	86	M20	16	6	4	0.20
2.1	21.0	15.0	36	46	133	90	101	M24	20	6	5	0.30
2.7	27.0	17.5	40	48	146	100	111	M27	22	6	5	0.50
3.3	33.0	19.5	45	58	163	110	123	M30	24	8	8	0.70
4.1	41.0	22.0	50	66	180	120	137	M33	27	8	8	0.94
4.9	49.0	26.0	58	72	196	130	153	M36	30	8	10	1.23
6.8	68.0	28.0	64	77	225	150	176	M42	36	10	10	1.87
9.0	90.0	31.0	70	87	256	170	197	M48	42	10	13	2.63
10.7	107.0	34.0	80	97	284	190	218	M52	45	10	13	3.60
16.0	160.0	43.5	100	117	346	235	262	M64	52	10	16	6.60
注：材料均为 Q235C。												

卡环用于吊索与构件吊环之间的连接或用在绑扎构件时扣紧吊索，是吊装作业中应用较为广泛的吊具。

卡环的使用注意事项如下：

①卡环应用优质低碳钢或合金钢锻成并经热处理，严禁使用铸钢卡环。

②卡环表面应光滑，不得有毛刺、裂纹、尖角、夹层等缺陷。不得利用焊接补强方法修补卡环的缺陷。在不影响卡环额定强度的情况下，可以清除其局部缺陷。

③使用卡环时，应注意作用力的方向不要歪斜，螺纹应满扣并预先加以润滑。

④卡环使用前应进行外观检查，必要时应进行无损探伤；发现有永久变形或裂纹，应报废。

3)绳卡。绳卡，也叫绳夹线盘、夹线盘、钢丝卡子、钢丝绳轧头、卡子等。绳卡的U形螺栓宜用Q235C钢制造，螺母可用Q235D钢制造，如图1-114所示。其规格尺寸见表1-57。

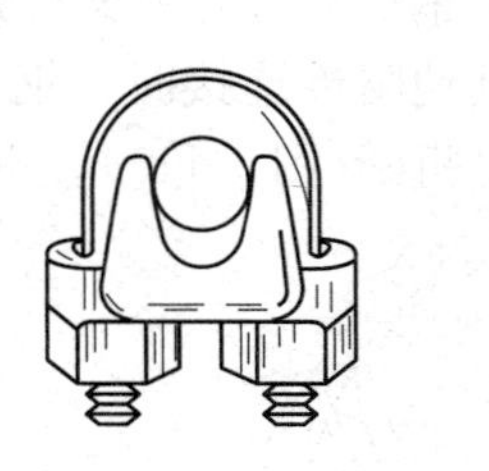

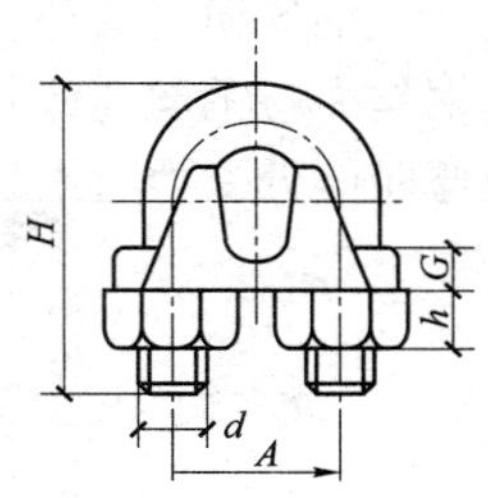

图1-114 钢丝绳卡

表1-57 绳卡规格

绳夹规格(钢丝绳公称直径)d_r/mm	尺寸/mm						螺母 GB/T 41—2016 d	单组质量/kg
	适用钢丝绳公称直径 d_r	A	B	C	R	H		
6	6	13.0	14	27	3.5	31	M6	0.034
8	>6～8	17.0	19	36	4.5	41	M8	0.073
10	>8～10	21.0	23	44	5.5	51	M10	0.140
12	>10～12	25.0	28	53	6.5	62	M12	0.243
14	>12～14	29.0	32	61	7.5	72	M14	0.372
16	>14～16	31.0	32	63	8.5	77	M14	0.402
18	>16～18	35.0	37	72	9.5	87	M16	0.601
20	>18～20	37.0	37	74	10.5	92	M16	0.624
22	>20～22	43.0	46	89	12.0	108	M20	1.122
24	>22～24	45.5	46	91	13.0	113	M20	1.205
26	>24～26	47.5	46	93	14.0	117	M20	1.244
28	>26～28	51.5	51	102	15.0	127	M22	1.605
32	>28～32	55.5	51	106	17.0	136	M22	1.727
36	>32～36	61.5	55	116	19.5	151	M24	2.286
40	>36～40	69.0	62	131	21.5	168	M27	3.133
44	>40～44	73.0	62	135	23.5	178	M27	3.470
48	>44～48	80.0	69	149	25.5	196	M30	4.701
52	>48～52	84.5	69	153	28.0	205	M30	4.897
56	>52～56	88.5	69	157	30.0	214	M30	5.075
60	>56～60	98.5	83	181	32.0	237	M36	7.921

注：1. 绳卡的公称尺寸，即等于该绳卡适用的钢丝绳直径。

2. 当绳卡用于起重机上时，夹座材料推荐采用Q235钢或ZG35E碳素钢铸件制造。其他用途绳卡的夹座材料有KT350－10可锻铸铁或QT45610球墨铸铁。

钢丝绳卡的使用要点如下：

①绳卡的绳纹应是半精制的，螺母可自由拧动，但不得松动。

②上螺母时，应将螺纹预先润滑。

③绕结钢丝绳时，当绳在不受力状态下固定时，第一个绳卡应靠近护绳环，使护绳环能充分夹紧；当绳在受力的状态下固定时，第一个绳卡应靠近绳头，绳头的长度一般为绳径的 10 倍，但不得小于 200 mm。

4)钢丝绳用套环。钢丝绳用套环又称索具套环、三角圈，其为钢丝绳的固定连接附件。当钢丝绳与钢丝绳或其他附件连接时，钢丝绳一端嵌在套环的凹槽中形成环状，保护钢丝绳弯曲部分受力时不易折断(图 1-115)。钢丝绳用套环规格见表 1-58。

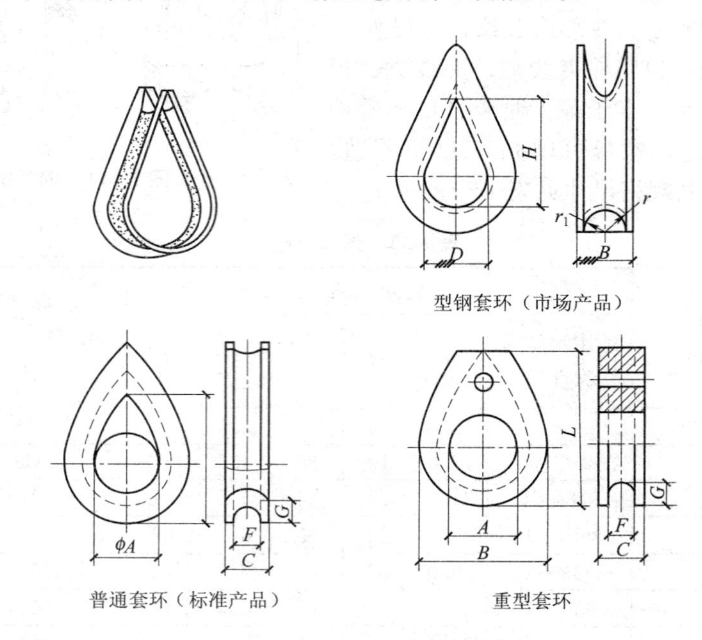

图 1-115　钢丝绳用套环

表 1-58　钢丝绳用套环

公称尺寸/mm	槽宽 F		侧面宽度 C	槽深 G≥		孔径 A	孔高 D	宽度 B	高度 L	每件质量/kg	
	最大	最小		普通	重型		普通		重型	普通	重型
6	6.9	6.5	10.5	3.3	—	15	27	—	—	0.032	—
8	9.2	8.6	14.0	4.4	6.0	20	36	40	56	0.075	0.08
10	11.5	10.8	17.5	5.5	7.5	25	45	50	70	0.150	0.17
12	13.8	12.9	21.0	6.6	9.0	30	54	60	84	0.250	0.32
14	16.1	15.1	24.5	7.7	10.5	35	63	70	98	0.393	0.50
16	18.4	17.2	28.0	8.8	12.0	40	72	80	112	0.605	0.78
18	20.7	19.4	31.5	9.9	13.5	45	81	90	126	0.867	1.14
20	23.0	21.5	35.0	11.0	15.0	50	90	100	140	1.205	1.41

续表

公称尺寸/mm	槽宽 F		侧面宽度 C	槽深 $G \geqslant$		孔径 A	孔高 D	宽度 B	高度 L	每件质量/kg	
	最大	最小		普通	重型		普通		重型	普通	重型
22	25.3	23.7	38.5	12.1	16.5	55	99	110	154	1.563	1.96
24	27.6	25.8	42.0	13.2	18.0	60	108	120	168	2.045	2.41
26	29.9	28.0	45.5	14.3	19.5	65	117	130	182	2.620	3.46
28	32.2	30.1	49.0	15.4	21.0	70	126	140	196	3.290	4.30
32	36.8	34.4	56.0	17.6	24.0	80	144	160	224	4.854	6.46
36	41.4	38.7	63.0	19.8	27.0	90	162	180	252	6.972	9.77
40	46.0	43.0	70.0	22.0	30.0	100	180	200	280	9.624	12.94
44	50.6	47.3	77.0	24.2	33.0	110	198	220	308	12.81	17.02
48	55.2	51.6	84.0	26.4	36.0	120	216	240	336	16.60	22.75
52	59.8	55.9	91.0	28.6	39.0	130	234	260	361	20.95	28.41
56	64.4	60.2	98.0	30.8	42.0	140	252	280	392	26.31	35.56
60	69.0	64.5	105	33.0	45.0	150	270	300	420	31.40	48.35

注：1. 套环的公称尺寸，即等于该套环适用的钢丝绳最大直径。

2. 套环的最大承载能力，普通套环(GB 5974.1)应不低于钢丝绳最小破断拉力的32%，重型套环(GB 5974.2)应不低于钢丝绳最小破断拉力。

5)横吊梁(铁扁担)。铁扁担形式有多种，建筑结构吊装用铁扁担常用钢板、型钢或型钢组合制成。

铁扁担主要用途：吊装柱子时容易使柱子立直，便于安装、校正；吊屋架等构件时，可以降低起升高度和减少对构件的水平压力。

①滑轮横吊梁。滑轮横吊梁由吊环、滑轮和轮轴、吊索等组成。吊环用Ⅰ级钢锻制而成，环圈的大小要能保证直接挂上起重机吊钩。滑轮直径要大于起吊柱的厚度，吊环截面与轮轴直径应按起重量的大小来计算确定。它的优点是起吊和竖立柱时，可以使吊索受力平衡、均匀，使柱身容易保持垂直，便于安装就位，如图1-116(a)所示，适用于吊重8 t以下的柱。

②钢板横吊梁。钢板横吊梁由钢板及加强板制成。钢板厚度按起吊柱的重量来计算确定。下部挂卡环孔的距离应比柱厚度大20 cm，使吊索不与柱相碰。它的优点是制作简单，可现场加工，如图1-116(b)所示，适用于吊重10 t以下的柱。

③钢板多孔横吊梁。钢板多孔横吊梁由钢板和钢管焊接制成。有多种模数孔距，可以根据不同柱厚，使用不同孔距。它的优点是可以吊装不同截面的柱子而不需换横吊梁，如图1-116(c)所示，适用于吊装大、中型混凝土或钢柱。

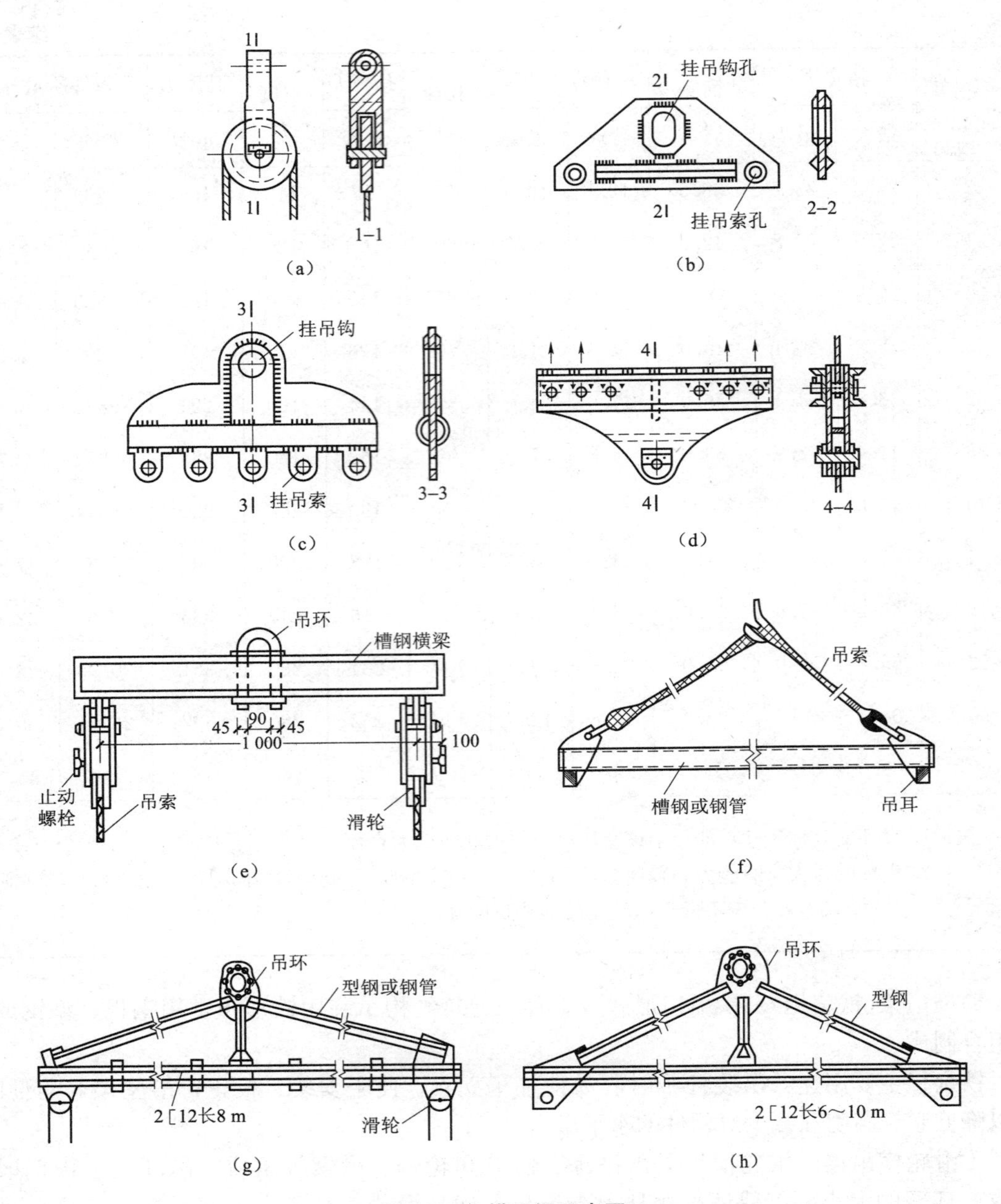

图 1-116　横吊梁示意图

(a)滑轮横吊梁；(b)钢板横吊梁；(c)铜板多孔横吊梁；(d)型钢横吊梁；
(e)万能横吊梁；(f)普通横吊梁；(g)桁架式带滑轮横吊梁；(h)桁架式横吊梁

④其他。

a. 型钢横吊梁。型钢横吊梁是由槽钢和钢板焊接制成。上部有多种模数孔距，可以根据不同柱厚使用不同孔距，也可倒过来使用，如钢板多孔横吊梁。优点是可双机抬吊不同截面柱而不需扭横吊梁，如图 1-116(d)所示。其适用于双机抬吊重型混凝土或钢柱。

b. 万能横吊梁。万能横吊梁由槽钢、吊环、滑轮等组成。吊索穿过滑轮，滑轮挂在槽钢上，滑轮可以自转，自动平衡吊索荷重并能借助螺栓将它固定，如图 1-116(e)所示。其适用于柱、梁、板构件的水平起吊、斜吊以及由水平转到垂直位置的起吊(翻身起吊)。

c. 普通横吊梁。普通横吊梁由槽钢(或钢管)、吊耳、加强板等焊接制成。上部两端挂吊索，下部两端挂卡环或滑轮，长 6～12 m。制作时，要根据吊重验算稳定性。它的优点是可以减少起吊高度，降低吊索内力和对构件的压力，缩短绑扎构件时间，便于安装就位，如图 1-116(f)所示。普通横吊梁适用于两点或四点起吊屋架或桁架等构件。

d. 桁架式带滑轮横吊梁。桁架式带滑轮横吊梁由槽钢、型钢(或钢管)、吊环、滑轮等组成。吊环可直接挂在起重机吊钩上，梁两端设有滑轮，吊索穿过滑轮四点绑扎构件，可起到平衡荷载作用，如图 1-116(g)所示。桁架式带滑轮横吊梁适用于四点绑扎起吊大跨度屋架或桁架、梁类构件。

e. 桁架式横吊梁。桁架式横吊梁由槽钢(或钢管)、吊耳板、加强板、撑角板等焊接而成。横吊梁中部带有吊环可直接挂在起重机构上，两端设有吊耳，以备直接悬挂卡环或滑轮。它的优点是：梁跨度较大，两点或四点起吊，可大大减少起吊高度和对构件的压力，如图 1-116(h)所示。桁架式横吊梁适用于起吊大跨度屋架或其他桁架结构构件。

图 1-117 所示为一种钢板式铁扁担，构造简易、使用方便。表 1-59 为部分钢板式铁扁担规格选用表。

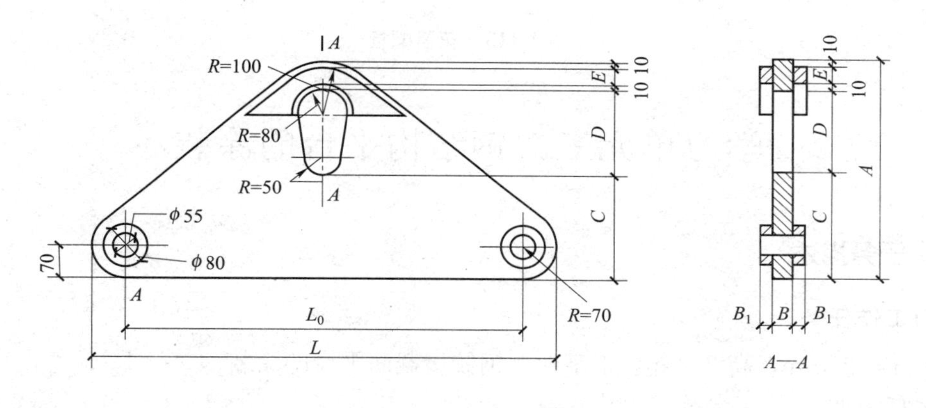

图 1-117 钢板式铁扁担

表 1-59 钢板式铁扁担规格选用表

规格	起重量/kN	L_0/mm	L/mm	各部分尺寸/mm						材质	质量/kg
				A	B	B_1	C	D	E		
板一号	100	700	840	400	30	15	190	160	30	Q235	40
板二号	200	1 000	1 140	450	50	15	210	180	40		110

f. 花篮螺栓。花篮螺栓又称松紧螺栓、索具螺旋扣、紧线扣，主要是用它调节钢丝绳松紧程度，如图 1-118 所示。花篮螺栓的型号根据其两头结构，划分为 CC 型、OO 型和 CO 型。CC 型、CO 型多用于经常拆卸场合；OO 型多用于不经常拆卸场合。花篮螺栓用于拉紧钢丝绳，并起调节松紧作用。其中，OO 型用于施工现场，花篮螺栓容许荷载可利用螺栓直径估算。CC 型和 CO 型花篮螺栓容许荷载为：容许荷载＝25×直径^2；OO1 型和 OO2 型花篮螺栓容许荷载为：容许荷载＝30×直径^2。

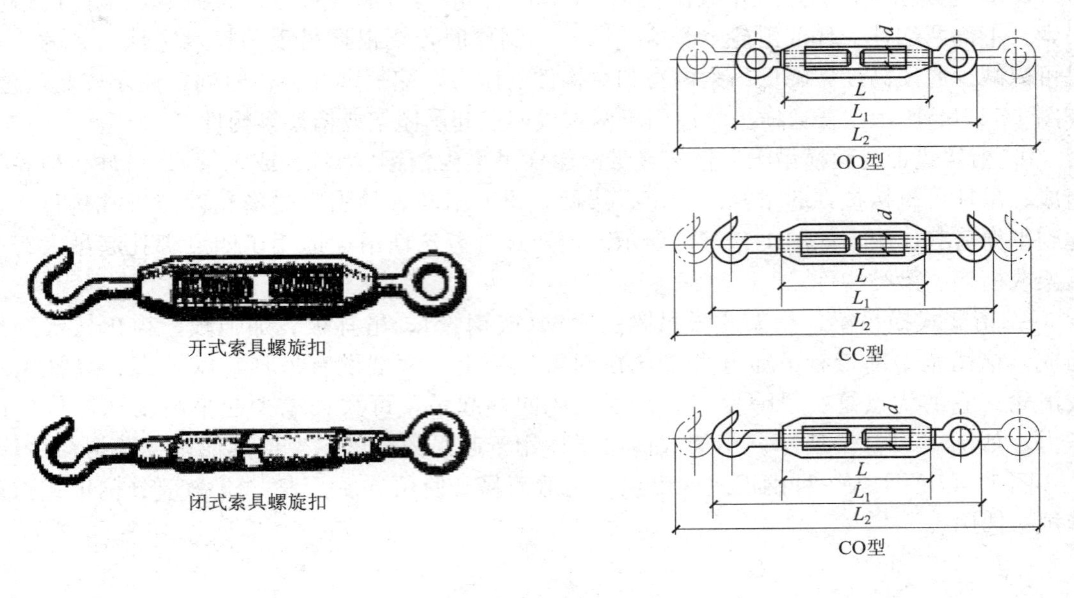

图 1-118　花篮螺栓

学习单元三　钢结构平台的涂装

一、任务描述

(一)工作任务

4.0 m× 2.0 m，高 2.2 m，工字形型钢铰接截面平台的涂装。

具体任务如下：

(1)涂装前准备。

(2)人员安全防护。

(3)实施涂装。

(4)涂装质量验收。

(二)可选工作手段

砂布、铲刀、刮刀、手动或动力钢丝刷、动力砂纸盘或砂轮、工作服、防尘面罩、喷枪、风管、有机溶剂槽、氧乙炔焰喷枪、空压机、雾化器、清洗剂、毛刷、涂料桶、涂料。

二、案例示范

(一)工作任务

涂装一单层平台，该平台尺寸为 4.2 m×2.0 m，高为 2.0 m，采用工字形型钢截面。包括防腐涂料涂装和防火涂料涂装，St2：彻底的手工和动力工具除锈，B 类薄涂型防火涂装。

(二)案例分析与实施

1. 涂装前准备

任务交底：St2 彻底的手工和动力工具除锈，B 类薄涂型防火涂装。

涂装流程设计：基面处理→表面除锈→底漆涂装→面漆涂装→检查验收。

涂装要求见表 1-60。

表 1-60　涂装要求

底漆和中间漆	面漆	最低除锈等级	适用环境构件
红丹系列(油性防锈漆、醇酸或酚醛防锈漆)底漆 2 遍 铁红系列(油性防锈漆、醇酸底漆、酚醛防锈漆)底漆 2 遍 云铁醇酸防锈漆底漆 2 遍	各色醇酸磁漆 2～3 遍	St2	无侵蚀作用构件

2. 人员安全防护

(1)施工时，应穿工作服、佩戴防毒口罩或防毒面具。

(2)施工现场要做好通风排气工作，减少有毒气体的浓度。

(3)避免吸入溶剂、蒸汽，眼睛、皮肤不得接触涂料；当眼睛接触涂料时，应立即用大量清水冲洗并尽快送医院医治；当皮肤接触涂料时，用肥皂水或适当的清洗剂清洗。

(4)施工现场不得吃东西、喝水，严禁烟火。

(5)作业场地应注意保护环境，严禁向下水道倾倒涂料和溶剂。

(6)建立健全并落实、执行好防火、防爆、防毒等安全环保措施。

3. 涂装

(1)基面处理、表面除锈。采用手工和动力工具除锈，将钢材表面的毛刺、飞边、焊缝药皮、焊瘤、焊接飞溅物、积垢、灰尘等，在涂刷涂料前清理干净。

(2)底漆涂装→面漆涂装。

采用刷涂法，涂装 2 底 2 面。施工前应对涂料的名称、型号、颜色、有效期等进行检查，合格后方可投入使用。涂料开桶前，应充分摇晃均匀。涂料的配制应按各种涂料说明书的规定进行，应控制涂料的黏度、稠度、稀度，配制时应充分搅拌，使其黏度、色泽均匀一致。调整黏度必须使用专用稀释剂，不得随意添加稀释剂。当天使用的涂料应当天配制。

在设计图中注明不涂装和工艺要求禁止涂装的部位；为防止误涂，涂装前应采取有效防护措施进行保护，如高强度螺栓连接结合面、地脚螺栓和底板等不得涂装；安装焊接部位应预留 30～50 mm 暂不涂装，待安装完成后补涂。

4. 涂装质量验收项目

涂装质量验收项目见表 1-61。

表 1-61　涂装质量验收控制项目

	项　目			检查结果
主控项目	1	涂料的品种和性能应符合设计要求		
	2	除锈应符合设计要求		
	3	构件的标识、标记和编号应清晰、完整		
	4	防止误涂、漏涂、脱皮和空鼓		
一般项目	1	外观质量：均匀、气泡		
	2	漆膜完整、附着良好		
	3	裂纹宽度不得大于 0.5 mm		
检查结果	主控项目			
	一般项目			
施工负责人			质量检察员	
施工单位			日期	
监理验收意见				
监理工程师				

三、知识链接

(一)涂装材料

钢结构的腐蚀是不可避免的自然现象，如何延长钢结构的使用寿命和防止钢结构过早的腐蚀，是设计、施工和使用单位的共同目标。

1. 油漆

钢结构的锈蚀不仅会造成自身的经济损失，还会直接影响生产和安全，损失的价值要比钢结构本身大得多。因此，做好钢结构的防锈工作具有重要的经济和社会意义。为了减轻或防止钢结构的锈蚀，目前国内外基本采用油漆涂装方法进行防护。

油漆防护是利用油漆涂层使被涂物与环境隔离，从而达到防锈蚀的目的，延长被涂物件的使用寿命。油漆的质量是影响防锈效果的关键因素，影响防锈效果，还与涂装前钢构件表面的除锈质量、漆膜厚度、涂装的施工工艺条件和其他等因素有关。

2. 防腐涂料

防腐涂料都具有良好的绝缘性，能阻止铁离子的运动，故使腐蚀电流不易产生，起到保护钢材的作用。

3. 防火涂料

钢结构防火涂料分为薄涂型和厚涂型两类，选用时应遵照以下原则：

(1)对室内裸露钢结构、轻型屋盖钢结构及有装饰要求的钢结构，当规定其耐火极限在1.5 h以下时，应选用薄涂型钢结构防火材料。

(2)室内隐蔽钢结构、高层钢结构及多层厂房钢结构，当其规定耐火极限在1.5 h以上时，应选用厚涂型钢结构防火涂料。

(3)防火涂料分为底层和面层涂料时，两层涂料应相互匹配。而且，底层不得腐蚀钢结构，不得与防锈底漆产生化学反应；面层若为装饰涂料，选用涂料应通过试验验证。

(二)涂装的工艺流程

涂装的工艺流程：基面处理→表面除锈→底漆涂装→面漆涂装→检查验收。

1. 基面处理

钢材表面的毛刺、飞边、焊缝药皮、焊瘤、焊接飞溅物、积垢、灰尘等，在涂刷油漆前应采取适当的方法清理干净。

钢材表面的油脂、污垢等应采用热碱液或有机溶剂进行清洗。清洗的方法有槽内浸洗法、擦洗法、喷射清洗和蒸汽法等。

2. 表面除锈

钢结构表面的除锈质量，是影响涂层保护寿命的主要因素。

钢构件表面除锈根据设计要求的不同，可采用手工和动力工具除锈、喷射或抛射除锈、火焰除锈等主要方法。

(1)手工和动力工具除锈，以字母“St”表示，分为以下两个级别：

1)St2：彻底的手工和动力工具除锈，钢材表面应无可见的油污，并且没有附着不牢的氧化皮、锈蚀和油漆涂层等附着物。

2)St3：非常彻底的手工和动力工具除锈，钢材表面的要求与St2相同，除锈应更为彻底，底层显露部分表面应具有可见金属光泽。

除锈所用工具有砂布、铲刀、刮刀、手动或动力钢丝刷、动力砂纸盘或砂轮等。其特点是：工具简单、操作方便、费用低，但劳动强度大、效率低、质量差，只能满足一般的涂装要求，如混凝土预埋件、小型构件等次要结构的除锈。

(2)喷射或抛射除锈，以字母“Sa”表示，分为以下四个级别：

1)Sa1：轻度的喷射或抛射除锈，钢材表面应无可见的油脂和污垢，并且没有附着不牢的氧化皮、铁锈和油漆涂层等附着物，但仅适用于新轧制钢材。

2)Sa2：彻底的喷射或抛射除锈，钢材表面无可见的油脂和污垢，并且氧化皮、铁锈和油漆涂层等附着物已基本清除，其残留物应是牢固附着的，部分表面呈现出金属色泽。

3)Sa2.5：非常彻底的喷射或抛射除锈，钢材表面无可见的油脂、污垢、氧化皮、铁锈和油漆涂层等附着物，任何残留的痕迹仅是点状或条纹状的轻微色斑，大部分表面呈现出金属色泽。

4)Sa3：使钢材表面洁净的喷射或抛射除锈，钢材表面无可见的油脂、污垢、氧化皮、铁锈和油漆涂层等附着物，表面应显示均匀的金属色泽。

(3)火焰除锈，以字母“FI”表示，是利用氧乙炔焰及喷嘴给钢材加热，在加热和冷却过程中，使氧化皮、锈层或旧涂层爆裂，再利用工具清除加热后的附着物，但仅适用于厚钢材组成的构件除锈，在除锈过程中应控制火焰温度(约为200 ℃)和移动速度(2.5～3 m/min)，以防止构件因受热不均而变形。火焰除锈的钢材表面应无氧化皮、铁锈和油漆涂层等附着物，任何残留痕迹应仅为表面变色(不同颜色的暗影)。火焰除锈分四种状况，即 AFI、BFI、CFI 和 DFI。

3. 涂料涂装

(1)涂料的施工方法。涂装工作应在除锈等级检查合格后，在要求的时限内(一般不应超过 6 h)进行涂装，有返锈现象时应重新除锈。常用涂料的施工方法见表 1-62。

表 1-62 常用涂料的施工方法

施工方法	适用的涂料			被涂物	使用工具或设备	优缺点
	干燥速度	黏度	品种			
刷涂法	干性较慢	塑性小	油性漆、酚醛漆、醇酸漆等	一般构件及建筑物、各种设备及管道	各种毛刷	投资少、施工方法简单、适于各种形状及大、小面积的涂装。 缺点是装饰性较差、施工效率低
手工滚涂法	干性较慢	塑性小	油性漆、酚醛漆、醇酸漆等	一般大型平面的构件和管道等	滚子	投资少、施工方法简单、适用于大面积物的涂装；缺点同刷涂法
浸涂法	干性适当、流平性好、干燥速度适中	触变性小	各种合成树脂涂料	小型零件、设备和机械部件	浸漆槽、离心及真空设备	设备投资较少、施工方法简单、涂料损失少、适用于构造复杂的构件。 缺点是流平性不太好，有流坠现象，溶剂易挥发
空气喷涂法	挥发快和干燥适中	黏度小	各种硝基漆、橡胶漆、过滤乙烯漆、聚氨酯漆等	各种大型构件、设备和管道	喷枪、空气压缩机、油水分离器等	设备投资较多，施工方法比复杂、施工效率较刷涂法高。 缺点是损耗涂料和溶剂量大，污染现场，易引起火灾
无气喷涂	具有高沸点溶剂的涂料	高不挥发分，有触变性	厚浆型涂料和高不挥发分涂料	各种大型钢结构、桥梁、管道、车辆和船舶等	高压无气喷枪、空气压缩机	设备投资较多，施工方法较复杂，效率比空气喷涂法高，能获得厚涂层。 缺点是损失部分涂料，装饰性较差

(2)涂料的选用。涂料涂层一般应由底漆、中间漆及面漆组成。选择涂料时应考虑漆与除锈等级的匹配，以及底漆与面漆的匹配组合。钢结构常用的底漆、中间漆与面漆的配套组合见表 1-63。

表 1-63　钢结构常用的底漆、中间漆与面漆的配套组合

序号	底漆和中间漆	面　　漆	最低除锈等级	适用环境构件
1	红丹系列(油性防锈漆、醇酸或酚醛防锈漆)底漆 2 遍 铁红系列(油性防锈漆、醇酸底漆、酚醛防锈漆)底漆 2 遍 云铁醇酸防锈漆底漆 2 遍	各色醇酸磁漆 2～3 遍	St2	无侵蚀作用构件
2	氯化橡胶底漆 1 遍	氯化橡胶面漆 2～4 遍	Sa2	1. 室内、外弱侵蚀作用的重要构件； 2. 中等侵蚀环境的各类承重结构
3	氯磺化聚乙烯底漆 2 遍＋氯磺化聚乙烯中间漆 1～2 遍	氯磺化聚乙烯面漆 2～3 遍		
4	铁红环氧酯底漆 1 遍＋环氧防腐漆 2～3 遍	环氧清(彩)漆 1～2 遍		
5	铁红环氧底漆 1 遍＋环氧云铁中间漆 1～2 遍	氯化橡胶漆 2 遍		
6	聚氨酯底漆 1 遍＋聚氨酯磁漆 2～3 遍	聚氨酯清漆 1～3 遍		
7	环氧富锌底漆 1 遍＋环氧云铁中间漆 2 遍	氯化橡胶面漆 2 遍		
8	无机富锌底漆 1 遍＋环氧云铁中间漆 1 遍	氯化橡胶面漆 2 遍	Sa2 $\frac{1}{2}$	需特别加强防锈饰的重要结构
9	无机富锌底漆 2 遍＋环氧中间漆 2～3 遍(75～100 μm)＋(75～125 μm)	脂肪族聚氨酯面漆 2 遍(50 μm)		

注：1. 第 4 项匹配组合(环氧清漆面漆)不适用于室外暴晒环境。
2. 当要求较厚的涂层厚度(总厚度＞150 μm)时，第 2 项、5 项及 6 项组合的中间漆或面漆宜采用厚浆型涂料。
3. 第 8 项、9 项无机富锌底漆要求除锈等级及施工条件更为严格，一般较少采用。

涂料的配制按各种涂料说明书的规定进行，应控制涂料的黏度、稠度、稀度。配制时应充分搅拌，使其黏度、色泽均匀一致。调整黏度必须使用专用稀释剂，不得随意添加稀释剂，当天使用的涂料应当天配制。

施工前应对涂料的名称、型号、颜色、有效期等进行检查，合格后方可投入使用；涂料开桶前，应充分摇晃均匀。

涂刷遍数和涂层厚度应符合设计要求，涂装时间间隔应按产品说明书的要求确定。对一般涂装要求的构件，采用手工及动力工具除锈时，可涂装 2 底 2 面。对涂装要求较高的构件，并采用喷射除锈时，宜涂装 2 遍底漆、1～2 遍中间漆、2 遍面漆；涂层干漆膜总厚度应满足质量验收标准的要求。

在设计图中注明不涂装和工艺要求禁止涂装的部位。为防止误涂，涂装前应采取有效防护措施进行保护，如高强度螺栓连接结合面、地脚螺栓和底板等不得涂装；安装焊接部位应预留 30～50 mm 暂不涂装，待安装完成后补涂。

涂装完成后，应进行自检和专业检查并做好施工记录。当涂层有缺陷时，应分析其原因，制定措施及时修补。修补的方法和要求一般与正式涂层部分相同。检查合格后，应在构件上标注原编号以及各种定位标记。

钢结构防火涂料的选用应符合耐火等级和耐火时限的设计要求，并应符合《钢结构防火涂料》(GB 14907—2002)和《钢结构防火涂料应用技术规范》(CECS 24：1990)的规定。钢结构防火涂料按其涂层厚度可划分为以下两类：

1)B类：薄涂型防火涂料，涂层厚度一般为 2～7 mm，有一定装饰效果，高温时涂层膨胀增厚，耐火隔热，耐火极限可达 0.5～2 h，其又称为钢结构膨胀防火涂料。

2)H类：厚涂型防火涂料，涂层厚度一般为 8～50 mm，粒状表面，密度较小，导热率低，耐火极限可达 0.5～3 h，其又称为钢结构防火隔热材料。

4. 应注意的事项

(1)钢构件表面除锈质量未经检验合格，不得随意涂装。

(2)为保证涂层厚度，不得在涂料中随意添加稀释剂。

(3)不得在不适宜涂装的环境、气候条件下进行涂装作业。

(4)除锈操作人员除锈时，应穿工作服、佩戴防尘面罩和其他保护用品；严格遵守操作规程，认真检查喷枪、喷嘴、风管等机械设备，确保设备正常运转。

(5)涂装操作人员。

1)施工时应穿工作服，佩戴防毒口罩或防毒面具。

2)施工现场要做好通风排气工作，减少有毒气体的浓度。

3)避免吸入溶剂、蒸汽，眼睛、皮肤不得接触涂料。当眼睛接触涂料时，应立即用大量清水冲洗并尽快送医院医治；当皮肤接触涂料时，用肥皂水或适当的清洗剂清洗。

4)严禁烟火。

5)施工现场不得吃东西、喝水和吸烟。

6)注意涂料包装上的安全标志。

(6)作业场地应注意保护环境，严禁向下水道倾倒涂料和溶剂；建立健全并落实、执行好防火、防爆、防毒等安全环保措施。

1)在雨、雾、雪和较大灰尘的环境下，施工时必须采取适当的防护措施，不得户外施工。

2)涂装时的环境温度和相对湿度应符合涂料产品说明书的要求。当产品说明书无要求时，环境温度宜为 5℃～38 ℃，相对湿度不应大于 85%。涂装时构件表面不应有结露；涂装后 4 h 内应保护不受雨淋，以免漆膜尚未固化而遭到破坏。

学习情境二　钢结构门式刚架施工

能力描述

按照钢结构门式刚架施工图和施工组织设计要求，合理组织人、材、机，科学地进行钢结构门式刚架施工中的制作、安装和涂装。

目标描述

1. 准确地理解钢结构门式刚架施工图的内容。
2. 准确地理解钢结构门式刚架施工组织设计的内容。
3. 合理进行人、材、机的准备。
4. 熟悉钢结构门式刚架的施工工艺与流程，积累其施工技术、质量控制与检验的经验。
5. 在团队合作与学习过程中提高专业能力，锻炼社会能力。

学习单元一　钢结构门式刚架的制作

一、任务描述

(一)工作任务

4.5 m×(2.4～2.9)m，H形组合截面门式刚架制作，如图2-1所示。

具体任务如下：

(1)审核图纸，计算构件钢材用量。

(2)在现有钢板上号料，写出号料尺寸的确定依据。

(3)确定构件下料方案，正确选用下料工具，说出安全防护措施。

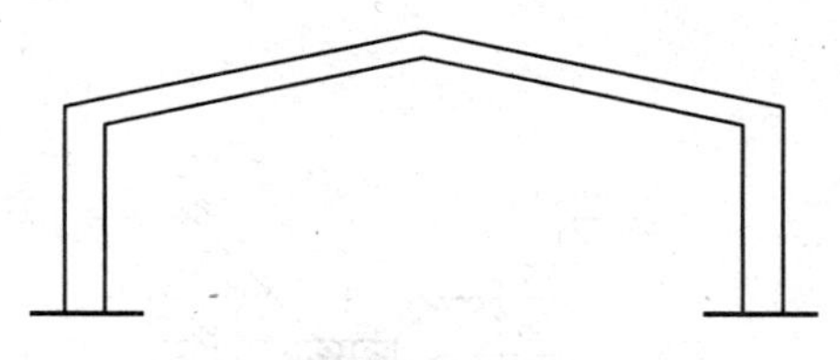

图 2-1　门式刚架示意图

(4)准备构件组合机具，组合构件翼缘腹板。

(5)确定构件焊接连接方法，准备焊接机具，实施构件焊接。

(6)对照钢结构施工质量验收规范，检查构件的施工质量并给出自己的评定意见。

(7)根据检查结果制定构件矫正措施，并实施构件校正。

(二)可选工作手段

计算器，五金手册，钢结构施工规范，安全施工条例，钢结构工程施工质量验收规范，氧气切割(手工切割)机，端面铣床，手工交直流焊机，焊条烘干箱，钢卷尺，游标卡尺，划针，焊缝检验尺，检查锤，绘图工具。

二、案例示范

(一)案例描述

1. 工作任务

制作一单层门式刚架厂房 H 形柱，门式刚架如图 2-2 所示，材料为 Q235，柱高为 2.0 m，截面翼缘为 2—150×10，腹板为— 180×6，如图 2-3 所示；采用全熔透焊缝，如图 2-4 所示(微缩任务)。

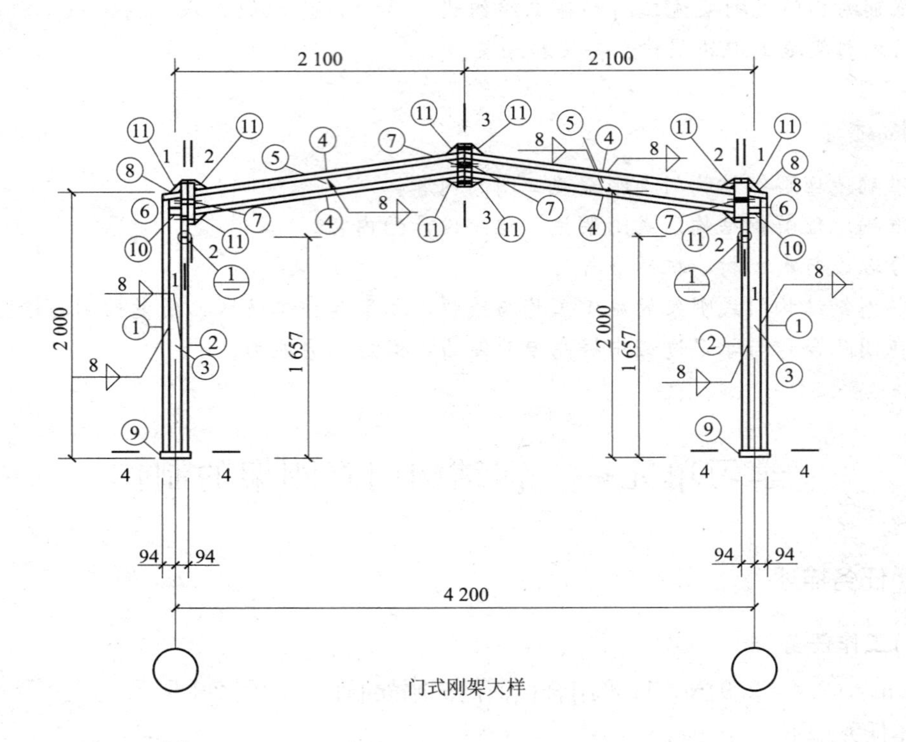

门式刚架大样

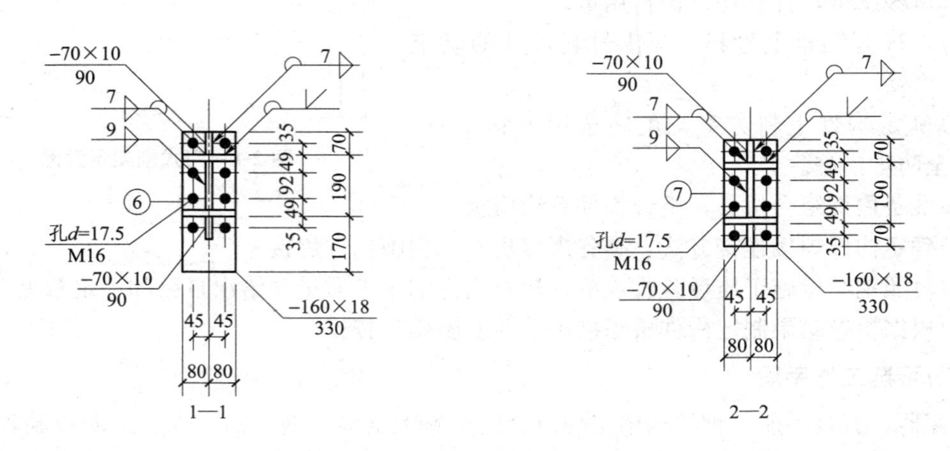

图 2-2　门式刚架详图(一)

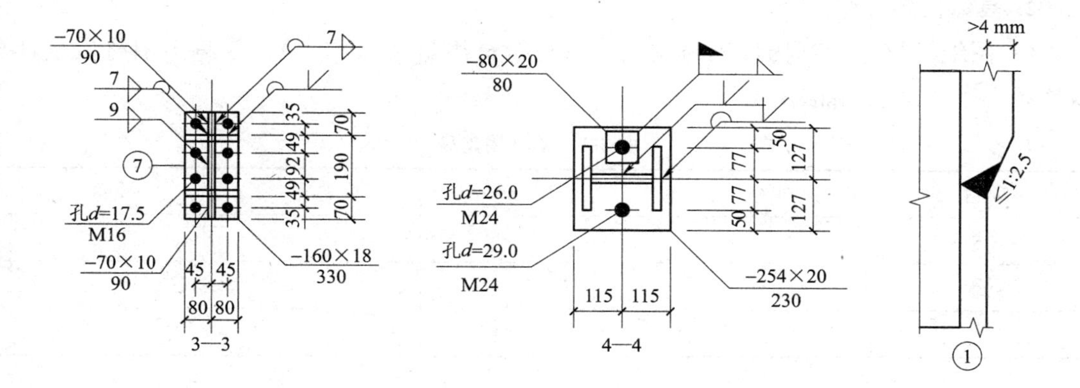

图 2-2　门式刚架详图(二)

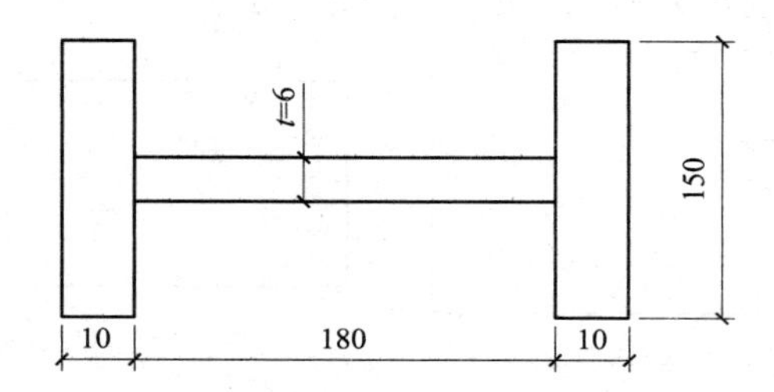

图 2-3　H 形柱截面图

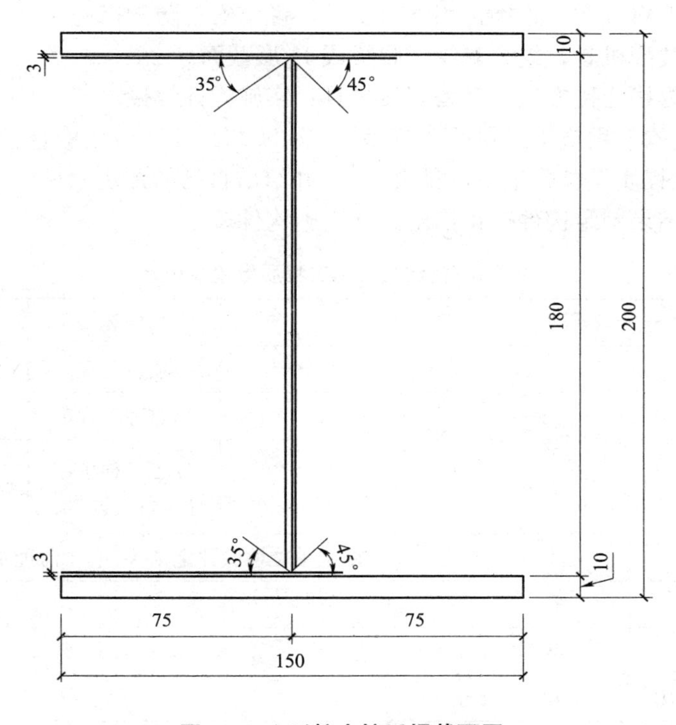

图 2-4　H 形柱全熔透焊截面图

2. 具体任务

(1)图纸审核，计算构件钢材用量，填写钢材用量表(表 2-1)，并写出钢材质量计算过程。

表 2-1 钢材用量表

项目	规格	长度/m	数量	质量/kg
腹板				
翼缘				
合　计				

(2)在现有钢板上号料，钢板①－1 200×10×2 100，如图 2-5 所示，钢板②－600×6×1 800，如图 2-6 所示。请写出号料尺寸的确定依据(手工切割)。

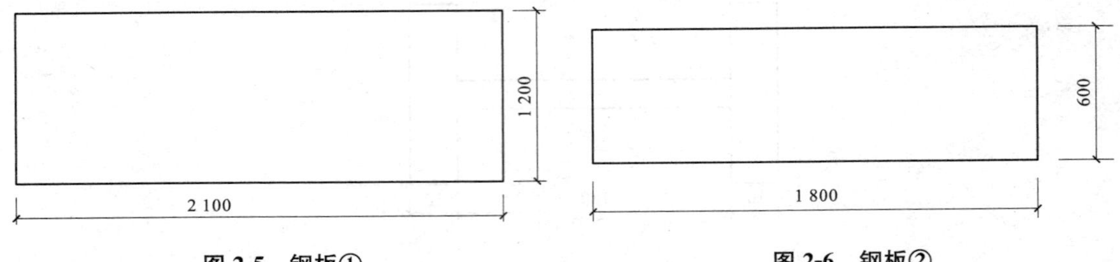

图 2-5 钢板①　　**图 2-6 钢板②**

(3)确定构件下料方案，正确选用下料工具，说出安全防护措施。

(4)准备构件装配机具，组合翼缘、腹板成 H 形截面。

(5)确定构件焊接连接方法，准备焊接机具，实施构件焊接。

(6)对照《钢结构工程施工质量验收规范》(GB 50205—2001)，检查验收构件施工质量，填写钢结构分项工程质量验收记录，见表 2-2，并给出自己的评定意见。

(7)根据检查结果制定构件矫正措施，并实施构件矫正。

表 2-2 钢结构分项工程质量验收记录

<table>
<tr><td colspan="2">工程名称</td><td colspan="2"></td><td>结构类型</td><td></td></tr>
<tr><td colspan="2">施工单位</td><td colspan="2"></td><td>项目经理</td><td></td></tr>
<tr><td colspan="2">监理单位</td><td colspan="2"></td><td>总监理工程师</td><td></td></tr>
<tr><td colspan="2">施工依据标准</td><td colspan="2">GB 50205—2001</td><td>分包工程单位负责人</td><td></td></tr>
<tr><td colspan="2">主控项目</td><td>合格质量标准</td><td>施工单位检验评定结果</td><td colspan="2">监理单位检验评定结果</td></tr>
<tr><td>1</td><td>钢材</td><td>第 4.2.1 条</td><td></td><td colspan="2"></td></tr>
<tr><td>2</td><td>切割精度</td><td>第 7.2.1 条</td><td></td><td colspan="2"></td></tr>
<tr><td>3</td><td>焊接材料进场</td><td>第 4.3.1 条</td><td></td><td colspan="2"></td></tr>
<tr><td>4</td><td>组合焊缝尺寸</td><td>第 5.2.5 条</td><td></td><td colspan="2"></td></tr>
<tr><td>5</td><td>焊缝表面缺陷</td><td>第 5.2.6 条</td><td></td><td colspan="2"></td></tr>
</table>

续表

<table>
<tr><th colspan="2">一般项目</th><th>合格质量标准</th><th>施工单位检验评定结果</th><th>监理单位检验评定结果</th></tr>
<tr><td>1</td><td>钢材</td><td>第 4.2.3、4.2.5 条</td><td></td><td></td></tr>
<tr><td>2</td><td>切割</td><td>第 7.2.2 条</td><td></td><td></td></tr>
<tr><td>3</td><td>焊接材料进场</td><td>第 4.3.4 条</td><td></td><td></td></tr>
<tr><td>4</td><td>组装</td><td>第 8.3 条</td><td></td><td></td></tr>
<tr><td>5</td><td>焊缝外观质量</td><td>第 5.2.8、5.2.9、5.2.11 条</td><td></td><td></td></tr>
<tr><td colspan="2">施工单位检验评定结果</td><td colspan="2">班组长(专业工长)：
年　月　日</td><td>质检员(项目技术负责人)：
年　月　日</td></tr>
<tr><td colspan="2">监理单位检验评定结果</td><td colspan="3">监理工程师(建设单位项目技术人员)：
年　月　日</td></tr>
</table>

(二)案例分析与实施

(1)认真审核图纸，计算构件钢材用量，结果见表 2-3。

表 2-3　钢材用量表

项目	规格	长度/m	数量	质量/kg
腹板	—180×6	2.0	1	16.956
翼缘	—150×10	2.0	2	47.1
合　计				64.056

腹板：0.18×0.006×2×7 850＝16.956(kg)

翼缘：0.15×0.01×2×7 850×2＝47.1(kg)

(2)在现有钢板上号料，钢板①—1 200×20×2 100，号料如图 2-7 所示，钢板②—600×12×1 800，号料如图 2-8 所示。写出号料尺寸的确定依据(手工火焰切割)。

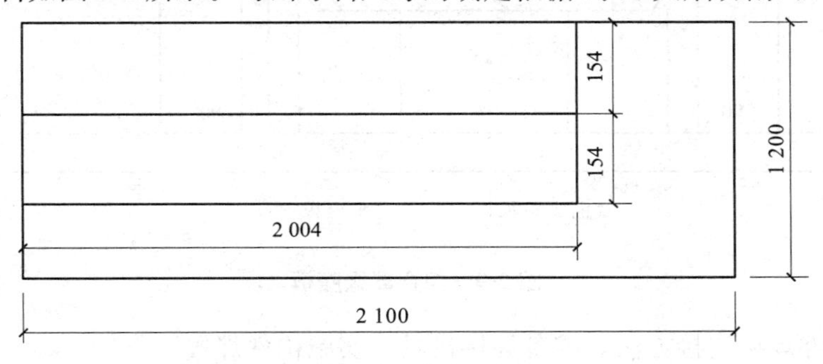

图 2-7　钢板①号料

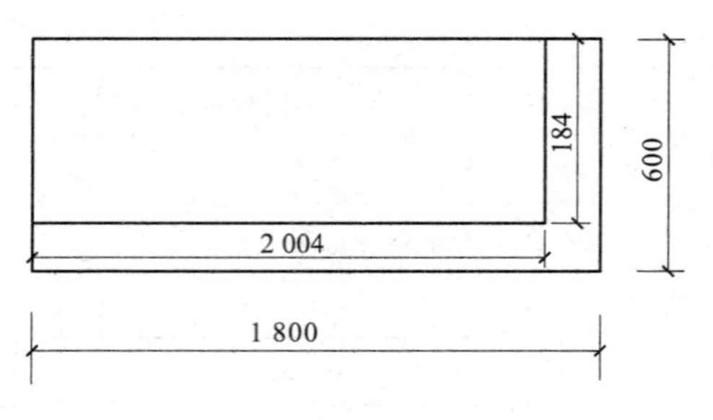

图 2-8　钢板②号料

由于采用手工火焰切割，考虑 4 mm 的加工余量。

(3)确定构件下料方案，正确选用下料工具，说出安全防护措施。

下料方案：

1)下料前应将钢板上的铁锈、油污等清除干净，以保证切割质量。

2)采用手工火焰切割机下料。

3)开坡口。

4)将割缝处的流渣清除干净、铣平。

下料工具：手工切割机；钢结构施工规范。

安全防护措施：

1)实施操作前，必须进行劳动安全教育。

2)使用一类电动工具外壳(金属外壳)应做保护接零。

3)手持电动工具在发放使用前，应对其绝缘值进行检测，一类电动工具不低于 2 MΩ；二类电动工具不低于 7 MΩ。

4)必须戴安全帽、穿防护服，电气焊割的学生还要使用面罩或护目镜，穿绝缘鞋。

(4)准备构件组合机具，组合构件翼缘腹板。

装配机具：组立机、支撑，图 2-9 所示为组合翼缘腹板。

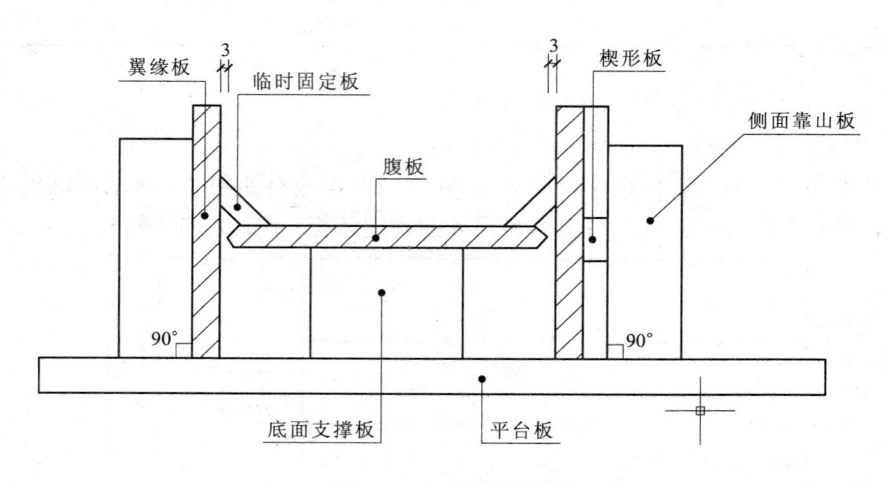

图 2-9　组合翼缘腹板

(5)确定构件焊接连接方法，准备焊接机具，实施构件焊接。

连接方法：手工电弧焊。

焊接机具：手工交直流电弧焊机、E43焊条、烘干机、手工焊枪。

(6)对照《钢结构工程施工质量验收规范》(GB 50205—2001)，检查构件的施工质量，填写钢结构分项工程质量验收记录(表2-4)，并给出自己的评定意见。

检查项目：焊缝外观质量、切割精度、边缘加工允许偏差、端部铣平精度、钢构件外形尺寸主控项目、焊接组装的允许偏差、焊缝坡口精度。

表2-4　钢结构分项工程质量验收记录

<table>
<tr><td colspan="2">工程名称</td><td colspan="2"></td><td>结构类型</td><td></td></tr>
<tr><td colspan="2">施工单位</td><td colspan="2"></td><td>项目经理</td><td></td></tr>
<tr><td colspan="2">监理单位</td><td colspan="2"></td><td>总监理工程师</td><td></td></tr>
<tr><td colspan="2">施工依据标准</td><td colspan="2">GB 50205—2001</td><td>分包工程单位负责人</td><td></td></tr>
<tr><td colspan="2">主控项目</td><td>合格质量标准</td><td colspan="2">施工单位检验评定结果</td><td>监理单位检验评定结果</td></tr>
<tr><td>1</td><td>钢材</td><td>第4.2.1条</td><td colspan="2"></td><td></td></tr>
<tr><td>2</td><td>切割精度</td><td>第7.2.1条</td><td colspan="2"></td><td></td></tr>
<tr><td>3</td><td>焊接材料进场</td><td>第4.3.1条</td><td colspan="2"></td><td></td></tr>
<tr><td>4</td><td>组合焊缝尺寸</td><td>第5.2.5条</td><td colspan="2"></td><td></td></tr>
<tr><td>5</td><td>焊缝表面缺陷</td><td>第5.2.6条</td><td colspan="2"></td><td></td></tr>
<tr><td colspan="2">一般项目</td><td>合格质量标准</td><td colspan="2">施工单位检验评定结果</td><td>监理单位检验评定结果</td></tr>
<tr><td>1</td><td>钢材</td><td>第4.2.3、4.2.5条</td><td colspan="2"></td><td></td></tr>
<tr><td>2</td><td>切割</td><td>第7.2.2条</td><td colspan="2"></td><td></td></tr>
<tr><td>3</td><td>焊接材料进场</td><td>第4.3.4条</td><td colspan="2"></td><td></td></tr>
<tr><td>4</td><td>组装</td><td>第8.3.2、8.5.2条</td><td colspan="2"></td><td></td></tr>
<tr><td>5</td><td>焊缝外观质量</td><td>第5.2.8、5.2.9、5.2.11条</td><td colspan="2"></td><td></td></tr>
<tr><td colspan="2">施工单位检验评定结果</td><td colspan="2">班组长(专业工长)：
年　月　日</td><td colspan="2">质检员(项目技术负责人)：
年　月　日</td></tr>
<tr><td colspan="2">监理单位检验评定结果</td><td colspan="4">监理工程师(建设单位项目技术人员)：
年　月　日</td></tr>
</table>

(7)根据检查结果制定构件矫正措施，并实施构件矫正。

1)下挠及弯曲：采用火焰矫正方法。具体做法是：

①在翼缘板上，对着纵长焊缝，由中间向两端作线状加热，即可矫正弯曲变形。要注

意为避免产生弯曲和扭曲变形，两条加热带要同步进行。温度控制在500 ℃～600 ℃以下。

②翼缘板上作线状加热，在腹板上作三角形加热。横向线状加热宽度一般取20～90 mm。板厚小时，加热宽度要窄一些。加热过程应由宽度中间向两边扩展。线状加热最好由两人同时操作进行，再分别加热三角形。三角形的宽度不应超过板厚的2倍，三角形的底与对应的翼板上线状加热宽度相等。加热三角形从顶部开始，然后从中心向两侧扩展，一层层加热直到三角形的底部为止。温度控制在600 ℃～700 ℃，浇水要少。

2)腹板的波浪变形：采用圆点加热法配合手锤矫正。矫正腹板的波浪变形，首先要找出凸起的波峰，用圆点加热法配合手锤矫正。加热圆点的直径一般为50～90 mm。当钢板厚度或波浪形面积较大时，直径也应放大，可按$d=[(4\delta+10)$mm(d为加热点直径；δ为板厚)]计算得出加热值。烤嘴从波峰起作螺旋形移动，当温度达到600 ℃～700 ℃时，将手锤放在加热区边缘处，再用大锤击手锤，使加热区金属受挤压，冷却收缩后被拉平。矫正完一个波峰后，再使用同样方法对第二个波峰点进得矫正。为加快冷却速度，可对钢材进行加水冷却。

三、知识链接

(一)认知轻型门式刚架

概述：轻型门式刚架的组成、特点、应用、结构形式、结构布置及构造。

1. 轻型门式刚架的组成

一般来说，可以将钢结构划分为普通钢结构和轻型钢结构两大类。从结构设计角度来说，轻型钢结构就是指“结构构件采用较薄板件，设计时考虑板件局部失稳后的后继强度的钢结构”。

门式刚架是典型的轻型钢结构。在工业发达国家，经过数十年的发展，它已广泛应用在各类房屋中，如厂房、超市、住宅、办公用房等。近年来，随着经济实力的不断增强，我国也开始推广应用门式刚架。

轻型门式刚架主要承重结构为单跨或多跨实腹式刚架，具有轻型屋盖和轻型外墙，可以设置起重量不大于20 t的A1～A5(中、轻级)工作级别桥式吊车或3 t悬挂式起重机的单层房屋钢结构。轻型门式刚架的结构体系包括以下组成部分：

(1)主结构，如横向刚架(包括中部和端部刚架)、楼面梁、托梁、支撑体系等。

(2)次结构，如屋面檩条和墙梁等。

(3)围护结构，如屋面板和墙面板。

(4)辅助结构，如楼梯、平台、扶栏等。

(5)基础。

如图2-10所示，给出了轻型门式刚架组成的图示说明。

平面门式刚架和支撑体系再加上托梁、楼面梁等，组成了轻型门式刚架的主要受力骨架，即主结构体系。屋面檩条和墙梁既是围护材料的支承结构，又为主结构梁、柱提供了部分侧向支撑作用，构成了轻型门式刚架的次结构。屋面板和墙面板对整个结构起围护和封闭作用，事实上也增加了轻型门式刚架的整体刚度。外部荷载直接作用在围护结构上。其中，竖向和横向荷载通过次结构传递到主结构的平面门式刚架上，门式刚架依靠其自身刚度抵抗外部作用。纵向风荷载通过屋面和墙面支撑传递到基础上。

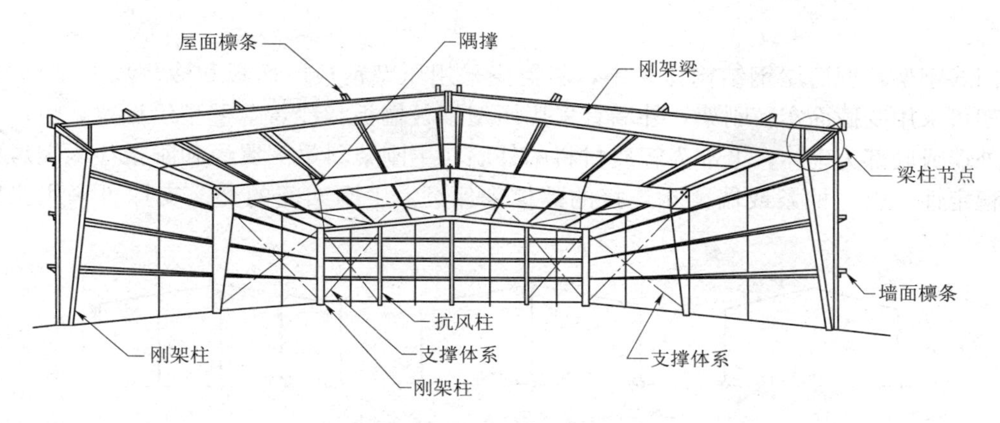

图 2-10　轻型门式刚架的组成

2. 轻型门式刚架的特点

(1)采用轻型屋面，可减小梁柱截面及基础尺寸。

(2)在大跨建筑中增设中间柱做成一个屋脊的多跨大双坡屋面，以避免内天沟排水。中间柱可采用钢管制作的上下铰接摇摆柱，占用空间小。

(3)刚架侧向刚度可由檩条和墙梁的隅撑保证，可减少纵向刚性构件和减小翼缘宽度。

(4)刚架可采用变截面，根据需要可以改变腹板高度、厚度及翼缘宽度，做到材尽其用。

(5)刚架的腹板允许其部分失稳，从而利用其屈曲后的强度，即按有效宽度设计，可减小腹板厚度，不设或少设横向加劲肋。

(6)竖向荷载通常是设计的控制荷载，地震作用一般不起控制作用。但当风荷载较大或房屋较高时，风荷载的作用不应忽视。

(7)刚架的支撑可做得较轻便，将其直接或用水平节点板连接在腹板上，可采用张紧的圆钢。

(8)结构构件工业化程度高，可全部在工厂制作；构件单元可根据运输条件划分；单元之间在现场用螺栓连接，安装方便、快速，土建施工量小。

3. 轻型门式刚架的应用

轻型门式刚架通常用于跨度为 9～36 m、柱距为 6 m、柱高为 4.5～12 m、吊车起重量较小的单层工业房屋或公共建筑(超市、娱乐体育设施、车站候车室、码头建筑)。设置桥式吊车时，宜采用起重量不大于 20 t 的中、轻级工作制(A1～A5)吊车；设置悬挂吊车时，其起重量不宜大于 3 t。

4. 轻型门式刚架的结构形式

轻型门式刚架的结构形成是：梁和柱通过高强度螺栓连接，形成平面门式刚架；各榀刚架通过支撑和系杆相互联系，形成空间刚架；空间刚架与围护材料、基础形成一个完整的空间结构体系。

刚架结构是梁、柱单元构件的组合体。其形式种类多样，如图 2-11 所示。在单层工业与民用房屋的钢结构中，应用较多的为单跨(a)、双跨(b)或多跨(c)刚架以及带挑檐(d)和带毗屋(e)的刚架等形式。多跨刚架宜采用双坡或单坡屋面(f)，必要时也可采用多个双坡单跨相连的多跨刚架形式。根据通风、采光的需要，刚架厂房可设置通风口、采光带和天窗架等。

门式刚架轻型房屋钢结构体系中，屋盖应采用压型钢板屋面板和冷弯薄壁型钢檩条，主刚架可采用变截面实腹刚架，外墙宜采用压型钢板墙板和冷弯薄壁型钢墙梁，也可采用砌体外墙或底部为砌体，上部为轻质材料的外墙。主刚架斜梁下翼缘和刚架柱内翼缘的平面外稳定性，由与檩条或墙梁相连接的隅撑来保证。主刚架间的交叉支撑可采用张紧的圆钢。

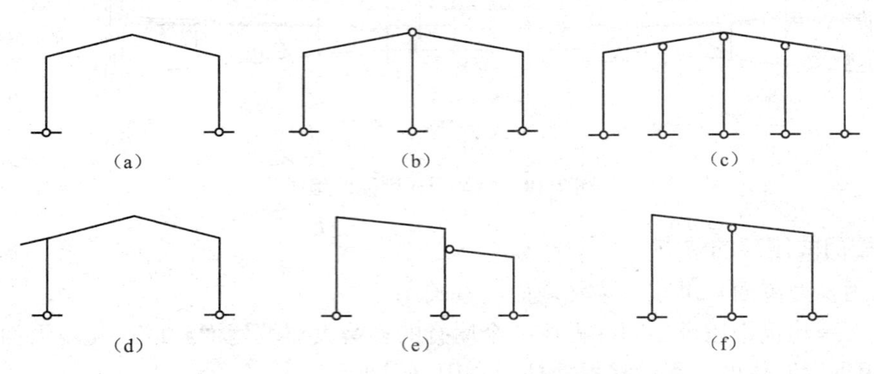

图 2-11　门式刚架的形式

(a)单跨刚架；(b)双跨刚架；(c)多跨刚架；
(d)带挑檐刚架；(e)带毗屋刚架；(f)单坡刚架

单层门式刚架轻型房屋可采用隔热卷材做屋盖隔热和保温层，也可以采用带隔热层的板材作屋面。

根据跨度、高度及荷载不同，门式刚架的梁、柱可采用变截面或等截面的三块板焊成的工字形截面、高频焊接轻型 H 型钢及热轧 H 型钢。

设有桥式吊车时，柱宜采用等截面构件。变截面构件通常改变腹板的高度，做成楔形，必要时也可以改变腹板厚度。结构构件在运输单元内一般不改变翼缘截面，必要时可改变翼缘厚度，相邻的运输单元可采用不同的翼缘截面。

门式刚架可由多个梁、柱单元构件组成。柱一般为单独单元构件，斜梁可根据运输条件划分为若干个单元，单元构件本身采用焊接，单元之间可通过端板采用高强度螺栓连接。

门式刚架的柱脚多按铰接支承设计，通常为平板支座，设一对或两对地脚螺栓。当用于工业厂房且有桥式吊车时，宜将柱脚设计为刚接。

5. 轻型门式刚架结构布置及构造

(1)门式刚架轻型房屋钢结构的尺寸应符合下列规定：

1)门式刚架的跨度，应取横向刚架柱轴线间的距离，其大小宜采用 9～36 m。

2)门式刚架的高度，应取地坪至柱轴线与斜梁轴线交点的高度；高度应根据使用要求的室内净高确定，有吊车的厂房应根据轨顶标高和吊车净空要求确定。门式刚架的平均高度宜采用 4.5～9.0 m；当有桥式吊车时，不宜大于 12 m。

3)门式刚架轻型房屋的宽度，应取房屋侧墙墙梁外皮之间的距离；门式刚架轻型房屋的长度，应取两端山墙墙梁外皮之间的距离。

4)柱的轴线可取通过柱下端(较小端)中心的竖向轴线。工业建筑边柱的定位轴线宜取柱外皮；斜梁的轴线可取通过变截面梁段最小端中心与斜梁上表面平行的轴线。

5)门式刚架的间距，即柱网轴线间的纵向距离宜采用 6～9 m；挑檐长度可根据使用要求确定，宜采用 0.5～1.2 m，其上翼缘坡度宜与斜梁坡度相同。

6)门式刚架轻型房屋钢结构的温度区段长度(伸缩缝间距)不大于 300 m，横向温度区段不大于 150 m；当有计算依据时，温度区段长度可适当加大。当需要设置伸缩缝时，可采用两种做法：在搭接檩条的螺栓连接处采用长圆孔，并使该处屋面板在构造上允许胀缩；设置双柱。

7)在多跨刚架局部抽掉中间柱或边柱处，可布置托梁或托架。

8)山墙可设置由斜梁、抗风柱、墙梁及其支撑组成的山墙墙架，或采用门式刚架。

(2)屋面檩条。

1)檩条的材料。轻型门式刚架的檩条构件可以采用 C 型冷弯卷边槽钢和 Z 型带斜卷边或直卷边的冷弯薄壁型钢。构件的高度一般为 140～250 mm，厚度为 1.4～2.5 mm。冷弯薄壁型钢构件一般采用 Q235 或 Q345 钢，大多数檩条表面涂层采用防锈底漆，也有采用镀铝或镀锌的防腐措施。

2)檩条的间距。应考虑天窗、通风屋脊、采光带、屋面材料及檩条供货规格的影响，确定最优的檩条间距。一般情况下，对于跨度超过 20 m 的刚架，7.5 m 的檩条间距是比较经济的；对于跨度小于 20 m 的刚架，4.5 m 的檩条间距比较经济。

3)简支檩条和连续檩条的构造。檩条构件可以设计为简支或连续构件，前者目前常用。图 2-12 所示是 Z 型檩条的简支搭接方式，其搭接长度很小。对于 C 型檩条可以分别连接在檩托上。采用连续构件可以承受更大的荷载和变形，因此比较经济。檩条的连续化构造也比较简单，可以通过搭接和拧紧来实现。带斜卷边的 Z 型檩条可采用叠置搭接，卷边槽型檩条可采用不同型号的卷边槽型冷弯型钢套来搭接。图 2-13 所示为连续檩条的搭接方法。注意连续檩条的工作性能是通过耗费构件的搭接长度来获得的，所以连续檩条一般跨度大于 6 m；否则并不一定能达到经济的目的。

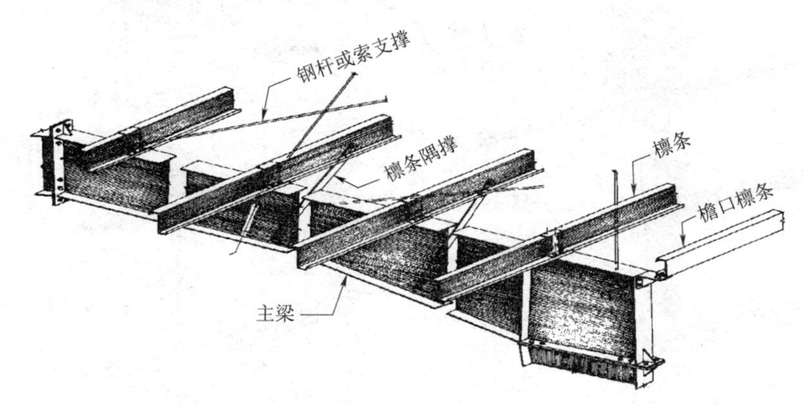

图 2-12　檩条布置(中间跨，简支搭接方式)

(3)墙架梁。门式刚架轻型房屋钢结构侧墙墙梁的布置，应考虑设置门窗、挑檐、遮雨篷等构件和围护材料的要求。门式刚架轻型房屋钢结构的侧墙，当采用压型钢板作围护面时，墙梁宜布置在刚架柱的外侧，其间距随墙板板型和规格确定，且不应大于计算要求的值。

轻型墙体结构的墙梁宜采用卷边槽形或斜卷边 Z 形的冷弯薄壁型钢，其分为连续和简支两种形式。

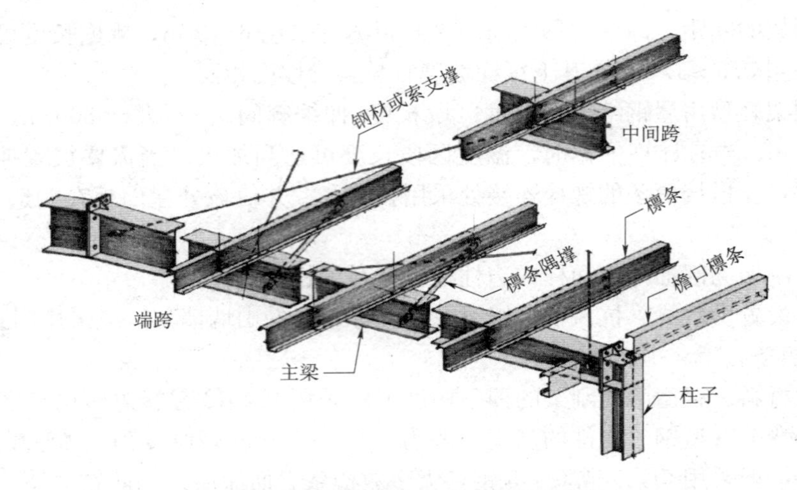

图 2-13　檩条布置(连续檩条，连续搭接)

墙梁(墙面檩条)的布置与屋面檩条的布置，有类似的考虑原则。墙梁的布置首先应考虑门窗、挑檐、遮雨篷等构件和围护材料的要求，综合考虑墙板板型和规格，以确定墙梁间距。墙梁的跨度取决于主刚架的柱距。当柱距过大，引起墙梁使用不经济时，可设置墙架柱。墙梁的放置方式一般与门窗匹配。

墙梁与主刚架柱的相对位置，如图 2-14 所示。墙梁的自由翼缘简单地与柱子外翼缘螺栓连接或檩托连接。

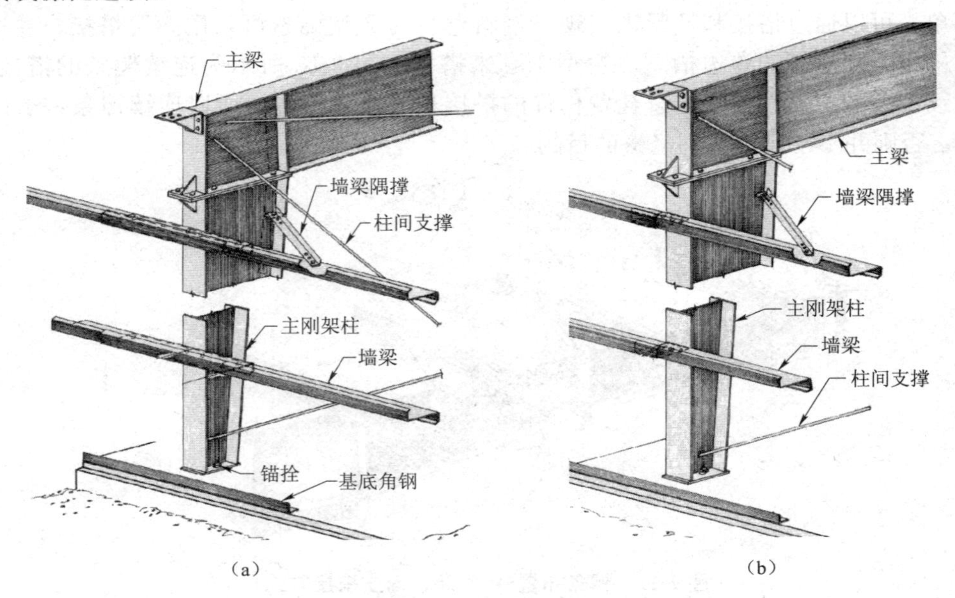

图 2-14　墙梁示意

(a)连续式墙梁；(b)简支式墙梁

当墙梁跨度 l 为 4～6 m 时，宜在跨中设一道拉条；当跨度 l>6 m 时，宜在跨间三分点处各设一道拉条。在最上层墙梁处宜设斜拉条，将拉力传至承重柱或墙架柱；再当墙板的竖向荷载有可靠途径直接传至地面或托梁时，可不设拉条。

门式刚架轻型房屋的外墙，当抗震设防烈度不高于 6 度时，可采用轻型钢墙板或砌体；

当抗震设防烈度为 7 度、8 度时，可采用轻型钢墙板或非嵌砌砌体；当抗震设防烈度为 9 度时，宜采用轻型钢墙板或与柱柔性连接的轻质墙板。

(4)支撑布置。支撑布置的目的是使每个温度区段或分期建设的区段建筑能构成稳定的空间结构骨架。在每个温度区段或分期建设的区段中，应分别设置能独立构成空间稳定结构的支撑体系；在设置柱间支撑的开间，宜同时设置屋盖横向支撑，以组成几何不变体系。

支撑和刚性系杆的布置宜符合下列规定：

1)屋盖横向支撑宜设在温度区间端部的第一个或第二个开间。当端部支撑设在第二个开间时，在第一个开间的相应位置应设置刚性系杆。

2)柱间支撑的间距应根据房屋纵向柱距、受力情况和安装条件确定。当无吊车时，宜取 30～45 m；当有吊车时，宜设在温度区段中部；或当温度区段较长时，宜设在三分点处，且间距不宜大于 60 m；当建筑物宽度大于 60 m 时，在内柱列宜适当增加柱间支撑；当房屋高度相对于柱间距较大时，柱间支撑宜分层设置。

3)在刚架转折处(单跨房屋边柱柱顶和屋脊，以及多跨房屋某些中间柱柱顶和屋脊)，应沿房屋全长设置刚性系杆；由支撑斜杆等组成的水平桁架，其直腹杆宜按刚性系杆考虑。

4)在设有带驾驶室且起重量大于 15 t 桥式吊车的跨间，应在屋盖边缘设置纵向支撑桁架。当桥式吊车起重量较大时，还应采取措施增加吊车梁的侧向刚度。

5)刚性系杆可由檩条兼作，此时檩条应满足对压弯杆件的刚度和承载力要求；当不满足时，可在刚架斜梁间设置钢管、H 型钢或其他截面的杆件。

6)门式刚架轻型房屋钢结构的支撑，可采用带张紧装置的十字交叉圆钢支撑。圆钢与构件的夹角应在 30°～60°范围内，宜为 45°。

7)当设有起重量不小于 5 t 的桥式吊车时，柱间宜采用型钢支撑。在温度区段端部吊车梁以下，不宜设置柱间刚性支撑；当不允许设置交叉柱间支撑时，可设置其他形式的支撑；当不允许设置任何支撑时，可设置纵向刚架。

(5)隅撑。研究表明，门式刚架的破坏，首先是由于受压最大翼缘屈曲引起的，斜梁下翼缘与刚架柱内翼缘连接处是出现屈曲的关键部位，在该处附近设置隅撑十分重要。因此，在檐口位置，刚架斜梁与柱内翼缘交接点附近的檩条和墙梁处，应各设置一道隅撑。在斜梁下翼缘受压区也应设置隅撑，其间距不得大于相应受压翼缘宽度的 $16\sqrt{235/f_y}$ 倍。如斜梁下翼缘受压区因故不设置隅撑，则必须采取可靠措施，保证刚架的稳定。

隅撑宜采用单角钢制作，可连接在刚架构件下(内)翼缘附近的腹板上，如图 2-15(a)所示，距翼缘不大于 100 mm 处，也可连接在下(内)翼缘上，如图 2-15(b)所示。隅撑与刚架、檩条或墙梁应采用螺栓连接，每端通常采用单个螺栓，计算时应考虑单面连接的单角钢的强度折减系数。隅撑与刚架构件腹板的夹角不宜小于 45°。

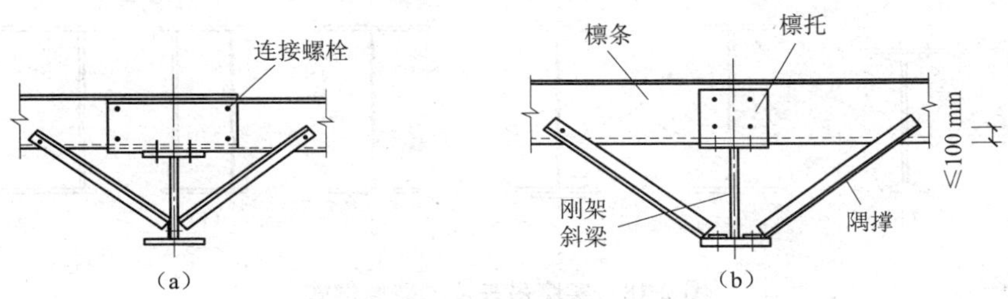

图 2-15　隅撑的设置

(6)拉条。提高檩条稳定性的重要构造措施是使用拉条或撑杆从檐口一端通长连接到另一端，连接每一根檩条。拉条一般采用圆钢，直径不宜小于 10 mm。

拉条的设置与檩条的跨度有关。当檩条跨度大于 4 m 时，宜在檩条间跨中位置设置拉条；当跨度大于 6 m 时，应在檩条跨度三分点处各设一道拉条。在屋脊处还应设置斜拉条和撑杆，撑杆宜采用角钢或钢管。拉条应与刚性檩条连接，如图 2-16 所示。屋脊两侧相邻檩条要可靠连接，以防止所有檩条向一个方向失稳。图 2-17(a)所示为采用槽钢支撑的屋脊连接。当屋面材料为压型钢板，屋面刚度较大且与檩条有可靠连接时，可少设或不设拉条。

拉条一般设在距檩条上翼缘 1/3 腹板高度的范围内。当在风吸力作用下檩条下翼缘受压时，拉条宜在檩条上、下翼缘附近适当布置。

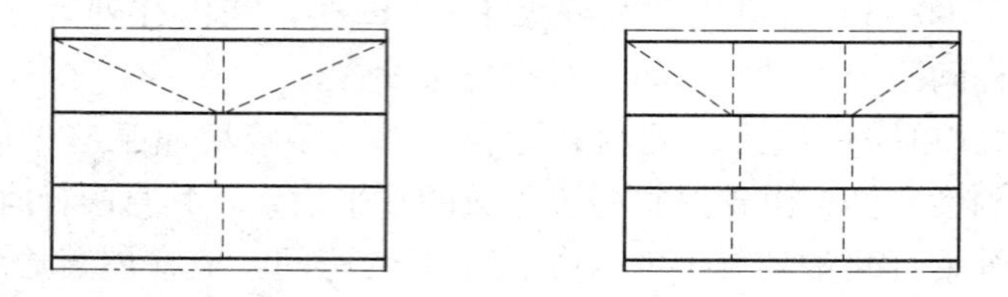

图 2-16　拉条的布置

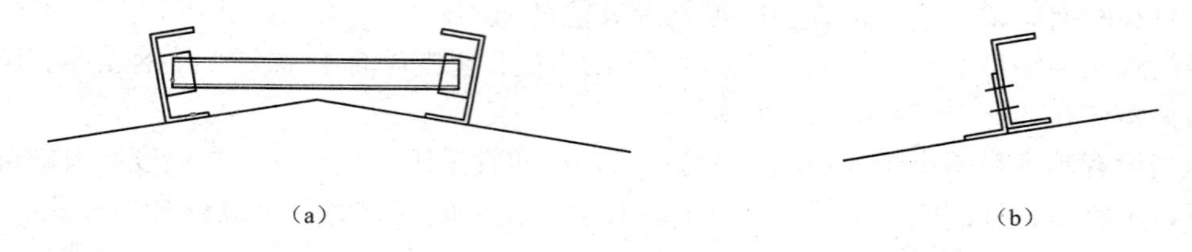

图 2-17　檩条的布置

(7)檩托。在简支檩条的端部或连续檩条的搭接处，设置檩托可以有效地防止檩条在支座处倾覆或扭转。檩托常采用角钢或钢板拼接制成，竖肢(板)高度约为檩条高度的 3/4，并且与檩条以螺栓连接。为了防止其变形，可在竖肢(板)中间设置一块与其垂直的加劲板。图 2-17(b)所示为檩托的设置。檩条构件之所以要离开主梁一段距离，主要是防止薄壁型钢构件在支座处的腹板压曲。

(8)吊车梁。直接支承吊车轮压的受弯构件有吊车梁和吊车桁架，一般设计成简支结构。吊车梁有型钢梁、组合工字形梁及箱形截面梁等，如图 2-18 所示；吊车桁架常用截面形式为上行式直接支承吊车桁架和上行式间接支承吊车桁架，如图 2-19 所示。

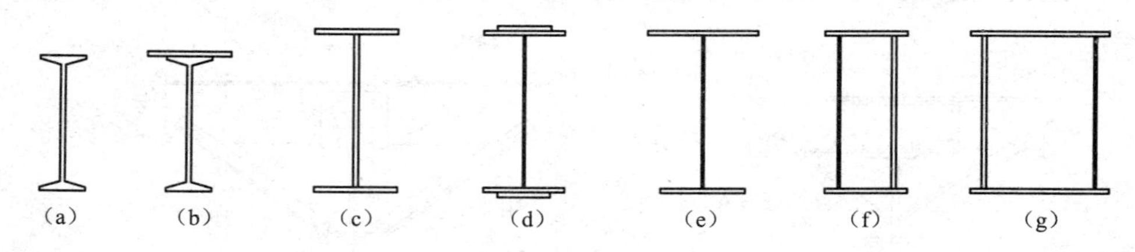

图 2-18　实腹吊车梁的截面形式

(a)、(b)型钢梁；(c)、(d)、(e)焊接工字形梁；(f)、(g)焊接箱形截面梁

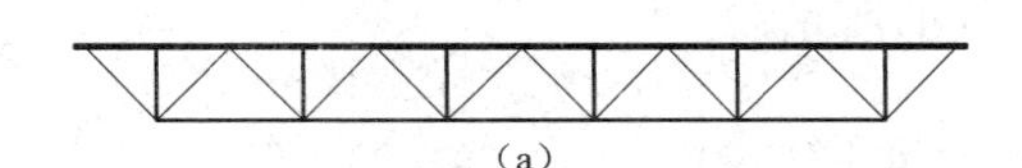

(a)

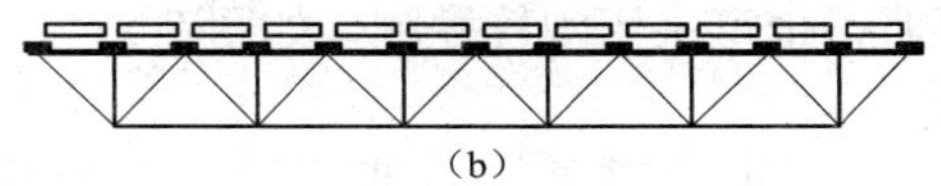

(b)

图 2-19 吊车桁架结构简图

(a)上行式直接支承吊车桁架；(b)上行式间接支承吊车桁架

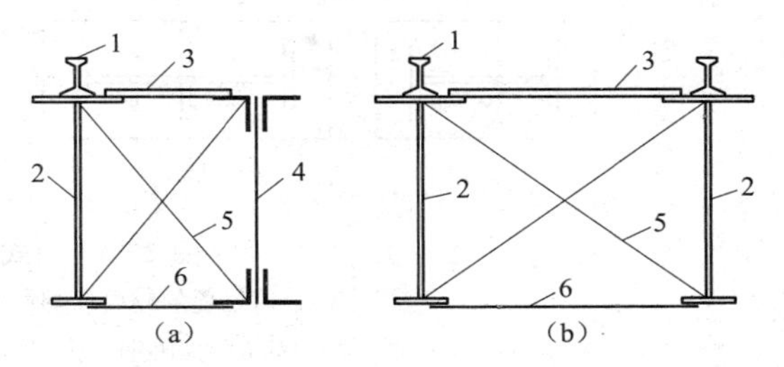

(a) (b)

图 2-20 吊车梁系统构件的组成

(a)边列吊车梁；(b)中列吊车梁

1—轨道；2—吊车梁；3—制动结构；4—辅助桁架；5—垂直支撑；6—下翼缘水平支撑

吊车梁系统一般由吊车梁(吊车桁架)、制动结构、辅助桁架及支撑(水平支撑和垂直支撑)等组成，如图 2-20 所示。

吊车梁(或吊车桁架)的设计，应首先考虑吊车工作制的影响，一般将吊车工作制分为轻、中、重和特重四级。在进行吊车梁设计时，应根据工艺提供的资料确定其相应的级别。吊车梁(或吊车桁架)均应满足强度、稳定和容许挠度的要求；对重级工作制吊车梁和重、中级工作制吊车桁架，还应进行疲劳验算。当进行强度和稳定计算时，一般按两台最大吊车的最不利组合考虑。进行疲劳验算时，则按一台最大吊车考虑(不计动力系数)。

6. 轻型门式刚架的节点

(1)门式刚架横梁与柱的连接节点。门式刚架横梁与柱的连接节点，可采用端板竖放、端板平放和端板斜放三种形式，横梁拼接时宜使端板与构件外缘垂直，如图 2-21 所示。

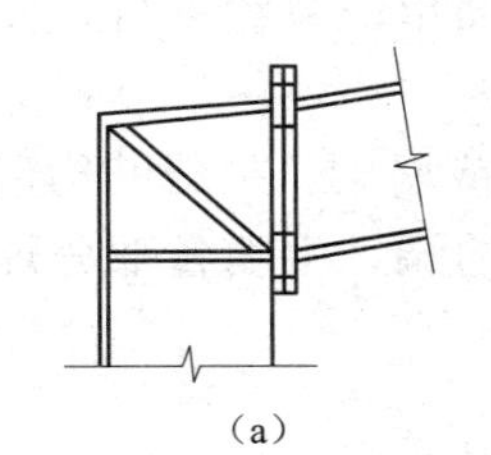

(a)

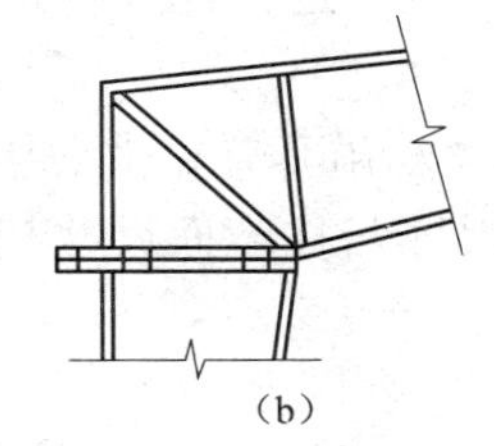

(b)

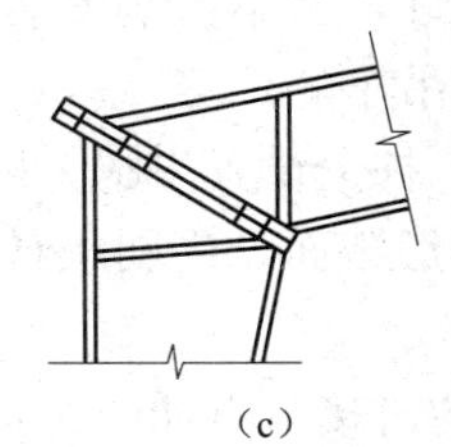

(c)

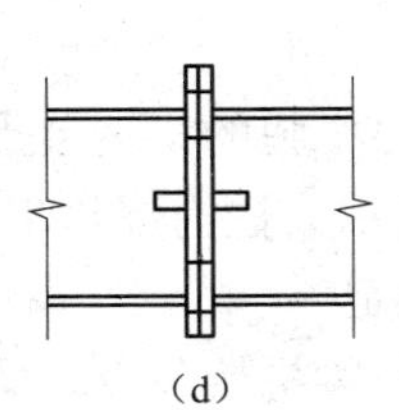

(d)

图 2-21 梁一柱连接与梁一梁连接节点形式

(a)端板竖放；(b)端板平放；(c)端板斜放；(d)横梁拼接

主刚架构件的连接应采用高强度螺栓。当为端板连接且只受轴向力和弯矩，或剪力小于其实际抗滑移承载力(按抗滑移系数为 0.3 计算)时，宜采用高强度承压型螺栓连接。吊车梁与制动梁的连接可采用高强度摩擦型螺栓连接或焊接。吊车梁与刚架连接处宜设长圆孔。高强度螺栓直径可根据需要选用，通常采用 M16～M24 螺栓。

檩条和墙梁与刚架横梁和柱的连接通常采用 M12 螺栓。端板连接螺栓应对称布置。在受拉翼缘和受压翼缘的内外两侧均应设置，并宜使每个翼缘的螺栓群中心与翼缘的中心重合或接近。为此，应采用将端板伸出截面高度范围以外的外伸式连接。

螺栓中心至翼缘板表面的距离，应满足拧紧螺栓时的施工要求，不宜小于 35 mm。螺栓端距不应小于 2 倍的螺栓孔径。

(2)门式刚架的柱脚。变截面柱下端的宽度应根据具体情况确定，但不宜小于 200 mm。

门式刚架轻型房屋钢结构的柱脚宜采用平板式铰接柱脚，如图 2-22(a)、(b)所示。当有必要时，也可采用刚接柱脚，如图 2-22(c)、(d)所示。

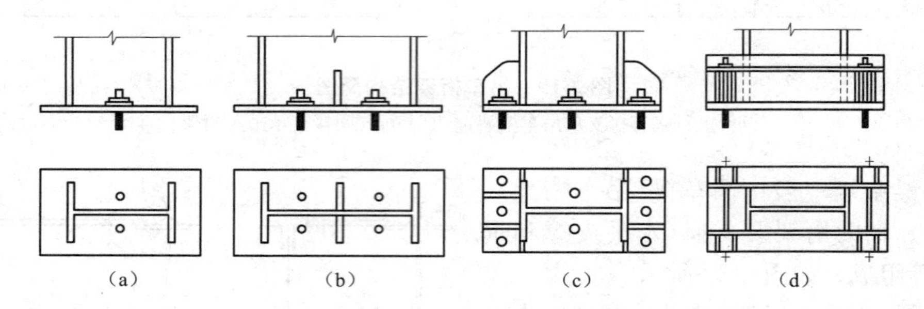

图 2-22　门式刚架的柱脚

(a)一对锚栓的铰接柱脚；(b)两对锚栓的铰接柱脚；
(c)带加劲肋的刚接柱脚；(d)带靴梁的刚接柱脚

柱脚锚栓宜采用 Q235 或 Q345 钢，并符合锚固长度的要求[见《建筑地基基础设计规范》(GB 50007—2011)]，其端部应按规定设置弯钩或锚板；锚栓直径不宜小于 24 mm。柱脚锚栓不宜用于承受柱脚底部的水平剪力。此水平剪力应由底板与混凝土之间的摩擦力(摩擦系数取 0.4)或设置抗剪键来承受；抗剪键一般采用型钢与柱底板底面焊接，如槽钢、工字钢等。计算柱脚锚栓的受拉承载力时，应采用螺纹处的有效截面面积。

当埋置深度受到限制时，锚栓应牢固地固定在锚板或锚梁上，以传递全部拉力。此时，锚栓与混凝土间的粘结力不予考虑。

近年来，将钢柱直接插入混凝土内，用二次浇灌层固定的插入式刚接柱脚已经在单层工业厂房中应用，效果良好，并不影响安装调整。这种柱脚构造简单、节约钢材且安全可靠，也可用于大跨度、有吊车的厂房。

(3)牛腿的构造节点。柱上设置牛腿，以支承吊车梁、平台梁或墙梁。牛腿的构造如图 2-23 所示。柱为焊接工字形截面，牛腿板件尺寸与柱截面尺寸相协调，牛腿各部分焊缝由计算确定。

(4)梁拼接节点。梁的拼接节点如图 2-24 所示。

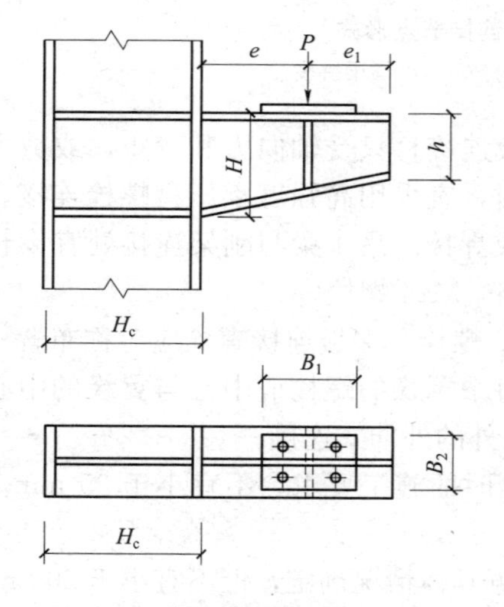

图 2-23　牛腿的构造节点

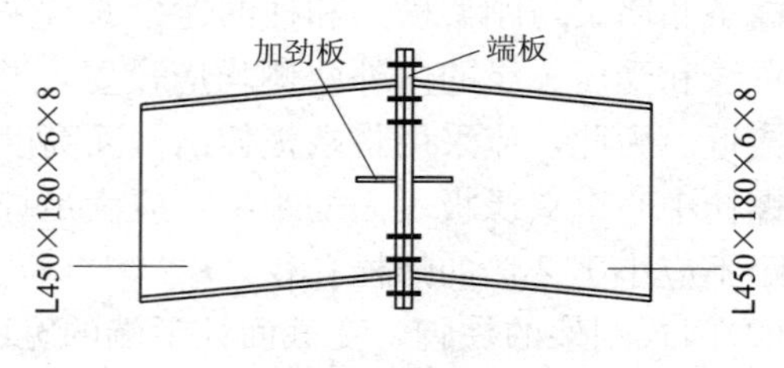

图 2-24　梁拼接节点

(二)高强度螺栓连接

概述：高强度螺栓的材料，高强度螺栓的工作性能，摩擦型高强度螺栓的计算。

1. 高强度螺栓的材料

高强度螺栓采用的钢材性能等级按其热处理后强度划分为 10.9s 和 8.8s 级(s 表示高强度螺栓)，使用配合的螺母性能等级分别为 10H 和 8H 级(10 和 8 是表示 f_u的 1/100，H 表示螺母)、垫圈为 HRC35～45(HRC 表示表面淬火硬度)。8.8s 级用于大六角头高强度螺栓，10.9s 级可用于大六角头高强度螺栓及扭剪型高强度螺栓。

高强度螺栓采用的钢号和力学性能见表 2-5，与其配套的螺母、垫圈制作材料见表 2-6。

表 2-5　高强度螺栓采用的钢号和力学性能

螺栓种类	性能等级	采用钢号	屈服强度 f_y /(N·mm^{-2})	抗拉强度 f_t /(N·mm^{-2})
大六角头	8.8 级	40B 钢、45 号钢、35 号钢	660	830～1 030
	10.9 级	200MnTiB、35VB	940	1 040～1 240
扭剪型	10.9 级	20MnTiB	940	1 040～1 240

表 2-6　高强度螺栓的等级及其配套的螺母、垫圈制作材料

螺栓种类	性能等级	螺杆用钢材	螺母	垫圈	适用规格/mm
扭剪型	10.9	20MnTiB	35 号钢 10H	45 号钢 HRC35～45	d=16、20、(22)、24
大六角头型	10.9	35VB	45 号钢、 35 号钢、 15MnVTi10H	45 号钢、 35 号钢、 HRC35～45	d=12、16、20、(22)、24、(27)、30
		20MnTiB			$d\leqslant24$
		40B			$d\leqslant24$
	8.8	45 号钢	35 号钢	45 号钢、35 号钢 HRC35～45	$d\leqslant22$
		35 号钢			$d\leqslant16$
注：表中螺栓直径为目前生产的规格，其中带括号者为非标准型，尽量少用。					

2. 高强度螺栓连接的工作性能

高强度螺栓连接分为摩擦型连接和承压型连接。

(1)摩擦型连接。只依靠摩擦阻力传力，并以剪力不超过接触面摩擦力作为设计准则。其特点是连接紧密，变形小，不松动，耐疲劳，安装简单。

(2)承压型连接。高强度螺栓连接摩擦阻力被克服后允许接触面滑移，依靠栓杆和螺孔之间的承压来传力。承压型连接在摩擦力被克服后剪切变形较大。

高强度螺栓可广泛应用于厂房、高层建筑和桥梁等钢结构重要部位的安装连接，但根据摩擦型连接和承压型连接的不同特点，其应用还应有所区别。摩擦型连接以用于直接承受动力荷载的结构最佳，如吊车梁的工地拼接、重级工作制吊车梁与柱的连接等；承压型连接则仅用于承受静力荷载或间接承受动力荷载的结构，以能发挥其高承载力的优点为宜。

高强度螺栓孔应用钻孔。摩擦型高强度螺栓因受力时不产生滑移，故其孔径比螺栓公称直径可稍大，一般采用大 1.5 mm(M16)或 2.0 mm(≥M20)；承压型高强度螺栓则应比上列数值分别减小 0.5 mm，一般采用大 1.0 mm(M16)或 1.5 mm(≥M20)。

高强度螺栓的排列与普通螺栓的排列相同。

3. 摩擦型高强度螺栓连接的计算

(1)受剪摩擦型高强度螺栓连接。

1)单个摩擦型高强度螺栓的抗剪承载力设计值。

$$N_v^b = 0.9 n_f \mu P \tag{2-1}$$

式中 n_f——传力摩擦面数目；

P——每个高强度螺栓的预拉力(kN)，见表 2-7；

μ——摩擦面的抗滑移系数；见表 2-8。

表 2-7 每个高强度螺栓的预拉力 P kN

螺栓的性能等级	螺栓公称直径/mm						
	M12	M16	M20	M22	M24	M27	M30
8.8 级	45	80	125	150	175	230	280
10.9 级	55	100	155	190	225	290	355

表 2-8 摩擦面的抗滑移系数 μ

在连接处构件接触面的处理方法	构件的钢号		
	Q235 钢	Q345、Q390 钢	Q420 钢
喷砂(丸)	0.45	0.50	0.50
喷砂(丸)后涂无机富锌漆	0.35	0.40	0.40
喷砂(丸)后生赤锈	0.45	0.50	0.50
钢丝刷清除浮锈或未经处理的干净轧制表面	0.30	0.35	0.40

2)摩擦型高强度螺栓群受轴心剪力的数目计算。

$$n = \frac{N}{N_v^b} \tag{2-2}$$

式中 n——构件一端的螺栓数；

N——连接承受的轴线拉力。

3)净截面验算。

$$\sigma = \frac{N'}{A_n} = \left(1 - 0.5\frac{n_1}{n}\right)\frac{N}{A_n} \leqslant f \tag{2-3}$$

式中 N'——轴线拉力减去孔前传力；

n_1——Ⅰ－Ⅰ截面的螺栓数；

A_n——Ⅰ－Ⅰ截面的净截面面积，$A_n = (b - n_1 d_0)t$；

f——钢材抗拉强度设计值。

4)毛截面验算。

$$\sigma=\frac{N}{A}\leqslant f \tag{2-4}$$

式中　A——Ⅰ－Ⅰ截面的毛截面面积。

(2)受拉摩擦型高强度螺栓连接。

1)单个摩擦型高强度螺栓抗拉承载力设计值。

$$N_t^b=0.8P \tag{2-5}$$

2)摩擦型高强度螺栓群受轴心拉力的计算。

$$n=\frac{N}{N_t^b} \tag{2-6}$$

3)摩擦型高强度螺栓群受偏心拉力的计算。

按小偏心考虑：

$$N_{1max}=\frac{N}{n}+\frac{Ney_1}{m\sum y_i^2}\leqslant N_t^b=0.8P \tag{2-7}$$

【例 2-1】 如图 2-25 所示为一 300 mm×16 mm 轴心受拉钢板和高强度螺栓摩擦型连接的拼接接头。已知钢材为 Q345，螺栓为 8.8 级 M20，钢丝刷清理浮锈。试确定该拼接的最大承载力设计值 N。

【解】 (1)按螺栓连接强度确定为 N：

由表 2-7 查得 $P=125$ kN，由表 2-8 查得 $\mu=0.35$。

$$N_v^b=0.9n_f\mu P=0.9\times2\times0.35\times125=78.75(\text{kN})$$

12 个螺栓连接的总承载力设计值为：

$$N=nN_v^b=12\times78.75=945(\text{kN})$$

(2)按钢板截面强度确定 N：

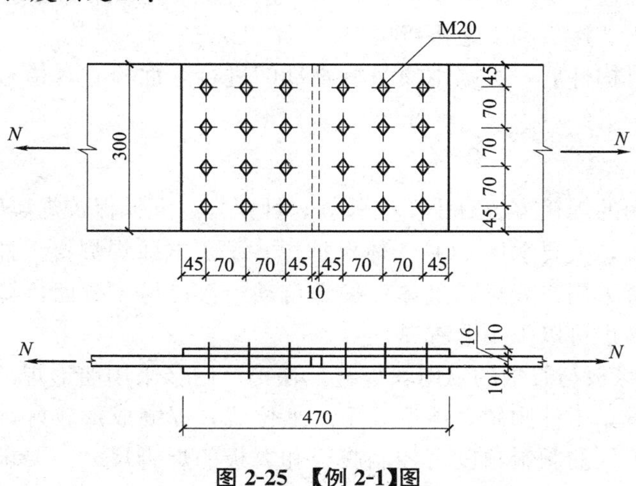

图 2-25 【例 2-1】图

构件厚度 $t=16$ mm＜两盖板厚度之和 $2t_1=20$ mm，所以按构件钢板计算。

按毛截面强度确定 N：

钢材 Q345，$f=315\ \text{N/mm}^2$，$A=bt=300\times16=4\ 800(\text{mm}^2)$。

$$N=Af=4\ 800\times315=1\ 512\times10^3\ \text{N}=1\ 512(\text{kN})$$

按第一列螺栓净截面强度确定 N：

$$A_n=(b-n_1d_0)t=(300-4\times22)\times16=3\ 392(\text{mm}^2)$$

$$N=\frac{A_nf}{1-0.5n_1/n}=\frac{3\ 392\times315}{1-0.5\times4/12}=1282\times10^3\ \text{N}=1\ 282(\text{kN})$$

因此，该拼接的承载力设计值为 $N=945$ kN，由螺栓连接强度控制。

(三)门式钢架制作要点

1. 构件组装

组装就是将已加工好的零件按照施工图纸的要求，拼装成构件。组装应符合下列规定：

(1)组装应按制作工艺规定的顺序进行。

(2)组装前应对零件进行严格检查，填写实测记录，制作必要的胎模，并将零件上的铁锈、毛刺和油污等清除干净。

(3)组装平台的模胎应平整、牢固，并具有一定的刚度，以保证构件组装的精度。

(4)焊接结构组装时，要求用螺丝夹和卡具等夹紧固定，然后点焊。点焊部位应在焊缝部位之内，点焊焊缝的焊脚尺寸不应超过设计焊缝脚尺寸的 2/3。

(5)应考虑预放焊接收缩量及其他各种加工余量。

(6)应根据结构形式、焊接方法和焊接顺序，确定合理的焊接组装顺序。一般宜先主要零件后次要零件，先中间后两端，先横向后纵向，先内部后外部，以减小焊接变形。

(7)当有隐蔽焊缝时，必须先行施焊，并经质检部门确认合格后，方可覆盖。当有复杂装配部件不易施焊时，也可采用边组装边施焊的方法来完成其组装工作。

(8)当采用夹具组装时，拆除夹具时，不得用锤击落，应采用气割切除，对残留的焊疤、熔渣等应修磨平整。

(9)对需要顶紧接触的零件，应经刨或铣加工。如吊车梁的加劲肋与上翼缘顶紧等，应用 0.3 mm 的塞尺检查，塞尺面积应小于 25%，说明顶紧接触面积已达到 75%的要求。

(10)对重要的安装接头和工地拼接接头，应在工厂进行试拼装。

(11)组装出首批构件后，必须由质量检查部门进行全面检查，检查合格后，方可进行批量组装。

2. 构件焊接

钢结构制作常用的焊接方法有手工电弧焊、埋弧焊、气体保护焊、电渣焊、栓钉焊等。

对于构件短连接，主要采用 CO_2 气体保护焊、手工电弧焊焊接，柱以及梁等长连接采用自动埋弧焊，或者采用二氧化碳气体保护焊自动焊接；另一方面，箱形柱的加劲板以及梁柱节点的一部分，也可以采用电渣焊。

焊接 H 型钢翼缘板与腹板的纵向长焊缝，在工厂内多采用船形焊的焊接工艺。船形焊时，焊丝在垂直位置，工件倾斜，熔池处于水平位置，焊缝成形较好，不易产生咬边或熔池满溢现象，根据工件的倾斜角度可控制腹板和翼板的焊脚尺寸。要求焊脚相等时，腹板和翼板与水平面呈 45°。船形焊的工艺参数见表 2-9。

表 2-9 船形焊的工艺参数表

焊脚尺寸/mm	焊丝直径/mm	焊接电流/A	电弧电压/V	焊接速度/(cm · min^{-1})
6	2	400～475	34～36	67

续表

焊脚尺寸/mm	焊丝直径/mm	焊接电流/A	电弧电压/V	焊接速度/(cm·min^{-1})
8	2 3 4 5	475～525 550～600 575～625 675～725	34～36 34～36 34～36 32～34	47 50 50 53
10	2 3 4 5	475～525 600～650 650～700 725～775	34～36 34～36 34～36 32～34	33 38 38 42
12	2 3 4 5	475～525 600～650 725～755 775～825	34～36 34～36 36～38 36～38	23 20 33 30

3. 摩擦面的加工

(1)高强度螺栓连接中，摩擦面的状态对连接接头的抗滑移承载力有很大的影响，因此摩擦面必须进行处理，常见的处理方法有以下几种：

1)喷砂或喷丸处理：砂粒粒径为 1.2～1.4 mm，喷射时间为 1～2 min，喷射风压为 0.5 Pa，处理完表面粗糙度可达 45～50 μm。

2)喷砂后生赤锈处理：喷砂后放露天生锈 60～90 d，表面粗糙度可达到 55 μm，安装前应对表面清除浮锈。

3)喷砂后涂无机富锌漆处理：该处理是为了防锈，一般要求涂层厚度为 0.6～0.8 μm。

4)手工钢丝刷清理浮锈：使用钢丝刷将钢材表面的氧化铁皮等污物清理干净，该处理比较简便，但抗滑移系数较低，适用于次要结构和构件。

摩擦面的抗滑移系数 μ，见表 2-8。

(2)经处理的摩擦面应采取防油污和损伤保护措施。

(3)制造厂和安装单位应分别以钢结构制造批进行抗滑移系数试验。制造批可按分部(子部分)工程划分规定的工程量，每 2 000 t 为一批，不足 2 000 t 的可视为一批。选用两种及两种以上表面处理工艺时，每种处理工艺应单独检验，每批三组试件。

(4)抗滑移系数试验用的试件应由制造厂加工，试件与所代表的钢结构构件应为同一材质、同批制作、采用同一摩擦面处理工艺和具有相同的表面状态，并应用同批同一性能等级的高强度螺栓连接副，在同一环境条件下存放。

(5)试件钢板的厚度，应根据钢结构工程中有代表性的板材厚度来确定。试件板面应平整、无油污，孔和板的边缘无飞边、毛刺。

(6)应根据现行国家标准《钢结构高强度螺栓连接技术规程》(JGJ 82—2011)的要求或设计文件的规定，制作材质和处理方法相同的复验抗滑移系数用的构件，并与构件同时移交。

4. 组装

(1)组装前，工作人员必须熟悉构件施工图及有关的技术要求，并根据施工图要求复核其需组装零件质量。

(2)由于原材料的尺寸不够，或技术要求需拼接的零件，一般必须在组装前拼接完成。

(3)在采用胎模装配时，必须遵循下列规定：

1)选择的场地必须平整，并具有足够的强度。

2)布置装配胎模时，必须根据其钢结构构件特点，考虑预放焊接收缩量及其他各种加工余量。

3)组装出首批构件后，必须由质量检查部门进行全面检查。经检查合格后，方可继续组装。

4)构件在组装过程中必须严格按照工艺规定装配。当有隐蔽焊缝时，必须先行施焊，经检验合格后方可覆盖。当有复杂装配部件不易施焊时，也可采用边装配边施焊的方法来完成其装配工作。

5)为了减少变形和装配顺序，可采取先组装成部件，然后组装成构件的方法。

(4)钢结构构件组装方法的选择，必须根据构件的结构特性和技术要求，结合制造厂的加工能力、机械设备等情况，选择能有效控制组装的质量、生产效率高的方法进行。

学习单元二　轻型门式刚架的安装

一、任务描述

(一)工作任务

4.5 m×(2.4～2.9)m，H形组合截面门式刚架的安装。

具体任务如下：

(1)安装方案制定。

(2)安装高强度螺栓。

(3)检验高强度螺栓连接。

(二)可选工作手段

千斤顶，卷扬机，滑轮，链式手拉葫芦，吊装索具，卡具，测量仪器，轮胎式起重机，桅杆，架设走线滑车，电焊机，扳手，高强度螺栓。

二、案例示范

(一)案例描述

工作任务：安装4.5 m×(2.4～2.9)m，H形组合截面门式刚架。

(二)案例分析与实施

1. 安装方案制定

吊装机械采用移动较为方便的履带式起重机、轮胎式起重机或轨道式起重机吊装柱子，其中履带式起重机应用最多。采用汽车式起重机进行吊装时，考虑到移动不方便，可以以2～3个轴线为一个单元进行节间构件安装。大型钢柱可根据起重机配备和现场条件确定，可采用单机、二机、三机抬吊的方法进行安装。如果场地狭窄，不能采用上述吊装机械，可采用桅杆或架设走线滑车进行吊装。

常用的钢柱吊装方法有旋转法、递送法和滑行法。

2. 安装高强度螺栓

(1)扭矩法：为了减少先拧与后拧对高强度螺栓预拉力的作用，一般要先用普通扳手对其初拧(不小于终拧扭矩值的50%)，使板叠靠拢，然后用一种可显示扭矩值的扭矩扳手终拧。终拧扭矩值根据预先测定的扭矩和预拉力(增加5%～10%以补偿紧固后的松弛影响)之间的关系确定，施拧时偏差不得大于±10%。此法在我国应用十分广泛。

(2)转角法：转角法是用控制螺栓应变(控制螺母的转角)来获得规定的预拉力，因不需专用扳手，故简单有效。转角是从初拧作出的标记线开始，再用长扳手(或电动、风动扳手)终拧1/3～2/3圈(120°～240°)。终拧角度与板叠厚度和螺栓直径等有关，可预先测定。

(3)扭掉螺栓尾部梅花卡头：此法适用于扭剪型高强度螺栓。首先，对螺栓初拧；然后，用特制电动扳手的两个套筒分别套住螺母和螺栓尾部梅花卡头。操作时，大套筒正转施加紧固扭矩，小套筒则施加紧固反扭矩，将螺栓紧固后，再进而沿尾部槽口将梅花卡头拧掉。由于螺栓尾部槽口深度是按终拧扭矩和预拉力之间的关系确定，故当梅花卡头拧掉，螺栓即达到规定的预拉力值。扭剪型高强度螺栓由于具有上述施工简便且便于检查漏拧的优点，故近年来在我国也得到广泛应用。

3. 检验高强度螺栓连接

(1)成品进场。出厂时应随箱带有扭矩系数和紧固轴力(预拉力)的检验报告。

(2)扭矩系数和预拉力复验。应按《钢结构工程施工质量验收规范》(GB 50205—2001)的规定检验其扭矩系数，其检验结果应符合《钢结构工程施工质量验收规范》(GB 50205—2001)的规定。扭剪型高强度螺栓连接副，应按《钢结构工程施工质量验收规范》(GB 50205—2001)的规定检验预拉力，其检验结果应符合规范的规定。

(3)抗滑移系数试验。钢结构的制作和安装单位，应按《钢结构工程施工质量验收规范》(GB 50205—2001)的规定分别进行高强度螺栓连接摩擦面的抗滑移系数试验和复验。现场处理的构件摩擦面应单独进行摩擦面抗滑移系数试验，其结果应符合《钢结构工程施工质量验收规范》(GB 50205—2001)的要求。

(4)终拧扭矩。高强度大六角头螺栓连接副终拧完成1 h后，48 h内应进行终拧扭矩检查，检查结果应符合《钢结构工程施工质量验收规范》(GB 50205—2001)的规定。扭剪型高强度螺栓连接副终拧后，除因构造原因无法使用专用扳手终拧掉梅花头者外，未在终拧中拧掉梅花头的螺栓数不应大于该节点螺栓数的5%。对所有梅花头未拧掉的扭剪型高强度螺栓连接副，应采用扭矩法或转角法进行终拧并做标记，且按《钢结构工程施工质量验收规范》(GB 50205—2001)的规定进行终拧扭矩检查。

(5)成品包装。高强度螺栓连接副，应按包装箱配套供货，包装箱上应标明批号、规格、数量及生产日期。螺栓、螺母、垫圈外观表面应涂油保护，不应出现生锈和沾染脏物，螺纹不应损伤。

(6)初拧、复拧扭矩。高强度螺栓连接副的施拧顺序和初拧、复拧扭矩应符合设计要求和《钢结构高强度螺栓连接技术规程》(JGJ 82—2011)的规定。

(7)连接外观质量。高强度螺栓连接副终拧后，螺栓丝扣外露应为2～3扣。其中，允许有10%的螺栓丝扣外露1扣或4扣。

(8)摩擦面外观。高强度螺栓连接摩擦面应保持干燥、整洁，不应有飞边、毛刺、焊接飞溅物、焊疤、氧化薄钢板、污垢等。除设计要求外，摩擦面不应涂漆。

(9)扩孔。高强度螺栓应自由穿入螺栓孔。高强度螺栓孔不应采用气割扩孔，扩孔数量应征得设计单位同意，扩孔后的孔径不应超过 1.2d(d 为螺栓直径)。

三、知识链接

(一)刚架柱子的安装

安装钢结构平台柱子要点同案例分析与实施中安装方案制定的内容。

(二)钢吊车梁的安装

1. 测量准备

用水准仪测出每根钢柱上标高观测点在柱子校正后的标高实际变化值，做好实际测量标记。根据各钢柱上搁置吊车梁的牛腿面的实际标高值，确定出全部钢柱上搁置吊车梁的牛腿面的统一标高值。以其中某一标高值为基准，得出各钢柱上搁置吊车梁的牛腿面的实际标高差值。根据各个标高差值和吊车梁的实际高差，来加工不同厚度的钢垫板，同一牛腿面上的钢垫板应分成两块进行加工。吊装吊车梁前，应先将垫板点焊在牛腿面上。

在进行安装前，应将吊车梁的分中标记引至吊车梁的端头，以利于吊装时按柱的牛腿的定位轴线临时定位。

2. 吊装

钢吊车梁在吊装柱子固定、柱间支撑安装完毕后进行。吊装时，一般利用梁上的工具式吊耳作为吊点，或使用捆绑法进行吊装。

在屋盖吊装前安装吊车梁，可采用单机吊、双机抬吊等吊装方法。

在屋盖吊装后安装吊车梁，可利用屋架端头或柱顶栓滑轮组来抬吊，或用短臂起重机或独脚桅杆进行吊装。

3. 吊车梁的校正

钢吊车梁的校正包括标高调整，纵、横轴线和垂直度的调整。钢吊车梁的校正，必须在结构形成刚度单元以后才能进行。

柱子安装后，及时地将柱间支撑安装好，形成排架。首先，用经纬仪在柱子纵列端部，把柱基的正确轴线引到牛腿顶部水平位置，定出正确轴线距吊车梁中心线的距离。其次在吊车梁顶面中心线拉一根通长钢丝(或用经纬仪)然后逐根调整到位。最后再次调整位移：吊车梁下翼缘一端为正圆孔，另一端为椭圆孔，用千斤顶和手拉葫芦进行轴线位移，将铁楔再次调整、垫实。当两排吊车梁纵、横轴线无误，复查吊车梁的跨距。

吊车梁的标高和垂直度的校正可通过对钢垫板的调整来实现，吊车梁垂直度的校正应和吊车梁轴线的校正同时进行。

(三)高强度螺栓的安装

1. 高强度螺栓施工工艺流程

高强度螺栓的安装在钢结构吊装完毕、按照《钢结构设计规范》(GB 50017—2003)和《钢结构工程施工质量验收规范》(GB 50205—2001)的要求矫正到位，检查合格后开始施工。其施工工艺流程如图 2-26 所示。

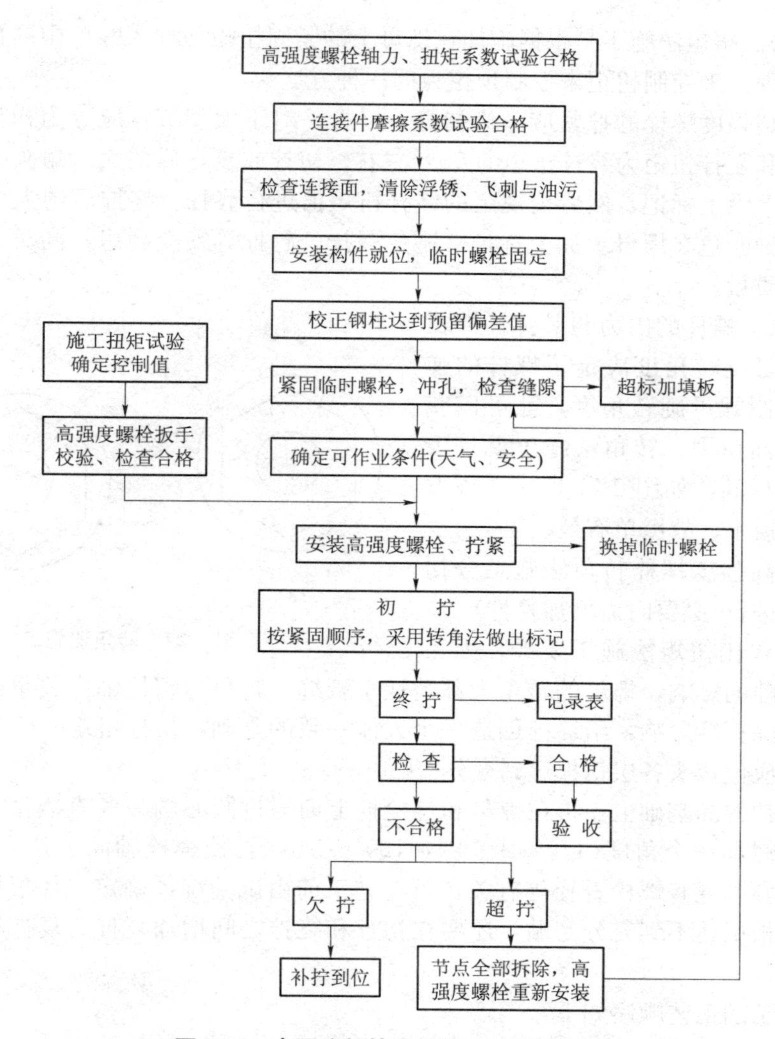

图 2-26　高强度螺栓连接施工工艺流程图

2. 大六角头高强度螺栓连接副的安装

大六角头高强度螺栓连接副由一个螺栓、一个螺母和两个垫圈组成。其规格按直径分为 M12、M16、M20、M22、M24、M27、M30 七种。

大六角头高强度螺栓施工前，施工前按每 3 000 套螺栓为一批(不足 3 000 套的按一批计)，复验扭矩系数。复验用螺栓应在施工现场待安装的螺栓批中随机抽取，每批按规格抽取 8 套连接副进行复验。

大六角头高强度螺栓的拧紧，应按照从中间向四周扩展的顺序，执行初拧、复拧、终拧的施工工艺程序，严禁直接终拧。初拧、终拧都应按一定顺序进行，且必须保证螺栓群中所有螺栓都均匀受力。大六角头高强度螺栓的安装原则是从接头刚度较大的部位向约束较小的自由端方向顺序进行，同一节点从中间向四周进行，以使板间密贴。

大六角头高强度螺栓拧紧时，只准在螺母上施加扭矩，大六角头高强度螺栓的初拧、复拧、终拧应在同一天完成。

大六角高强度螺栓的施工方法分为扭矩法和转角法两种。

(1)扭矩法。扭矩法施工是根据施加在螺母上的紧固扭矩与导入螺栓中的预拉力之间有一定关系的原理，来控制扭矩来控制预拉力的一种方法。

大六角头高强度螺栓的拧紧应分为初拧、终拧。对于大型节点应分为初拧、复拧、终拧。初拧扭矩和复拧扭矩为终拧扭矩的50%左右。初拧或复拧后的大六角头高强度螺栓应用颜色在螺母上涂上标记，然后按规定的终拧扭矩值进行终拧。终拧后的大六角头高强度螺栓应用另一种颜色在螺母上涂上标记。避免漏拧、超拧等安全隐患，同时，也便于检查人员检查紧固质量。

(2)转角法。螺杆的内力与其弹性伸长量成正比，螺母旋转角度决定了螺杆的弹性伸长量。控制螺母旋转角度，就可以获得规定的螺栓预拉力，转角法施工就是根据这一原理进行的，如图 2-27 所示。该方法不需要专用扳手，故简单有效。

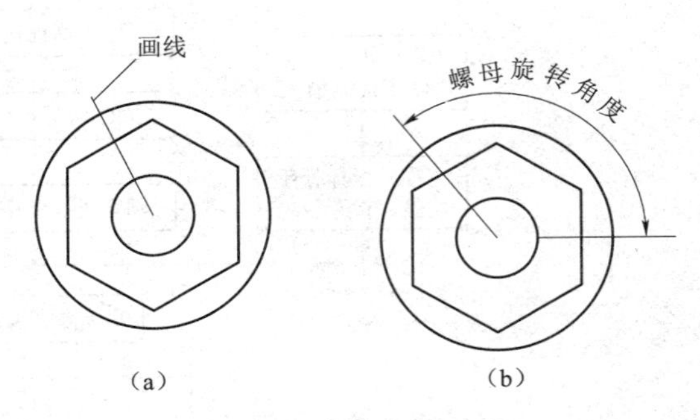

图 2-27　转角法施工

大六角头高强度螺栓转角法施工分初拧和终拧两步进行(必要时需增加复拧)。

初拧的要求比扭矩法施工要严，因为起初连接板间隙的影响，螺母的转角大都消耗于板缝，转角与螺栓轴力关系极不稳定，初拧的目的是消除板缝影响，给终拧创造一个大体一致的基础，初拧扭矩一般为终拧扭矩的50%左右，还应使接头各层钢板达到充分密贴。

终拧是在初拧的基础上，再在螺母和螺栓杆上面通过圆心画一条直线作为标记线，用扭矩扳手转动螺母一个角度(1/3～2/3 圈，120°～240°)，使螺栓轴向力达到施工预拉力。终拧角度与板叠厚度和螺栓直径等有关，可在施工前由试验统计确定。如板层较厚、板叠较多，初拧的板层达不到充分密贴，还要在初拧和终拧之间增加复拧。复拧扭矩和初拧扭矩相同或略大。

转角法施工的工艺顺序如下：

1)初拧：按规定的初拧扭矩值，从节点或栓群中心顺序向外拧紧螺栓，并采用小锤敲击法检查，防止漏拧。

2)画线：初拧后对螺栓逐个进行画线。

3)终拧：用扳手使螺母再旋转一个额定角度，并画线；螺栓群紧固的顺序同初拧。

4)检查：逐个检查终拧后的螺栓螺母旋转角度是否达到规定的角度；可用量角器检查螺栓与螺母上画线的相对转角。

5)标记：对已终拧的螺栓用色笔作出明显的标记，以防漏拧或重拧，并供质检人员检查。

3. 扭剪型高强度螺栓连接副的安装

扭剪型高强度螺栓和大六角头高强度螺栓在材料、性能等级及紧固后连接的工作性能等方面都是相同的，所不同的是外形和紧固方法。扭剪型高强度螺栓由于具有施工简便和便于检查漏拧的优点，故近年来在我国也得到广泛应用。

扭剪型高强度螺栓连接副在出厂时，制造商应该提供螺栓的紧固预拉力及其变异系数(或标准偏差)。在进行安装前，施工单位应对进场的扭剪型高强度螺栓连接副进行紧固预拉力的复验，复验用的螺栓应在施工现场待安装的螺栓批中随机抽取，按每 3 000 套螺栓为一批(不足 3 000 套的按一批计)，每批按规格抽取 8 套连接副进行复验。

扭剪型高强度螺栓是一种自标量型(扭矩系数)的螺栓，其紧固方法采用扭矩法，施工扭矩是由螺栓尾部梅花头的切口直径来确定的。

扭剪型高强度螺栓的拧紧，对于大型节点分为初拧、复拧、终拧。初拧扭矩值和复扭扭矩值为 $0.65\times P_c\times d$，或参照表 2-10 选用。初拧用定扭矩扳手进行，使接头各层钢板达到充分密贴。用转角法初拧，初拧转角控制在 45°～75°，一般以 60°为宜。

对于板层较厚、板叠较多，安装时出现连接部位有轻微翘曲的连接接头等现象，使初拧的板层达不到充分密贴时，应增加复拧。复拧扭矩和初拧扭矩相同或比初拧扭矩略大。

初拧或复拧后的高强度螺栓应用颜色在螺母上涂上标记。对于个别因构造原因或其他原因，无法用专用扳手进行终拧的扭剪型高强度螺栓，可采用大六角头高强度螺栓的施工终拧方法进行扭矩法或转角法进行终拧，并作标记。

终拧使用电动扭剪型扳手，把梅花头拧掉，就标志着螺栓杆已经达到设计要求的紧固预拉力。

表 2-10 扭剪型高强度螺栓初拧(复拧)扭矩值 N·m

螺栓公称直径	M16	M20	M(22)	M24	M27	M30
初拧扭矩	115	220	300	390	560	760

扭剪型高强度螺栓终拧过程如下：

(1)先将扳手内套筒套在梅花头上，再轻压扳手，再将外套筒套在螺母上。完成本项操作后，最好晃动一下扳手，确认内、外套筒均已套好，且调整套筒与连接板面垂直。

(2)按下扳手开关，外套筒旋转，直至切口拧断，如图 2-28 所示。

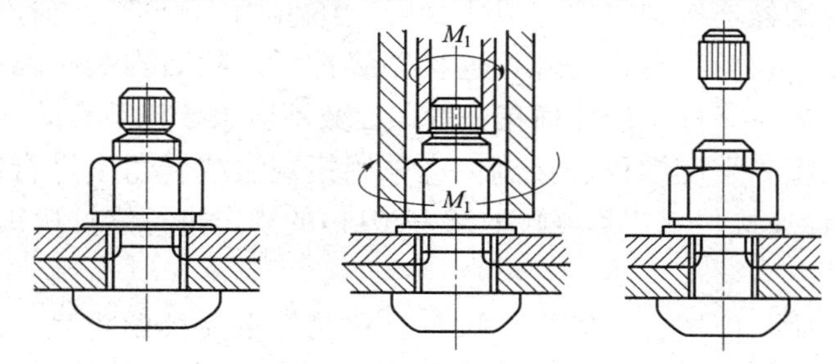

图 2-28 扭剪型高强度螺栓连接副的安装

(3)切口断裂，扳手开关关闭，将外套筒从螺母上卸下，此时应注意拿稳扳手，特别是高空作业时。

(4)启动顶杆开关，将内套筒中已拧掉的梅花头顶出。梅花头应收集在专用容器内，禁止随便丢弃，特别是高空坠落伤人。

扭剪型高强度螺栓紧固预拉力检查是在安装前对同批螺栓副抽样后在轴力计上进行的，检查合格后才能用于工程上，所以工地以拧掉尾部梅花头为标准，用肉眼即可检查。扭剪型高强度螺栓的紧固质量检查重点应放在施工过程的监督检查上，即：

(1)检查初拧扭矩值。

(2)观察螺栓终拧时螺母是否处于转动状态。

(四)轻型门式刚架斜梁的安装

门式刚架斜梁跨度大，侧向刚度小，为了减小劳动强度，提高生产效率，安装时，根据起重设备的吊装能力和实际现场，尽可能地在地面进行拼装，拼装后用单机二点、三点、四点法吊装与铁扁担吊装，或用双机抬吊，减小索具对斜梁的压力，防止斜梁侧向失稳。为了防止构件在吊点部位产生局部变形或损坏，钢丝绳绑扎时，可放加强肋板或用木方进行填充。

选择安装顺序时，要保证结构能形成稳定的空间体系，防止结构产生永久变形。

(五)高强度螺栓连接工程验收

1. 成品进场

钢结构连接用高强度大六角头螺栓连接副、扭剪型高强度螺栓连接副及钢网架用高强度螺栓的品种、规格和性能等，符合现行国家产品标准和设计要求。高强度大六角头螺栓连接副和扭剪型高强度螺栓连接副，在出厂时应分别随箱带有扭矩系数和紧固轴力(预拉力)的检验报告。

2. 扭矩系数和预拉力复验

应按《钢结构高强度螺栓连接技术规程》(JGJ 82—2011)的规定检验其扭矩系数，其检验结果应符合《钢结构高强度螺栓连接技术规程》(JGJ 82—2011)的规定。扭剪型高强度螺栓连接副应按《钢结构高强度螺栓连接技术规程》(JGJ 82—2011)的规定检验预拉力，其检验结果应符合《钢结构高强度螺栓连接技术规程》(JGJ 82—2011)的规定。

3. 抗滑移系数试验

钢结构的制作和安装单位，应按《钢结构高强度螺栓连接技术规程》(JGJ 82—2011)的规定分别进行高强度螺栓连接摩擦面的抗滑移系数试验和复验，现场处理的构件摩擦面应单独进行摩擦面抗滑移系数试验，其结果应符合《钢结构高强度螺栓连接技术规程》(JGJ 82—2011)的要求。

4. 终拧扭矩

高强度大六角头螺栓连接副终拧完成 1 h 后、48 h 内，应进行终拧扭矩检查，检查结果应符合规范的规定。扭剪型高强度螺栓连接副终拧后，除因构造原因无法使用专用扳手终拧掉梅花头者外，未在终拧中拧掉梅花头的螺栓数不应大于该节点螺栓数的5%。对所有梅花头未拧掉的扭剪型高强度螺栓连接副，应采用扭矩法或转角法进行终拧并做标记，且按《钢结构高强度螺栓连接技术规程》(JGJ 82—2011)的规定进行终拧扭矩检查。

5. 成品包装

高强度螺栓连接副，应按包装箱配套供货，包装箱上应标明批号、规格、数量及生产日期。螺栓、螺母、垫圈外观表面应涂油保护，不应出现生锈和沾染脏物，螺纹不应损伤。

6. 初拧、复拧扭矩

高强度螺栓连接副的施拧顺序和初拧、复拧扭矩应符合设计要求和国家现行标准《钢结构高强度螺栓连接技术规程》(JGJ 82—2011)的规定。

7. 连接外观质量

高强度螺栓连接副终拧后，螺栓丝扣外露应为 2～3 扣，其中，允许有10%的螺栓丝扣外露 1 扣或 4 扣。

8. 摩擦面外观

高强度螺栓连接摩擦面应保持干燥、整洁，不应有飞边、毛刺、焊接飞溅物、焊疤、氧化铁皮、污垢等。除设计要求外，摩擦面不应涂漆。

9. 扩孔

高强度螺栓应自由穿入螺栓孔。高强度螺栓孔不应采用气割扩孔，扩孔数量应征得设计单位同意，扩孔后的孔径不应超过 $1.2d$(d 为螺栓直径)。

学习情境三　钢结构多层框架施工

能力描述

按照钢结构多层框架施工图和施工组织设计要求，合理组织人、材、机，科学地进行钢结构多层框架施工中的制作、安装和涂装。

目标描述

1. 准确地理解钢结构多层框架施工图的内容；
2. 准确地理解钢结构多层框架施工组织设计的内容；
3. 合理进行人、材、机的准备；
4. 熟悉钢结构多层框架的施工工艺与流程，积累其施工技术、质量控制与检验的经验；
5. 在团队工作与学习过程中，提高专业能力，锻炼社会能力。

学习单元一　框架的制作

一、任务描述

(一)工作任务

钢结构多层框架的制作。

(二)可选工作手段

计算器，五金手册，钢结构设计规范，安全施工条例，钢结构工程施工质量验收规范，氧气切割(手工切割)机，端面铣床，手工交直流焊机，焊条烘干箱，钢卷尺，游标卡尺，划针，焊缝检验尺，检查锤，绘图工具。

二、案例示范

(一)案例描述

1. 工作任务

钢结构多层框架的制作，如图 3-1～图 3-8 所示。

2. 具体任务

(1)绘制该框架的施工详图。

(2)统计构件钢材用量。

(3)对照《钢结构工程施工质量验收规范》(GB 50205—2001)，检查构件的施工质量。

图 3-1　框架模型示意图

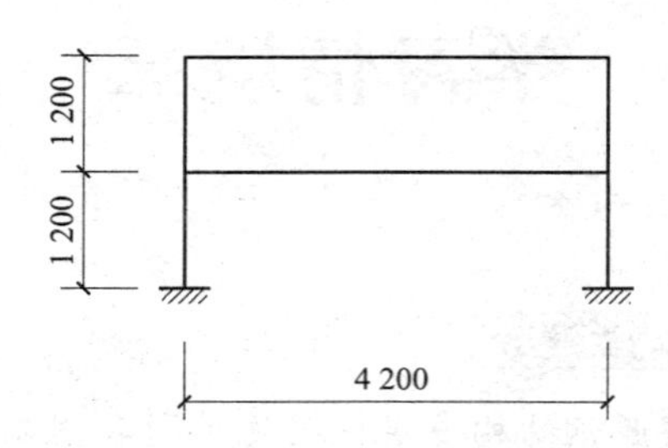

图 3-2　框架立面布置图

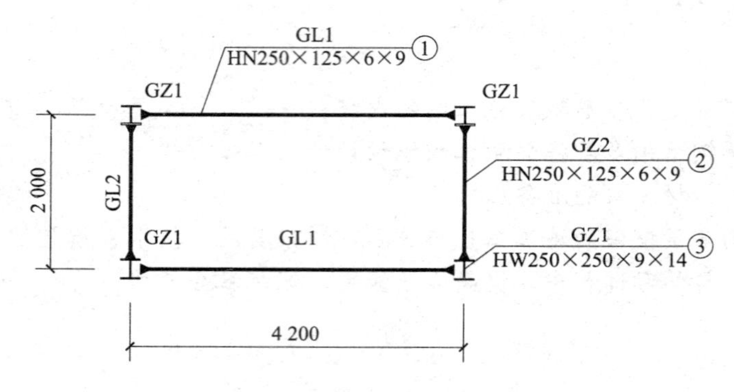

图 3-3　框架平面布置图

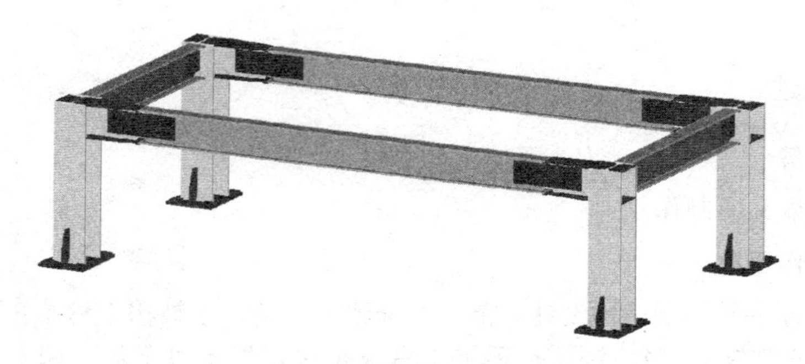

图 3-4　首层连接示意模型

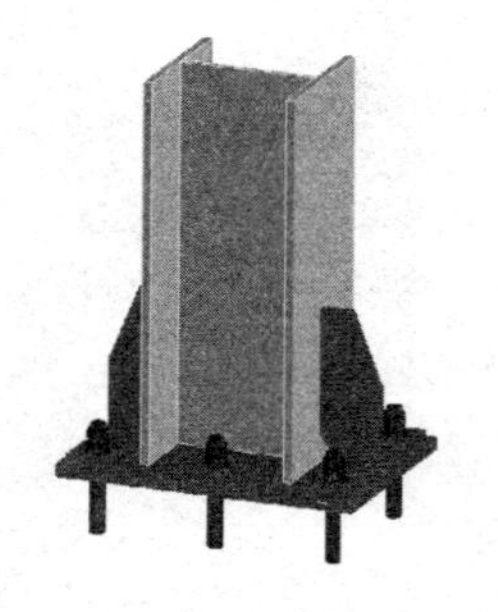

图 3-5　柱脚节点模型

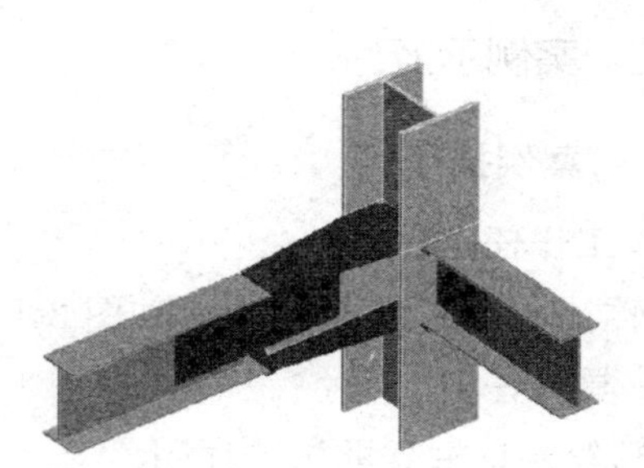

图 3-6　首层梁柱连接节点模型

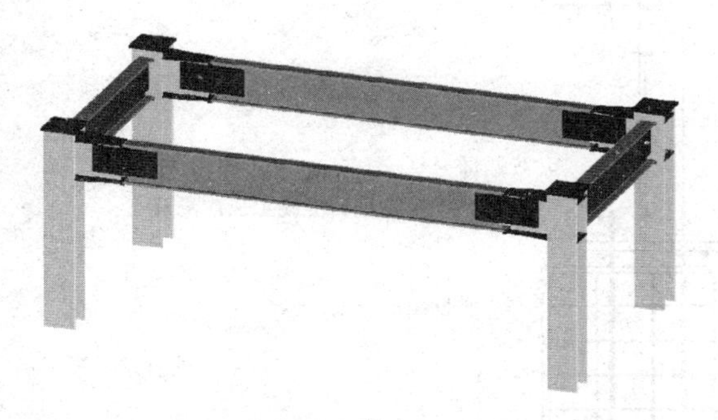

图 3-7　第二层连接示意模型

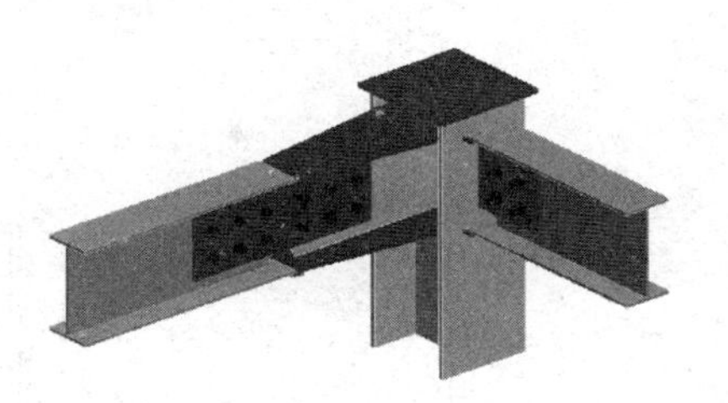

图 3-8　第二层梁柱连接节点模型

(二)案例分析与实施

(1)绘制该框架的施工详图(图 3-9～图 3-15)。

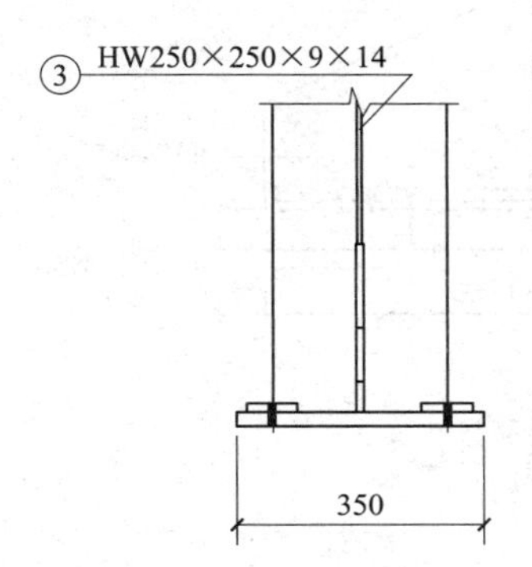

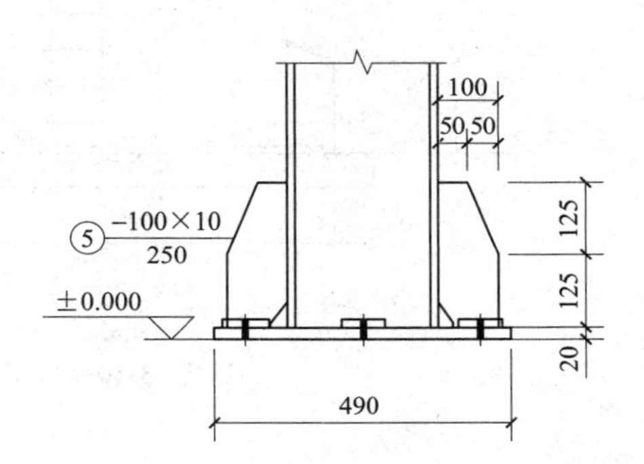

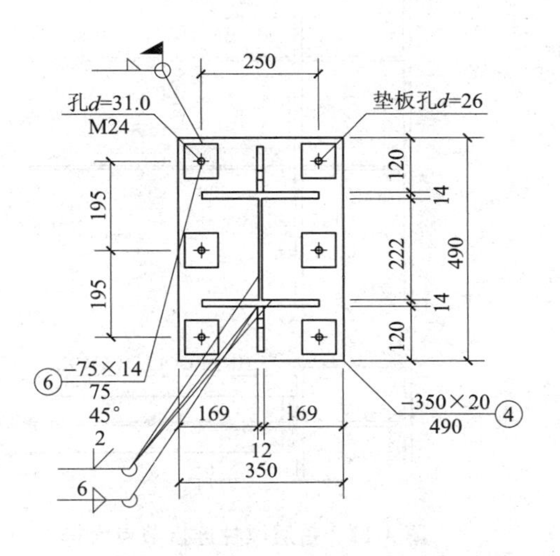

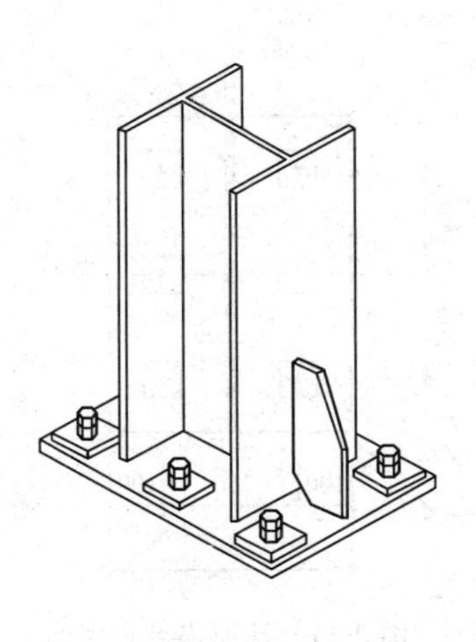

图 3-9　柱脚大样图

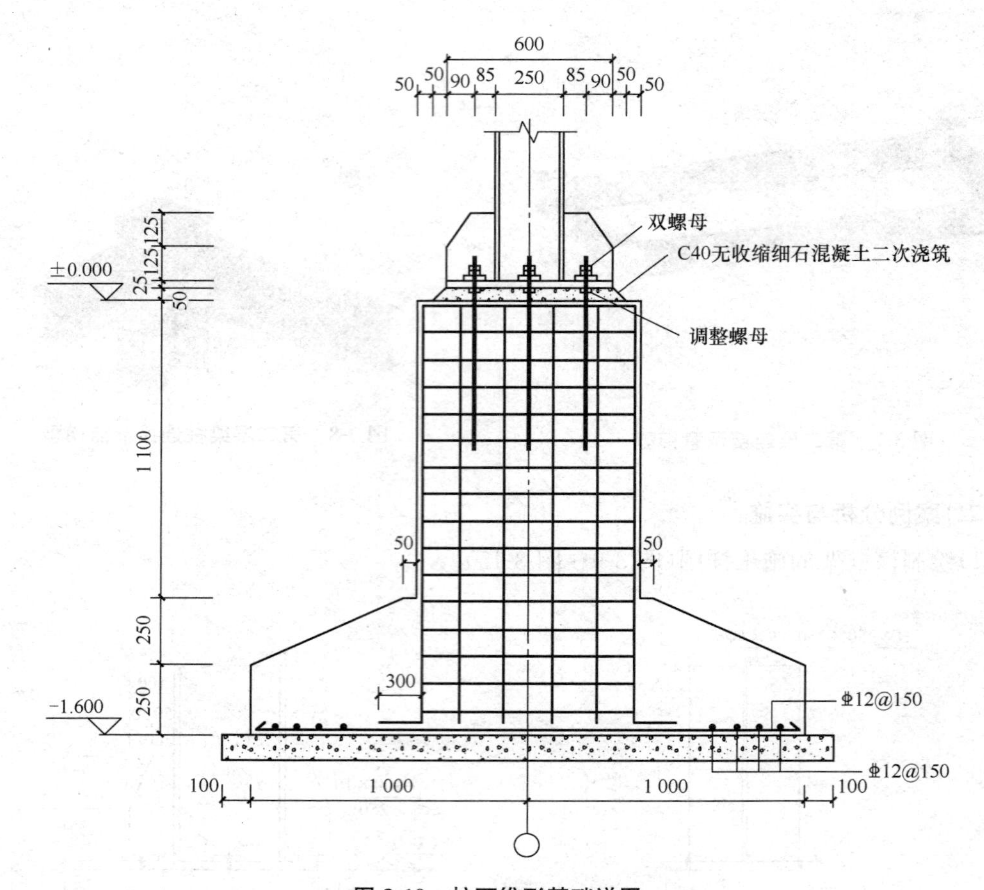

图 3-10　柱下锥形基础详图

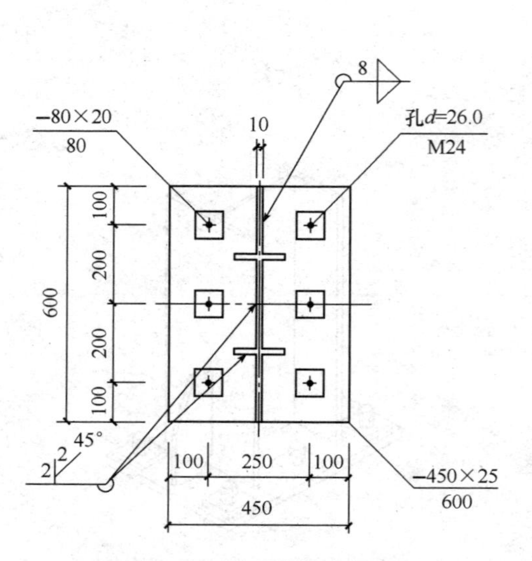

图 3-11　基顶锚栓布置图

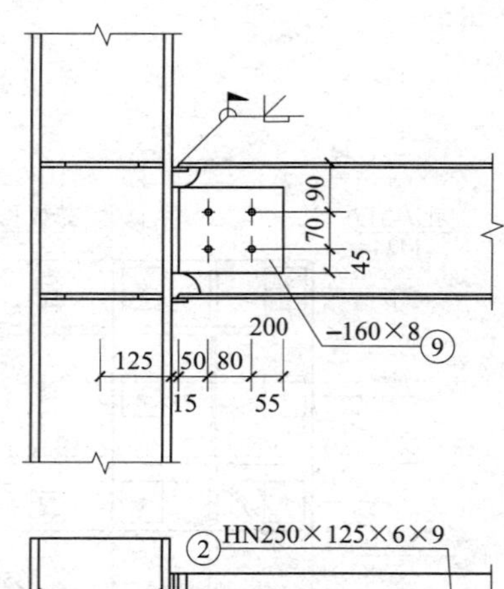

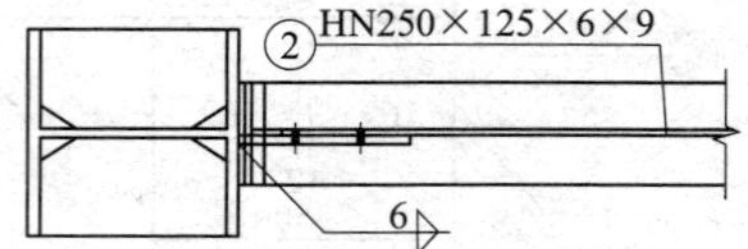

图 3-12　首层梁柱连接节点大样(一)

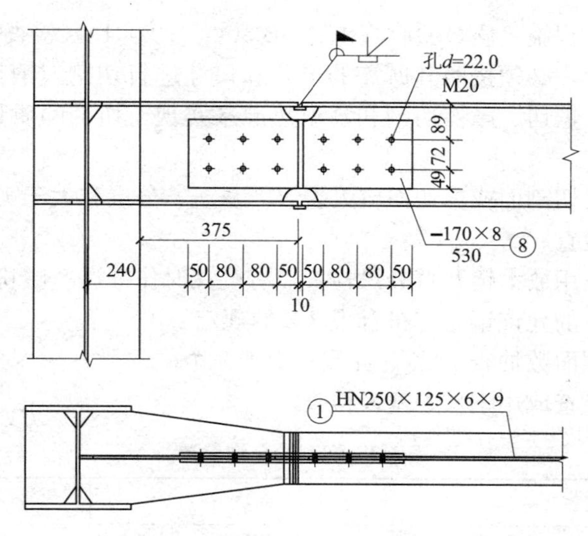

图 3-13　首层梁柱连接节点大样(二)

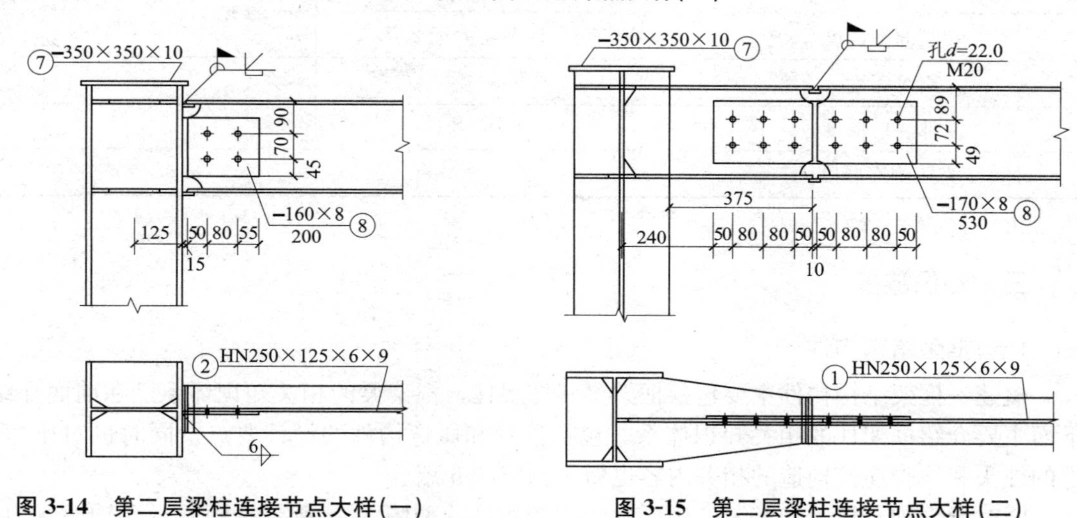

图 3-14　第二层梁柱连接节点大样(一)　　图 3-15　第二层梁柱连接节点大样(二)

(2)统计框架构件钢材用量，见表 3-1。

表 3-1　钢材用量表

编号	规　格	长度/mm	数量	总质量/kg
1	HN250×125×6×9	4 200	4	515.76
2	HN250×125×6×9	2 000	4	245.60
3	HW250×250×9×14	1 200	8	695.04
4	350×20	490	4	107.71
5	100×10	250	8	15.70
6	75×14	75	24	14.84
7	350×10	350	4	38.47
8	170×8	530	8	452.67
9	160×8	200	8	160.77
			合计	2 246.56

(3)对照《钢结构工程施工质量验收规范》(GB 50205—2001)，检查构件的施工质量。

钢材在下料划线后，必须按照其所需的形状和尺寸进行切割，钢材的切割可以通过冲剪、切削、气体切割、锯切、摩擦切割和高温热源来实现。切割的质量检验主要包含以下内容：

1)主控项目。钢材切割面或剪切面应无裂纹、灰渣、分层和大于 1 mm 的缺棱。

检查数量：全数检查。

检验方法：观察或用放大镜及百分尺检查，有疑义时作渗透、磁粉或超声波探伤检查。

2)一般项目。气割的允许偏差应符合表 3-2 的规定。

检查数量：按切割面数抽查 10%，且不应少于 3 个。

检验方法：观察检查或用钢尺、塞尺检查。

表 3-2 切割的允许偏差 mm

项　　目	允许偏差	实际检查结果
零件宽度、长度	±3.0	
切割面平面度	0.05t，且不应大于 2.0	
割纹深度	0.3	
局部缺口深度	1.0	
注：t 为切割面厚度。		

三、知识链接

(一)框架结构构件

概述：框架结构构件主要包括框架梁和框架柱，框架梁的相关知识体系已在前面介绍，下面主要介绍框架柱的相关知识体系，包括拉弯和压弯构件的设计要点。同时也对压弯构件的柱头和柱脚连接构造的相关内容也做了相应的介绍。

同时承受轴心拉力和弯矩的构件称为拉弯构件，如图 3-16 所示；同时承受轴心压力和弯矩的构件称为压弯构件，如图 3-17 所示。工程中也常把这两类构件称为偏心受拉构件和偏心受压构件。多层(或高层)建筑中的框架柱多属于拉弯和压弯构件。其中，拉弯构件需要计算其强度和刚度(限制长细比)；对压弯构件，则需要计算强度、刚度(限制长细比)、整体稳定(弯矩作用平面内稳定和弯矩作用平面外稳定)和局部稳定四个内容。

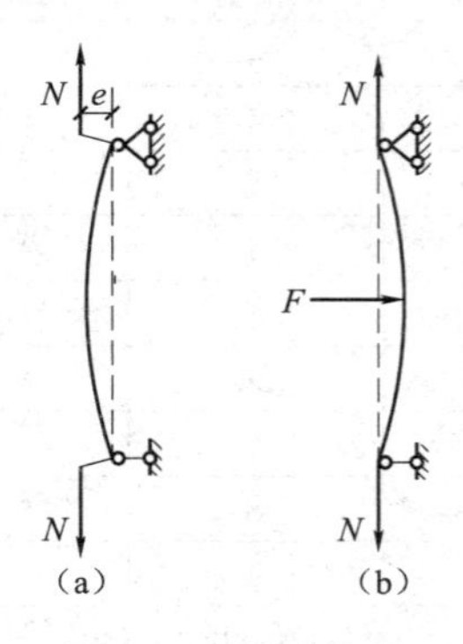

图 3-16 拉弯构件

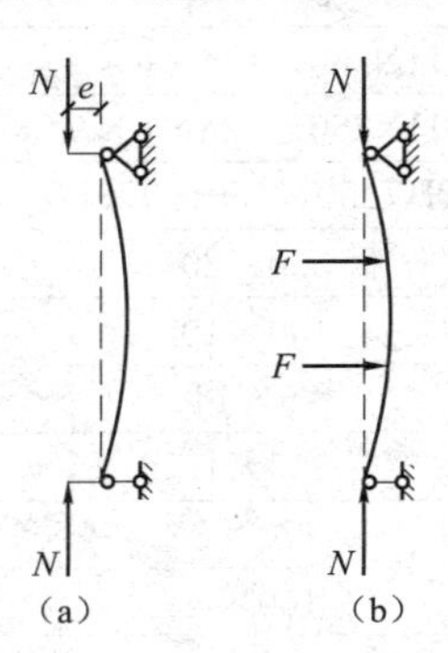

图 3-17 压弯构件

1. 强度

实腹式单向拉弯和压弯构件在轴心拉力或压力 N 和绕一个主轴 x 轴的弯矩 M_x 的作用下。其强度按下列公式验算：

$$\frac{N}{A_n} \pm \frac{M_x}{\gamma_x W_{nx}} \leqslant f \tag{3-1}$$

式中 N——轴向拉力或压力；

M_x——x 方向的弯矩；

A_n——构件净截面面积；

γ_x——截面塑性发展系数；

W_{nx}——构件对 x 轴的净截面模量。

2. 刚度

为了满足结构的正常使用要求，拉弯和压弯构件不应做得过分柔细，而应具有一定的刚度，以保证构件不会产生过度的变形。

拉弯和压弯构件的刚度仍以构件的长细比 λ 来控制，即

$$\lambda_{max} \leqslant [\lambda] \tag{3-2}$$

式中 $[\lambda]$——构件容许长细比，见表 3-3、表 3-4。

当弯矩为主、轴心力较小或有其他需要时，还需计算拉弯或压弯构件的挠度或变形，使其满足挠度或变形要求。

表 3-3 受拉构件的允许长细比

项次	构件名称	承受静力荷载或间接承受动力荷载的结构		直接承受动力荷载的结构
		一般建筑结构	有重级工作制吊车的厂房	
1	桁架的杆件	350	250	250
2	吊车梁或吊车桁架以下的柱间支撑	300	200	—
3	其他拉杆、支撑、系杆等（张紧的圆钢除外）	400	350	—

注：1. 承受静力荷载的结构中，可仅计算受拉构件在竖向平面内的长细比。
2. 在直接或间接承受动力荷载的结构中，计算单角钢受拉构件的长细比时，应采用角钢的最小回转半径；在计算交叉杆件平面外的长细比时，应采用与角钢肢边平行轴的回转半径。
3. 中、重级工作制吊车桁架下弦杆的长细比不宜超过 200。
4. 在设有夹钳吊车或刚性料耙吊车的厂房中，支撑（表中第 2 项除外）的长细比不宜超过 300。
5. 受拉构件在永久荷载与风荷载组合共同作用下受压时，其长细比不宜超过 250。
6. 跨度等于或大于 60 m 的桁架，其受拉弦杆和腹杆的长细比不宜超过 300（承受静力荷载或间接承受动力荷载）或 250（直接承受动力荷载）。

表 3-4　受压构件的允许长细比

项次	构　件　名　称	容许长细比
1	柱、桁架和天窗架的杆件 柱的缀条、吊车梁或吊车桁架以下的柱间支撑	150
2	支撑(吊车梁或吊车桁架以下的柱间支撑除外) 用以减少受压构件长细比的杆件	200

注：1. 桁架(包括空间桁架)的受压腹杆，当其内力等于或小于承载能力的 50%时，容许长细比值可取 200。

2. 计算但角钢受压构件的长细比时，应采用角钢的最小回转半径。但计算在交叉点相互连接的交叉杆件平面外的长细比时，可采用与角钢肢边平行轴的回转半径。

3. 跨度等于或大于 60 m 的桁架，其受压弦杆和端压杆的容许长细比值宜取 100，其他受压腹杆可取 150(承受静力荷载或间接承受动力荷载)或 120(直接承受动力荷载)。

4. 由容许长细比控制截面的杆件，在计算其长细比时，可不考虑扭转效应。

3. 实腹式压弯构件的整体稳定

压弯构件的整体稳定，对实腹构件来说，要进行弯矩作用平面内和弯矩作用平面外的稳定计算。

(1)弯矩作用平面内的稳定。《钢结构设计规范》(GB 50017—2003)规定：对弯矩作用在对称轴平面内(绕 x 轴)的实腹式压弯构件，其稳定性应按下列公式验算：

$$\frac{N}{\varphi_x A}+\frac{\beta_{mx}M_x}{\gamma_x W_{1x}\left(1-0.8\dfrac{N}{N'_{Ex}}\right)}\leqslant f \tag{3-3}$$

式中　N——所计算构件段范围内的轴向压力；

φ_x——弯矩作用平面内的轴心受压构件稳定系数；

M_x——所计算构件段范围内的最大弯矩；

A——构件毛截面面积；

W_{1x}——在弯矩作用平面内对较大受压纤维的毛截面模量；

γ_x——与 W_{1x} 相应的截面塑性发展系数；

N'_{Ex}——参数，$N_{Ex}=\dfrac{\pi^2 EA}{1.1\lambda_x^2}$；

β_{mx}——等效弯矩系数，按下列规定采用。

1)框架柱和两端支承的构件。无横向荷载作用时，$\beta_{mx}=0.65+0.35\dfrac{M_2}{M_1}$。$M_1$ 和 M_2 为端弯矩，使构件产生同向曲率(无反弯点)时取同号；使构件产生反方向曲率(有反弯点)时取异号，$|M_1|\geqslant|M_2|$；有端弯矩和横向荷载作用时，使构件产生同向曲率时，$\beta_{mx}=1.0$；使构件产生反方向曲率时，$\beta_{mx}=0.85$；无端弯矩但有横向荷载作用时，$\beta_{mx}=1.0$。

2)悬臂构件：$\beta_{mx}=1.0$。对于单轴对称的截面(如 T 形、槽形截面等)的压弯构件，当弯矩作用在对称轴平面内且使较大翼缘受压时，较小翼缘有可能由于受到较大的拉应力而首先屈服，导致构件破坏。对这类构件，除按式(3-3)验算其稳定性外，还应按下式验算：

$$\left|\frac{N}{A}-\frac{\beta_{mx}M_x}{\gamma_{2x}W_{2x}\left(1-1.25\frac{N}{N'_{Ex}}\right)}\right|\leqslant f \tag{3-4}$$

式中 W_{2x}——较小翼缘的毛截面抵抗矩；

γ_{2x}——与 W_{2x} 相对应的截面塑性发展系数。

(2)弯矩作用平面外的稳定性。当弯矩作用在压弯构件截面最大刚度平面内时，由于弯矩作用平面外截面的刚度较小，而侧向又没有足够的支承来阻止构件的侧移和扭转，构件就可能向弯矩作用平面外发生侧向弯扭屈曲而破坏，如图 3-18 所示。《钢结构设计规范》(GB 50017—2003)按下列公式验算：

$$\frac{N}{\varphi_y A}+\eta\frac{\beta_{tx}M_x}{\varphi_b W_{1x}}\leqslant f \tag{3-5}$$

式中 M_x——所计算构件范围内(构件侧向支承点之间)的最大弯矩设计值；

φ_y——弯矩作用平面外的轴心受压构件稳定系数；

β_{tx}——弯矩作用平面外等效弯矩系数，取值方法与弯矩作用平面内等效弯矩系数 β_{mx} 相同；

η——截面影响系数，闭口截面 $\eta=0.7$，其他截面 $\eta=1.0$；

φ_b——均匀弯曲的受弯构件整体稳定系数，对闭口截面取 $\varphi_b=1.0$。

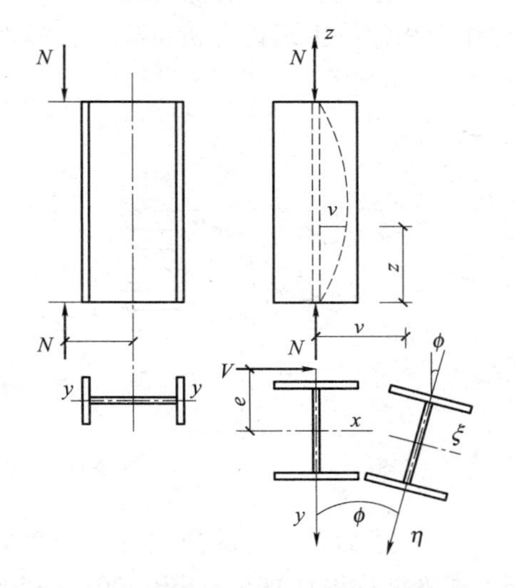

图 3-18　弯矩作用平面外的弯扭屈曲

当 $\lambda_y\leqslant 120\sqrt{235/f_y}$ 时，可按下列近似公式计算：

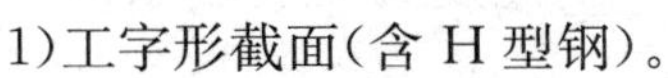

1)工字形截面(含 H 型钢)。

双轴对称时：

$$\varphi_b=1.07-\frac{\lambda^2}{44\,000}\times\frac{f_y}{235}\text{，但不大于 1.0} \tag{3-6}$$

单轴对称时：

$$\varphi_b=1.07-\frac{W_x}{(2\alpha_b+0.1)Ah}\times\frac{\lambda_y^2}{14\,000}\times\frac{f_y}{235}\text{，但不大于 1.0} \tag{3-7}$$

2)T 形截面(弯矩作用在对称轴平面，绕 x 轴)。

①弯矩使翼缘受压时：

双角钢 T 形截面：

$$\varphi_b=1-0.001\,7\lambda_y\sqrt{f_y/235} \tag{3-8}$$

剖分 T 形钢和两板组合 T 形截面：

$$\varphi_b=1-0.002\,2\lambda_y\sqrt{f_y/235} \tag{3-9}$$

②弯矩使翼缘受拉且腹板宽厚比不大于 $18\sqrt{235/f_y}$ 时：

$$\varphi_b=1-0.000\,5\lambda_y\sqrt{f_y/235} \tag{3-10}$$

当 $\varphi_b>1.0$ 时，取 $\varphi_b=1.0$；

当 $\varphi_b>0.6$ 时，不必换成 φ'_b。

4. 实腹式压弯构件的局部稳定

实腹式压弯构件，当翼缘和腹板由较宽较薄的板件组成时，有可能会丧失局部稳定，因此应进行局部稳定验算。

(1)翼缘的局部稳定。压弯构件翼缘的局部稳定与受弯构件类似，应限制翼缘的宽厚比，即翼缘板的自由外伸宽度 b_1 与其厚度 t 之比，应符合下列要求：

$$\frac{b_1}{t} \leqslant 13\sqrt{\frac{235}{f_y}} \tag{3-11}$$

当强度和稳定性计算中取 $\gamma_x=1$ 时，可放宽，即：

$$\frac{b_1}{t} \leqslant 15\sqrt{\frac{235}{f_y}} \tag{3-12}$$

(2)腹板的局部稳定。压弯构件腹板的应力分布是不均匀的。如图 3-19 所示的四边简支、两对边受非均匀分布压力，同时四边受剪应力作用的板，其受力和支承情况与压弯构件腹板相似。由理论分析可知，腹板弹塑性屈曲临界应力为

$$\sigma_{cr}=\kappa_p \frac{\pi^2 E}{12(1-\upsilon^2)} \cdot \left(\frac{t_w}{h_0}\right)^2 \tag{3-13}$$

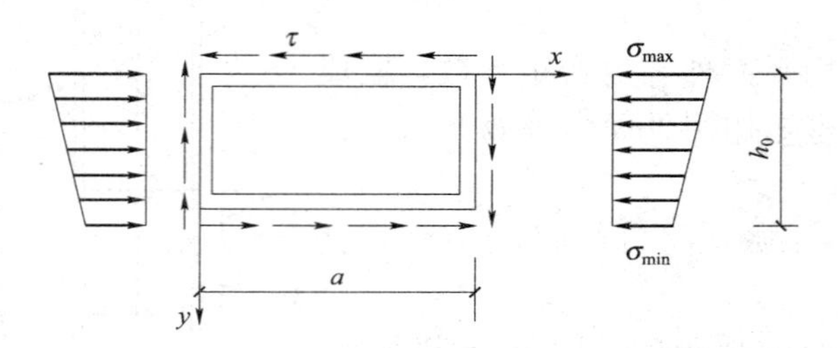

图 3-19 压弯构件腹板弹性状态受力情况

由上述临界应力的公式可推得 h_0/t_w 的限制条件(过程略)。为保证压弯构件的局部稳定，《钢结构设计规范》(GB 50017—2003)对腹板计算高度 h_0 与厚度 t_w 之比的限值作了如下规定：

1)工字形和 H 形截面。

当 $0 \leqslant \alpha_0 \leqslant 1.6$ 时：

$$\frac{h_0}{t_w} \leqslant (16\alpha_0+0.5\lambda+25)\sqrt{\frac{235}{f_y}} \tag{3-14}$$

当 $1.6 < \alpha_0 \leqslant 2.0$ 时：

$$\frac{h_0}{t_w} \leqslant (48\alpha_0+0.5\lambda-26.2)\sqrt{\frac{235}{f_y}} \tag{3-15}$$

式中 $\alpha_0=\frac{\sigma_{max}-\sigma_{min}}{\sigma_{max}}$；

σ_{max}——腹板计算高度边缘的最大压应力，计算时不考虑构件的稳定系数和截面塑性发展系数；

σ_{min}——腹板计算高度另一边缘相应的应力，压应力取正值，拉应力取负值；

λ——构件在弯矩作用平面内的长细比，当 $\lambda < 30$ 时，取 $\lambda=30$；当 $\lambda > 100$ 时，取 $\lambda=100$。

2)箱形截面。箱形截面腹板的高厚比不应大于由式(3-4)、式(3-5)右边所得值的 0.8 倍，当此值小于 $40\sqrt{235/f_y}$ 时，应采用 $40\sqrt{235/f_y}$。

3)T 形截面

①弯矩使腹板自由边受压的压弯构件。

当 $\alpha_0 \leqslant 1.0$ 时：
$$\frac{h_0}{t_w} \leqslant 15\sqrt{\frac{235}{f_y}} \tag{3-16}$$

当 $\alpha_0 > 1.0$ 时：
$$\frac{h_0}{t_w} \leqslant 18\sqrt{\frac{235}{f_y}} \tag{3-17}$$

②当弯矩使腹板自由边受拉时，与轴心受压构件相同。

对于热轧剖分 T 形钢：
$$\frac{h_0}{t_w} \leqslant (15+0.2\lambda)\sqrt{\frac{235}{f_y}} \tag{3-18}$$

对于焊接 T 形钢：
$$\frac{h_0}{t_w} \leqslant (13+0.17\lambda)\sqrt{\frac{235}{f_y}} \tag{3-19}$$

当腹板的高厚比不符合上述要求时，可设置纵向加劲肋，或在计算构件的强度和稳定性时，将腹板的截面仅考虑计算高度边缘范围内两侧宽度各为 $20t_w\sqrt{235/f_y}$ 的部分(计算构件的稳定系数时，仍用全部截面)。但在受压较大翼缘与纵向加劲肋之间的腹板，应仍按上述要求验算局部稳定性。

5. 压弯构件的计算长度

压弯构件的计算长度与构件端部的约束条件有关。对于端部约束条件比较简单的压弯构件计算长度，可按轴心受压构件的计算长度系数表确定。对于框架柱，端部约束条件比较复杂。框架结构分为有侧移框架和无侧移框架两种结构。无侧移的框架，其稳定承载力比连接条件与截面尺寸相同的有侧移框架大很多，所以，确定框架柱的计算长度时，应区分框架失稳时有无侧移。

《钢结构设计规范》(GB 50017—2003)规定：单层或多层框架等截面柱，在框架平面内的计算长度，应等于该层柱的高度乘以计算长度系数 μ。

(1)有侧移框架，柱计算长度系数 μ 按附表 2-9 确定。

(2)无侧移框架：

1)强支撑框架：当支撑结构(支撑桁架、剪力墙、电梯井等)的侧移刚度 S_b 满足下式要求时，为强支撑框架，其柱计算长度系数 μ 按附表 2-10 确定。

$$S_b \geqslant 3(1.2\sum N_{bi} - \sum N_{0i}) \tag{3-20}$$

式中 $\sum N_{bi}, \sum N_{0i}$ ——第 i 层层间所有框架柱，用无侧移框架和有侧移框架柱计算长度系数算得的轴压杆稳定承载力之和。

2)弱支撑框架：当支撑结构的侧移刚度 S_b 不满足式(3-20)的要求时，为弱支撑框架，框架柱的压杆稳定系数 φ 按下式计算：

$$\varphi = \varphi_0 + (\varphi_1 - \varphi_0)\frac{S_b}{3(1.2\sum N_{bi} + \sum N_{0i})} \tag{3-21}$$

式中 φ_0，φ_1——分别是框架柱用附表 2-8 中无侧移框架柱和附表 2-9 中有侧移框架柱计算长度系数，算得的轴心压杆稳定系数。

框架柱在框架平面外的计算长度可取柱的全长。当有侧向支撑时，取支撑点之间的距离。

6. 实腹式压弯构件的截面设计

实腹式压弯构件的截面设计应遵循等稳定性、肢宽壁薄、制造省工和连接简便等设计原则。

截面设计的步骤是：截面选择、强度验算、弯矩作用平面内和平面外的整体稳定验算、局部稳定验算、刚度验算等。

(1)确定截面形式和尺寸。截面形式可根据弯矩的大小、方向，选用双轴对称或单轴对称的截面。截面尺寸由于受稳定性、几何特征控制较为复杂，一般可根据设计经验，先假定出截面尺寸，然后经多次试算调整，才能设计出合理的截面形式和截面尺寸。

(2)截面验算。

1)强度验算。

$$\frac{N}{A_{\mathrm{n}}}+\frac{M_x}{\gamma_x W_{\mathrm{n}x}}\leqslant f \tag{3-22}$$

若无截面削弱，当弯曲取值和整体稳定性验算取值相同时，可不作强度验算。

2)刚度验算。

$$\lambda_{\max}=\left(\frac{l_0}{i}\right)_{\max}\leqslant[\lambda] \tag{3-23}$$

3)整体稳定验算。

弯矩作用平面内的稳定性：$$\frac{N}{\varphi_x A}+\frac{\beta_{\mathrm{m}x}M_x}{\gamma_x W_{1x}\left(1-0.8\dfrac{N}{N'_{\mathrm{E}x}}\right)}\leqslant f \tag{3-24}$$

单轴对称时：$$\left|\frac{N}{A}-\frac{\beta_{\mathrm{m}x}M_x}{\gamma_x W_{2x}\left(1-1.25\dfrac{N}{N'_{\mathrm{E}x}}\right)}\right|\leqslant f \tag{3-25}$$

弯矩作用平面外的稳定性：$$\frac{N}{\varphi_y A}+\eta\frac{\beta_{\mathrm{t}x}M_x}{\varphi_{\mathrm{b}}W_{1x}}\leqslant f \tag{3-26}$$

4)局部稳定性验算。按构造控制翼缘宽厚比或腹板高厚比限值即可满足。

【例 3-1】 图 3-20 所示为一双轴对称工字形截面压弯构件，两端铰支。杆长为 9.9 m，在杆中间 1/3 处有侧向支撑，承受轴心压力设计值 N=1 250 kN，中点横向荷载设计值 F=140 kN。构件截面尺寸如图所示，截面无削弱，翼缘板为火焰切割边，钢材为 Q235，构件容许长细比[λ]=150，试对该构件截面进行验算。

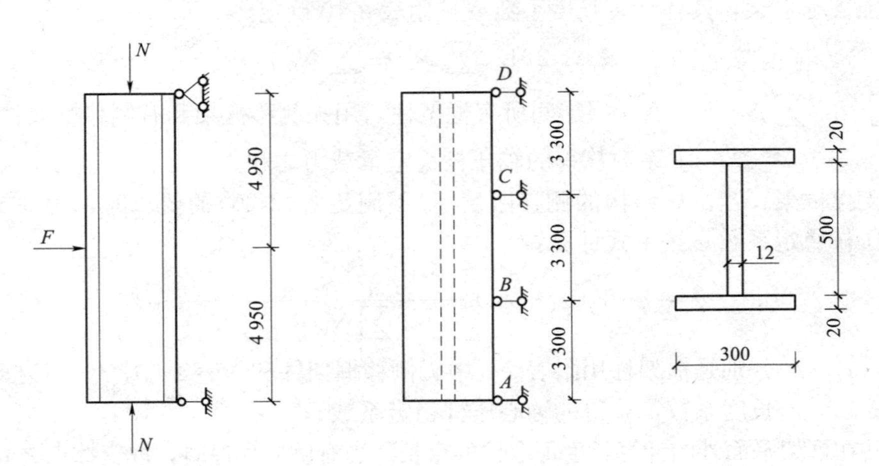

图 3-20 【例 3-1】图

【解】 1. 截面几何特征计算

$$A=32\times2\times2+50\times1.2=188(\mathrm{cm}^2)$$

$$I_x=\frac{50^3\times1.2}{12}+30\times2\times\left(\frac{50+2}{2}\right)^2\times2=93\ 620(\mathrm{cm}^4)$$

$$I_y=\frac{30^3\times2\times2}{12}=9\ 000(\mathrm{cm}^4)$$

$$i_x=\sqrt{\frac{I_x}{A}}=\sqrt{\frac{93\ 620}{180}}=22.8(\mathrm{cm})$$

$$i_y=\sqrt{\frac{I_y}{A}}=\sqrt{\frac{9\ 000}{180}}=7.07(\mathrm{cm})$$

$$W_{1x}=\frac{2I_x}{h}=\frac{2\times93\ 620}{54}=3\ 467.4$$

$$\lambda_x=\frac{l_{0x}}{i_x}=\frac{990}{22.8}=43.42$$

$$\lambda_y=\frac{l_{0y}}{i_y}=\frac{330}{7.07}=46.68$$

按 b 类截面，查附表 2-4 得：

$\varphi_x=0.885$，$\varphi_y=0.871$

2. 强度验算

$$M_x=\frac{1}{4}Fl=\frac{1}{4}\times140\times9.9=346.5(\mathrm{kN\cdot m})$$

查表得 $\gamma_x=1.05$，$f=215\ \mathrm{N/mm^2}$

$$\frac{N}{A_\mathrm{n}}+\frac{M_x}{\gamma_xW_{1x}}=\frac{1\ 250\times10^3}{180\times10^2}+\frac{346.5\times10^6}{1.05\times3\ 467.4\times10^3}=165(\mathrm{N/mm^2})<f=215\ \mathrm{N/mm^2}$$

满足要求。

3. 刚度验算

$$\lambda_{\max}=\lambda_y=46.68<[\lambda]=150$$

满足要求。

4. 弯矩作用平面内整体稳定验算

$$N'_{\mathrm{E}x}=\frac{\pi^2EI_x}{1.1l_{0x}^2}=\frac{\pi^2\times2.06\times10^5\times93\ 620\times10^4}{1.1\times9\ 900^2}=17\ 655.2(\mathrm{kN})$$

$\beta_{\mathrm{m}x}=1.0$(验算段无端弯矩但有横向荷载作用)

$$\frac{N}{\varphi_xA}+\frac{\beta_{\mathrm{m}x}M_x}{\gamma_xW_{1x}\left(1-0.8\dfrac{N}{N'_{\mathrm{E}x}}\right)}$$

$$=\frac{1\ 250\times10^3}{0.885\times180\times10^2}+\frac{1.0\times346.5\times10^6}{1.0\times3\ 467.4\times10^3\times\left(1-0.8\times\dfrac{1\ 250}{17\ 655.2}\right)}$$

$$=184.4(\mathrm{N/mm^2})<f=215\ \mathrm{N/mm^2}$$

满足要求。

5. 弯矩作用平面外整体稳定性验算

$$\varphi_\mathrm{b}=1.07-\frac{\lambda_y^2}{44\ 000}\times\frac{f_y}{235}=1.07-\frac{46.68^2}{44\ 000}\times\frac{215}{235}=1.02>1.0$$

取 $\varphi_b=1.0$，$\beta_{tx}=1.0$（验算段内有端弯矩及横向荷载同时作用，且端弯矩 $M_1=M_2$），$\eta=1.0$（工字形截面）

$$\frac{N}{\varphi_y A}+\eta\frac{\beta_{tx}M_x}{\varphi_b W_{1x}}=\frac{1\ 250\times10^3}{0.871\times180\times10^2}+1.0\times\frac{1.0\times346.5\times10^6}{1.002\times3\ 467.4\times10^3}$$
$$=180(\text{N/mm}^2)<f=215\ \text{N/mm}^2$$

满足要求。

6. 局部稳定验算

翼缘：$\frac{b_1}{t}=\frac{(300-12)}{2\times20}=7.2\leqslant13\sqrt{\frac{235}{f_y}}=13$（满足要求）

腹板：$\sigma_{\min}=\frac{N}{A}+\frac{M}{W_{1x}}=\frac{1\ 250\times10^3}{180\times10^2}+\frac{346.5\times10^6}{3\ 467.4\times10^3}=169.4(\text{N/mm}^2)$

$$\sigma_{\max}=\frac{N}{A}-\frac{M}{W_{1x}}=\frac{1\ 250\times10^3}{180\times10^2}-\frac{346.5\times10^6}{3\ 467.4\times10^3}=-30.5(\text{N/mm}^2)$$

$$\alpha_0=\frac{\sigma_{\max}-\sigma_{\min}}{\sigma_{\max}}=\frac{169.4+30.5}{169.4}=1.18<1.6$$

$$\frac{h_0}{t_w}=\frac{500}{12}=41.7$$

$$<(16\alpha_0+0.5\lambda+25)\sqrt{\frac{235}{f_y}}=(16\times1.18+0.5\times46.68+25)\times\sqrt{\frac{215}{235}}=67.22$$

满足要求。

经过以上验算，该构件截面设计安全。

(二)框架结构的连接构造

1. 柱头

框架梁柱的连接可分为柔性连接和刚性连接。柔性连接一般采用高强度螺栓连接，属于铰接；刚性连接采用焊缝连接，如图 3-21 所示。

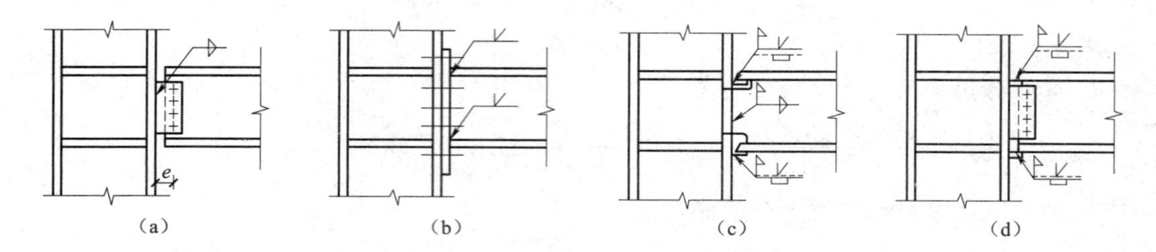

图 3-21　框架梁柱连接构造(螺栓为普通螺栓)

(a)、(b)柔性连接；(c)、(d)刚性连接

2. 柱脚

框架结构柱所受的轴力 N、剪力 V 和弯矩 M 通过柱脚传至基础，所以柱脚的设计也是一个重要环节。

柱脚分为刚接和铰接两种，铰接柱脚只传递轴心压力和剪力，它的计算和构造与轴心受压柱的柱脚相同，此处不再论述。但如果受剪力过大，可采取抗剪的构造措施，如加抗剪键，如图 3-22 所示。

刚接柱脚除传递轴力和剪力外还传递弯矩。刚接柱脚主要分为整体式柱脚和分离式柱脚。实腹式压弯构件和分肢间距较小的格构式压弯构件常常采用整体式柱脚，如图 3-23 所示。

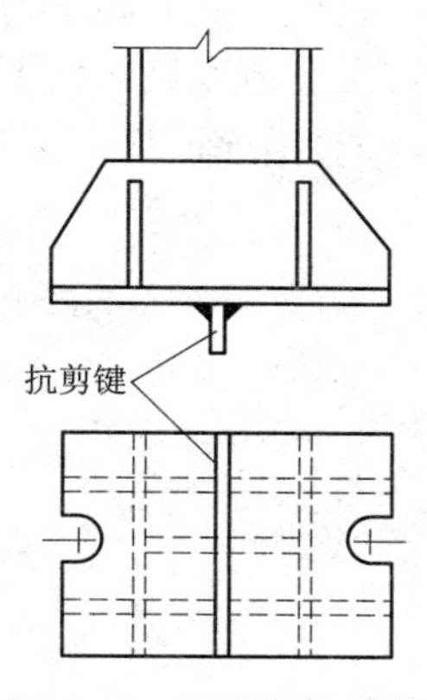

图 3-22　柱脚的抗剪键

整体式柱脚的构造是柱身置于底板，柱两侧由两块靴梁夹柱，靴梁分别与柱翼缘和底板焊牢。为保证柱脚与基础形成刚性连接，柱脚处一般布置 4 个锚栓，锚栓不像中心受压柱那样固定在底板上，而是在靴梁侧面每个锚栓处焊两块肋板，并在肋板上设水平板，组成锚栓支架，锚栓固定在锚栓支架的水平板上。为便于安装时调整柱脚位置，水平板上的锚栓孔（或缺口）的直径应为锚栓直径的 1.5～2 倍。锚栓穿过水平板准确就位后，再用有孔垫板套柱锚栓，并与锚栓焊牢。垫板孔径一般只比锚栓直径大 1～2 mm。此外，在锚栓支架间应布置竖向隔板锚，以增加柱脚刚性。

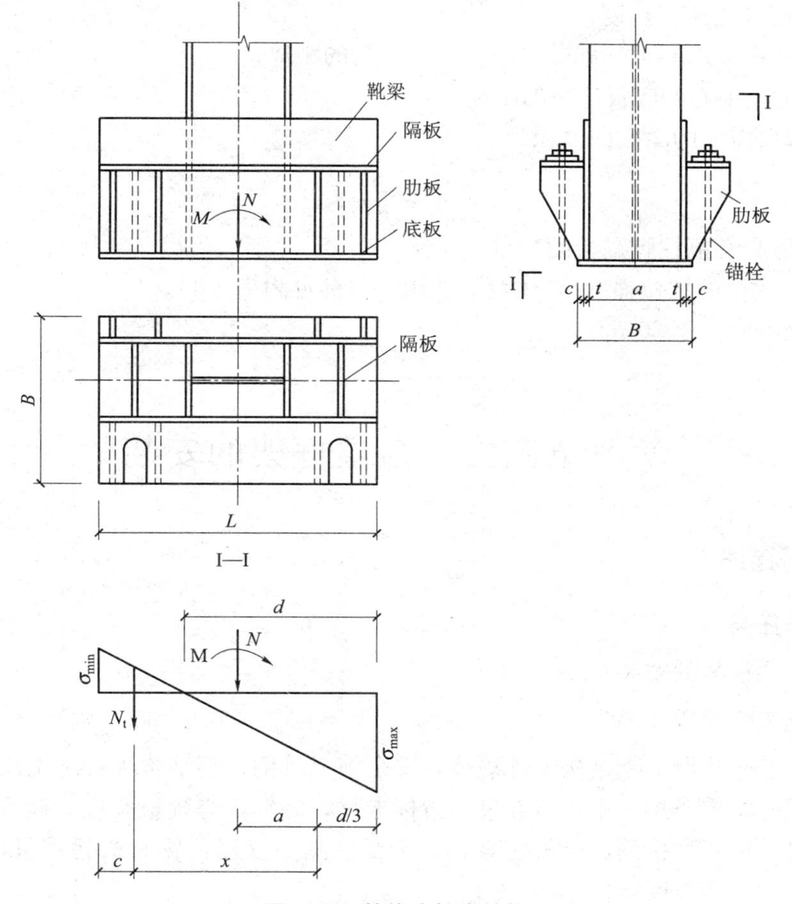

图 3-23　整体式柱脚结构

整体式柱脚结构的设计内容有：底板尺寸、锚栓直径、靴梁尺寸及焊缝。

(1)底板尺寸。底板宽度 B 由构造要求确定，其中悬臂宽度取 20～50 mm。底板长度 L 由下式确定：

$$\sigma_{max}=\frac{N}{BL}+\frac{6M}{BL^2}\leqslant f_{cc} \tag{3-27}$$

底板厚度的确定与轴心受压构件柱脚类似，其中，底板各区格单位面积上的压应力 q，可较安全地取该区格下最大压应力值，作为全区格均匀分布压应力来计算其弯矩。

(2)锚栓计算。当 σ_{min} 为负值时，为拉应力，该拉应力 N_1 由锚栓承担。

$$\sigma_{min}=\frac{N}{BL}-\frac{6M}{BL^2} \tag{3-28}$$

$$N_1=\frac{M-Na}{x} \tag{3-29}$$

$$d=\frac{\sigma_{max}}{\sigma_{max}-\sigma_{min}}\cdot L \tag{3-30}$$

$$\begin{cases} a=\dfrac{L}{2}-\dfrac{d}{3} \\ x=L-c-\dfrac{d}{3} \end{cases} \tag{3-31}$$

式中　d——底板受压区长度；

a——柱截面形心到基础受压区合力点之间的距离；

c——锚栓中心到底板边缘的距离。

故单个螺栓需要的净截面面积为

$$A_e\geqslant\frac{N}{nf_t^b} \tag{3-32}$$

式中　n——柱身一侧柱脚锚栓的数目；

f_t^b——锚栓的抗拉强度(具体数值选用，可参见附表 1-4)。

螺栓直径不应小于 20 mm。

学习单元二　多层框架的安装

一、任务描述

(一)工作任务

钢结构多层框架的安装。

(二)可选工作手段

计算器，五金手册，钢结构设计规范，安全施工条例，钢结构工程施工质量验收规范，手工交直流焊机，焊条烘干箱，钢卷尺，游标卡尺，划针，焊缝检验尺，检查锤，千斤顶，卷扬机，滑轮，链式手拉葫芦，吊装索具，卡具，测量仪器，轮胎式起重机，桅杆，架设走线滑车，扳手，高强度螺栓。

二、案例示范

(一)案例描述

1. 工作任务

钢结构多层框架的安装，如图 3-24 所示。

2. 具体任务

(1)安装前准备。

(2)设计安装流程。

(3)标准框架体的安装。

(二)案例分析与实施

1. 安装前准备

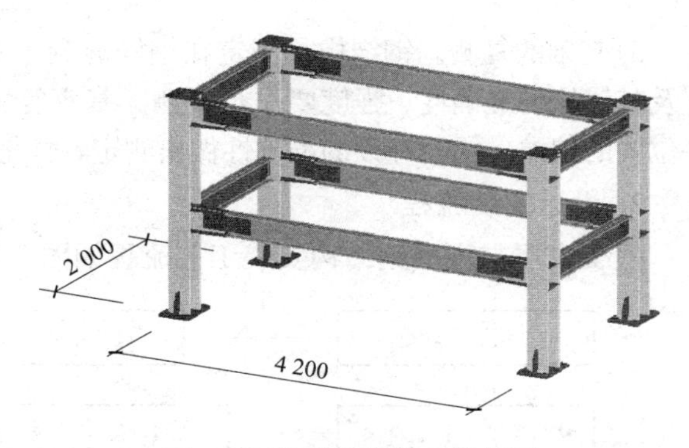

图 3-24 钢结构框架组装模型

(1)施工组织设计。钢结构安装的施工组织设计，应简要描述工程概况、全面统计工程量、正确选择施工机具和施工方法、合理编排安装顺序、详细拟订主要安装技术措施、严格制定安装质量标准和安全标准、认真编制工程进度表、劳动力计划以及材料供应计划。

(2)施工前的检查。施工前的检查包括钢构件的验收、施工机具和测量器具的检验及基础的复测。

1)钢构件的验收。对钢构件应按施工图和规范要求进行验收。钢构件运到现场时，制造方应提供产品出厂合格证及下列技术文件：

①设计图和设计修改文件。

②钢材和辅助材料的质保单或试验报告。

③高强度螺栓摩擦系数的测试资料。

④工厂一、二类焊缝检验报告。

⑤ 钢构件几何尺寸检验报告。

⑥ 构件清单。

安装单位应对此进行验收，并对构件的实际状况进行复测。若构件在运输过程中有损伤，还需要求生产厂修复。

2)施工机具和测量器具的检验。安装前对重要的吊装机械、工具、钢丝绳及其他配件均须进行检验，保证具备可靠的性能，以确保安装的顺利及安全。安装时测量仪器及器具要定期到国家标准局指定的检测单位进行检测、标定，以保证测量标准的准确性，见表 3-5。

表 3-5 施工机具及测量器具的准备情况

工具名称	准备情况	工具名称	准备情况	工具名称	准备情况
计算器		钢卷尺、游标卡尺、划针		滑轮、链式手拉葫芦	
钢结构设计验收规范		焊缝检验尺、检查锤		吊装索具、卡具	
手工交直流焊机、焊条烘干箱		千斤顶、卷扬机		轮胎式起重机、桅杆架设走线滑车	
架设走线滑车		构件		扳手、高强度螺栓	
钢结构工程施工质量验收规范		五金手册		安全施工条例	

3)基础的复测。钢结构是固定在钢筋混凝土基座(基础、柱顶、牛腿等)上的。因而对基座及其锚栓的准确性、强度要进行复测。基座复测要对基座面的水平标高、平整度、锚栓水平位置的偏差、锚栓埋设的准确性做出测定，并把复测结果和整改要求交付基座施工单位。

2. 设计安装流程

框架多层与高层钢结构安装工艺流程如图 3-25 所示。

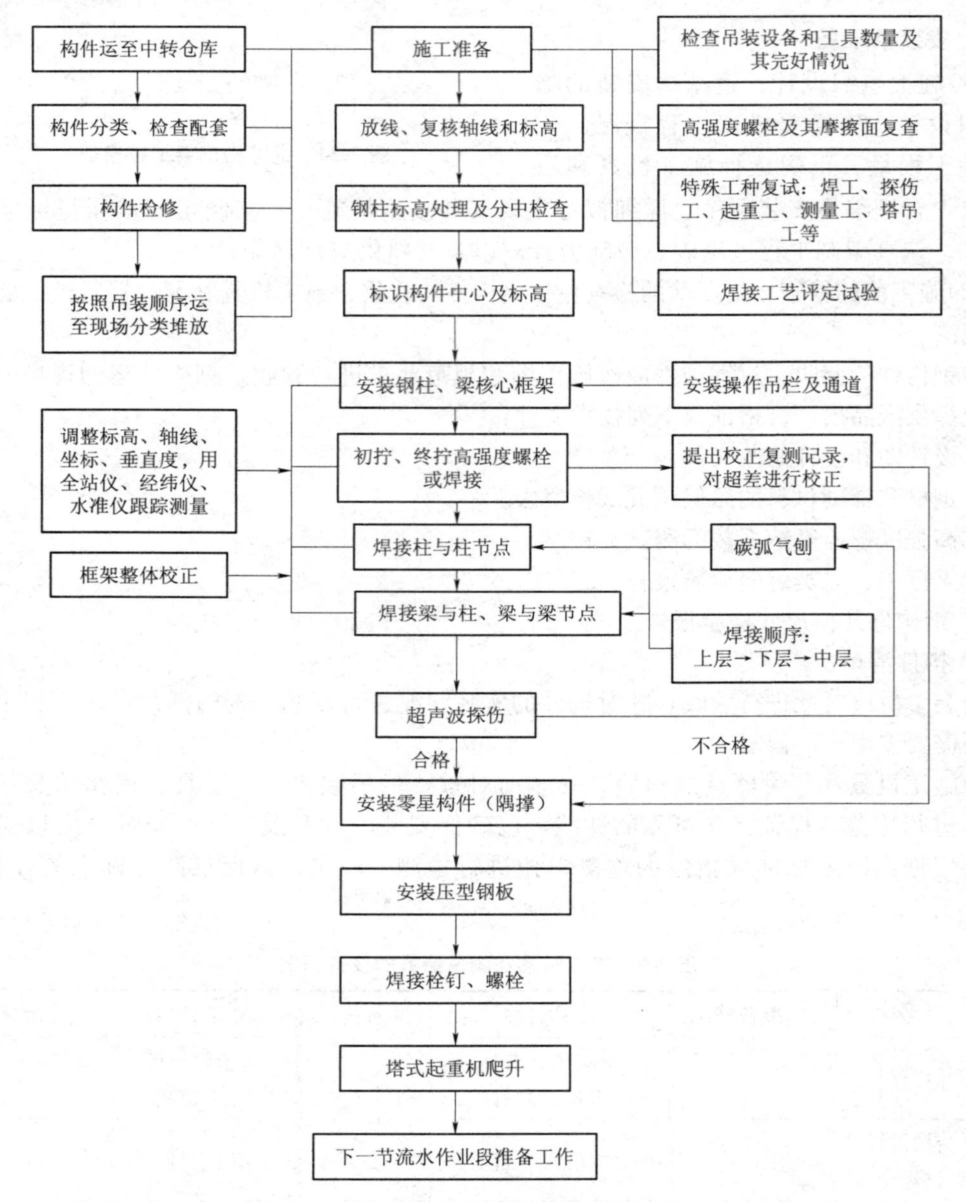

图 3-25　框架多层与高层钢结构安装工艺流程

3. 标准框架体的安装

(1)钢柱安装。吊装前首先确定构件吊点位置，确定绑扎方法，吊装时做好防护措施。钢柱起吊后，当柱脚距地脚螺栓为 30～40 cm 时扶正，使柱脚的安装孔对准螺栓，缓慢落钩就位。经过初校待垂直偏差在 20 mm 内，拧紧螺栓，临时固定即可脱钩。

(2)钢梁吊装。钢梁吊装在柱子复核完成后进行，钢梁吊装时采用两点对称绑扎起吊就位安装。钢梁起吊后距柱基准面 100 mm 时徐徐就位，待钢梁吊装就位后进行对接调整校正，然后固定连接。钢梁吊装时随吊随用经纬仪校正，有偏差随时纠正。

(3)安装校正。

1)钢柱校正：钢柱垂直度校正用经纬仪或吊线坠检验。当有偏差时，使用千斤顶进行校正，标高校正用千斤顶将底座少许抬高；然后，增减垫板厚度，柱脚校正无误后，立即紧固地脚螺栓，待钢柱整体校正无误后，在柱脚底板下浇筑细石混凝土固定。

2)钢梁校正：钢梁轴线和垂直度的测量校正，校正使用千斤顶进行，校正后立即进行固定。

安装校正时，使用相互垂直放置的两台经纬仪对钢柱及钢梁进行垂直度观测。在钢柱偏斜方向的一侧打入钢楔或顶升千斤顶，如图 3-26 所示。在保证单节柱垂直度不超过规范的前提下，将柱顶偏移控制到零；最后，拧紧连接板上的高强度螺栓至额定扭矩值。

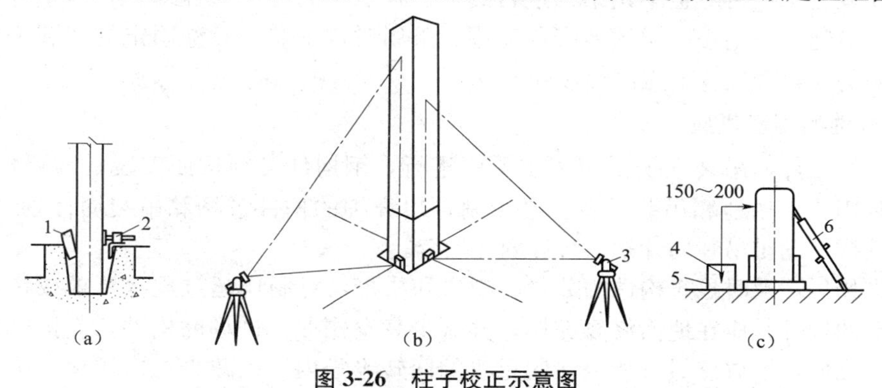

图 3-26　柱子校正示意图

(a)就位调整；(b)用两台经纬仪测量；(c)线坠测量

1—楔块；2—螺丝顶；3—经纬仪；4—线坠；5—水桶；6—调整螺杆千斤顶

柱校正后，安装标准框架体的梁。先安装上层梁，再安装中、下层梁，安装过程会影响柱的垂直度，应使用钢丝绳缆索(只适宜跨内柱)、千斤顶、钢楔和手拉葫芦进行调整，如图 3-27 所示。其他框架柱从标准框架体向四周安装扩张。

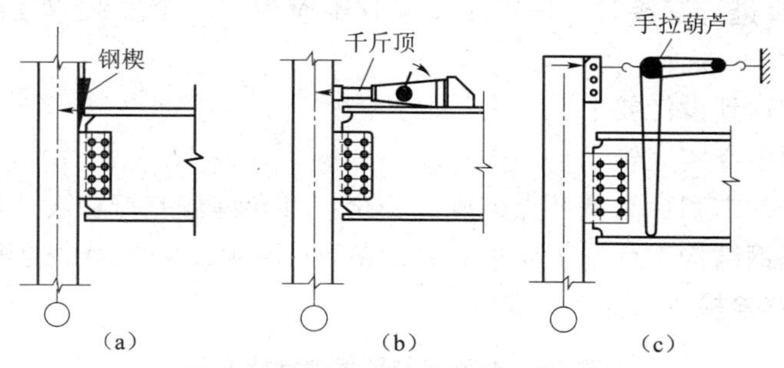

图 3-27　标准框架体垂直度的校正

三、知识链接

(一)多层框架的安装

1. 多层框架安装的工艺流程

多层框架安装的现场施工中，合理划分流水作业区段，选择适当的构件的安装顺序、吊装机具、吊装方案、测量监控方案和焊接方案是保证工程顺利进行的关键。其施工工艺流程如图 3-25 所示。

2. 总平面规划

编制施工组织设计时，做好总平面规划，包括结构平面纵、横轴线尺寸、塔式起重机的布置及其工作范围、机械开行的路线，配电箱和焊接设备的布置，施工现场的道路、消防通道、排水系统、构件的堆放位置等，施工现场构件的堆放位置不足时，应考虑中转场地。

吊装在分片、分区的基础上，多采用综合吊装法，对称吊装，对称固定：构件安装平面从中间或某一对称节间(中间核心区)开始，以一个节间的柱网为一个吊装单元，按照钢柱→钢梁→支撑的顺序进行吊装，并向四周扩展；垂直方向由下至上逐件安装。吊装完毕，立即进行测量、校正、高强度螺栓初拧等工序，待组成稳定结构后，分层安装次要结构。一个节间安装完毕，再对整个钢结构进行测量、校正、高强度螺栓终拧、焊接等工序，如此一节间一节间、一层楼一层楼地安装完成。采用对称吊装、对称固定的安装工艺，可消除安装误差的积累和减少节点的焊接变形。

3. 钢构件的配套供应

安装现场构件的吊装根据吊装流水顺序进行，钢构件必须按照安装的需要保证供应。为了充分利用施工场地和吊装设备，必须制订出详细的构件进场和吊装周计划、日计划，保证进场的构件满足吊装周计划、日计划并配套。

构件进场后，及时检查构件的数量、规格和质量，对制作超过规范要求或在运输过程中产生变形的构件，应在地面修复完毕，并减少高空作业。进场的构件，应按照现场平面布置的要求堆放，堆放点尽可能设在起重机的回转半径内，以减少二次搬运。构件在吊装前，必须清理干净，接触面和摩擦面的铁锈和污物用钢丝刷进行清理。

4. 柱基础和预埋螺栓的检查

钢结构安装前，应对建筑物的定位轴线、基础上柱的定位轴线和标高、地脚螺栓(锚栓)的规格和位置、地脚螺栓(锚栓)紧固情况等项目进行检查(表 3-6)，并应进行基础检测和办理交接验收。

当基础工程分批进行交接时，每次交接验收不应少于一个安装单元的柱基基础，并应符合下列规定：

(1)混凝土强度达到设计要求。

(2)基础周围回填夯实完毕。

(3)基础的轴线标志和标高基准点准确、齐全，其允许偏差符合设计规定。

基础检查应按《钢结构工程施工质量验收规范》(GB 50205—2001)的规定进行。

柱基础与预埋螺栓检查表见表 3-6。

表 3-6 柱基础与预埋螺栓检查表

项　　目	允许偏差	实际检验结果
建筑物定位轴线	$L/20\,000$，且不应大于 3.0	
基础上柱的定位轴线	1.0	
基础上柱底标高	±2.0	
地脚螺柱(锚栓)位移	2.0	

在埋设地脚螺栓时，先根据螺栓的位置制作模具，为了精确定位，应先确定基准定位，一般取柱子的形心为定位点，根据柱子形心与螺栓的位置关系以及螺栓直径在模具上面定位钻孔，钻孔直径宜比螺栓直径大2 mm，模具宜比螺栓组外边缘宽50 mm。为了保证垂直度，可根据找平层的厚度做两块相同的模具，制作成一个具备一定厚度的盒子，使螺栓穿入模具后，不会左右摇晃。螺栓穿入模具后，上部拧一个螺帽固定，可以调节螺栓预留高度，也可以与基础短柱钢筋焊接定位，但必须保证模板牢固。

在施工过程中，由于设计图纸、测量、操作出现错误或误差，安装固定不牢固，或者浇筑混凝土时受冲击或者振动等原因，会导致部分螺栓出现过大偏差。地脚螺栓是连接上部结构与基础的重要部件。如果埋设偏差过大，会产生过大应力，影响结构的正常使用和使用寿命。一旦出现过大偏差现象，应认真进行调整、纠正。处理方法的选择，应根据螺栓直径大小和偏差情况等确定；同时，还要考虑结构类型、施工现场条件等因素，择优选用。

5. 钢柱吊装和校正

起吊时钢柱必须垂直，尽量做到回转扶直。在起吊回转过程中，应避免同其他已安装的构件发生碰撞，吊索应预留有效高度。钢柱起吊扶直前，应将登高爬梯和挂篮等挂设在钢柱预定位置，并绑扎牢固。钢柱就位后，使用临时固定地脚螺栓，校正垂直度。柱接长时，上节钢柱对准下节钢柱的顶中心。然后，用螺栓固定钢柱两侧的临时固定用连接板，钢柱安装到位，对准轴线，临时固定牢固后才能松钩。

钢柱校正主要控制钢柱的水平标高、十字轴线位置和垂直度，测量是关键。在整个施工过程中，以测量为主。校正工作比普通单层钢柱的校正更复杂，在施工过程中，对每根下节柱都要进行多次重复校正和观测其垂直度偏差。

钢柱垂直度校正的重点是对钢柱有关尺寸进行预检，对影响钢柱垂直的因素进行控制。如下层钢柱的柱顶垂直度偏差，就是上节钢柱的底部轴线、位移量、焊接变形、日照影响、垂直度校正及弹性变形等的综合影响。可采取预留垂直度偏差值，来消除部分误差。预留值大于下节柱积累偏差值时，只预留累计偏差值；反之，则预留可预留值，其方向与偏差方向相反。

多层、高层房屋钢结构的垂直度校正不能完全靠最下一节桩桩脚下钢垫板来调整，施工时还应考虑安装现场焊接的收缩量和荷载使柱产生的压缩变形值等诸多因素。对每根下节柱进行垂直偏移值测量和多次校正。

6. 标准框架体的安装

为确保整体安装质量，在每层选择一个标准框架结构体(或剪力筒)，从标准框架结构体向外依次安装，选择标准框架结构体要便于其他柱安装及流水作业段的划分。

标准化框架是指在建筑物核心部分或对称中心，由框架柱、梁、支撑组成刚度较大的框架结构，作为安装的基本单元，其他单元依此扩展。

7. 框架梁的安装

框架梁和柱的连接一般采用上、下翼板焊接，腹板螺栓连接，或者全焊接、全栓接的连接方式。

采用专用吊具两点绑扎吊装钢梁，吊升过程中必须保证钢梁处于水平状态。一机吊多根钢梁时，绑扎要牢固、安全，便于逐一安装。

一节柱上一般有2～4层梁，由于柱上部和周边都处于自由状态，横向构件的安装是由上向下逐层进行，便于安装和控制质量。一般情况下，同一列柱的钢梁从中间跨开始对称地向两端扩展安装，同一跨钢梁，先安装上层梁，后安装中、下层梁。

在安装柱与柱之间的主梁时，必须跟踪测量校正柱与柱之间的距离，并预留安装余量，特别是节点焊接收缩量，达到控制变形、减小或消除附加应力的目的。

柱与柱节点和梁与柱节点的连接，采用对称施工，互相协调。节点采用焊接连接时，一般先焊接一节柱的顶层梁，再从下向上焊接各层梁与柱的节点。柱与柱的节点可以先焊，也可以后焊；节点采用焊接和螺栓混合连接时，一般先拧紧螺栓后再进行焊接的工艺。螺栓连接从中心轴开始，对称拧固。

一节柱的一层梁安装完成后，应立即安装本层的楼梯和压型钢板，楼面堆放物不能超过钢梁和压型钢板的承载力。

次梁根据实际施工情况，一层一层安装完成。

8. 柱底灌浆

在第一节框架安装、校正、螺栓紧固后，钢结构安装形成空间固定单元，并进行验收合格后，应及时将柱底板和基础顶面的空间用膨胀混凝土二次浇筑密实，即进行底层钢柱柱底灌浆(二次灌浆层位置如图3-28所示)。灌浆方法是先在柱脚四周立模板，将基础上表面清除干净；然后，用高强度聚合砂浆从一侧自由灌入至密实，灌浆后用湿草袋或麻袋养护。灌浆要留排气孔，钢管混凝土施工也要在钢管柱上预留排气孔。

图3-28　二次灌浆层位置

9. 测量监控工艺

多层与高层钢结构安装阶段的测量放线工作包括平面轴线控制点的竖向传递、柱顶平面放线、传递标高、平面形状复杂钢结构坐标测量、钢结构安装变形的监控等。施工时要根据场地情况及设计与施工的要求，合理布置钢结构平面控制网和标高控制网。

为达到符合精度要求的测量成果，全站仪、经纬仪、水平仪、铅直仪、钢尺等，必须经计量部门检定。除按规定周期进行检定外，在检定周期内的全站仪、经纬仪、铅直仪等主要有关仪器，还应每2～3个月定期校验。

为减少不必要的测量误差，从钢结构制作、基础放线、到构件安装，应该使用统一型号、经过统一校核的钢尺。

(1)测量控制网的建立与传递。根据业主提供的测量网基准控制体系，使用全站仪将其引入施工现场，设置现场控制基准点。设置坐标点可用长度为2 m的$DN50$钢管或∟50×5

的角钢打桩，顶部焊一块200 mm×200 mm×10 mm的钢板，周边浇筑600 mm×600 mm、深度为800 mm以上的混凝土与钢板平齐，做成永久性的控制点；在钢板上用划针画出十字线，其交点即为基准点，用红角标注，坐标点应设置2～3个。标高点设置方法与坐标点设置基本相同，需在钢板上加焊一个半圆头栓钉，混凝土浇筑平半圆头平面，其圆头顶部即为标高控制点，标高点只需设置一组。

测量基准点设置方法有外控法和内控法两种。外控法将测量基准点设在建筑物外部，根据建筑物平面形状，在轴线延长线上设立控制点，控制点一般距建筑物0.8～1.5H(H为建筑物高度)处。每点引出两条交汇的线，组成控制网，并设立半永久性控制桩。建筑物垂直度的传递都从该控制桩引向高空，适用于场地开阔的工地。内控法是将测量控制基准点设在建筑物内部，它适用于场地狭窄、无法在场外建立基准点的工地。控制点的多少，是由建筑物平面形状决定的。当从地面或底层把基准线点引至高空楼面时，遇到楼板时要留孔洞，最后再修补该孔洞。

采取一定的措施(如砌筑砖井)对测量基准点进行围护，并记录所设置的测量基准点数值。

各基准控制点、轴线、标高等都要进行三次或以上的复测，以误差最小为准。控制网的测距相对误差应小于1/25 000，测角中误差应小于2″。

(2)平面轴线控制点的竖向传递。地下部分可采用外控法，建立井字形控制点，组成一个平面控制格网，并测量设出纵、横轴线。

地上部分控制点的竖向传递采用内控法，投递仪器采用激光铅直仪。在地下部分钢结构工程施工完成后，利用全站仪，将地下部分的外控点引测到±0.000 m层楼面，在±0.000 m层楼面形成井字形内控点。在设置内控点时，为保证控制点间相互通视和向上传递，应避开柱、梁位置。在把外控点向内控点的引测过程中，其引测必须符合国家标准《工程测量规范》(GB 50026—2007)中相关规定。地上部分控制点的向上传递过程是：在控制点架设激光铅直仪，精密对中整平；在控制点的正上方，在传递控制点的楼层预留孔(300 mm×300 mm)上放置一块用有机玻璃做成的激光接收靶，通过移动激光接收靶将控制点传递到施工作业楼层上；然后，在传递好的控制点上架设仪器，复测传递好的控制点，须符合国家标准《工程测量规范》(GB 50026—2007)中的相关规定。

(3)柱顶轴线(坐标)测量。利用传递上来的控制点，通过全站仪或经纬仪进行平面控制网放线，把轴线(坐标)放到柱顶上。

(4)悬吊钢尺传递标高。

1)利用标高控制点，采用水准仪和钢尺测量的方法引测。

2)多层与高层钢结构工程一般用相对标高法进行测量控制。

3)根据外围原始控制点的标高，用水准仪引测水准点至外围框架钢柱处，在建筑物首层外围钢柱处确定±1.000 m标高控制点，并做好标记。

4)从做好标记并经过复测合格的标高点处，用50 m标准钢尺垂直向上量至各施工层，在同一层的标高点应检测相互闭合。闭合后的标高点则作为该施工层标高测量的后视点，并做好标记。

5)当超过钢尺长度时，另布设标高起始点，作为向上传递的依据。

多层装配式框架安装施工质量通病及防治

学习情境四　钢网架施工

能力描述

按照钢结构网架施工图和施工组织设计要求，合理组织人、材、机，科学地进行钢结构网架施工中的制作、安装和涂装。

目标描述

1. 准确地理解钢结构网架施工图的内容；
2. 准确地理解钢结构网架施工组织设计的内容；
3. 合理进行人、材、机的准备；
4. 熟悉钢结构网架的施工工艺与流程，积累其施工技术、质量控制与检验的经验；
5. 在团队合作与学习过程中，提高专业能力，锻炼社会能力。

学习单元一　钢网架的制作

一、任务描述

（一）工作任务

钢网架的制作。

（二）可选工作手段

计算器，五金手册，钢结构设计规范，安全施工条例，钢结构工程施工质量验收规范，氧气切割（手工切割）机，端面铣床，手工交直流焊机，焊条烘干箱，钢卷尺，游标卡尺，划针，焊缝检验尺，检查锤，绘图工具，焊接空心球节点，螺栓球。

二、案例示范

（一）案例描述

1. 工作任务

钢网架的制作，如图 4-1～图 4-4 所示。

2. 具体任务

（1）绘制钢网架的施工详图。

（2）对照钢结构工程施工质量验收规范，检查各构件的施工质量。

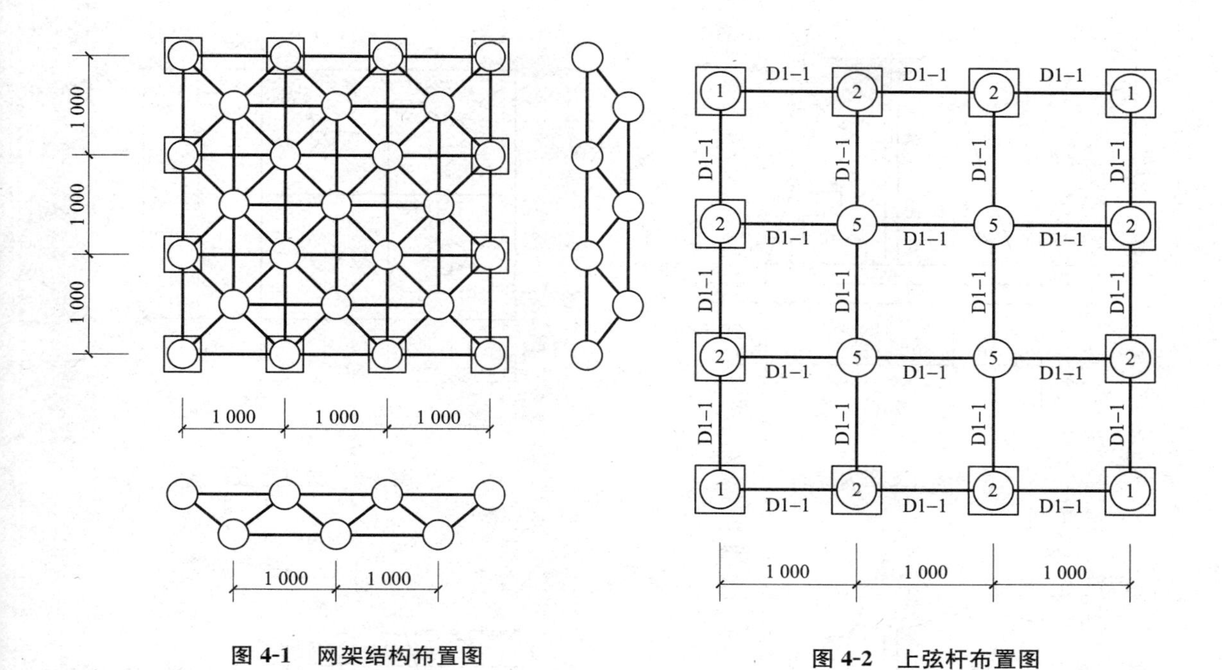

图 4-1　网架结构布置图

图 4-2　上弦杆布置图

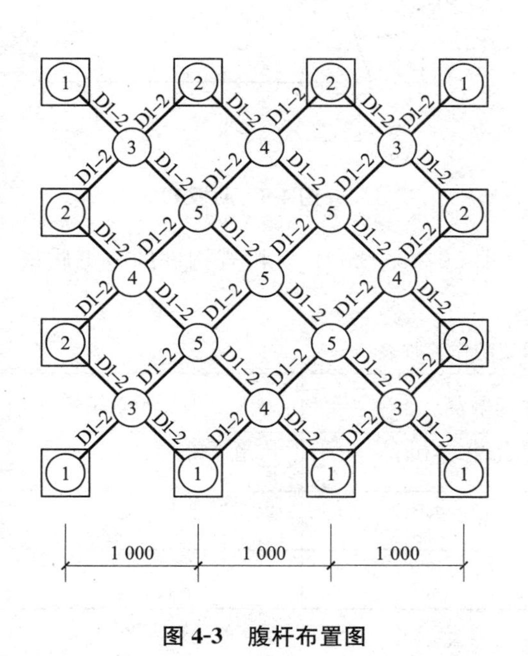

图 4-3　腹杆布置图

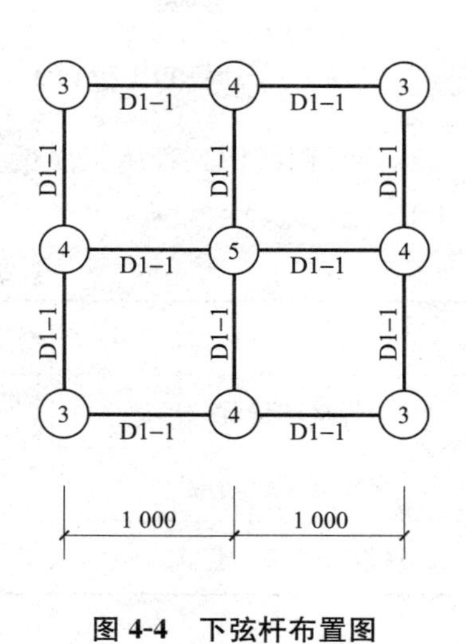

图 4-4　下弦杆布置图

(二)案例分析与实施

(1)绘制该钢网架的施工详图，如图 4-5～图 4-8 所示。

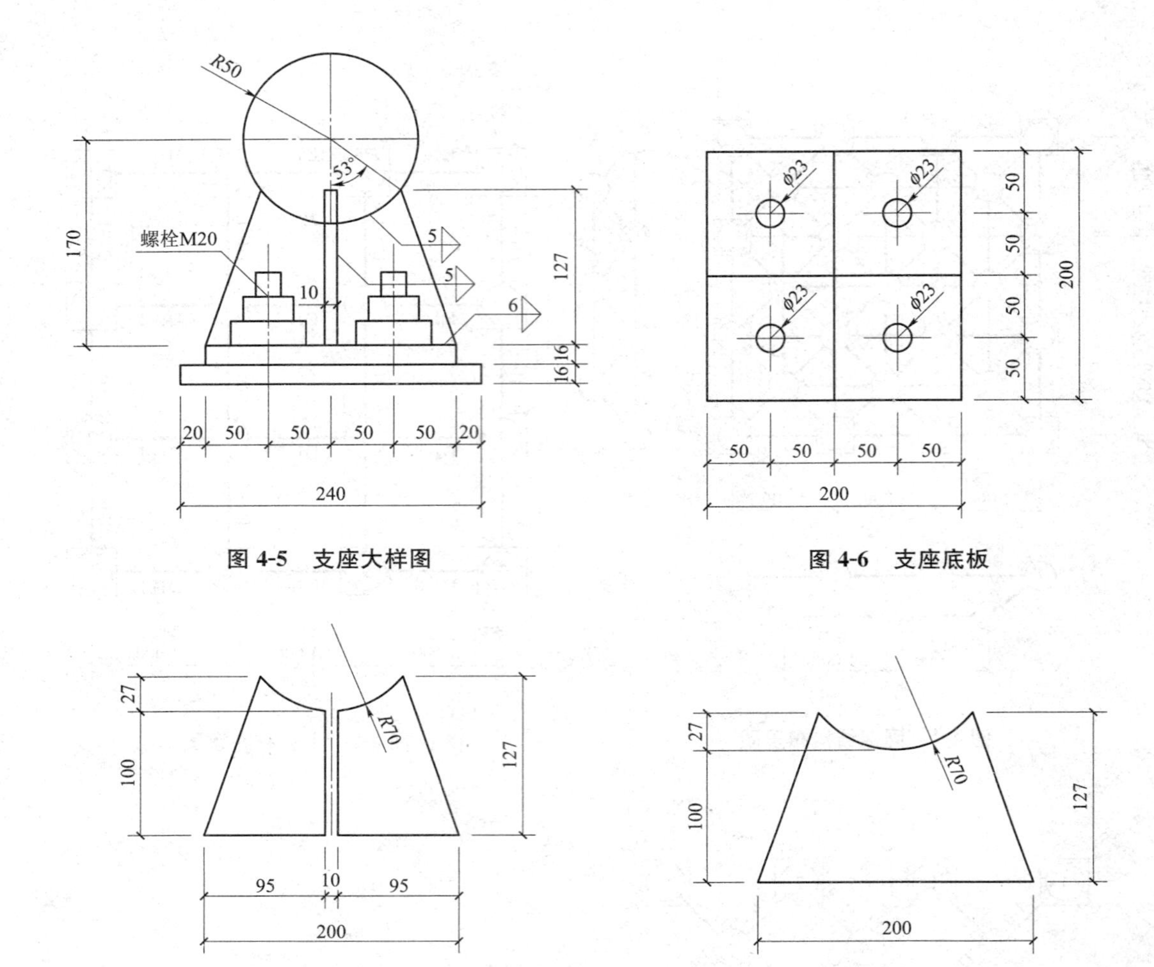

图 4-5 支座大样图

图 4-6 支座底板

图 4-7 肋板 PL1 和 PL2

图 4-8 肋板 PL3

(2)对照《钢结构工程施工质量验收规范》(GB 50205—2001)，检查构件的施工质量，填制表 4-1。

表 4-1 钢网架制作验收表

项　　目	允许偏差	实际检查结果
焊接球精度	±1.5	
螺栓球螺纹精度	6 h	
封板、锥头、套筒	标准	

三、知识链接

(一)钢网架结构形式

网架结构常用形式有以下几种：

(1)由平面桁架系组成的两向正交正放网架、两向正交斜放网架、两向斜交斜放网架、三向网架和单向折线形网架。

(2)由四角锥体组成的正放四角锥网架、正放抽空四角锥网架、棋盘形四角锥网架、斜放四角锥网架和星形四角锥网架。

(3)由三角锥体组成的三角锥网架、抽空三角锥网架和蜂窝形三角锥网架。

如图 4-9 所示的平板钢网架屋盖结构，它由倒置的四角锥体组成，锥底的四边为网架的上弦杆，锥棱为腹杆，连接各锥顶的杆件为下弦杆。屋架的荷载沿两个方向分别传到四边的柱上，再传至基础，形成一种空间传力体系。因此，这种结构也称为空间结构体系。

图 4-9 所示的平板网架屋架结构中，所有的构件都是主要承重体系的部件，没有附加构件，因此，内力的合理分布，能节省钢材。

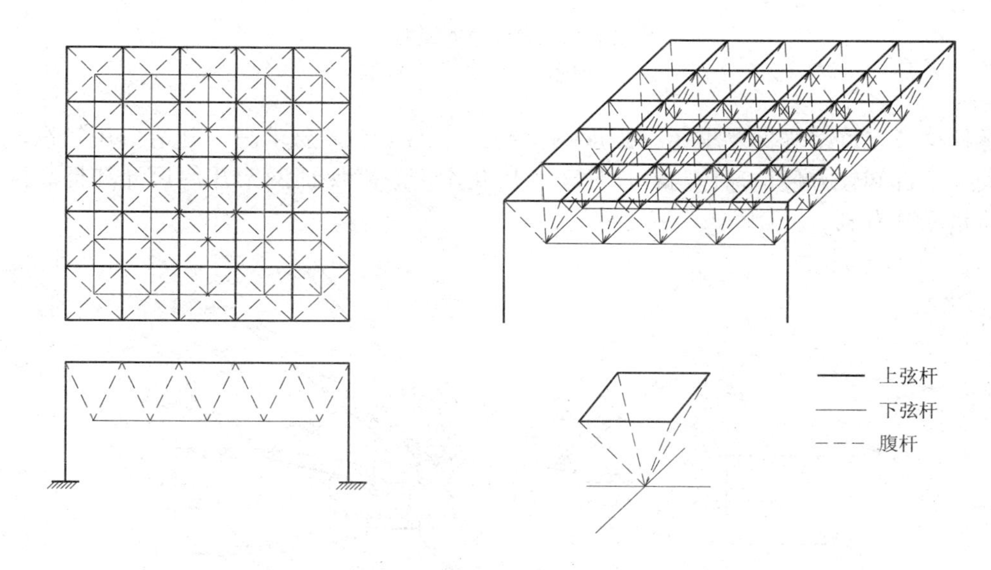

图 4-9　平板网架屋盖结构

(二)钢网架节点

目前，国内对于钢管网架一般采用焊接空心球节点和螺栓球节点，对于型钢网架，一般采用焊接钢板节点。下面分别对这几种节点设计、计算以及支座节点的常用形式和构造作简单介绍。

1. 焊接空心球节点

焊接空心球节点是国内应用较多的一种节点形式，这种节点传力明确、构造简单，但焊接工作量大，对焊接质量和杆件尺寸的准确度要求较高。

由两个半球焊接而成的空心球，可分为不加肋空心球和加肋空心球两种，如图 4-10 所示，主要适用于连接钢管杆件。

空心球外径与壁厚的比值可按设计要求在 25～45 范围内选用，空心球壁厚与钢管最大壁厚的比值宜选用 1.2～2.0，空心球壁厚不宜小于 4 mm。

2. 螺栓球节点

螺栓球节点是通过螺栓把钢管杆件和钢球连接起来的一种节点形式，它主要由螺栓、钢球、销钉(或螺钉)、套筒和锥头或封板等零件组成，如图 4-11 所示。

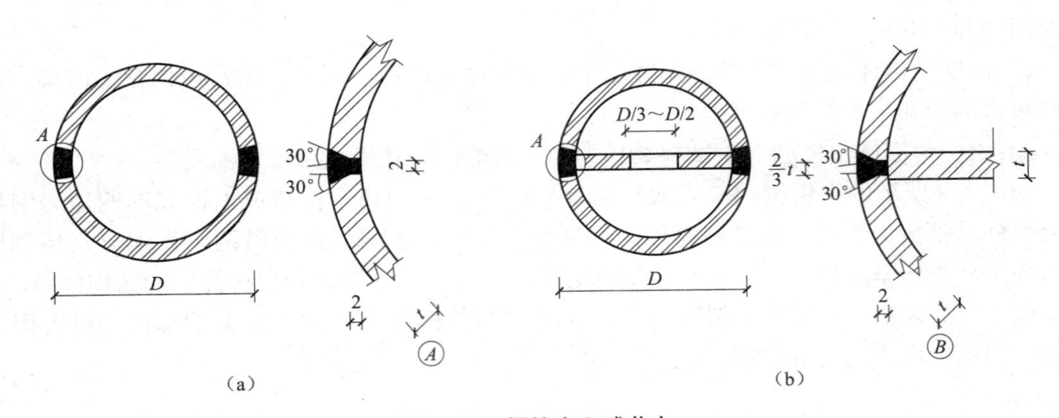

图 4-10　焊接空心球节点

(a)不加肋空心球；(b)加肋空心球

螺栓球节点许多零件要求用高强度钢材制作，加工工艺要求高，制造费用较高。其优点是安装、拆卸较方便，球体与杆件便于工厂化生产，对保证网架几何尺寸和提高网架的安装质量十分有利。

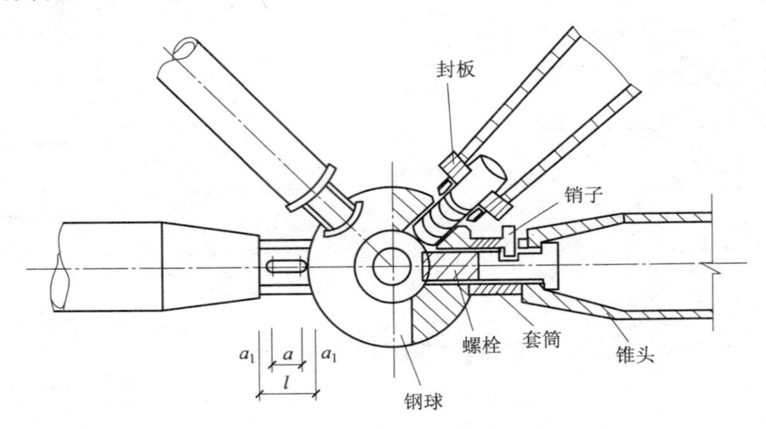

图 4-11　螺栓球节点

螺栓球节点连接的构造原理：每根钢管杆件的两端都焊有一个锥头，锥头上带有一个可转动的螺栓，螺栓上套有一个两侧开有长槽孔的套筒。用一个销钉穿入长槽孔和螺栓上的小孔中，把螺栓和套筒连在一起。将杆端螺栓插入预先制有螺栓孔的球体中，用扳手拧动六角形套筒，套筒转动时带动螺栓转动，从而使螺栓旋入球体，直至杆件与螺栓贴紧为止。

下面对组成螺栓球节点的各零件进行介绍。

(1)高强度螺栓。高强度螺栓在整个节点中是最关键的传力部件。合理的设计，对保证节点的安全和减轻节点重量都有密切关系。螺栓应达到 8.8 级或 10.9 级的要求，螺栓头部为圆柱形，便于在锥头或封板内转动。为提高节点强度，螺栓常采用高强度钢材制作，并要求热处理。

(2)钢球。钢球按其加工成型方法，可分为锻压球和铸钢球两种。铸造的钢球质量不易保证，故多用锻制的钢球，其受力状态属多向复杂受力。

(3)套筒。套筒是六角形的无纹螺母，主要用来拧紧螺栓和传递杆件轴向压力。设计时，其外形尺寸应符合扳手开口尺寸系列，端部应保持平整。套筒内孔径一般比螺栓直径大 1 mm。

(4)销钉或螺钉。销钉或螺钉是套筒和螺栓联系的媒介，通过它使旋转套筒时推动螺栓伸入钢球内。在旋转套筒过程中，销钉或螺钉承受剪力，剪力大小与螺栓伸入钢球的摩阻力有关。为减少销孔对螺栓有效截面的削弱，销钉或螺钉直径应尽可能小一些，并宜采用高强度钢制作。

(5)锥头和封板。锥头和封板主要起连接钢管和螺栓的作用，承受杆件传来的拉力或压力。它既是螺栓球节点的组成部分，又是网架杆件的组成部分。

3. 焊接钢板节点

焊接钢板节点由十字节点板和盖板组成，适用于连接型钢构件。

十字节点板由两个带企口的钢板对插焊成，也可由三块钢板焊成，如图 4-12 所示。小跨度网架的受拉节点，可不设置盖板。

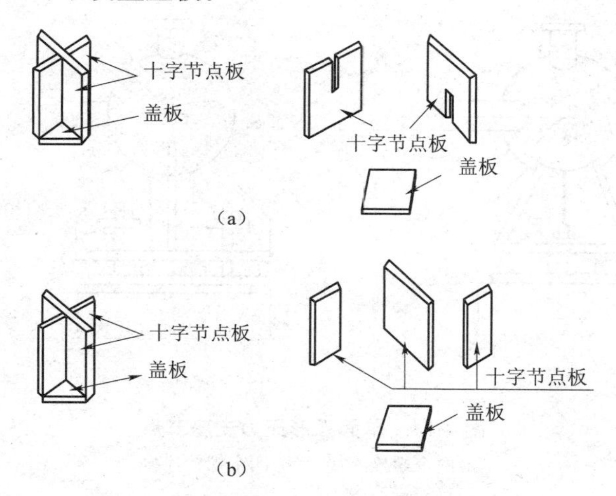

图 4-12　焊接钢板节点

十字节点板与盖板所用钢材应与网架杆件钢材一致。

十字节点板的竖向焊缝应有足够的承载力，并宜采用 V 形或 K 形坡口的对接焊缝。

4. 支座节点

支座节点一般采用铰节点，应尽量采用传力可靠、连接简单的构造形式。

根据受力状态，支座节点可分为压力支座节点和拉力支座节点。网架的支座节点一般传递压力，但周边简支的正交斜放类网架，在角隅处通常会产生拉力，因此，设计时应按拉力支座节点设计。

常用的压力支座节点可按下列几种构造形式选用：

(1)平板支座节点。平板支座节点主要是通过十字节点板和底板将支座反力传给下部结构，节点构造简单、加工方便。节点处不能转动，受力后会产生一定的弯矩，可用于较小跨度的网架中，节点构造如图 4-13 所示。

(2)单面弧形压力支座节点。单面弧形压力支座节点是在平板压力支座的基础上，在节点底板和下部支承面板间设一弧形垫块而成。在压力作用下，支座弧形面可以转动，支座的构造与简支条件比较接近，适用于中、小跨度网架，如图 4-14 所示。

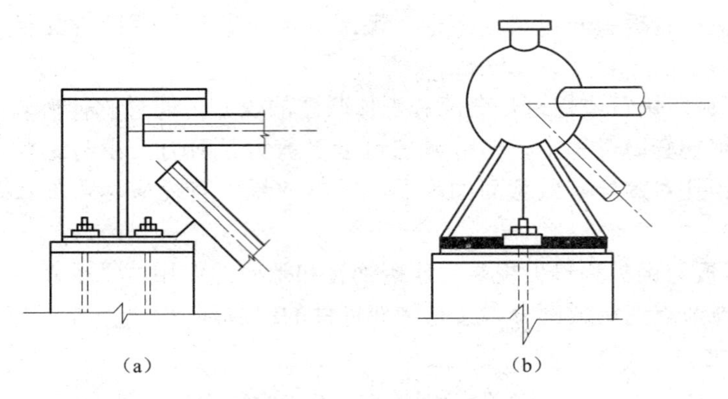

图 4-13　平板支座节点

(a)角钢杆件；(b)钢管杆件

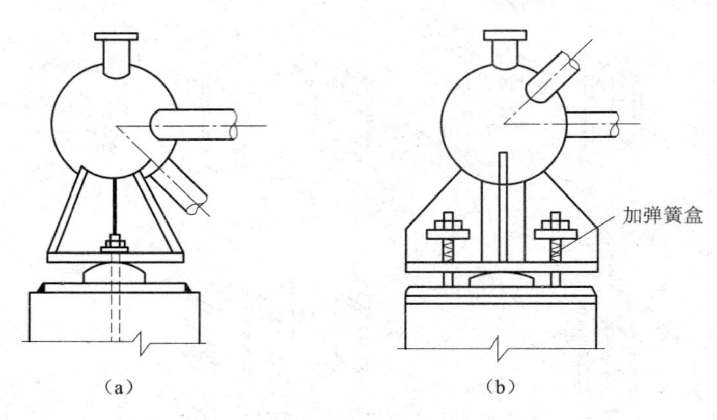

图 4-14　单面弧形压力支座节点

(a)两个螺栓连接；(b)四个螺栓连接

(3)双面弧形压力支座节点。当网架的跨度较大、温度应力影响显著、周边约束较强时，需要选择一种既能自由伸缩又能自由转动的支座节点形式。双面弧形压力支座基本上能满足这些要求，但这种节点构造复杂、施工麻烦、造价较高，如图 4-15 所示。

(4)球铰压力支座节点。对于多支点大跨度网架，为了能使支座节点适应各个方向的自由转动，需使支座与柱顶铰接而不产生弯矩，常做成球铰压力支座，如图 4-16 所示。

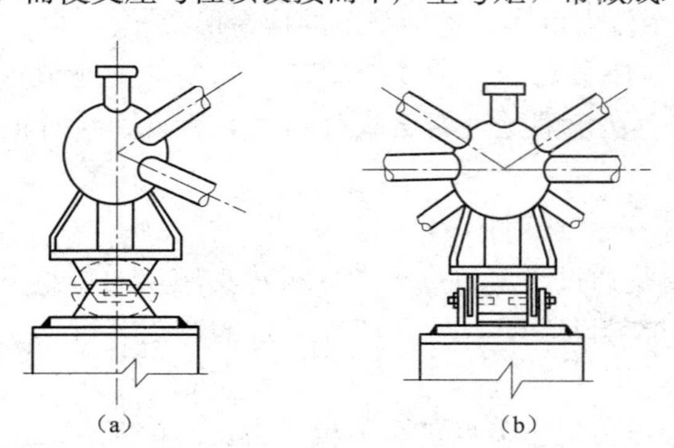

图 4-15　双面弧形压力支座节点

(a)侧视图；(b)正视图

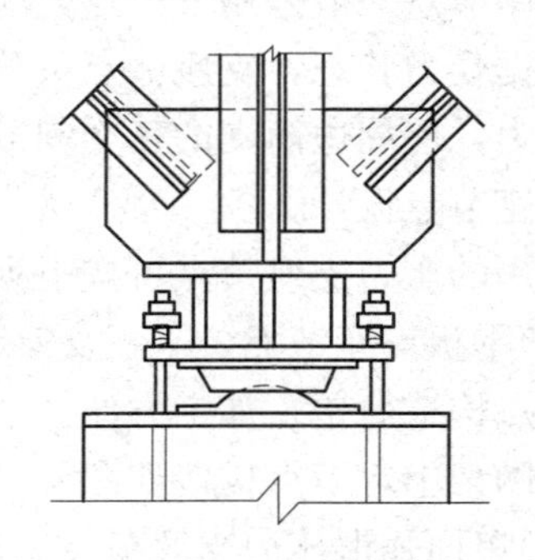

图 4-16　球铰压力支座节点

(5)板式橡胶支座节点。板式橡胶支座如图 4-17 所示，它是在柱顶面板与节点板间设置一块橡胶垫板。板式橡胶支座节点主要适用于大、中跨度网架，具有构造简单、安装方便、节省钢材、造价较低等特点。

(6)单面弧形拉力支座节点。单面弧形拉力支座节点的构造与单面弧形压力支座节点相似，它把支承平面做成弧形，主要是为了便于支座转动，如图 4-18 所示，它主要适用于中小跨度网架。

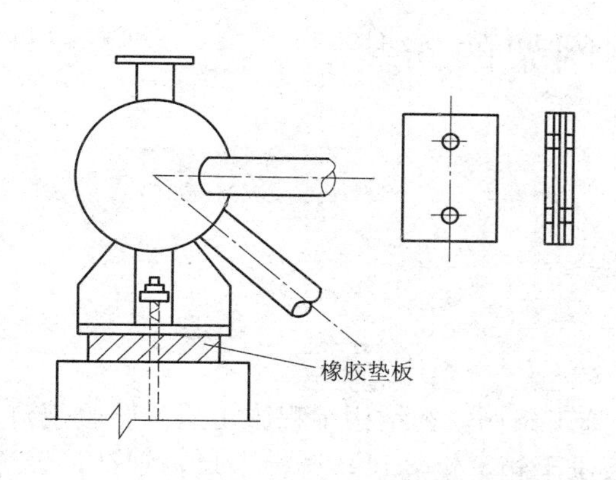

图 4-17　板式橡胶支座节点

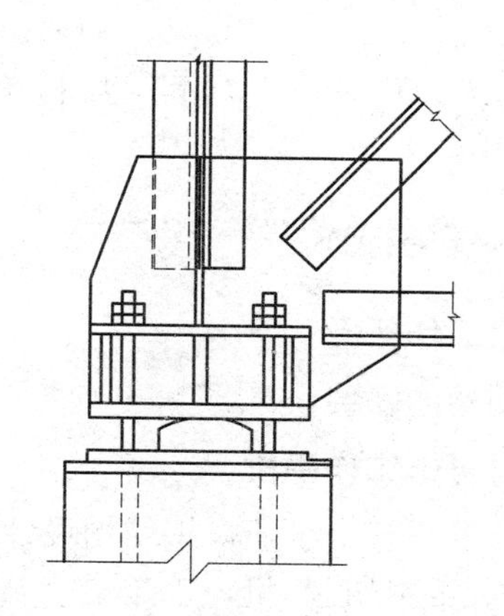

图 4-18　单面弧形拉力支座节点

(三)钢网架制作验收

1. 焊接球

焊接球及制造焊接球所采用的原材料，其品种、规格、性能等应符合现行国家产品标准和设计要求。焊接球焊缝应进行无损检验，其质量应符合设计要求；当设计无要求时，应符合《钢结构工程施工质量验收规范》(GB 50205—2001)规定的二级质量标准。

2. 螺栓球

螺栓球及制造螺栓球节点所采用的原材料，其品种、规格、性能等，应符合现行国家产品标准和设计要求。螺栓球不得有过烧、裂纹及皱褶。

3. 封板、锥头、套筒

封板、锥头和套筒及制造封板、锥头和套筒所采用的原材料，其品种、规格、性能等应符合现行国家产品标准和设计要求。封板、锥头、套筒外观不得有裂纹、过烧及氧化皮。

4. 橡胶垫

钢结构用橡胶垫的品种、规格、性能等，应符合现行国家产品标准和设计要求。

5. 焊接球精度

焊接球直径、圆度、壁厚减薄量等尺寸及允许偏差，应符合《钢结构工程施工质量验收规范》(GB 50205—2001)的规定。焊接球表面应无明显波纹及局部凹凸不平不大于 1.5 mm。

6. 螺栓球精度

螺栓球直径、圆度、相邻两螺栓孔中心线夹角等尺寸及允许偏差应符合规范的规定。

7. 螺栓球螺纹精度

螺栓球螺纹尺寸应符合现行国家标准《普通螺纹　基本尺寸》(GB/T 196—2003)中粗牙

螺纹的规定螺纹公差必须符合现行国家标准《普通螺纹　公差》(GB/T 197—2003)中6H级精度的规定。

8. 锚栓精度

支座锚栓尺寸的偏差应符合《钢结构工程施工质量验收规范》(GB 50205—2001)的规定。支座锚栓的螺栓应受到保护。

学习单元二　钢网架的安装

一、任务描述

(一)工作任务

钢网架的安装。

(二)可选工作手段

计算器，五金手册，钢结构设计规范，安全施工条例，钢结构工程施工质量验收规范，氧气切割(手工切割)机，手工交直流焊机，焊条烘干箱，钢卷尺，游标卡尺，划针，焊缝检验尺，检查锤，绘图工具，焊接空心球节点，螺栓球。

二、案例示范

(一)案例描述

1. 工作任务

钢网架的安装，如图4-1～图4-8所示。

2. 具体任务

(1)钢网架安装方案的确定。

(2)钢网架安装的质量验收。

(二)案例分析与实施

1. 钢网架安装方案的确定

整体吊装法是指网架在地面总拼后，采用单根或多根桅杆、一台或多台起重机进行吊装就位的施工方法。整体吊装法适用于各种类型的网架结构，吊装时可在高空平移或旋转就位。

根据网架结构形式、起重机或桅杆起重能力，在建筑物内或建筑物外侧进行总拼，总拼时可以就地与柱错位或在场外进行。当就地与柱错位总拼时，网架起升后需要在空中平移或转动1.0～2.0 m左右，再下降就位。由于柱穿在网架的网格中，凡与柱相连接的梁均应断开，即在网架吊装完成后再施工框架梁。建筑物在地面以上的有些结构，必须待网架安装完成后才能进行施工，不能平行施工。

总拼及焊接顺序：从中间向四周或从中间向两端进行。

当场地条件许可时，可在场外地面总拼网架；然后用起重机抬吊至建筑物上就位，这时虽解决了室内结构拖延工期的问题，但起重机必须负重行驶较长距离。

网架整体吊装法，不需要搭设高的拼装架，高空作业少，易于保证接头焊接质量，但需要起重能力大的设备。吊装技术也复杂，按照住房和城乡建设部的有关规定，重大吊装方案需要专家审定。

吊装前对总拼装的外观及尺寸等应进行全面检查，应符合设计要求和《钢结构工程施工质量验收规范》(GB 50205—2001)的规定。

整体吊装可采用单根或多根拔杆起吊，也可采用一台或多台起重机起重就位，各吊点提升及下降应同步，提升及下降各点的升差值可取吊点间距离的 1/400，且不宜大于 100 mm，或通过验算确定。

2. 钢网架安装的质量验收

钢网架安装的质量验收，见表 4-2。

表 4-2　钢网架安装的质量验收表

项　　目	允许偏差	实际检查结果
结构挠度	1.5	
结构表面	标准	
网架曲面形状的安装偏差	1/1 500 40 mm	
网架的任何部位与支承件的净距	10 mm	

三、知识链接

(一)钢网架的安装方法

钢网架结构的节点和杆件，在工厂内制作完成并检验合格后，运至现场，拼装成整体。大型网架的安装方法有高空散装法、分条或分块安装法、高空滑移法、整体吊装法、整体提升法、整体顶升法。安装方法根据网架受力情况、结构选型、网架刚度、外形特点、支撑形式、支座构造等，在保证质量安全、进度和经济效益的要求下，结合施工现场实际条件、技术和装备水平综合选择。

网架的安装方法及适用范围见表 4-3。

表 4-3　网架的安装方法及适用范围

安装方法	安　装　内　容	适　用　范　围
高空散装法	单件杆拼装	螺栓连接节点的各种类型网架，并宜采用少支架的悬挑施工方法，焊接球节点的网架也可采用
	小拼单元拼装	
分条或分块安装法	条状单元组装	分割后刚度和受力状况改变较小的网架，如两向正交、正放四角锥、正放抽空四角锥等网架，分条或分块的大小根据起重能力而定
	块状单元组装	

续表

安装方法	安装内容	适用范围
高空滑移法	单条滑移法	正放四角锥、正放抽空四角锥、两向正交正放等网架。滑移时滑移单元应保证成为几何不变体系
	逐条积累滑移法	
整体吊装法	单机、多机吊装	各种类型的网架，吊装时可在高空平移或旋转就位
	单根、多根桅杆吊装	
整体提升法	在桅杆上悬挂千斤顶提升	周边支承及多点支承网架，可用升板机、液压千斤顶等小型机具进行施工
	在结构上安装千斤顶、升板机提升	
整体顶升法	利用网架支撑柱作为顶升时的支撑结构	支点较少的多点支承网架
	在原支点处或其附近设置临时顶升支架	
备注	未注明连接节点构造的网架系指各类连接节点网架均适用	

1. 高空散装法

高空散装法是指运输到现场的小拼单元体(平面桁架或锥体)或散件(单根杆件及单个节点)，直接用起重机械吊升到高空设计位置，对位拼装成整体结构的方法。其适用于螺栓球或高强度螺栓连接节点的网架结构。高空散装法开始安置时，应在刚开始安装的几个网格处搭满堂脚手架，脚手架高度随网架圆弧而变化。网架安装先从地面两条轴线网墙开始安装，待网架的两个柱距安装完后，网架自然成为一个稳定体系，拆除脚手架，由该稳定体系按照一定的顺序向外扩展。

在拼装过程中，始终有一部分网架悬挑着。当网架悬挑拼接成稳定体系后，不需要设置任何支架来承受其自重和施工荷载。当跨度较大时，拼接到一定悬挑长度后，设置单肢柱或支架，支承悬挑部分，以减少或避免因自重和施工荷载而产生的挠度。

高空散装法脚手架用量大，高空作业多，工期较长，需占用建筑物场内用地，并且技术上有一定难度。

2. 分条或分块安装法

分条或分块安装法是指把网架分成条状或块状单元，分别用起重机吊装至高空设计位置就位搁置，然后再拼装成整体的安装方法。分条分块法是高空散装的组合扩大。

条状单元是指网架沿长跨方向分割为若干区段，而每个区段的宽度可以是1～3个网格，其长度则为短跨的1/2～1倍，适用于分割后刚度和受力状况改变较小的网架。

块状单元指网架沿纵横方向分割后的单元形状为矩形或正方形。

每个单元的重量以保证现有起重机的吊装能力为限。

用分条或分块安装法安装网架，大部分焊接、拼装工作量在地面进行，减少了高空作业，有利于保证焊接和组装质量，省去大部分拼装支架；所需起重设备较简单，不需大型起重设备；可利用现有起重设备吊装网架，可与室内其他工种平行作业，缩短总工期，用工省，劳动强度低，施工速度快，有利于降低成本。

分条或分块安装法安装网架需搭设一定数量的拼装平台，拼装容易造成轴线的积累偏差，一般要采取试拼装、套拼、散件拼装等措施来控制。为保证网架顺利拼装，在条与条或块与块合拢处，可采用安装螺栓等措施；设置独立的支承点或拼装支架时，支架上支承点的位置应设在节点处；支架应验算其承载能力，必要时可进行试压，以确保安全、可靠。支架支座下应采取措施，防止支座下沉。合拢时，可用千斤顶将网架单元顶到设计标高，然后进行总拼连接。

分条或分块安装法适用于分割后刚度和受力状况改变较小的各种中、小型网架，如双向正交正放、正放四角锥、正放抽空四角锥等网架和场地狭小或跨越其他结构、起重机无法进入网架安装区域的场合。分条或分块安装法经常与其他安装法相配合使用，如高空散装法、高空滑移法等。

3. 高空滑移法

高空滑移法是指把分条的网架单元在事先设置的滑轨上单条滑移到设计位置，拼接成整体的安装方法。安装时，在网架端部或中部设置局部拼装架(或利用已建结构物作为高空拼装平台)；在地面或支架上扩大拼装条状单元，将网架条状单元用起重机提升到预定高度后，利用安装在支架或圈梁上的专用滑行轨道，用牵引设备将网架滑移到设计位置，拼装成整体网架。

在起重设备吊装能力不足或其他情况下，可用小拼单元甚至散件在高空拼装平台上拼成条状单元。高空支架一般设在建筑物的一端，滑移时网架的条状单元由一端滑向另一端。

4. 整体吊装法

整体吊装法是指网架在地面总拼后，采用单根或多根桅杆、一台或多台起重机进行吊装就位的施工方法。整体吊装法适用于各种类型的网架结构，吊装时可在高空平移或旋转就位。

根据网架结构形式、起重机或桅杆起重能力，在建筑物内或建筑物外侧进行总拼，总拼时可以就地与柱错位或在场外进行。当就地与柱错位总拼时，网架起升后需要在空中平移或转动 1.0～2.0 m 左右，再下降就位，由于柱穿在网架的网格中，凡与柱相连接的梁均应断开，即在网架吊装完成后再施工框架梁。建筑物在地面以上的有些结构，必须待网架安装完成后才能进行施工，不能平行施工。

总拼及焊接顺序：从中间向四周或从中间向两端进行。

当场地条件许可时，可在场外地面总拼网架，然后用起重机抬吊至建筑物上就位。这时，虽解决了室内结构拖延工期的问题，但起重机必须负重行驶较长距离。

整体吊装法，不需要搭设高的拼装架，高空作业少，易于保证接头焊接质量，但需要起重能力大的设备，吊装技术也复杂。按照住房和城乡建设部的有关规定，重大吊装方案需要专家审定。

吊装前对总拼装的外观及尺寸等应进行全面检查，应符合设计要求和《钢结构工程施工质量验收规范》(GB 50205—2001)的规定。

整体吊装可采用单根或多根拔杆起吊，还可采用一台或多台起重机起重就位，各吊点提升及下降应同步，提升及下降各点的升差值可取吊点间距离的 1/400，且不宜大于 100 mm，或通过验算确定。

当采用多根拔杆或多台起重机吊装时，将额定负荷能力乘以折减系数 0.75；当采用四台起重机将吊点连通成两组或用三根拔杆吊装时，折减系数可取 0.80～0.90。

在制订网架就位总拼方案时，应符合下列要求：

(1)网架的任何部位与支承柱或拔杆的净距离不应小于 100 mm。

(2)如支承柱上有凸出构造(如牛腿等)，应防止在吊装过程中被凸出物卡住。

(3)由于网架错位的需要，对个别杆件暂不拼装时，应征得设计单位同意。

5. 整体提升法

整体提升法是指在结构柱上安装提升设备，提升网架。本方法近年来在国内影响比较大，如北京西客站钢门楼 1 800 t 钢结构整体吊装、广州新白云机场等工程中的采用，取得了非常好的效果。

整体提升法有两个特点：一是网架必须按高空安装位置在地面就位拼装，即高空安装位置和地面拼装位置必须要在同一投影面上；二是周边与柱子(或连系梁)相碰的杆件必须预留，待网架提升到位后再进行补装(补空)。

大跨度网架整体提升有三种基本方法，即：在桅杆上悬挂千斤顶，提升网架；在结构上安装千斤顶，提升网架；在结构上安装升板机，提升网架。

采用安装千斤顶提升时，根据网架形式、重量，选用不同起重能力的液压穿心式千斤顶、钢绞线(螺杆)、泵站等进行网架提升，又可分为以下几项：

(1)单提网架法：网架在设计位置就地总拼后，利用安装在柱子上的小型设备(穿心式液压千斤顶)，将网架整体提升到设计标高上，然后下降就位、固定。

(2)网架提升法：网架在设计位置就地总拼后，利用安装在网架上的小型设备(穿心式液压千斤顶)，提升锚点固定在柱上或桅杆上，将网架整体提升到设计标高，就位、固定。

(3)升梁抬网法：网架在设计位置就地总拼，同时，安装好支承网架的装配式圈梁(提升前圈梁与柱断开，提升网架完成后再与柱连成整体)，把网架支座搁置于此圈梁中部，在每个柱顶上安装好提升设备，这些提升设备在升梁的同时，抬着网架升至设计标高。

(4)滑模提升法：网架在设计位置就地总拼，柱用滑模施工。网架提升是利用安装在柱内钢筋上的滑模用液压千斤顶，一边提升网架，一边滑升模板，浇筑混凝土。

6. 整体顶升法

整体顶升法是把网架在设计位置的地面拼装成整体，然后用支承结构和千斤顶，将网架整体顶升到设计标高。

整体顶升法可利用原有结构柱作为顶升支架，也可另设专门的支架或枕木垛垫高。需要的设备简单，不用大型吊装设备，顶升支承结构可利用结构永久性支承柱，拼装网架不需搭设拼装支架，可节省大量机具、脚手架和支墩费用，降低施工成本；操作简便、安全，但顶升速度较慢，且对结构顶升的误差控制要求严格，以防失稳。其适用于安装多支点支承的各种四角锥网架屋盖安装。

(二)钢网架安装的通用施工工艺要点

1. 预埋件检查、放线

网架安装前应根据土建提供的定位轴线和标高基准点，复核和验收网架支座预埋件或预埋螺栓的平面位置和标高，按设计图纸要求放出各支座的十字中心线、标高位置，并作出明显标记。

2. 网架地面拼装

先铺设临时安装平台，根据网架拼装单元的刚度及独立性，分成若干片进行拼装。在网架专门的拼装模架上按照钢球及杆件的编号、方位，先进行小拼单元部件的拼装、矫正，再拼装成中拼单元；拼装时不得采用较大外力强制组对，以减少构件的内应力。拼装过程如下：

(1)以第一片中拼单元的角部支承球为拼装起点(把该支承座设为原点)，先装配网架下水平面(x、y轴线方向)的下弦球及腹杆，至拼装单元的另两角部支承球，下弦球用枕木或型钢支垫平整，并保持水平，收紧上述的下弦杆件，螺栓不宜拧紧，但应使其与下弦连接端稍微受一点力；装配上弦时，开始不要将螺栓拧紧，待安装好三行上弦球后，再调整中轴线。

(2)调整临时支承标高，保证支承座外下弦球的临时支承标高低于设计标高 10～20 mm 左右，并达到设计要求的起拱值，核实坐标无误后进行紧固。

(3)测量中拼单元水平面内单元的长度和跨度，若与设计值相比后，偏差大于 10 mm 时，应调整已固定的支承座，使其长度与跨度的偏差值均匀地分布在轴线两侧。

(4)从原点位置的支承球开始，沿着纵、横十字线(x、y轴)两边逐次拼装小拼单元，把该单元的所有球、杆件装配完毕才能收紧杆件，并检测其装配尺寸，在收紧过程中若发现小拼单元球与杆件的间隙过大或杆件弯曲等，应进行调整或更换配件，绝不允许强行装配。

(5)中拼单元完成后，由专职质量检查员对其进行认真检查，合格后方能以中拼单元跨度边及支承球座为基础，拼出另一中拼单元；并依次完成整个网架的拼装。

3. 总拼装

(1)网架结构在总拼前应精确放线，总拼所用的支承点应防止下沉，总拼时应选择合理的焊接工艺顺序，以减少焊接变形和焊接应力；拼装与焊接顺序为从中间向两端或四周发展。总拼完成后应检查网架曲面形状的安装偏差，其允许偏差不应大于跨度的 1/1 500 或 40 mm；网架的任何部位与支承件的净距不应小于 100 mm。

(2)焊接球节点网架所有焊接均须进行外观检查，并作记录；拉杆与球的对接焊缝应作无损探伤检验，其抽样数不少于焊口总数的 20%，取样部位由设计单位与施工单位协商解决，但应首先检验应力最大以及支座附近的杆件。

(3)网架用高强度螺栓连接时，按有关规定拧紧螺栓后，为防止接头与大气相通，造成高强度螺栓及钢管、锥头等内壁锈蚀，应用油腻子将所有接缝处填嵌严密，并按钢结构防腐蚀要求进行处理。

(三)钢网架安装验收

1. 基础验收

钢网架结构支座定位轴线的位置、支座锚栓的规格应符合设计要求。支承面顶板的位置、标高、水平度以及支座锚栓位置的允许偏差应符合《钢结构工程施工质量验收规范》(GB 50205—2001)的规定。

2. 支座

支承垫块的种类、规格、摆放位置和朝向，必须符合设计要求和国家现行有关标准的规定。橡胶垫块与刚性垫块之间或不同类型刚性垫块之间不得互换使用。网架支座锚栓的紧固应符合设计要求。

3. 拼装精度

小拼单元的允许偏差应符合《钢结构工程施工质量验收规范》(GB 50205—2001)的规定；中单元的允许偏差应符合《钢结构工程施工质量验收规范》(GB 50205—2001)的规定。

4. 节点承载力试验

对建筑结构安全等级为一级，跨度为 40 m 及其以上的公共建筑钢网架结构，且设计有要求时，应进行节点承载力试验，其结果应符合《钢结构工程施工质量验收规范》(GB 50205—2001)的规定。

5. 结构挠度

钢网架结构总拼完成后及屋面工程完成后应分别测量其挠度值，且所测的挠度值不应超过相应设计值的 1.15 倍。

6. 结构表面

钢网架结构安装完成后，其节点及杆件表面应干净，不应有明显的疤痕、泥沙和污垢。螺栓球节点应将所有接缝用油腻子填嵌严密，并应将多余螺孔封口。

7. 安装精度

钢网架结构安装完成后，其安装的允许偏差应符合《钢结构工程施工质量验收规范》(GB 50205—2001)的规定。

钢网架安装施工质量通病及防治

附　　录

附录 1　材料性能表

附表 1-1　钢材的强度设计值　　N/mm²

钢材		抗拉、抗压和抗弯 f	抗剪 f_v	端面承压(刨平顶紧) f_{ce}
牌号	厚度或直径/mm			
Q235 钢	≤16	215	125	325
	>16～40	205	120	
	>40～60	200	115	
	>60～100	190	110	
Q345 钢	≤16	310	180	400
	>16～35	295	170	
	>35～50	265	155	
	>50～100	250	145	
Q390 钢	≤16	350	205	415
	>16～35	335	190	
	>35～50	315	180	
	>50～100	295	170	
Q420 钢	≤16	380	220	440
	>16～35	360	210	
	>35～50	340	195	
	>50～100	325	185	

注：表中厚度系指计算点的钢材厚度，对轴心受拉和轴心受压构件系指截面中较厚板件的厚度。

附表 1-2　钢铸件的强度设计值　　N/mm²

钢　号	抗拉、抗压和抗弯 f	抗剪 f_v	端面承压(刨平顶紧) f_{ce}
ZG200—400	155	90	260
ZG230—450	180	105	290
ZG270—500	210	120	325
ZG310—570	240	140	370

附表 1-3　焊缝的强度设计值　　N/mm^2

焊接方法和焊条型号	构件钢材		对接焊接				角焊缝
	牌号	厚度或直径/mm	抗压 f_c^w	焊缝质量为下列等级时，抗拉 f_t^w		抗剪 f_v^w	抗拉、抗压和抗剪 f_f^w
				一级、二级	三级		
自动焊、半自动焊和 E43 型焊条的手工焊	Q235 钢	≤16	215	215	185	125	160
		＞16～40	205	205	175	120	
		＞40～60	200	200	170	115	
		＞60～100	190	190	160	110	
自动焊、半自动焊和 E50 型焊条的手工焊	Q345 钢	≤16	310	310	265	180	200
		＞16～35	295	295	250	170	
		＞35～50	265	265	225	155	
		＞50～100	250	250	210	145	
自动焊、半自动焊和 E55 型焊条的手工焊	Q390 钢	≤16	350	350	300	205	220
		＞16～35	335	335	285	190	
		＞35～50	315	315	270	180	
		＞50～100	295	295	250	170	
	Q420 钢	≤16	380	380	320	220	220
		＞16～35	360	360	305	210	
		＞35～50	340	340	290	195	
		＞50～100	325	325	275	185	

注：1. 自动焊和半自动焊所采用的焊丝和焊剂，应保证其熔敷金属的力学性能不低于现行国家标准《埋弧焊用碳钢焊丝和焊剂》(GB/T 5293)和《埋弧焊用低合金钢焊丝和焊剂》(GB/T 12470)中相关的规定。

2. 焊缝质量等级应符合现行国家标准《钢结构工程施工质量验收规范》(GB 50205)的规定。其中厚度小于 8 mm 钢材的对接焊缝，不应采用超声波探伤确定焊缝质量等级。

3. 对接焊缝在受压区的抗弯强度设计值取 f_c^w，在受拉区的抗弯强度设计值取 f_t^w。

4. 表中厚度系指计算点的钢材厚度，对轴心受拉和轴心受压构件系指截面中较厚板件的厚度。

附表 1-4　螺栓连接的强度设计值　　N/mm^2

螺栓的性能等级、锚栓和构件钢材的牌号		普通螺栓						锚栓	承压型连接高强度螺栓		
		C 级螺栓			A 级、B 级螺栓						
		抗拉 f_t^b	抗剪 f_v^b	承压 f_c^b	抗拉 f_t^b	抗剪 f_v^b	承压 f_c^b	抗拉 f_t^b	抗拉 f_t^b	抗剪 f_v^b	承压 f_c^b
普通螺栓	4.6 级、4.8 级	170	140	—	—	—	—	—	—	—	—
	5.6 级	—	—	—	210	190	—	—	—	—	—
	8.8 级	—	—	—	400	320	—	—	—	—	—

续表

螺栓的性能等级、锚栓和构件钢材的牌号		普通螺栓						锚栓	承压型连接高强度螺栓		
		C级螺栓			A级、B级螺栓						
		抗拉 f_t^b	抗剪 f_v^b	承压 f_c^b	抗拉 f_t^b	抗剪 f_v^b	承压 f_c^b	抗拉 f_t^b	抗拉 f_t^b	抗剪 f_v^b	承压 f_c^b
锚栓	Q235钢	—	—	—	—	—	—	140	—	—	—
	Q345钢	—	—	—	—	—	—	180	—	—	—
承压型连接高强度螺栓	8.8级	—	—	—	—	—	—	—	400	250	—
	10.9级	—	—	—	—	—	—	—	500	310	—
构件	Q235钢	—	—	305	—	—	405	—	—	—	470
	Q345钢	—	—	385	—	—	510	—	—	—	590
	Q390钢	—	—	400	—	—	530	—	—	—	615
	Q420钢	—	—	425	—	—	560	—	—	—	655

注：1. A级螺栓用于 $d \leqslant 24$ mm和 $l \leqslant 10d$ 或 $l \leqslant 150$ mm(按较小值)的螺栓；B级螺栓用于 $d >$ 24 mm或 $l > 10d$ 或 $l > 150$ mm(按较小值)的螺栓。d 为公称直径，l 为螺杆公称长度。
2. A、B级螺栓孔的精度和孔壁表面粗糙度，C级螺栓孔的允许偏差和孔壁表面粗糙度，均应符合现行国家标准《钢结构工程施工质量验收规范》(GB 50205)的要求。

附表1-5　铆钉连接的强度设计值　　N/mm²

铆钉钢号和构件钢材牌号		抗拉(钉头拉脱) f_t^r	抗剪 f_v^r		承压 f_c^r	
			Ⅰ类孔	Ⅱ类孔	Ⅰ类孔	Ⅱ类孔
铆钉	BL2或BL3	120	185	155	—	—
构件	Q235钢	—	—	—	450	365
	Q345钢	—	—	—	565	460
	Q390钢	—	—	—	590	480

注：1. 属于下列情况者为Ⅰ类孔：
(1)在装配好的构件上按设计孔径钻成的孔；
(2)在单个零件和构件上按设计孔径分别用钻模钻成的孔；
(3)在单个零件上先钻成或冲成较小的孔径，然后在装配好的构件上再扩钻至设计孔径的孔。
2. 在单个零件上一次冲成或不用钻模钻成设计孔径的孔属于Ⅱ类孔。

附表1-6　钢材和钢铸件的物理性能指标

弹性模量 $E/(\mathrm{N \cdot mm^{-2}})$	剪变模量 $G/(\mathrm{N \cdot mm^{-2}})$	线膨胀系数 α(以每℃计)	质量密度 $\rho/(\mathrm{kg \cdot m^{-3}})$
206×10^3	79×10^3	12×10^6	7 850

附录 2　计算系数用表

附表 2-1　轴心受压构件的截面分类(板厚 $t<40$ mm)

<table>
<tr><th colspan="3">截　面　形　式</th><th>对 x 轴</th><th>对 y 轴</th></tr>
<tr><td colspan="3">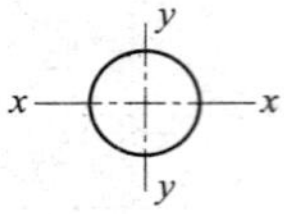

轧制</td><td>a类</td><td>a类</td></tr>
<tr><td colspan="3">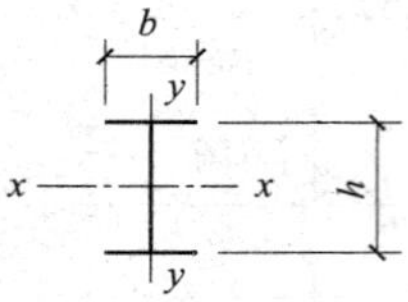

轧制，$b/h\leqslant 0.8$</td><td>a类</td><td>b类</td></tr>
<tr><td>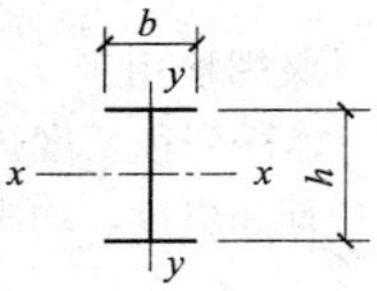

轧制，$b/h>0.8$</td><td>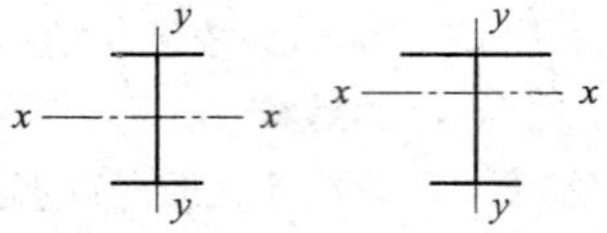

焊接，翼缘为焰切边</td><td>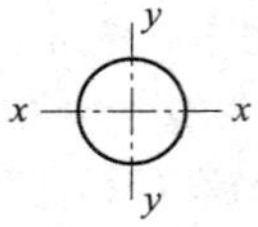

焊接</td><td rowspan="4">b类</td><td rowspan="4">b类</td></tr>
<tr><td colspan="2">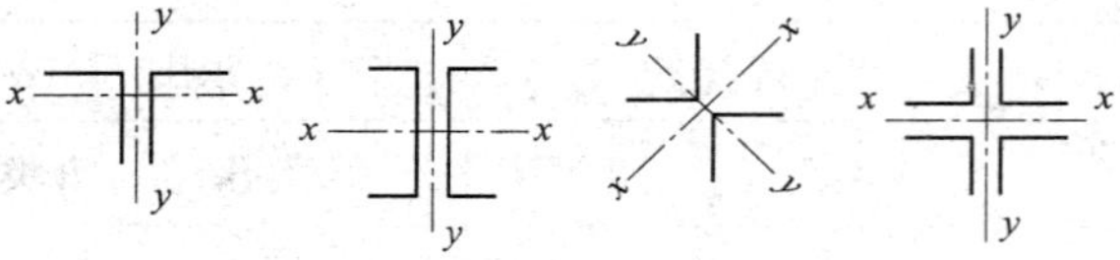

轧制</td><td>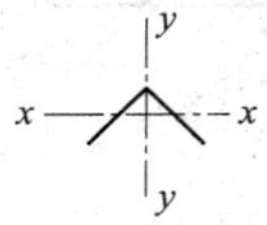

轧制等边角钢</td></tr>
<tr><td>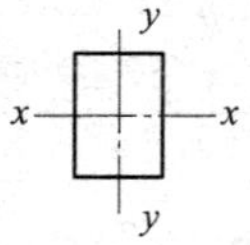

轧制，焊接(板件宽厚比>20)</td><td colspan="2">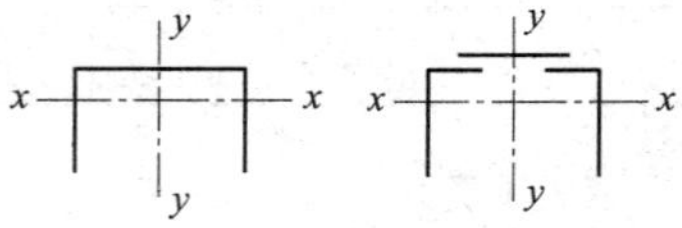

轧制或焊接</td></tr>
<tr><td colspan="2">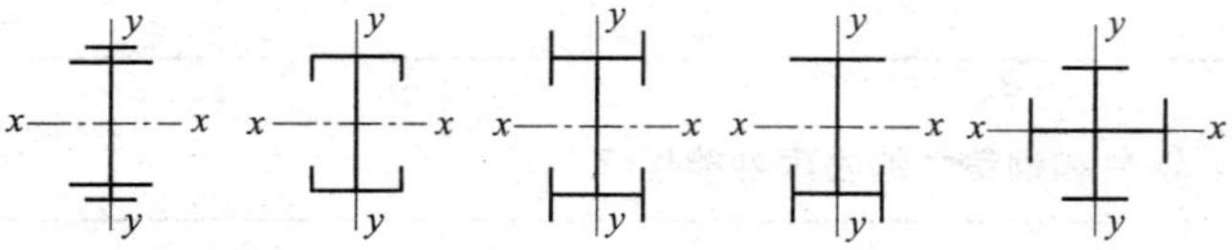

焊接</td><td>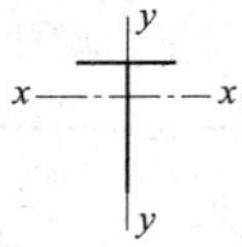

轧制截面和翼缘为焰切边的焊接截面</td></tr>
</table>

续表

截面形式		对 x 轴	对 y 轴
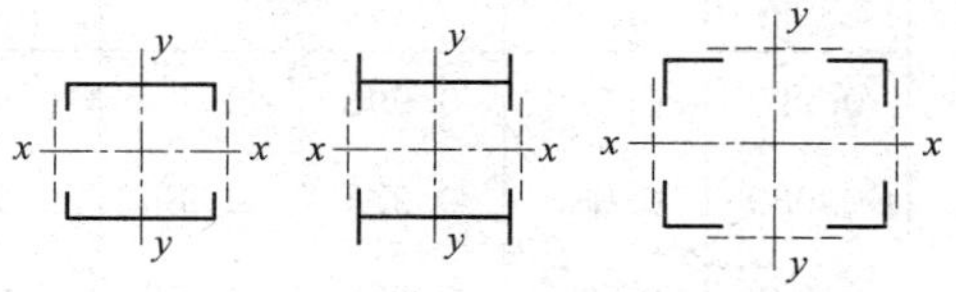 格构式	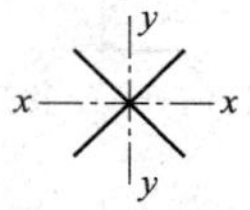 焊接，板件边缘焰切	b类	c类
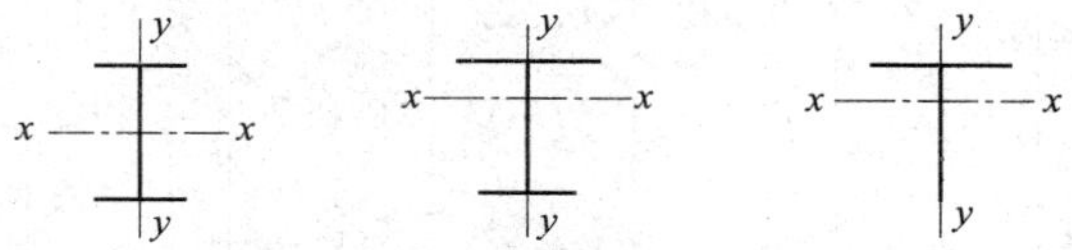 焊接，翼缘为轧制或剪切边		b类	c类
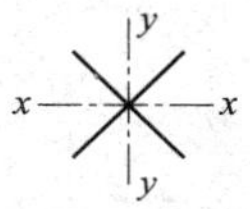 焊接，板件边缘轧制或剪切	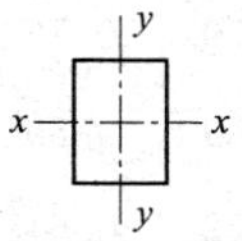 焊接，板件宽厚比$\leqslant 20$	c类	c类

附表 2-2　轴心受压构件的截面分类(板厚 $t \geqslant 40$ mm)

截面形式		对 x 轴	对 y 轴
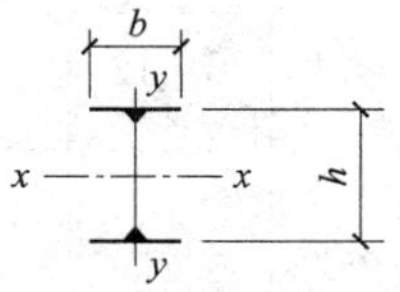 轧制工字形或 H 形截面	$t<80$ mm	b类	c类
	$t \geqslant 80$ mm	c类	d类
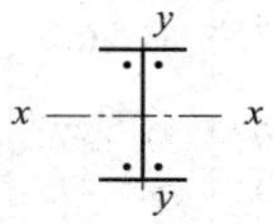 焊接工字形截面	翼缘为焰切边	b类	b类
	翼缘为轧制或剪切边	c类	d类
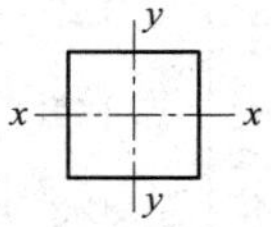 焊接箱形截面	板件宽厚比>20	b类	b类
	板件宽厚比$\leqslant 20$	c类	c类

附表 2-3 a类截面轴心受压构件的稳定系数 φ

$\lambda\sqrt{\frac{f_y}{235}}$	0	1	2	3	4	5	6	7	8	9
0	1.000	1.000	1.000	1.000	0.999	0.999	0.998	0.998	0.997	0.996
10	0.995	0.994	0.993	0.992	0.991	0.989	0.988	0.986	0.985	0.983
20	0.981	0.979	0.977	0.976	0.974	0.972	0.970	0.968	0.966	0.964
30	0.963	0.961	0.959	0.957	0.955	0.952	0.950	0.948	0.946	0.944
40	0.941	0.939	0.937	0.934	0.932	0.929	0.927	0.924	0.921	0.919
50	0.916	0.913	0.910	0.907	0.904	0.900	0.897	0.894	0.890	0.886
60	0.883	0.879	0.875	0.871	0.867	0.863	0.858	0.854	0.849	0.844
70	0.839	0.834	0.829	0.824	0.818	0.813	0.807	0.801	0.795	0.789
80	0.783	0.776	0.770	0.763	0.757	0.750	0.743	0.736	0.728	0.721
90	0.714	0.706	0.699	0.691	0.684	0.676	0.668	0.661	0.653	0.645
100	0.638	0.630	0.622	0.615	0.607	0.600	0.592	0.585	0.577	0.570
110	0.563	0.555	0.548	0.541	0.534	0.527	0.520	0.514	0.507	0.500
120	0.494	0.488	0.481	0.475	0.469	0.463	0.457	0.451	0.445	0.440
130	0.434	0.429	0.423	0.418	0.412	0.407	0.402	0.397	0.392	0.387
140	0.383	0.378	0.373	0.369	0.364	0.360	0.356	0.351	0.347	0.343
150	0.339	0.335	0.331	0.327	0.323	0.320	0.316	0.312	0.309	0.305
160	0.302	0.298	0.295	0.292	0.289	0.285	0.282	0.279	0.276	0.273
170	0.270	0.267	0.264	0.262	0.259	0.256	0.253	0.251	0.248	0.246
180	0.243	0.241	0.238	0.236	0.233	0.231	0.229	0.226	0.224	0.222
190	0.220	0.218	0.215	0.213	0.211	0.209	0.207	0.205	0.203	0.201
200	0.199	0.198	0.196	0.194	0.192	0.190	0.189	0.187	0.185	0.183
210	0.182	0.180	0.179	0.177	0.175	0.174	0.172	0.171	0.169	0.168
220	0.166	0.165	0.164	0.162	0.161	0.159	0.158	0.157	0.155	0.154
230	0.153	0.152	0.150	0.149	0.148	0.147	0.146	0.144	0.143	0.142
240	0.141	0.140	0.139	0.138	0.136	0.135	0.134	0.133	0.132	0.131
250	0.130	—	—	—	—	—	—	—	—	—

附表 2-4　b类截面轴心受压构件的稳定系数 φ

$\lambda\sqrt{\frac{f_y}{235}}$	0	1	2	3	4	5	6	7	8	9
0	1.000	1.000	1.000	0.999	0.999	0.998	0.997	0.996	0.995	0.994
10	0.992	0.991	0.989	0.987	0.985	0.983	0.981	0.978	0.976	0.973
20	0.970	0.967	0.963	0.960	0.957	0.953	0.950	0.946	0.943	0.939
30	0.936	0.932	0.929	0.925	0.922	0.918	0.914	0.910	0.906	0.903
40	0.899	0.895	0.891	0.887	0.882	0.878	0.874	0.870	0.865	0.861
50	0.856	0.852	0.847	0.842	0.838	0.833	0.828	0.823	0.818	0.813
60	0.807	0.802	0.797	0.791	0.786	0.780	0.774	0.769	0.763	0.757
70	0.751	0.745	0.739	0.732	0.726	0.720	0.714	0.707	0.701	0.694
80	0.688	0.681	0.675	0.668	0.661	0.655	0.648	0.641	0.635	0.628
90	0.621	0.614	0.608	0.601	0.594	0.588	0.581	0.575	0.568	0.561
100	0.555	0.549	0.542	0.536	0.529	0.523	0.517	0.511	0.505	0.499
110	0.493	0.487	0.481	0.475	0.470	0.464	0.458	0.453	0.447	0.442
120	0.437	0.432	0.426	0.421	0.416	0.411	0.406	0.402	0.397	0.392
130	0.387	0.383	0.378	0.374	0.370	0.365	0.361	0.357	0.353	0.349
140	0.345	0.341	0.337	0.333	0.329	0.326	0.322	0.318	0.315	0.311
150	0.308	0.304	0.301	0.298	0.295	0.291	0.288	0.285	0.282	0.279
160	0.276	0.273	0.270	0.267	0.265	0.262	0.259	0.256	0.254	0.251
170	0.249	0.246	0.244	0.241	0.239	0.236	0.234	0.232	0.229	0.227
180	0.225	0.223	0.220	0.218	0.216	0.214	0.212	0.210	0.208	0.206
190	0.204	0.202	0.200	0.198	0.197	0.195	0.193	0.191	0.190	0.188
200	0.186	0.184	0.183	0.181	0.180	0.178	0.176	0.175	0.173	0.172
210	0.170	0.169	0.167	0.166	0.165	0.163	0.162	0.160	0.159	0.158
220	0.156	0.155	0.154	0.153	0.151	0.150	0.149	0.148	0.146	0.145
230	0.144	0.143	0.142	0.141	0.140	0.138	0.137	0.136	0.135	0.134
240	0.133	0.132	0.131	0.130	0.129	0.128	0.127	0.126	0.125	0.124
250	0.123	—	—	—	—	—	—	—	—	—

附表 2-5　c类截面轴心受压构件的稳定系数 φ

$\lambda\sqrt{\frac{f_y}{235}}$	0	1	2	3	4	5	6	7	8	9
0	1.000	1.000	1.000	0.999	0.999	0.998	0.997	0.996	0.995	0.993
10	0.992	0.990	0.988	0.986	0.983	0.981	0.978	0.976	0.973	0.970
20	0.966	0.959	0.953	0.947	0.940	0.934	0.928	0.921	0.915	0.909
30	0.902	0.896	0.890	0.884	0.877	0.871	0.865	0.858	0.852	0.846
40	0.839	0.833	0.826	0.820	0.814	0.807	0.801	0.794	0.788	0.781
50	0.775	0.768	0.762	0.755	0.748	0.742	0.735	0.729	0.722	0.715
60	0.709	0.702	0.695	0.689	0.682	0.676	0.669	0.662	0.656	0.649
70	0.643	0.636	0.629	0.623	0.616	0.610	0.604	0.597	0.591	0.584
80	0.578	0.572	0.566	0.559	0.553	0.547	0.541	0.535	0.529	0.523
90	0.517	0.511	0.505	0.500	0.494	0.488	0.483	0.477	0.472	0.467
100	0.463	0.458	0.454	0.449	0.445	0.441	0.436	0.432	0.428	0.423
110	0.419	0.415	0.411	0.407	0.403	0.399	0.395	0.391	0.387	0.383
120	0.379	0.375	0.371	0.367	0.364	0.360	0.356	0.353	0.349	0.346
130	0.342	0.339	0.335	0.332	0.328	0.325	0.322	0.319	0.315	0.312
140	0.309	0.306	0.303	0.300	0.297	0.294	0.291	0.288	0.285	0.282
150	0.280	0.277	0.274	0.271	0.269	0.266	0.264	0.261	0.258	0.256
160	0.254	0.251	0.249	0.246	0.244	0.242	0.239	0.237	0.235	0.233
170	0.230	0.228	0.226	0.224	0.222	0.220	0.218	0.216	0.214	0.212
180	0.210	0.208	0.206	0.205	0.203	0.201	0.199	0.197	0.196	0.194
190	0.192	0.190	0.189	0.187	0.186	0.184	0.182	0.181	0.179	0.178
200	0.176	0.175	0.173	0.172	0.170	0.169	0.168	0.166	0.165	0.163
210	0.162	0.161	0.159	0.158	0.157	0.156	0.154	0.153	0.152	0.151
220	0.150	0.148	0.147	0.146	0.145	0.144	0.143	0.142	0.140	0.139
230	0.138	0.137	0.136	0.135	0.134	0.133	0.132	0.131	0.130	0.129
240	0.128	0.127	0.126	0.125	0.124	0.124	0.123	0.122	0.121	0.120
250	0.119	—	—	—	—	—	—	—	—	—

附表 2-6　d 类截面轴心受压构件的稳定系数 φ

$\lambda\sqrt{\frac{f_y}{235}}$	0	1	2	3	4	5	6	7	8	9
0	1.000	1.000	0.999	0.999	0.998	0.996	0.994	0.992	0.990	0.987
10	0.984	0.981	0.978	0.974	0.969	0.965	0.960	0.955	0.949	0.944
20	0.937	0.927	0.918	0.909	0.900	0.891	0.883	0.874	0.865	0.857
30	0.848	0.840	0.831	0.823	0.815	0.807	0.799	0.790	0.782	0.774
40	0.766	0.759	0.751	0.743	0.735	0.728	0.720	0.712	0.705	0.697
50	0.690	0.683	0.675	0.668	0.661	0.654	0.646	0.639	0.632	0.625
60	0.618	0.612	0.605	0.598	0.591	0.585	0.578	0.572	0.565	0.559
70	0.552	0.546	0.540	0.534	0.528	0.522	0.516	0.510	0.504	0.498
80	0.493	0.487	0.481	0.476	0.470	0.465	0.460	0.454	0.449	0.444
90	0.439	0.434	0.429	0.424	0.419	0.414	0.410	0.405	0.401	0.397
100	0.394	0.390	0.387	0.383	0.380	0.376	0.373	0.370	0.366	0.363
110	0.359	0.356	0.353	0.350	0.346	0.343	0.340	0.337	0.334	0.331
120	0.328	0.325	0.322	0.319	0.316	0.313	0.310	0.307	0.304	0.301
130	0.299	0.296	0.293	0.290	0.288	0.285	0.282	0.280	0.277	0.275
140	0.272	0.270	0.267	0.265	0.262	0.260	0.258	0.255	0.253	0.251
150	0.248	0.246	0.244	0.242	0.240	0.237	0.235	0.233	0.231	0.229
160	0.227	0.225	0.223	0.221	0.219	0.217	0.215	0.213	0.212	0.210
170	0.208	0.206	0.204	0.203	0.201	0.199	0.197	0.196	0.194	0.192
180	0.191	0.189	0.188	0.186	0.184	0.183	0.181	0.180	0.178	0.177
190	0.176	0.174	0.173	0.171	0.170	0.168	0.167	0.166	0.164	0.163
200	0.162	—	—	—	—	—	—	—	—	—

附表 2-7　系数 α_1、α_2、α_3

构件类别		α_1	α_2	α_3
a		0.41	0.986	0.152
b		0.65	0.965	0.300
c 类	$\lambda_n \leqslant 1.05$	0.73	0.906	0.595
	$\lambda_n > 1.05$		1.216	0.302
d 类	$\lambda_n \leqslant 1.05$	1.35	0.068	0.915
	$\lambda_n > 1.05$		1.375	0.432

附表 2-8 无侧移框架柱的计算长度系数 μ

K_2 \ K_1	0	0.05	0.1	0.2	0.3	0.4	0.5	1	2	3	4	5	≥10
0	1.000	0.990	0.981	0.964	0.949	0.935	0.922	0.875	0.820	0.791	0.773	0.760	0.732
0.05	0.990	0.981	0.971	0.955	0.940	0.926	0.914	0.867	0.814	0.784	0.766	0.754	0.726
0.1	0.981	0.971	0.962	0.946	0.931	0.918	0.906	0.860	0.807	0.778	0.760	0.748	0.721
0.2	0.964	0.955	0.946	0.930	0.916	0.903	0.891	0.846	0.795	0.767	0.749	0.737	0.711
0.3	0.949	0.940	0.931	0.916	0.902	0.889	0.878	0.834	0.784	0.756	0.739	0.728	0.701
0.4	0.935	0.926	0.918	0.903	0.889	0.877	0.866	0.823	0.774	0.747	0.730	0.719	0.693
0.5	0.922	0.914	0.906	0.891	0.878	0.866	0.855	0.813	0.765	0.738	0.721	0.710	0.685
1	0.875	0.867	0.860	0.846	0.834	0.823	0.813	0.774	0.729	0.704	0.688	0.677	0.654
2	0.820	0.814	0.807	0.795	0.784	0.774	0.765	0.729	0.686	0.663	0.648	0.638	0.615
3	0.791	0.784	0.778	0.767	0.756	0.747	0.738	0.704	0.663	0.640	0.625	0.616	0.593
4	0.773	0.766	0.760	0.749	0.739	0.730	0.721	0.688	0.648	0.625	0.611	0.601	0.580
5	0.760	0.754	0.748	0.737	0.728	0.719	0.710	0.677	0.638	0.616	0.601	0.592	0.570
≥10	0.732	0.726	0.721	0.711	0.701	0.693	0.685	0.654	0.615	0.593	0.580	0.570	0.549

注：1. 表中的计算长度系数 μ 值系按下式算得：

$$\left[\left(\frac{\pi}{\mu}\right)^2+2(K_1+K_2)-4K_1K_2\right]\frac{\pi}{\mu}\cdot\sin\frac{\pi}{\mu}-2\left[(K_1+K_2)\left(\frac{\pi}{\mu}\right)^2+4K_1K_2\right]\cos\frac{\pi}{\mu}+8K_1K_2=0$$

式中，K_1、K_2 分别为相交于柱上端、柱下端的横梁线刚度之和与柱线刚度之和的比值。当梁远端为铰接时，应将横梁线刚度乘以 1.5；当横梁远端为嵌固时，则将横梁线刚度乘以 2。

2. 当横梁与柱铰接时，取横梁线刚度为零。
3. 对底层框架柱：当柱与基础铰接时，取 $K_2=0$（对平板支座可取 $K_2=0.1$）；当柱与基础刚接时，取 $K_2=10$。
4. 当与柱刚性连接的横梁所受轴心压力 N_b 较大时，横梁线刚度应乘以折减系数 a_N：

横梁远端与柱刚接和横梁远端铰支时：$a_N=1-N_b/N_{Eh}$

横梁无端嵌固时：$a_N=1-N_b/(2N_{Eb})$

式中，$N_{Eb}=\pi^2EI_b/l^2$，I_b 为横梁截面惯性矩，l 为横梁长度。

附表 2-9　有侧移框架柱的计算长度系数 μ

K_2 \ K_1	0	0.05	0.1	0.2	0.3	0.4	0.5	1	2	3	4	5	≥10
0	—	6.02	4.46	3.42	3.01	2.78	2.64	2.33	2.17	2.11	2.08	2.07	2.03
0.05	6.02	4.16	3.47	2.86	2.58	2.42	2.31	2.07	1.94	1.90	1.87	1.86	1.83
0.1	4.46	3.47	3.01	2.56	2.33	2.20	2.11	1.90	1.79	1.75	1.73	1.72	1.70
0.2	3.42	2.86	2.56	2.23	2.05	1.94	1.87	1.70	1.60	1.57	1.55	1.54	1.52
0.3	3.01	2.58	2.33	2.05	1.90	1.80	1.74	1.58	1.49	1.46	1.45	1.44	1.42
0.4	2.78	2.42	2.20	1.94	1.80	1.71	1.65	1.50	1.42	1.39	1.37	1.37	1.35
0.5	2.64	2.31	2.11	1.87	1.74	1.65	1.59	1.45	1.37	1.34	1.32	1.32	1.30
1	2.33	2.07	1.90	1.70	1.58	1.50	1.45	1.32	1.24	1.21	1.20	1.19	1.17
2	2.17	1.94	1.79	1.60	1.49	1.42	1.37	1.24	1.16	1.14	1.12	1.12	1.10
3	2.11	1.90	1.75	1.57	1.46	1.39	1.34	1.21	1.14	1.11	1.10	1.09	1.07
4	2.08	1.87	1.73	1.55	1.45	1.37	1.32	1.20	1.12	1.10	1.08	1.08	1.06
5	2.07	1.86	1.72	1.54	1.44	1.37	1.32	1.19	1.12	1.09	1.08	1.07	1.05
≥10	2.03	1.83	1.70	1.52	1.42	1.35	1.30	1.17	1.10	1.07	1.06	1.05	1.03

注：1. 表中的计算长度系数 μ 值系按下式算得：

$$\left[36K_1K_2-\left(\frac{\pi}{\mu}\right)^2\right]\sin\frac{\pi}{\mu}+6(K_1+K_2)\frac{\pi}{\mu}\cdot\cos\frac{\pi}{\mu}=0$$

式中，K_1、K_2 分别为相交于柱上端、柱下端的横梁线刚度之和与柱线刚度之和的比值。当横梁远端为铰接时，应将横梁线刚度乘以 0.5；当横梁远端为嵌固时，则应乘以 2/3。

2. 当横梁与柱铰接时，取横梁线刚度为零。

3. 对底层框架柱：当柱与基础铰接时，取 $K_2=0$(对平板支座可取 $K_2=0.1$)；当柱与基础刚接时，取 $K_2=10$。

4. 当与柱刚性连接的横梁所受轴心压力 N_b 较大时，横梁线刚度应乘以的减系数 a_N：

横梁远端与柱刚接时：　$a_N=1-N_b/(4N_{Eb})$

横梁远端铰支时：　$a_N=1-N_b/N_{Eb}$

横梁远端嵌固时：　$a_N=1-N_b/(2N_{Eb})$

N_{Eb}的计算式，见附表 2-8 注 4。

附录 3　型钢规格表

附表 3-1　等边角钢截面尺寸、截面面积、理论质量及截面特性(GB/T 706—2016)

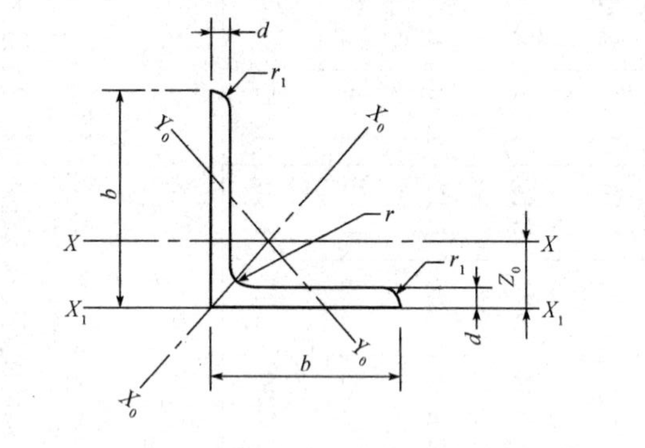

等边角钢截面图

b——边宽度；
d——边厚度；
r——内圆弧半径；
r_1——边端圆弧半径；
Z_0——重心距离

型号	截面尺寸/mm			截面面积/cm^2	理论质量/(kg·m^{-1})	外表面积/(m^2·m^{-1})	惯性矩/cm^4				惯性半径/cm			截面模数/cm^3			重心距离/cm
	b	d	r				I_x	I_{x1}	I_{x0}	I_{y0}	i_x	i_{x0}	i_{y0}	W_x	W_{x0}	W_{y0}	Z_0
2	20	3	3.5	1.132	0.89	0.078	0.40	0.81	0.63	0.17	0.59	0.75	0.39	0.29	0.45	0.20	0.60
		4		1.459	1.15	0.077	0.50	1.09	0.78	0.22	0.58	0.73	0.38	0.36	0.55	0.24	0.64
2.5	25	3		1.432	1.12	0.098	0.82	1.57	1.29	0.34	0.76	0.95	0.49	0.46	0.73	0.33	0.73
		4		1.859	1.46	0.097	1.03	2.11	1.62	0.43	0.74	0.93	0.48	0.59	0.92	0.40	0.76
3.0	30	3	4.5	1.749	1.37	0.117	1.46	2.71	2.31	0.61	0.91	1.15	0.59	0.68	1.09	0.51	0.85
		4		2.276	1.79	0.117	1.84	3.63	2.92	0.77	0.90	1.13	0.58	0.87	1.37	0.62	0.89
3.6	36	3		2.109	1.66	0.141	2.58	4.68	4.09	1.07	1.11	1.39	0.71	0.99	1.61	0.76	1.00
		4		2.756	2.16	0.141	3.29	6.25	5.22	1.37	1.09	1.38	0.70	1.28	2.05	0.93	1.04
		5		3.382	2.65	0.141	3.95	7.84	6.24	1.65	1.08	1.36	0.70	1.56	2.45	1.00	1.07

续表

型号	截面尺寸/mm			截面面积 /cm²	理论质量 /(kg·m⁻¹)	外表面积 /(m²·m⁻¹)	惯性矩/cm⁴				惯性半径/cm			截面模数/cm³			重心距离 /cm
	b	d	r				I_x	I_{x1}	I_{x0}	I_{y0}	i_x	i_{x0}	i_{y0}	W_x	W_{x0}	W_{y0}	Z_0
4	40	3	5	2.359	1.85	0.157	3.59	6.41	5.69	1.49	1.23	1.55	0.79	1.23	2.01	0.96	1.09
		4		3.086	2.42	0.157	4.60	8.56	7.29	1.91	1.22	1.54	0.79	1.60	2.58	1.19	1.13
		5		3.792	2.98	0.156	5.53	10.7	8.76	2.30	1.21	1.52	0.78	1.96	3.10	1.39	1.17
4.5	45	3		2.659	2.09	0.177	5.17	9.12	8.20	2.14	1.40	1.76	0.89	1.58	2.58	1.24	1.22
		4		3.486	2.74	0.177	6.65	12.2	10.6	2.75	1.38	1.74	0.89	2.05	3.32	1.54	1.26
		5		4.292	3.37	0.176	8.04	15.2	12.7	3.33	1.37	1.72	0.88	2.51	4.00	1.81	1.30
		6		5.077	3.99	0.176	9.33	18.4	14.8	3.89	1.36	1.70	0.80	2.95	4.64	2.06	1.33
5	50	3	5.5	2.971	2.33	0.197	7.18	12.5	11.4	2.98	1.55	1.96	1.00	1.96	3.22	1.57	1.34
		4		3.897	3.06	0.197	9.26	16.7	14.7	3.82	1.54	1.94	0.99	2.56	4.16	1.96	1.38
		5		4.803	3.77	0.196	11.2	20.9	17.8	4.64	1.53	1.92	0.98	3.13	5.03	2.31	1.42
		6		5.688	4.46	0.196	13.1	25.1	20.7	5.42	1.52	1.91	0.98	3.68	5.85	2.63	1.46
5.6	56	3	6	3.343	2.62	0.221	10.2	17.6	16.1	4.24	1.75	2.20	1.13	2.48	4.08	2.02	1.48
		4		4.39	3.45	0.220	13.2	23.4	20.9	5.46	1.73	2.18	1.11	3.24	5.28	2.52	1.53
		5		5.415	4.25	0.220	16.0	29.3	25.4	6.61	1.72	2.17	1.10	3.97	6.42	2.98	1.57
		6		6.42	5.04	0.220	18.7	35.3	29.7	7.73	1.71	2.15	1.10	4.68	7.49	3.40	1.61
		7		7.404	5.81	0.219	21.2	41.2	33.6	8.82	1.69	2.13	1.09	5.36	8.49	3.80	1.64
		8		8.367	6.57	0.219	23.6	47.2	37.4	9.89	1.68	2.11	1.09	6.03	9.44	4.16	1.68
6	60	5	6.5	5.829	4.58	0.236	19.9	36.1	31.6	8.21	1.85	2.33	1.19	4.59	7.44	3.48	1.67
		6		6.914	5.43	0.235	23.4	43.3	36.9	9.60	1.83	2.31	1.18	5.41	8.70	3.98	1.70
		7		7.977	6.26	0.235	26.4	50.1	41.9	11.0	1.82	2.29	1.17	6.21	9.88	4.45	1.74
		8		9.02	7.08	0.235	29.5	58.0	46.7	12.3	1.81	2.27	1.17	6.98	11.0	4.88	1.78

续表

型号	截面尺寸/mm			截面面积/cm²	理论质量/(kg·m⁻¹)	外表面积/(m²·m⁻¹)	惯性矩/cm⁴				惯性半径/cm			截面模数/cm³			重心距离/cm
	b	d	r				I_x	I_{x1}	I_{x0}	I_{y0}	i_x	i_{x0}	i_{y0}	W_x	W_{x0}	W_{y0}	Z_0
6.3	63	4	7	4.978	3.91	0.248	19.0	33.4	30.2	7.89	1.96	2.46	1.26	4.13	6.78	3.29	1.70
		5		6.143	4.82	0.248	23.2	41.7	36.8	9.57	1.94	2.45	1.25	5.08	8.25	3.90	1.74
		6		7.288	5.72	0.247	27.1	50.1	43.0	11.2	1.93	2.43	1.24	6.00	9.66	4.46	1.78
		7		8.412	6.60	0.247	30.9	58.6	49.0	12.8	1.92	2.41	1.23	6.88	11.0	4.98	1.82
		8		9.515	7.47	0.247	34.5	67.1	54.6	14.3	1.90	2.40	1.23	7.75	12.3	5.47	1.85
		10		11.66	9.15	0.246	41.1	84.3	64.9	17.3	1.88	2.36	1.22	9.39	14.6	6.36	1.93
7	70	4	8	5.570	4.37	0.275	26.4	45.7	41.8	11.0	2.18	2.74	1.40	5.14	8.44	4.17	1.86
		5		6.876	5.40	0.275	32.2	57.2	51.1	13.3	2.16	2.73	1.39	6.32	10.3	4.95	1.91
		6		8.160	6.41	0.275	37.8	68.7	59.9	15.6	2.15	2.71	1.38	7.48	12.1	5.67	1.95
		7		9.424	7.40	0.275	43.1	80.3	68.4	17.8	2.14	2.69	1.38	8.59	13.8	6.34	1.99
		8		10.67	8.37	0.274	48.2	91.9	76.4	20.0	2.12	2.68	1.37	9.68	15.4	6.98	2.03
7.5	75	5	9	7.412	5.82	0.295	40.0	70.6	63.3	16.6	2.33	2.92	1.50	7.32	11.9	5.77	2.04
		6		8.797	6.91	0.294	47.0	84.6	74.4	19.5	2.31	2.90	1.49	8.64	14.0	6.67	2.07
		7		10.16	7.98	0.294	53.6	98.7	85.0	22.2	2.30	2.89	1.48	9.93	16.0	7.44	2.11
		8		11.50	9.03	0.294	60.0	113	95.1	24.9	2.28	2.88	1.47	11.2	17.9	8.19	2.15
		9		12.83	10.1	0.294	66.1	127	105	27.5	2.27	2.86	1.46	12.4	19.8	8.89	2.18
		10		14.13	11.1	0.293	72.0	142	114	30.1	2.26	2.84	1.46	13.6	21.5	9.56	2.22
8	80	5		7.912	6.21	0.315	48.8	85.4	77.3	20.3	2.48	3.13	1.60	8.34	13.7	6.66	2.15
		6		9.397	7.38	0.314	57.4	103	91.0	23.7	2.47	3.11	1.59	9.87	16.1	7.65	2.19
		7		10.86	8.53	0.314	65.6	120	104	27.1	2.46	3.10	1.58	11.4	18.4	8.58	2.23
		8		12.30	9.66	0.314	73.5	137	117	30.4	2.44	3.08	1.57	12.8	20.6	9.46	2.27
		9		13.73	10.8	0.314	81.1	154	129	33.6	2.43	3.06	1.56	14.3	22.7	10.3	2.31
		10		15.13	11.9	0.313	88.4	172	140	36.8	2.42	3.04	1.56	15.6	24.8	11.1	2.35

续表

型号	截面尺寸/mm			截面面积/cm²	理论质量/(kg·m⁻¹)	外表面积/(m²·m⁻¹)	惯性矩/cm⁴				惯性半径/cm			截面模数/cm³			重心距离/cm
	b	d	r				I_x	I_{x1}	I_{x0}	I_{y0}	i_x	i_{x0}	i_{y0}	W_x	W_{x0}	W_{y0}	Z_0
9	90	6	10	10.64	8.35	0.354	82.8	146	131	34.3	2.79	3.51	1.80	12.6	20.6	9.95	2.44
		7		12.30	9.66	0.354	94.8	170	150	39.2	2.78	3.50	1.78	14.5	23.6	11.2	2.48
		8		13.94	10.9	0.353	106	195	169	44.0	2.76	3.48	1.78	16.4	26.6	12.4	2.52
		9		15.57	12.2	0.353	118	219	187	48.7	2.75	3.46	1.77	18.3	29.4	13.5	2.56
		10		17.17	13.5	0.353	129	244	204	53.3	2.74	3.45	1.76	20.1	32.0	14.5	2.59
		12		20.31	15.9	0.352	149	294	236	62.2	2.71	3.41	1.75	23.6	37.1	16.5	2.67
10	100	6	12	11.93	9.37	0.393	115	200	182	47.9	3.10	3.90	2.00	15.7	25.7	12.7	2.67
		7		13.80	10.8	0.393	132	234	209	54.7	3.09	3.89	1.99	18.1	29.6	14.3	2.71
		8		15.64	12.3	0.393	148	267	235	61.4	3.08	3.88	1.98	20.5	33.2	15.8	2.76
		9		17.46	13.7	0.392	164	300	260	68.0	3.07	3.86	1.97	22.8	36.8	17.2	2.80
		10		19.26	15.1	0.392	180	334	285	74.4	3.05	3.84	1.96	25.1	40.3	18.5	2.84
		12		22.80	17.9	0.391	209	402	331	86.8	3.03	3.81	1.95	29.5	46.8	21.1	2.91
		14		26.26	20.6	0.391	237	471	374	99.0	3.00	3.77	1.94	33.7	52.9	23.4	2.99
		16		29.63	23.3	0.390	263	540	414	111	2.98	3.74	1.94	37.8	58.6	25.6	3.06
11	110	7	12	15.20	11.9	0.433	177	311	281	73.4	3.41	4.30	2.20	22.1	36.1	17.5	2.96
		8		17.24	13.5	0.433	199	355	316	82.4	3.40	4.28	2.19	25.0	40.7	19.4	3.01
		10		21.26	16.7	0.432	242	445	384	100	3.38	4.25	2.17	30.6	49.4	22.9	3.09
		12		25.20	19.8	0.431	283	535	448	117	3.35	4.22	2.15	36.1	57.6	26.2	3.16
		14		29.06	22.8	0.431	321	625	508	133	3.32	4.18	2.14	41.3	65.3	29.1	3.24

续表

型号	截面尺寸/mm			截面面积/cm²	理论质量/(kg·m⁻¹)	外表面积/(m²·m⁻¹)	惯性矩/cm⁴				惯性半径/cm			截面模数/cm³			重心距离/cm
	b	d	r				I_x	I_{x1}	I_{x0}	I_{y0}	i_x	i_{x0}	i_{y0}	W_x	W_{x0}	W_{y0}	Z_0
12.5	125	8	14	19.75	15.5	0.492	297	521	471	123	3.88	4.88	2.50	32.5	53.3	25.9	3.37
		10		24.37	19.1	0.491	362	652	574	149	3.85	4.85	2.48	40.0	64.9	30.6	3.45
		12		28.91	22.7	0.491	423	783	671	175	3.83	4.82	2.46	41.2	76.0	35.0	3.53
		14		33.37	26.2	0.490	482	916	764	200	3.80	4.78	2.45	54.2	86.4	39.1	3.61
		16		37.74	29.6	0.489	537	1 050	851	224	3.77	4.75	2.43	60.9	96.3	43.0	3.68
14	140	10		27.37	21.5	0.551	515	915	817	212	4.34	5.46	2.78	50.6	82.6	39.2	3.82
		12		32.51	25.5	0.551	604	1 100	959	249	4.31	5.43	2.76	59.8	96.9	45.0	3.90
		14		37.57	29.5	0.550	689	1 280	1 090	284	4.28	5.40	2.75	68.8	110	50.5	3.98
		16		42.54	33.4	0.549	770	1 470	1 220	319	4.26	5.36	2.74	77.5	123	55.6	4.06
15	150	8		23.75	18.6	0.592	521	900	827	215	4.69	5.90	3.01	47.4	78.0	38.1	3.99
		10		29.37	23.1	0.591	638	1 130	1 010	262	4.66	5.87	2.99	58.4	95.5	45.5	4.08
		12		34.91	27.4	0.591	749	1 350	1 190	308	4.63	5.84	2.97	69.0	112	52.4	4.15
		14		40.37	31.7	0.590	856	1 580	1 360	352	4.60	5.80	2.95	79.5	128	58.8	4.23
		15		43.06	33.8	0.590	907	1 690	1 440	374	4.59	5.78	2.95	84.6	136	61.9	4.27
		16		45.74	35.9	0.589	958	1 810	1 520	395	4.58	5.77	2.94	89.6	143	64.9	4.31
16	160	10	16	31.50	24.7	0.630	780	1 370	1 240	322	4.98	6.27	3.20	66.7	109	52.8	4.31
		12		37.44	29.4	0.630	917	1 640	1 460	377	4.95	6.24	3.18	79.0	129	60.7	4.39
		14		43.30	34.0	0.629	1 050	1 910	1 670	432	4.92	6.20	3.16	91.0	147	68.2	4.47
		16		49.07	38.5	0.629	1 180	2 190	1 870	485	4.89	6.17	3.14	103	165	75.3	4.55
18	180	12		42.24	33.2	0.710	1 320	2 330	2 100	543	5.59	7.05	3.58	101	165	78.4	4.89
		14		48.90	38.4	0.709	1 510	2 720	2 410	622	5.56	7.02	3.56	116	189	88.4	4.97
		16		55.47	43.5	0.709	1 700	3 120	2 700	699	5.54	6.98	3.55	131	212	97.8	5.05
		18		61.96	48.6	0.708	1 880	3 500	2 990	762	5.50	6.94	3.51	146	235	105	5.13

续表

型号	截面尺寸/mm			截面面积/cm^2	理论质量/(kg·m^{-1})	外表面积/(m^2·m^{-1})	惯性矩/cm^4				惯性半径/cm			截面模数/cm^3			重心距离/cm
	b	d	r				I_x	I_{x1}	I_{x0}	I_{y0}	i_x	i_{x0}	i_{y0}	W_x	W_{x0}	W_{y0}	Z_0
20	200	14	18	54.64	42.9	0.788	2 100	3 730	3 340	864	6.20	7.82	3.98	145	236	112	5.46
		16		62.01	48.7	0.788	2 370	4 270	3 760	971	6.18	7.79	3.96	164	266	124	5.54
		18		69.30	54.4	0.787	2 620	4 810	4 160	1 080	6.15	7.75	3.94	182	294	136	5.62
		20		76.51	60.1	0.787	2 870	5 350	4 550	1 180	6.12	7.72	3.93	200	322	147	5.69
		24		90.66	71.2	0.785	3 340	6 460	5 290	1 380	6.07	7.64	3.90	236	374	167	5.87
22	220	16	21	68.67	53.9	0.866	3 190	5 680	5 060	1 310	6.81	8.59	4.37	200	326	154	6.03
		18		76.75	60.3	0.866	3 540	6 400	5 620	1 450	6.79	8.55	4.35	223	361	168	6.11
		20		84.76	66.5	0.865	3 870	7 110	6 150	1 590	6.76	8.52	4.34	245	395	182	6.18
		22		92.68	72.8	0.865	4 200	7 830	6 670	1 730	6.73	8.48	4.32	267	429	195	6.26
		24		100.5	78.9	0.864	4 520	8 550	7 170	1 870	6.71	8.45	4.31	289	461	208	6.33
		26		108.3	85.0	0.864	4 830	9 280	7 690	2 000	6.68	8.41	4.30	310	492	221	6.41
25	250	18	24	87.84	69.0	0.985	5 270	9 380	8 370	2 170	7.75	9.76	4.97	290	473	224	6.84
		20		97.05	76.2	0.984	5 780	10 400	9 180	2 380	7.72	9.73	4.95	320	519	243	6.92
		22		106.2	83.3	0.983	6 280	11 500	9 970	2 580	7.69	9.69	4.93	349	564	261	7.00
		24		115.2	90.4	0.983	6 770	12 500	10 700	2 790	7.67	9.66	4.92	378	608	278	7.07
		26		124.2	97.5	0.982	7 240	13 600	11 500	2 980	7.64	9.62	4.90	406	650	295	7.15
		28		133.0	104	0.982	7 700	14 600	12 200	3 180	7.61	9.58	4.89	433	691	311	7.22
		30		141.8	111	0.981	8 160	15 700	12 900	3 380	7.58	9.55	4.88	461	731	327	7.30
		32		150.5	118	0.981	8 600	16 800	13 600	3 570	7.56	9.51	4.87	488	770	342	7.37
		35		163.4	128	0.980	9 240	18 400	14 600	3 850	7.52	9.46	4.86	527	827	364	7.48

注：截面图中的 $r_1=1/3d$ 及表中 r 的数据用于孔型设计，不作为交货条件。

附表 3-2　不等边角钢截面尺寸、截面面积、理论质量及截面特性(GB/T 706—2016)

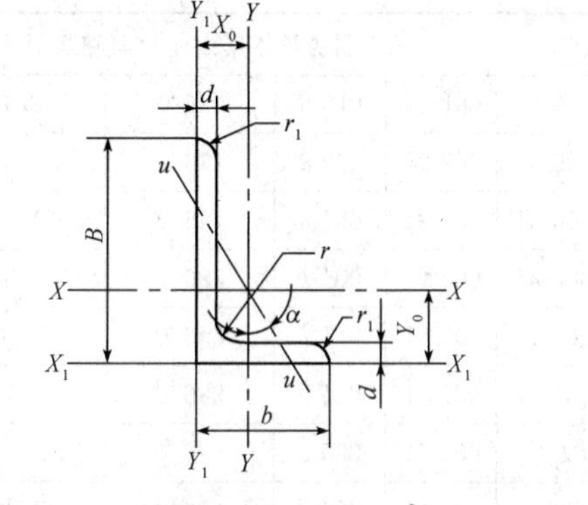

B——长边宽度；

b——短边宽度；

d——边厚度；

r——内圆弧半径；

r_1——边端圆弧半径；

X_0——重心距离；

Y_0——重心距离

不等边角钢截面图

型号	截面尺寸/mm				截面面积	理论质量	外表面积	惯性矩/cm^4					惯性半径/cm			截面模数/cm^3			tanα	重心距离/cm	
	B	b	d	r	/cm^2	/(kg·m^{-1})	/(m^2·m^{-1})	I_x	I_{x1}	I_y	I_{y1}	I_u	i_x	i_y	i_u	W_x	W_y	W_u		X_0	Y_0
2.5/1.6	25	16	3	3.5	1.162	0.91	0.080	0.70	1.56	0.22	0.43	0.14	0.78	0.44	0.34	0.43	0.19	0.16	0.392	0.42	0.86
			4		1.499	1.18	0.079	0.88	2.09	0.27	0.59	0.17	0.77	0.43	0.34	0.55	0.24	0.20	0.381	0.46	0.90
3.2/2	32	20	3		1.492	1.17	0.102	1.53	3.27	0.46	0.82	0.28	1.01	0.55	0.43	0.72	0.30	0.25	0.382	0.49	1.08
			4		1.939	1.52	0.101	1.93	4.37	0.57	1.12	0.35	1.00	0.54	0.42	0.93	0.39	0.32	0.374	0.53	1.12
4/2.5	40	25	3	4	1.890	1.48	0.127	3.08	5.39	0.93	1.59	0.56	1.28	0.70	0.54	1.15	0.49	0.40	0.385	0.59	1.32
			4		2.467	1.94	0.127	3.93	8.53	1.18	2.14	0.71	1.36	0.69	0.54	1.49	0.63	0.52	0.381	0.63	1.37
4.5/2.8	45	28	3	5	2.149	1.69	0.143	4.45	9.10	1.34	2.23	0.80	1.44	0.79	0.61	1.47	0.62	0.51	0.383	0.64	1.47
			4		2.806	2.20	0.143	5.69	12.1	1.70	3.00	1.02	1.42	0.78	0.60	1.91	0.80	0.66	0.380	0.68	1.51
5/3.2	50	32	3	5.5	2.431	1.91	0.161	6.24	12.5	2.02	3.31	1.20	1.60	0.91	0.70	1.84	0.82	0.68	0.404	0.73	1.60
			4		3.177	2.49	0.160	8.02	16.7	2.58	4.45	1.53	1.59	0.90	0.69	2.39	1.06	0.87	0.402	0.77	1.65
5.6/3.6	56	36	3	6	2.743	2.15	0.181	8.88	17.5	2.92	4.7	1.73	1.80	1.03	0.79	2.32	1.05	0.87	0.408	0.80	1.78
			4		3.590	2.82	0.180	11.5	23.4	3.76	6.33	2.23	1.79	1.02	0.79	3.03	1.37	1.13	0.408	0.85	1.82
			5		4.415	3.47	0.180	13.9	29.3	4.49	7.94	2.67	1.77	1.01	0.78	3.71	1.65	1.36	0.404	0.88	1.87

续表

型号	截面尺寸/mm				截面面积 /cm^2	理论质量 /($kg \cdot m^{-1}$)	外表面积 /($m^2 \cdot m^{-1}$)	惯性矩/cm^4					惯性半径/cm			截面模数/cm^3			$\tan\alpha$	重心距离/cm	
	B	b	d	r				I_x	I_{x1}	I_y	I_{y1}	I_u	i_x	i_y	i_u	W_x	W_y	W_u		X_0	Y_0
6.3/4	63	40	4	7	4.058	3.19	0.202	16.5	33.3	5.23	8.63	3.12	2.02	1.14	0.88	3.87	1.70	1.40	0.398	0.92	2.04
			5		4.993	3.92	0.202	20.0	41.6	6.31	10.9	3.76	2.00	1.12	0.87	4.74	2.07	1.71	0.396	0.95	2.08
			6		5.908	4.64	0.201	23.4	50.0	7.29	13.1	4.34	1.96	1.11	0.86	5.59	2.43	1.99	0.393	0.99	2.12
			7		6.802	5.34	0.201	26.5	58.1	8.24	15.5	4.97	1.98	1.10	0.86	6.40	2.78	2.29	0.389	1.03	2.15
7/4.5	70	45	4	7.5	4.553	3.57	0.226	23.2	45.9	7.55	12.3	4.40	2.26	1.29	0.98	4.86	2.17	1.77	0.410	1.02	2.24
			5		5.609	4.40	0.225	28.0	57.1	9.13	15.4	5.40	2.23	1.28	0.98	5.92	2.65	2.19	0.407	1.06	2.28
			6		6.644	5.22	0.225	32.5	68.4	10.6	18.6	6.35	2.21	1.26	0.98	6.95	3.12	2.59	0.404	1.09	2.32
			7		7.658	6.01	0.225	37.2	80.0	12.0	21.8	7.16	2.20	1.25	0.97	8.03	3.57	2.94	0.402	1.13	2.36
7.5/5	75	50	5	8	6.126	4.81	0.245	34.9	70.0	12.6	21.0	7.41	2.39	1.44	1.10	6.83	3.3	2.74	0.435	1.17	2.40
			6		7.260	5.70	0.245	41.1	84.3	14.7	25.4	8.54	2.38	1.42	1.08	8.12	3.88	3.19	0.435	1.21	2.44
			8		9.467	7.43	0.244	52.4	113	18.5	34.2	10.9	2.35	1.40	1.07	10.5	4.99	4.10	0.429	1.29	2.52
			10		11.59	9.10	0.244	62.7	141	22.0	43.4	13.1	2.33	1.38	1.06	12.8	6.04	4.99	0.423	1.36	2.60
8/5	80	50	5		6.376	5.00	0.255	42.0	85.2	12.8	21.1	7.66	2.56	1.42	1.10	7.78	3.32	2.74	0.388	1.14	2.60
			6		7.560	5.93	0.255	49.5	103	15.0	25.4	8.85	2.56	1.41	1.08	9.25	3.91	3.20	0.387	1.18	2.65
			7		8.724	6.85	0.255	56.2	119	17.0	29.8	10.2	2.54	1.39	1.08	10.6	4.48	3.70	0.384	1.21	2.69
			8		9.867	7.75	0.254	62.8	136	18.9	34.3	11.4	2.52	1.38	1.07	11.9	5.03	4.16	0.381	1.25	2.73
9/5.6	90	56	5	9	7.212	5.66	0.287	60.5	121	18.3	29.5	11.0	2.90	1.59	1.23	9.92	4.21	3.49	0.385	1.25	2.91
			6		8.557	6.72	0.286	71.0	146	21.4	35.6	12.9	2.88	1.58	1.23	11.7	4.96	4.13	0.384	1.29	2.95
			7		9.881	7.76	0.286	81.0	170	24.4	41.7	14.7	2.86	1.57	1.22	13.5	5.70	4.72	0.382	1.33	3.00
			8		11.18	8.78	0.286	91.0	194	27.2	47.9	16.3	2.85	1.56	1.21	15.3	6.41	5.29	0.380	1.36	3.04
10/6.3	100	63	6	10	9.618	7.55	0.320	99.1	200	30.9	50.5	18.4	3.21	1.79	1.38	14.6	6.35	5.25	0.394	1.43	3.24
			7		11.11	8.72	0.320	113	233	35.3	59.1	21.0	3.20	1.78	1.38	16.9	7.29	6.02	0.394	1.47	3.28
			8		12.58	9.88	0.319	127	266	39.4	67.9	23.5	3.18	1.77	1.37	19.1	8.21	6.78	0.391	1.50	3.32
			10		15.47	12.1	0.319	154	333	47.1	85.7	28.3	3.15	1.74	1.35	23.3	9.98	8.24	0.387	1.58	3.40

续表

型号	截面尺寸/mm				截面面积 /cm²	理论质量 /(kg·m⁻¹)	外表面积 /(m²·m⁻¹)	惯性矩/cm⁴					惯性半径/cm			截面模数/cm³			tanα	重心距离/cm	
	B	b	d	r				I_x	I_{x1}	I_y	I_{y1}	I_u	i_x	i_y	i_u	W_x	W_y	W_u		X_0	Y_0
10/8	100	80	6	10	10.64	8.35	0.354	107	200	61.2	103	31.7	3.17	2.40	1.72	15.2	10.2	8.37	0.627	1.97	2.95
			7		12.30	9.66	0.354	123	233	70.1	120	36.2	3.16	2.39	1.72	17.5	11.7	9.60	0.626	2.01	3.00
			8		13.94	10.9	0.353	138	267	78.6	137	40.6	3.14	2.37	1.71	19.8	13.2	10.8	0.625	2.05	3.04
			10		17.17	13.5	0.353	167	334	94.7	172	49.1	3.12	2.35	1.69	24.2	16.1	13.1	0.622	2.13	3.12
11/7	110	70	6	10	10.64	8.35	0.354	133	266	42.9	69.1	25.4	3.54	2.01	1.54	17.9	7.90	6.53	0.403	1.57	3.53
			7		12.30	9.66	0.354	153	310	49.0	80.8	29.0	3.53	2.00	1.53	20.6	9.09	7.50	0.402	1.61	3.57
			8		13.94	10.9	0.353	172	354	54.9	92.7	32.5	3.51	1.98	1.53	23.3	10.3	8.45	0.401	1.65	3.62
			10		17.17	13.5	0.353	208	443	65.9	117	39.2	3.48	1.96	1.51	28.5	12.5	10.3	0.397	1.72	3.70
12.5/8	125	80	7	11	14.10	11.1	0.403	228	455	74.4	120	43.8	4.02	2.30	1.76	26.9	12.0	9.92	0.408	1.80	4.01
			8		15.99	12.6	0.403	257	520	83.5	138	49.2	4.01	2.28	1.75	30.4	13.6	11.2	0.407	1.84	4.06
			10		19.71	15.5	0.402	312	650	101	173	59.5	3.98	2.26	1.74	37.3	16.6	13.6	0.404	1.92	4.14
			12		23.35	18.3	0.402	364	780	117	210	69.4	3.95	2.24	1.72	44.0	19.4	16.0	0.400	2.00	4.22
14/9	140	90	8	12	18.04	14.2	0.453	366	731	121	196	70.8	4.50	2.59	1.98	38.5	17.3	14.3	0.411	2.04	4.50
			10		22.26	17.5	0.452	446	913	140	246	85.8	4.47	2.56	1.96	47.3	21.2	17.5	0.409	2.12	4.58
			12		26.40	20.7	0.451	522	1 100	170	297	100	4.44	2.54	1.95	55.9	25.0	20.5	0.406	2.19	4.66
			14		30.46	23.9	0.451	594	1 280	192	349	114	4.42	2.51	1.94	64.2	28.5	23.5	0.403	2.27	4.74
15/9	150	90	8	12	18.84	14.8	0.473	442	898	123	196	74.1	4.84	2.55	1.98	43.9	17.5	14.5	0.364	1.97	4.92
			10		23.26	18.3	0.472	539	1 120	149	246	89.9	4.81	2.53	1.97	54.0	21.4	17.7	0.362	2.05	5.01
			12		27.60	21.7	0.471	632	1 350	173	297	105	4.79	2.50	1.95	63.8	25.1	20.8	0.359	2.12	5.09
			14		31.86	25.0	0.471	721	1 570	196	350	120	4.76	2.48	1.94	73.3	28.8	23.8	0.356	2.20	5.17
			15		33.95	26.7	0.471	764	1 680	207	376	127	4.74	2.47	1.93	78.0	30.5	25.3	0.354	2.24	5.21
			16		36.03	28.3	0.470	806	1 800	217	403	134	4.73	2.45	1.93	82.6	32.3	26.8	0.352	2.27	5.25

续表

型号	截面尺寸/mm				截面面积 /cm^2	理论质量 /($kg \cdot m^{-1}$)	外表面积 /($m^2 \cdot m^{-1}$)	惯性矩/cm^4					惯性半径/cm			截面模数/cm^3			$\tan\alpha$	重心距离/cm	
	B	b	d	r				I_x	I_{x1}	I_y	I_{y1}	I_u	i_x	i_y	i_u	W_x	W_y	W_u		X_0	Y_0
16/10	160	100	10	13	25.32	19.9	0.512	669	1 360	205	337	122	5.14	2.85	2.19	62.1	26.6	21.9	0.390	2.28	5.24
			12		30.05	23.6	0.511	785	1 640	239	406	142	5.11	2.82	2.17	73.5	31.3	25.8	0.388	2.36	5.32
			14		34.71	27.2	0.510	896	1 910	271	476	162	5.08	2.80	2.16	84.6	35.8	29.6	0.385	2.43	5.40
			16		39.28	30.8	0.510	1 000	2 180	302	548	183	5.05	2.77	2.16	95.3	40.2	33.4	0.382	2.51	5.48
18/11	180	110	10	14	28.37	22.3	0.571	956	1 940	278	447	167	5.80	3.13	2.42	79.0	32.5	26.9	0.376	2.44	5.89
			12		33.71	26.5	0.571	1 120	2 330	325	539	195	5.78	3.10	2.40	93.5	38.3	31.7	0.374	2.52	5.98
			14		38.97	30.6	0.570	1 290	2 720	370	632	222	5.75	3.08	2.39	108	44.0	36.3	0.372	2.59	6.06
			16		44.14	34.6	0.569	1 440	3 110	412	726	249	5.72	3.06	2.38	122	49.4	40.9	0.369	2.67	6.14
20/12.5	200	125	12		37.91	29.8	0.641	1 570	3 190	483	788	286	6.44	3.57	2.74	117	50.0	41.2	0.392	2.83	6.54
			14		43.87	34.4	0.640	1 800	3 730	551	922	327	6.41	3.54	2.73	135	57.4	47.3	0.390	2.91	6.62
			16		49.74	39.0	0.639	2 020	4 260	615	1 060	366	6.38	3.52	2.71	152	64.9	53.3	0.388	2.99	6.70
			18		55.53	43.6	0.639	2 240	4 790	677	1 200	405	6.35	3.49	2.70	169	71.7	59.2	0.385	3.06	6.78

注：截面图中的 $r_1=1/3d$ 及表中 r 的数据用于孔型设计，不作为交货条件。

附表 3-3　工字钢截面尺寸、截面面积、理论质量及截面特性(GB/T 706—2016)

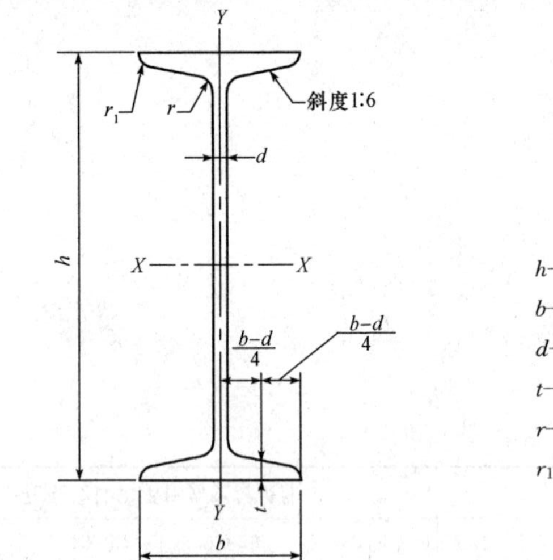

工字钢截面图

h——高度；

b——腿宽度；

d——腰厚度；

t——平均腿厚度；

r——内圆弧半径；

r_1——腿端圆弧半径

型号	截面尺寸/mm						截面面积 /cm^2	理论质量 /($kg \cdot m^{-1}$)	外表面积 /($m^2 \cdot m^{-1}$)	惯性矩/cm^4		惯性半径/cm		截面模数/cm^3	
	h	b	d	t	r	r_1				I_x	I_y	i_x	i_y	W_x	W_y
10	100	68	4.5	7.6	6.5	3.3	14.33	11.3	0.432	245	33.0	4.14	1.52	49.0	9.72
12	120	74	5.0	8.4	7.0	3.5	17.80	14.0	0.493	436	46.9	4.95	1.62	72.7	12.7
12.6	126	74	5.0	8.4	7.0	3.5	18.10	14.2	0.505	488	46.9	5.20	1.61	77.5	12.7
14	140	80	5.5	9.1	7.5	3.8	21.50	16.9	0.553	712	64.4	5.76	1.73	102	16.1
16	160	88	6.0	9.9	8.0	4.0	26.11	20.5	0.621	1 130	93.1	6.58	1.89	141	21.2
18	180	94	6.5	10.7	8.5	4.3	30.74	24.1	0.681	1 660	122	7.36	2.00	185	26.0
20a	200	100	7.0	11.4	9.0	4.5	35.55	27.9	0.742	2 370	158	8.15	2.12	237	31.5
20b		102	9.0				39.55	31.1	0.746	2 500	169	7.96	2.06	250	33.1

续表

型号	截面尺寸/mm						截面面积	理论质量	外表面积	惯性矩/cm^4		惯性半径/cm		截面模数/cm^3	
	h	b	d	t	r	r_1	/cm^2	/($kg \cdot m^{-1}$)	/($m^2 \cdot m^{-1}$)	I_x	I_y	i_x	i_y	W_x	W_y
22a	220	110	7.5	12.3	9.5	4.8	42.10	33.1	0.817	3 400	225	8.99	2.31	309	40.9
22b		112	9.5				46.50	36.5	0.821	3 570	239	8.78	2.27	325	42.7
24a	240	116	8.0	13.0	10.0	5.0	47.71	37.5	0.878	4 570	280	9.77	2.42	381	48.4
24b		118	10.0				52.51	41.2	0.882	4 800	297	9.57	2.38	400	50.4
25a	250	116	8.0				48.51	38.1	0.898	5 020	280	10.2	2.40	402	48.3
25b		118	10.0				53.51	42.0	0.902	5 280	309	9.94	2.40	423	52.4
27a	270	122	8.5	13.7	10.5	5.3	54.52	42.8	0.958	6 550	345	10.9	2.51	485	56.6
27b		124	10.5				59.92	47.0	0.962	6 870	366	10.7	2.47	509	58.9
28a	280	122	8.5				55.37	43.5	0.978	7 110	345	11.3	2.50	508	56.6
28b		124	10.5				60.97	47.9	0.982	7 480	379	11.1	2.49	534	61.2
30a	300	126	9.0	14.4	11.0	5.5	61.22	48.1	1.031	8 950	400	12.1	2.55	597	63.5
30b		128	11.0				67.22	52.8	1.035	9 400	422	11.8	2.50	627	65.9
30c		130	13.0				73.22	57.5	1.039	9 850	445	11.6	2.46	657	68.5
32a	320	130	9.5	15.0	11.5	5.8	67.12	52.7	1.084	11 100	460	12.8	2.62	692	70.8
32b		132	11.5				73.52	57.7	1.088	11 600	502	12.6	2.61	726	76.0
32c		134	13.5				79.92	62.7	1.092	12 200	544	12.3	2.61	760	81.2
36a	360	136	10.0	15.8	12.0	6.0	76.44	60.0	1.185	15 800	552	14.4	2.69	875	81.2
36b		138	12.0				83.64	65.7	1.189	16 500	582	14.1	2.64	919	84.3
36c		140	14.0				90.84	71.3	1.193	17 300	612	13.8	2.60	962	87.4
40a	400	142	10.5	16.5	12.5	6.3	86.07	67.6	1.285	21 700	660	15.9	2.77	1 090	93.2
40b		144	12.5				94.07	73.8	1.289	22 800	692	15.6	2.71	1 140	96.2
40c		146	14.5				102.1	80.1	1.293	23 900	727	15.2	2.65	1 190	99.6

续表

型号	截面尺寸/mm						截面面积	理论质量	外表面积	惯性矩/cm^4		惯性半径/cm		截面模数/cm^3	
	h	b	d	t	r	r_1	/cm^2	/($kg \cdot m^{-1}$)	/($m^2 \cdot m^{-1}$)	I_x	I_y	i_x	i_y	W_x	W_y
45a		150	11.5				102.4	80.4	1.411	32 200	855	17.7	2.89	1 430	114
45b	450	152	13.5	18.0	13.5	6.8	111.4	87.4	1.415	33 800	894	17.4	2.84	1 500	118
45c		154	15.5				120.4	94.5	1.419	35 300	938	17.1	2.79	1 570	122
50a		158	12.0				119.2	93.6	1.539	46 500	1 120	19.7	3.07	1 860	142
50b	500	160	14.0	20.0	14.0	7.0	129.2	101	1.543	48 600	1 170	19.4	3.01	1 940	146
50c		162	16.0				139.2	109	1.547	50 600	1 220	19.0	2.96	2 080	151
55a		166	12.5				134.1	105	1.667	62 900	1 370	21.6	3.19	2 290	164
55b	550	168	14.5				145.1	114	1.671	65 600	1 420	21.2	3.14	2 390	170
55c		170	16.5	21.0	14.5	7.3	156.1	123	1.675	68 400	1 480	20.9	3.08	2 490	175
56a		166	12.5				135.4	106	1.687	65 600	1 370	22.0	3.18	2 340	165
56b	560	168	14.5				146.6	115	1.691	68 500	1 490	21.6	3.16	2 450	174
56c		170	16.5				157.8	124	1.695	71 400	1 560	21.3	3.16	2 550	183
63a		176	13.0				154.6	121	1.862	93 900	1 700	24.5	3.31	2 980	193
63b	630	178	15.0	22.0	15.0	7.5	167.2	131	1.866	98 100	1 810	24.2	3.29	3 160	204
63c		180	17.0				179.8	141	1.870	102 000	1 920	23.8	3.27	3 300	214

注：表中 r、r_1 的数据用于孔型设计，不作为交货条件。

附表 3-4 槽钢截面尺寸、截面面积、理论质量及截面特性(GB/T 706—2016)

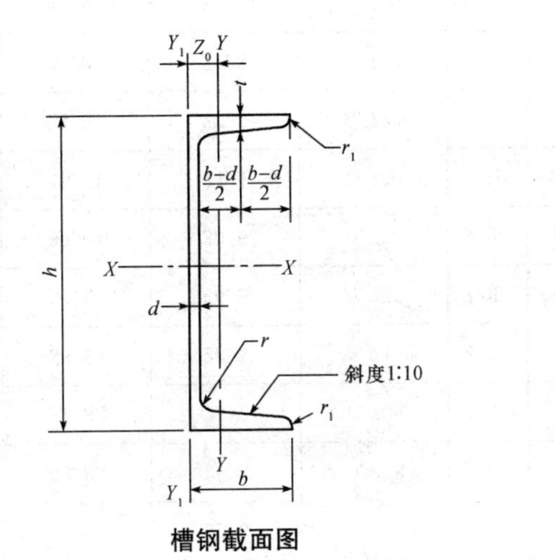

槽钢截面图

h——高度；
b——腿宽度；
d——腰厚度；
t——腿中间厚度；
r——内圆弧半径；
r_1——腿端圆弧半径；
Z_0—— 重心距离

型号	截面尺寸/mm						截面面积 /cm²	理论质量 /(kg・m⁻¹)	外表面积 /(m²・m⁻¹)	惯性矩/cm⁴			惯性半径/cm		截面模数/cm³		重心距离/cm
	h	b	d	t	r	r_1				I_x	I_y	I_{y1}	i_x	i_y	W_x	W_y	Z_0
5	50	37	4.5	7.0	7.0	3.5	6.925	5.44	0.226	26.0	8.30	20.9	1.94	1.10	10.4	3.55	1.35
6.3	63	40	4.8	7.5	7.5	3.8	8.446	6.63	0.262	50.8	11.9	28.4	2.45	1.19	16.1	4.50	1.36
6.5	65	40	4.3	7.5	7.5	3.8	8.292	6.51	0.267	55.2	12.0	28.3	2.54	1.19	17.0	4.59	1.38
8	80	43	5.0	8.0	8.0	4.0	10.24	8.04	0.307	101	16.6	37.4	3.15	1.27	25.3	5.79	1.43
10	100	48	5.3	8.5	8.5	4.2	12.74	10.0	0.365	198	25.6	54.9	3.95	1.41	39.7	7.80	1.52
12	120	53	5.5	9.0	9.0	4.5	15.36	12.1	0.423	346	37.4	77.7	4.75	1.56	57.7	10.2	1.62

续表

型号	截面尺寸/mm						截面面积/cm²	理论质量/(kg·m⁻¹)	外表面积/(m²·m⁻¹)	惯性矩/cm⁴			惯性半径/cm		截面模数/cm³		重心距离/cm
	h	b	d	t	r	r_1				I_x	I_y	I_{y1}	i_x	i_y	W_x	W_y	Z_0
12.6	126	53	5.5	9.0	9.0	4.5	15.69	12.3	0.435	391	38.0	77.1	4.95	1.57	62.1	10.2	1.59
14a	140	58	6.0	9.5	9.5	4.8	18.51	14.5	0.480	564	53.2	107	5.52	1.70	80.5	13.0	1.71
14b		60	8.0				21.31	16.7	0.484	609	61.1	121	5.35	1.69	87.1	14.1	1.67
16a	160	63	6.5	10.0	10.0	5.0	21.95	17.2	0.538	866	73.3	144	6.28	1.83	108	16.3	1.80
16b		65	8.5				25.15	19.8	0.542	935	83.4	161	6.10	1.82	117	17.6	1.75
18a	180	68	7.0	10.5	10.5	5.2	25.69	20.2	0.596	1 270	98.6	190	7.04	1.96	141	20.0	1.88
18b		70	9.0				29.29	23.0	0.600	1 370	111	210	6.84	1.95	152	21.5	1.84
20a	200	73	7.0	11.0	11.0	5.5	28.83	22.6	0.654	1 780	128	244	7.86	2.11	178	24.2	2.01
20b		75	9.0				32.83	25.8	0.658	1 910	144	268	7.64	2.09	191	25.9	1.95
22a	220	77	7.0	11.5	11.5	5.8	31.83	25.0	0.709	2 390	158	298	8.67	2.23	218	28.2	2.10
22b		79	9.0				36.23	28.5	0.713	2 570	176	326	8.42	2.21	234	30.1	2.03
24a	240	78	7.0	12.0	12.0	6.0	34.21	26.9	0.752	3 050	174	325	9.45	2.25	254	30.5	2.10
24b		80	9.0				39.01	30.6	0.756	3 280	194	355	9.17	2.23	274	32.5	2.03
24c		82	11.0				43.81	34.4	0.760	3 510	213	388	8.96	2.21	293	34.4	2.00
25a	250	78	7.0				34.91	27.4	0.722	3 370	176	322	9.82	2.24	270	30.6	2.07
25b		80	9.0				39.91	31.3	0.776	3 530	196	353	9.41	2.22	282	32.7	1.98
25c		82	11.0				44.91	35.3	0.780	3 690	218	384	9.07	2.21	295	35.9	1.92

续表

型号	截面尺寸/mm						截面面积 /cm^2	理论质量 /(kg·m^{-1})	外表面积 /(m^2·m^{-1})	惯性矩/cm^4			惯性半径/cm		截面模数/cm^3		重心距离/cm
	h	b	d	t	r	r_1				I_x	I_y	I_{y1}	i_x	i_y	W_x	W_y	Z_0
27a	270	82	7.5	12.5	12.5	6.2	39.27	30.8	0.826	4 360	216	393	10.5	2.34	323	35.5	2.13
27b		84	9.5				44.67	35.1	0.830	4 690	239	428	10.3	2.31	347	37.7	2.06
27c		86	11.5				50.07	39.3	0.834	5 020	261	467	10.1	2.28	372	39.8	2.03
28a	280	82	7.5				40.02	31.4	0.846	4 760	218	388	10.9	2.33	340	35.7	2.10
28b		84	9.5				45.62	35.8	0.850	5 130	242	428	10.6	2.30	366	37.9	2.02
28c		86	11.5				51.22	40.2	0.854	5 500	268	463	10.4	2.29	393	40.3	1.95
30a	300	85	7.5	13.5	13.5	6.8	43.89	34.5	0.897	6 050	260	467	11.7	2.43	403	41.1	2.17
30b		87	9.5				49.89	39.2	0.901	6 500	289	515	11.4	2.41	433	44.0	2.13
30c		89	11.5				55.89	43.9	0.905	6 950	316	560	11.2	2.38	463	46.4	2.09
32a	320	88	8.0	14.0	14.0	7.0	48.50	38.1	0.947	7 600	305	552	12.5	2.50	475	46.5	2.24
32b		90	10.0				54.90	43.1	0.951	8 140	336	593	12.2	2.47	509	49.2	2.16
32c		92	12.0				61.30	48.1	0.955	8 690	374	643	11.9	2.47	543	52.6	2.09
36a	360	96	9.0	16.0	16.0	8.0	60.89	47.8	1.053	11 900	455	818	14.0	2.73	660	63.5	2.44
36b		98	11.0				68.09	53.5	1.057	12 700	497	880	13.6	2.70	703	66.9	2.37
36c		100	13.0				75.29	59.1	1.061	13 400	536	948	13.4	2.67	746	70.0	2.34
40a	400	100	10.5	18.0	18.0	9.0	75.04	58.9	1.144	17 600	592	1 070	15.3	2.81	879	78.8	2.49
40b		102	12.5				83.04	65.2	1.148	18 600	640	1 140	15.0	2.78	932	82.5	2.44
40c		104	14.5				91.04	71.5	1.152	19 700	688	1 220	14.7	2.75	986	86.2	2.42

注：表中 r、r_1 的数据用于孔型设计，不作为交货条件。

附表 3-5　H 型钢截面尺寸、截面面积、理论质量及截面特性

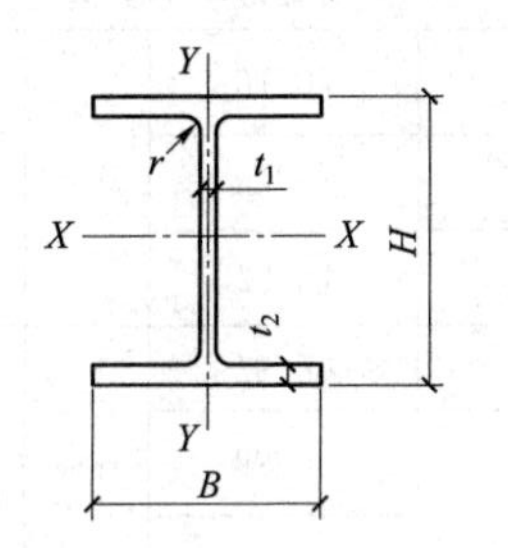

H—高度；B—宽度；t_1—腹板厚度；t_2—翼缘厚度；r—圆角半径

类别	型号（高度×宽度）/(mm×mm)	截面尺寸/mm					截面面积/cm^2	理论质量/($kg \cdot m^{-1}$)	表面积/($m^2 \cdot m^{-1}$)	惯性矩/cm^4		惯性半径/cm		截面模数/cm^3	
		H	B	t_1	t_2	r				I_x	I_y	i_x	i_y	W_x	W_y
HW	100×100	100	100	6	8	8	21.58	16.9	0.574	378	134	4.18	2.48	75.6	26.7
	125×125	125	125	6.5	9	8	30.00	23.6	0.723	839	293	5.28	3.12	134	46.9
	150×150	150	150	7	10	8	39.64	31.1	0.872	1 620	563	6.39	3.76	216	75.1
	175×175	175	175	7.5	11	13	51.42	40.4	1.01	2 900	984	7.50	4.37	331	112
	200×200	200	200	8	12	13	63.53	49.9	1.16	4 720	1 600	8.61	5.02	472	160
		*200	204	12	12	13	71.53	56.2	1.17	4 980	1 700	8.34	4.87	498	167
	250×250	*244	252	11	11	13	81.31	63.8	1.45	8 700	2 940	10.3	6.01	713	233
		250	250	9	14	13	91.43	71.8	1.46	10 700	3 650	10.8	6.31	860	292
		*250	255	14	14	13	103.9	81.6	1.47	11 400	3 880	10.5	6.10	912	304
	300×300	*294	302	12	12	13	106.3	83.5	1.75	16 600	5 510	12.5	7.20	1 130	365
		300	300	10	15	13	118.5	93.0	1.76	20 200	6 750	13.1	7.55	1 350	450
		*300	305	15	15	13	133.5	105	1.77	21 300	7 100	12.6	7.29	1 420	466

续表

类别	型号（高度×宽度）/(mm×mm)	截面尺寸/mm					截面面积/cm^2	理论质量/$(kg\cdot m^{-1})$	表面积/$(m^2\cdot m^{-1})$	惯性矩/cm^4		惯性半径/cm		截面模数/cm^3	
		H	B	t_1	t_2	r				I_x	I_y	i_x	i_y	W_x	W_y
HW	350×350	* 338	351	13	13	13	133.3	105	2.03	27 700	9 380	14.4	8.38	1 640	534
		* 344	348	10	16	13	144.0	113	2.04	32 800	11 200	15.1	8.83	1 910	646
		* 344	354	16	16	13	164.7	129	2.05	34 900	11 800	14.6	8.48	2 030	669
		350	350	12	19	13	171.9	135	2.05	39 800	13 600	15.2	8.88	2 280	776
		* 350	357	19	19	13	196.4	154	2.07	42 300	14 400	14.7	8.57	2 420	808
	400×400	* 388	402	15	15	22	178.5	140	2.32	49 000	16 300	16.6	9.54	2 520	809
		* 394	398	11	18	22	186.8	147	2.32	56 100	18 900	17.3	10.1	2 850	951
		* 394	405	18	18	22	214.4	168	2.33	59 700	20 000	16.7	9.64	3 030	985
		400	400	13	21	22	218.7	172	2.34	66 600	22 400	17.5	10.1	3 330	1 120
		* 400	408	21	21	22	250.7	197	2.35	70 900	23 800	16.8	9.74	3 540	1 170
		* 414	405	18	28	22	295.4	232	2.37	92 800	31 000	17.7	10.2	4 480	1 530
		* 428	407	20	35	22	360.7	283	2.41	119 000	39 400	18.2	10.4	5 570	1 930
		* 458	417	30	50	22	528.6	415	2.49	187 000	60 500	18.8	10.7	8 170	2 900
		* 498	432	45	70	22	770.1	604	2.60	298 000	94 400	19.7	11.1	12 000	4 370
	* 500×500	* 492	465	15	20	22	258.0	202	2.78	117 00	33 500	21.3	11.4	4 770	1 440
		* 502	465	15	25	22	304.5	239	2.80	146 000	41 900	21.9	11.7	5 810	1 800
		* 502	470	20	25	22	329.6	259	2.81	151 000	43 300	21.4	11.5	6 020	1 840

续表

类别	型号（高度×宽度）/(mm×mm)	截面尺寸/mm					截面面积/cm^2	理论质量/($kg \cdot m^{-1}$)	表面积/($m^2 \cdot m^{-1}$)	惯性矩/cm^4		惯性半径/cm		截面模数/cm^3	
		H	B	t_1	t_2	r				I_x	I_y	i_x	i_y	W_x	W_y
HM	150×100	148	100	6	9	8	26.34	20.7	0.670	1 000	150	6.16	2.38	135	30.1
	200×150	194	150	6	9	8	38.10	29.9	0.962	2 630	507	8.30	3.64	271	67.6
	250×175	244	175	7	11	13	55.49	43.6	1.15	6 040	984	10.4	4.21	495	112
	300×200	294	200	8	12	13	71.05	55.8	1.35	11 100	1 600	12.5	4.74	756	160
		* 298	201	9	14	13	82.03	64.4	1.36	13 100	1 900	12.6	4.80	878	189
	350×250	340	250	9	14	13	99.53	78.1	1.64	20 200	3 650	14.6	6.05	1 250	292
	400×300	390	300	10	16	13	133.3	105	1.94	37 900	7 200	16.9	7.35	1 940	480
	450×300	440	300	11	18	13	153.9	121	2.04	54 700	8 110	18.9	7.25	2 490	540
	500×300	* 482	300	11	15	13	141.2	111	2.12	58 300	6 760	20.3	6.91	2 420	450
		488	300	11	18	13	159.2	125	2.13	68 900	8 110	20.8	7.13	2 820	540
	550×300	* 544	300	11	15	13	148.0	116	2.24	76 400	6 760	22.7	6.75	2 810	450
		* 550	300	11	18	13	166.0	130	2.26	89 800	8 110	23.3	6.98	3 270	540
	600×300	* 582	300	12	17	13	169.21	133	2.32	98 900	7 660	24.2	6.72	3 400	511
		588	300	12	20	13	187.2	147	2.33	114 000	9 010	24.7	6.93	3 890	601
		* 594	302	14	23	13	217.1	170	2.35	134 000	10 600	24.8	6.97	4 500	700
HN	* 100×50	100	50	5	7	8	11.84	9.30	0.376	187	14.8	3.97	1.11	37.5	5.91
	* 125×60	125	60	6	8	8	16.68	13.1	0.464	409	29.1	4.95	1.32	65.4	9.71
	150×75	150	75	5	7	8	17.84	14.0	0.576	666	49.5	6.10	1.66	88.8	13.2
	175×90	175	90	5	8	8	22.89	18.0	0.686	1 210	97.5	7.25	2.06	138	21.7

续表

类别	型号（高度×宽度）/(mm×mm)	截面尺寸/mm					截面面积/cm^2	理论质量/$(kg \cdot m^{-1})$	表面积/$(m^2 \cdot m^{-1})$	惯性矩/cm^4		惯性半径/cm		截面模数/cm^3	
		H	B	t_1	t_2	r				I_x	I_y	i_x	i_y	W_x	W_y
HN	200×100	*198	99	4.5	7	8	22.68	17.8	0.769	1 540	113	8.24	2.23	156	22.9
		200	100	5.5	8	8	26.66	20.9	0.775	1 810	134	8.22	2.23	181	26.7
	250×125	*248	124	5	8	8	31.98	25.1	0.968	3 450	255	10.4	2.82	278	41.1
		250	125	6	9	8	36.96	29.0	0.974	3 960	294	10.4	2.81	317	47.0
	300×150	*298	149	5.5	8	13	40.80	32.0	1.16	6 320	442	12.4	3.29	424	59.3
		300	150	6.5	9	13	46.78	36.7	1.16	7 210	508	12.4	3.29	481	67.7
	350×175	*346	174	6	9	13	52.45	41.2	1.35	11 000	791	14.5	3.88	638	91.0
		350	175	7	11	13	62.91	49.4	1.36	13 500	984	14.6	3.95	771	112
	400×150	400	150	8	13	13	70.37	55.2	1.36	18 600	734	16.3	3.22	929	97.8
	400×200	*396	199	7	11	13	71.41	56.1	1.55	19 800	1 450	16.6	4.50	999	145
		400	200	8	13	13	83.37	65.4	1.56	23 500	1 740	16.8	4.56	1 170	174
	450×150	*446	150	7	12	13	66.99	52.6	1.46	22 000	677	18.1	3.17	985	90.3
		450	151	8	14	13	77.49	60.8	1.47	25 700	806	18.2	3.22	1 140	170
	450×200	*446	199	8	12	13	82.97	65.1	1.65	28 100	1 580	18.4	4.36	1 260	159
		450	200	9	14	13	95.43	74.9	1.66	32 900	1 870	18.6	4.42	1 460	187
	475×150	470	150	7	13	13	71.53	56.2	1.50	26 200	733	19.1	3.20	1 110	97.8
		*475	151.5	8.5	15.5	13	86.15	67.6	1.52	31 700	901	19.2	3.23	1 330	119
		482	153.5	10.5	19	13	106.4	83.5	1.53	39 600	1 150	19.3	3.28	1 640	150

续表

类别	型号（高度×宽度）/(mm×mm)	截面尺寸/mm					截面面积/cm^2	理论质量/($kg \cdot m^{-1}$)	表面积/($m^2 \cdot m^{-1}$)	惯性矩/cm^4		惯性半径/cm		截面模数/cm^3	
		H	B	t_1	t_2	r				I_x	I_y	i_x	i_y	W_x	W_y
HN	500×150	*492	150	7	12	13	70.21	55.1	1.55	27 500	677	19.8	3.10	1 120	90.3
		*500	152	9	16	13	92.21	72.4	1.57	37 000	940	20.0	3.19	1 480	124
		504	153	10	18	13	103.3	81.1	1.58	41 900	1 080	20.1	3.23	1 660	141
	500×200	496	199	9	14	13	99.29	77.9	1.75	40 800	1 840	20.3	4.30	1 650	185
		500	200	10	16	13	112.3	88.1	1.76	46 800	2 140	20.4	4.36	1 870	214
		*506	201	11	19	13	129.3	102	1.77	55 500	2 580	20.7	4.46	2 190	257
	550×200	*546	199	9	14	13	103.8	81.5	1.85	50 800	1 840	22.1	4.21	1 860	185
		550	200	10	16	13	117.3	92.0	1.86	58 200	2 140	22.3	4.27	2 120	214
	600×200	596	199	10	15	13	117.8	92.4	1.95	66 600	1 980	23.8	4.09	2 240	199
		600	200	11	17	13	131.7	103	1.96	75 600	2 270	24.0	4.15	2 520	227
		*606	201	12	20	13	149.8	118	1.97	88 300	2 720	24.3	4.25	2 910	270
	625×200	*625	198.5	13.5	17.5	13	150.6	118	1.99	88 500	2 300	24.2	3.90	2 830	231
		630	200	15	20	13	170.0	133	2.01	101 000	2 690	24.4	3.97	3 220	268
		*638	202	17	24	13	198.7	156	2.03	122 000	3 320	24.8	4.09	3 820	329
	650×300	*646	299	12	18	18	183.6	144	2.43	131 000	8 030	26.7	6.61	4 080	537
		*650	300	13	20	18	202.1	159	2.44	146 000	9 010	26.9	6.67	4 500	601
		*654	301	14	22	18	220.6	173	2.45	161 000	10 000	27.4	6.81	4 930	666
	700×300	*692	300	13	20	18	207.5	163	2.53	168 000	9 020	28.5	6.59	4 870	601
		700	300	13	24	18	231.5	182	2.54	197 000	10 800	29.2	6.83	5 640	721

续表

类别	型号（高度×宽度）/(mm×mm)	截面尺寸/mm					截面面积/cm^2	理论质量/$(kg \cdot m^{-1})$	表面积/$(m^2 \cdot m^{-1})$	惯性矩/cm^4		惯性半径/cm		截面模数/cm^3	
		H	B	t_1	t_2	r				I_x	I_y	i_x	i_y	W_x	W_y
HN	750×300	*734	299	12	16	18	182.7	143	2.61	161 000	7 140	29.7	6.25	4 390	478
		*742	300	13	20	18	214.0	168	2.63	197 000	9 020	30.4	6.49	5 320	601
		*750	300	13	24	18	238.0	187	2.64	231 000	10 800	31.1	6.74	6 150	721
		*758	303	16	28	18	284.8	224	2.67	276 000	13 000	31.1	6.75	7 270	859
	800×300	*792	300	14	22	18	239.5	188	2.73	248 000	9 920	32.2	6.43	6 270	661
		800	300	14	26	18	263.5	207	2.74	286 000	11 700	33.0	6.66	7 160	781
	850×300	*834	298	14	19	18	227.5	179	2.80	251 000	8 400	33.2	6.07	6 020	564
		*842	299	15	23	18	259.7	204	2.82	298 000	10 300	33.9	6.28	7 080	687
		*850	300	16	27	18	292.1	229	2.84	346 000	12 200	34.4	6.45	8 140	812
		*858	301	17	31	18	324.7	255	2.86	395 000	14 100	34.9	6.59	9 210	939
	900×300	*890	299	15	23	18	266.9	210	2.92	339 000	10 300	35.6	6.20	7 610	687
		900	300	16	28	18	305.8	240	2.94	404 000	12 600	36.4	6.42	8 990	842
		*912	302	18	34	18	360.1	283	2.97	491 000	15 700	36.9	6.59	10 800	1 040
	1 000×300	*970	297	16	21	18	276.0	217	3.07	393 000	9 210	37.8	5.77	8 110	620
		*980	298	17	26	18	315.5	248	3.09	472 000	11 500	38.7	6.04	9 630	772
		*990	298	17	31	18	345.3	271	3.11	544 000	13 700	39.7	6.30	11 000	921
		*1 000	300	19	36	18	395.1	310	3.13	634 000	16 300	40.1	6.41	12 700	1 080
		*1 008	302	21	40	18	439.3	345	3.15	712 000	18 400	40.3	6.47	14 100	1 220

续表

类别	型号（高度×宽度）/(mm×mm)	截面尺寸/mm					截面面积/cm^2	理论质量/($kg\cdot m^{-1}$)	表面积/($m^2\cdot m^{-1}$)	惯性矩/cm^4		惯性半径/cm		截面模数/cm^3	
		H	B	t_1	t_2	r				I_x	I_y	i_x	i_y	W_x	W_y
HT	100×50	95	48	3.2	4.5	8	7.620	5.98	0.362	115	8.39	3.88	1.04	24.2	3.49
		97	49	4	5.5	8	9.370	7.36	0.368	143	10.9	3.91	1.07	29.6	4.45
	100×100	96	99	4.5	6	8	16.20	12.7	0.565	272	97.2	4.09	2.44	56.7	19.6
	125×60	118	58	3.2	4.5	8	9.250	7.26	0.448	218	14.7	4.85	1.26	37.0	5.08
		120	59	4	5.5	8	11.39	8.94	0.454	271	19.0	4.87	1.29	45.2	6.43
	125×125	119	123	4.5	6	8	20.12	15.8	0.707	532	186	5.14	3.04	89.5	30.3
	150×75	145	73	3.2	4.5	8	11.47	9.00	0.562	416	29.3	6.01	1.59	57.3	8.02
		147	74	4	5.5	8	14.12	11.1	0.568	516	37.3	6.04	1.62	70.2	10.1
	150×100	139	97	3.2	4.5	8	13.43	10.6	0.646	476	68.6	5.94	2.25	68.4	14.1
		142	99	4.5	6	8	18.27	14.3	0.657	654	97.2	5.98	2.30	92.1	19.6
	150×150	144	148	5	7	8	27.76	21.8	0.856	1 090	378	6.25	3.69	151	51.1
		147	149	6	8.5	8	33.67	26.4	0.864	1 350	469	6.32	3.73	183	63.0
	175×90	168	88	3.2	4.5	8	13.55	10.6	0.668	670	51.2	7.02	1.94	79.7	11.6
		171	89	4	6	8	17.58	13.8	0.676	894	70.7	7.13	2.00	105	15.9
	175×175	167	173	5	7	13	33.32	26.2	0.994	1 780	605	7.30	4.26	213	69.9
		172	175	6.5	9.5	13	44.64	35.0	1.01	2 470	850	7.43	4.36	287	97.1
	200×100	193	98	3.2	4.5	8	15.25	12.0	0.758	994	70.7	8.07	2.15	103	14.4
		196	99	4	6	8	19.78	15.5	0.766	1 320	97.2	8.18	2.21	135	19.8
	200×150	188	149	4.5	6	8	26.34	20.7	0.949	1 730	331	8.09	3.54	184	44.4

续表

类别	型号 （高度×宽度） /(mm×mm)	截面尺寸/mm					截面面积 /cm²	理论质量 /(kg·m⁻¹)	表面积 /(m²·m⁻¹)	惯性矩/cm⁴		惯性半径/cm		截面模数/cm³	
		H	B	t_1	t_2	r				I_x	I_y	i_x	i_y	W_x	W_y
HT	200×200	192	198	6	8	13	43.69	34.3	1.14	3 060	1 040	8.37	4.86	319	105
	250×125	244	124	4.5	6	8	25.86	20.3	0.961	2 650	191	10.1	2.71	217	30.8
	250×175	238	173	4.5	8	13	39.12	30.7	1.14	4 240	691	10.4	4.20	356	79.9
	300×150	294	148	4.5	6	13	31.90	25.0	1.15	4 800	325	12.3	3.19	327	43.9
	300×200	286	198	6	8	13	49.33	38.7	1.33	7 360	1 040	12.2	4.58	515	105
	350×175	340	173	4.5	6	13	36.97	29.0	1.34	7 490	518	14.2	3.74	441	59.9
	400×150	390	148	6	8	13	47.57	37.3	1.34	11 700	434	15.7	3.01	602	58.6
	400×200	390	198	6	8	13	55.57	43.6	1.54	14 700	1 040	16.2	4.31	752	105

注：1. 表中同一型号的产品，其内侧尺寸高度一致。

2. 表中截面面积计算公式为：$t_1(H-2t_z)+2Bt_z+0.858r^z$。

3. 表中“*”表示的规格为市场非常用规格。

附表 3-6　剖分 T 型钢截面尺寸、截面面积、理论质量及截面特性

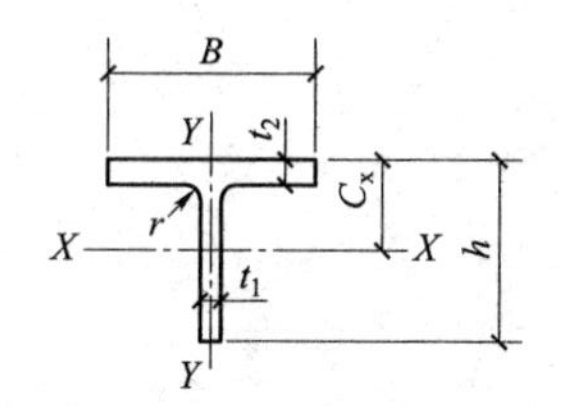

h—高度；B—宽度；t_1—腹板厚度；t_2—翼缘厚度；C_x—重心；r—圆角半径

类别	型号（高度×宽度）/(mm×mm)	截面尺寸/mm					截面面积/cm²	理论质量/(kg·m⁻¹)	表面积/(m²·m⁻¹)	惯性矩/cm⁴		惯性半径/cm		截面模数/cm³		重心 C_x	对应 H 型钢系列型号
		h	B	t_1	t_2	r				I_x	I_y	i_x	i_y	W_x	W_y		
TW	50×100	50	100	6	8	8	10.79	8.47	0.293	16.1	66.8	1.22	2.48	4.02	13.4	1.00	100×100
	62.5×125	62.5	125	6.5	9	8	15.00	11.8	0.368	35.0	147	1.52	3.12	6.91	23.5	1.19	125×125
	75×150	75	150	7	10	8	19.82	15.6	0.443	66.4	282	1.82	3.76	10.8	37.5	1.37	150×150
	87.5×175	87.5	175	7.5	11	13	25.71	20.2	0.514	115	492	2.11	4.37	15.9	56.2	1.55	175×175
	100×200	100	200	8	12	13	31.76	24.9	0.589	184	801	2.40	5.02	22.3	80.1	1.73	200×200
		100	204	12	12	13	35.76	28.1	0.597	256	851	2.67	4.87	32.4	83.4	2.09	
	125×250	125	250	9	14	13	45.71	35.9	0.739	412	1 820	3.00	6.31	39.5	146	2.08	250×250
		125	255	14	14	13	51.96	40.8	0.749	589	1 940	3.36	6.10	59.4	152	2.58	
	150×300	147	302	12	12	13	53.16	41.7	0.887	857	2 760	4.01	7.20	72.3	183	2.85	300×300
		150	300	10	15	13	59.22	46.5	0.889	798	3 380	3.67	7.55	63.7	225	2.47	
		150	305	15	15	13	66.72	52.4	0.899	1 110	3 550	4.07	7.29	92.5	233	3.04	
	175×350	172	348	10	16	13	72.00	56.5	1.03	1 230	5 620	4.13	8.83	84.7	323	2.67	350×350
		175	350	12	19	13	85.94	67.5	1.04	1 520	6 790	4.20	8.88	104	388	2.87	

续表

类别	型号（高度×宽度）/(mm×mm)	截面尺寸/mm					截面面积/cm²	理论质量/(kg·m⁻¹)	表面积/(m²·m⁻¹)	惯性矩/cm⁴		惯性半径/cm		截面模数/cm³		重心 C_x	对应H型钢系列型号
		h	B	t_1	t_2	r				I_x	I_y	i_x	i_y	W_x	W_y		
TW	200×400	194	402	15	15	22	89.22	70.0	1.17	2 480	8 130	5.27	9.54	158	404	3.70	400×400
		197	398	11	18	22	93.40	73.3	1.17	2 050	9 460	4.67	10.1	123	475	3.01	
		200	400	13	21	22	109.3	85.8	1.18	2 480	11 200	4.75	10.1	147	560	3.21	
		200	408	21	21	22	125.3	98.4	1.2	3 650	11 900	5.39	9.74	229	584	4.07	
		207	405	18	28	22	147.7	116	1.21	3 620	15 500	4.95	10.2	213	766	3.68	
		214	407	20	35	22	180.3	142	1.22	4 380	19 700	4.92	10.4	250	967	3.90	
TM	75×100	74	100	6	9	8	13.17	10.3	0.341	51.7	75.2	1.98	2.38	8.84	15.0	1.56	150×100
	100×150	97	150	6	9	8	19.05	15.0	0.487	124	253	2.55	3.64	15.8	33.8	1.80	200×150
	125×175	122	175	7	11	13	27.74	21.8	0.583	288	492	3.22	4.21	29.1	56.2	2.28	250×175
	150×200	147	200	8	12	13	35.52	27.9	0.683	571	801	4.00	4.74	48.2	80.1	2.85	300×200
		149	201	9	14	13	41.01	32.2	0.689	661	949	4.01	4.80	55.2	94.4	2.92	
	175×250	170	250	9	14	13	49.76	39.1	0.829	1 020	1 820	4.51	6.05	73.2	146	3.11	350×250
	200×300	195	300	10	16	13	66.62	52.3	0.979	1 730	3 600	5.09	7.35	108	240	3.43	400×300
	225×300	220	300	11	18	13	76.94	60.4	1.03	2 680	4 050	5.89	7.25	150	270	4.09	450×300
	250×300	241	300	11	15	13	70.58	55.4	1.07	3 400	3 380	6.93	6.91	178	225	5.00	500×300
		244	300	11	18	13	79.58	62.5	1.08	3 610	4 050	6.73	7.13	184	270	4.72	
	275×300	272	300	11	15	13	73.99	58.1	1.13	4 790	3 380	8.04	6.75	225	225	5.96	550×300
		275	300	11	18	13	82.99	65.2	1.14	5 090	4 050	7.82	6.98	232	270	5.59	

续表

类别	型号（高度×宽度）/(mm×mm)	截面尺寸/mm					截面面积/cm^2	理论质量/$(kg \cdot m^{-1})$	表面积/$(m^2 \cdot m^{-1})$	惯性矩/cm^4		惯性半径/cm		截面模数/cm^3		重心 C_x	对应H型钢系列型号
		h	B	t_1	t_2	r				I_x	I_y	i_x	i_y	W_x	W_y		
TM	300×300	291	300	12	17	13	84.60	66.4	1.17	6 320	3 830	8.64	6.72	280	255	6.51	600×300
		294	300	12	20	13	93.60	73.5	1.18	6 680	4 500	8.44	6.93	288	300	6.17	
		297	302	14	23	13	108.5	85.2	1.19	7 890	5 290	8.52	6.97	339	350	6.41	
TN	50×50	50	50	5	7	8	5.920	4.65	0.193	11.8	7.39	1.41	1.11	3.18	2.950	1.28	100×50
	62.5×60	62.5	60	6	8	8	8.340	6.55	0.238	27.5	14.6	1.81	1.32	5.96	4.85	1.64	125×60
	75×75	75	75	5	7	8	8.920	7.00	0.293	42.6	24.7	2.18	1.66	7.46	6.59	1.79	150×75
	87.5×90	85.5	89	4	6	8	8.790	6.90	0.342	53.7	35.3	2.47	2.00	8.02	7.94	1.86	175×90
		87.5	90	5	8	8	11.44	8.98	0.348	70.6	48.7	2.48	2.06	10.4	10.8	1.93	
	100×100	99	99	4.5	7	8	11.34	8.90	0.389	93.5	56.7	2.87	2.23	12.1	11.5	2.17	200×100
		100	100	5.5	8	8	13.33	10.5	0.393	114	66.9	2.92	2.23	14.8	13.4	2.31	
	125×125	124	124	5	8	8	15.99	12.6	0.489	207	127	3.59	2.82	21.3	20.5	2.66	250×125
		125	125	6	9	8	18.48	14.5	0.493	248	147	3.66	2.81	25.6	23.5	2.81	
	150×150	149	149	5.5	8	13	20.40	16.0	0.585	393	221	4.39	3.29	33.8	29.7	3.26	300×150
		150	150	6.5	9	13	23.39	18.4	0.589	464	254	4.45	3.29	40.0	33.8	3.41	
	175×175	173	174	6	9	13	26.22	20.6	0.683	679	396	5.08	3.88	50.0	45.5	3.72	350×175
		175	175	7	11	13	31.45	24.7	0.689	814	492	5.08	3.95	59.3	56.2	3.76	
	200×200	198	199	7	11	13	35.70	28.0	0.783	1 190	723	5.77	4.50	76.4	72.7	4.20	400×200
		200	200	8	13	13	41.68	32.7	0.789	1 390	868	5.78	4.56	88.6	86.8	4.26	

续表

类别	型号（高度×宽度）/(mm×mm)	截面尺寸/mm					截面面积/cm²	理论质量/(kg·m⁻¹)	表面积/(m²·m⁻¹)	惯性矩/cm⁴		惯性半径/cm		截面模数/cm³		重心 C_x	对应H型钢系列型号
		h	B	t_1	t_2	r				I_x	I_y	i_x	i_y	W_x	W_y		
TN	225×150	223	150	7	12	13	33.49	26.3	0.735	1 570	338	6.84	3.17	93.7	45.1	5.54	450×150
		225	151	8	14	13	38.74	30.4	0.741	1 830	403	6.87	3.22	108	53.4	5.62	
	225×200	223	199	8	12	13	41.48	32.6	0.833	1 870	789	6.71	4.36	109	79.3	5.15	450×200
		225	200	9	14	13	47.71	37.5	0.839	2 150	935	6.71	4.42	124	93.5	5.19	
	237.5×150	235	150	7	13	13	35.76	28.1	0.759	1 850	367	7.18	3.20	104	48.9	7.50	475×150
		237.5	151.5	8.5	15.5	13	43.07	33.8	0.767	2 270	451	7.25	3.23	128	59.5	7.57	
		241	153.5	10.5	19	13	53.20	41.8	0.778	2 860	575	7.33	3.28	160	75.0	7.67	
	250×150	246	150	7	12	13	35.10	27.6	0.781	2 060	339	7.66	3.10	113	45.1	6.36	500×150
		250	152	9	16	13	46.10	36.2	0.793	2 750	470	7.71	3.19	149	61.9	6.53	
		252	153	10	18	13	51.66	40.6	0.799	3 100	540	7.74	3.23	167	70.5	6.62	
	250×200	248	199	9	14	13	49.64	39.0	0.883	2 820	921	7.54	4.30	150	92.6	5.97	500×200
		250	200	10	16	13	56.12	44.1	0.889	3 200	1 070	7.54	4.36	169	107	6.03	
		253	201	11	19	13	64.65	50.8	0.897	3 660	1 290	7.52	4.46	189	128	6.00	
	275×200	273	199	9	14	13	51.89	40.7	0.933	3 690	921	8.43	4.21	180	92.6	6.85	550×200
		275	200	10	16	13	58.62	46.0	0.939	4 180	1 070	8.44	4.27	203	107	6.89	
	300×200	298	199	10	15	13	58.87	46.2	0.983	5 150	988	9.35	4.09	235	99.3	7.92	600×200
		300	200	11	17	13	65.85	51.7	0.989	5 770	1 140	9.35	4.15	262	114	7.95	
		303	201	12	20	13	74.88	58.8	0.997	6 530	1 360	9.33	4.25	291	135	7.88	

续表

类别	型号（高度×宽度）/(mm×mm)	截面尺寸/mm					截面面积/cm^2	理论质量/($kg \cdot m^{-1}$)	表面积/($m^2 \cdot m^{-1}$)	惯性矩/cm^4		惯性半径/cm		截面模数/cm^3		重心C_x	对应H型钢系列型号
		h	B	t_1	t_2	r				I_x	I_y	i_x	i_y	W_x	W_y		
TN	312.5×200	312.5	198.5	13.5	17.5	13	75.28	59.1	1.01	7 460	1 150	9.95	3.90	338	116	9.15	625×200
		315	200	15	20	13	84.97	66.7	1.02	8 470	1 340	9.98	3.97	380	134	9.21	
		319	202	17	24	13	99.35	78.0	1.03	9 960	1 160	10.0	4.08	440	165	9.26	
	325×300	323	299	12	18	18	91.81	72.1	1.23	8 570	4 020	9.66	6.61	344	269	7.36	650×300
		325	300	13	20	18	101.0	79.3	1.23	9 430	4 510	9.66	6.67	376	300	7.40	
		327	301	14	22	18	110.3	86.59	1.24	10 300	5 010	9.66	6.73	408	333	7.45	
	350×300	346	300	13	20	18	103.8	81.5	1.28	11 300	4 510	10.4	6.59	424	301	8.09	700×300
		350	300	13	24	18	115.8	90.9	1.28	12 000	5 410	10.2	6.83	438	361	7.63	
	400×300	396	300	14	22	18	119.8	94.0	1.38	17 600	4 960	12.1	6.43	592	331	9.78	800×300
		400	300	14	26	18	131.8	103	1.38	18 700	5 860	11.9	6.66	610	391	9.27	
	450×300	445	299	15	23	18	133.5	105	1.47	25 900	5 140	13.9	6.20	789	344	11.7	900×300
		450	300	16	28	18	152.9	120	1.48	29 100	6 320	13.8	6.42	865	421	11.4	
		456	302	18	34	18	180.0	141	1.50	34 100	7 830	13.8	6.59	997	518	11.3	

附录4　材料检验项目要求表

附表4-1　材料主控项目检验的要求与方法

项目	项次	项目内容	规范* 编号	验收要求	检验方法	检查数量
钢材	1	钢材、钢铸件品种、规格	第4.2.1条	钢材、钢铸件的品种、规格、性能等应符合现行国家产品标准和设计要求。进口钢材产品的质量应符合设计和合同规定标准的要求	检查质量合格证明文件、中文标志及检验报告等	全数检查
	2	钢材复验	第4.2.2条	对属于下列情况之一的钢材，应进行抽样复验，其复验结果应符合现行国家产品标准和设计要求。 (1)国外进口钢材； (2)钢材混批； (3)板厚等于或大于40 mm，且设计有Z向性能要求的厚板； (4)建筑结构安全等级为一级，大跨度钢结构中主要受力构件所采用的钢材； (5)设计有复验要求的钢材； (6)对质量有疑义的钢材	检查复验报告	全数检查
焊接材料	1	焊接材料品种、规格	第4.3.1条	焊接材料的品种、规格、性能等应符合现行国家产品标准和设计要求	检查焊接材料的质量合格证明文件、中文标志及检验报告等	全数检查
	2	焊接材料复验	第4.3.2条	重要钢结构采用的焊接材料应进行抽样复验，复验结果应符合现行国家产品标准和设计要求	检查复验报告	全数检查
连接用紧固标准件	1	成品进场	第4.4.1条	钢结构连接用高强度大六角头螺栓连接副、扭剪型高强度螺栓连接副、钢网架用高强度螺栓、普通螺栓、铆钉、自攻钉、拉铆钉、射钉、锚栓(机械型和化学试剂型)、地脚锚栓等紧固标准件及螺母、垫圈等标准配件，其品种、规格、性能等应符合现行国家产品标准和设计要求。高强度大六角头螺栓连接副和扭剪型高强度螺栓连接副出厂时应分别随箱带有扭矩系数和紧固轴力(预拉力)的检验报告	检查产品的质量合格证明文件、中文标志及检验报告等	全数检查

续表

项目	项次	项目内容	规范* 编号	验收要求	检验方法	检查数量
连接用紧固标准件	2	扭矩系数	第4.4.2条	高强度大六角头螺栓连接副应按《钢结构工程施工质量验收规范》(GB 50205—2001)附录B的规定检验其扭矩系数，其检验结果应符合《钢结构工程施工质量验收规范》(GB 50205—2001)附录B的规定	检查复验报告	随机抽取，每批8套
	3	预拉力复验	第4.4.3条	扭剪型高强度螺栓连接副应按《钢结构工程施工质量验收规范》(GB 50205—2001)附录B的规定检验预拉力，其检验结果应符合《钢结构工程施工质量验收规范》(GB 50205—2001)附录B的规定	检查复验报告	随机抽取每批8套
焊接球	1	材料品种、规格	第4.5.1条	焊接球及制造焊接球所采用的原材料，其品种、规格、性能等应符合现行国家产品标准和设计要求	检查产品的质量合格证明文件、中文标志及检验报告等	全数检查
	2	焊接球加工	第4.5.2条	焊接球焊缝应进行无损检验，其质量应符合设计要求，当设计无要求时应符合《钢结构工程施工质量验收规范》(GB 50205—2001)中规定的二级质量标准	超声波探伤或检查检验报告	每一规格按数量抽查5%，且不应少于3个
螺栓球	1	材料品种、规格	第4.6.1条	螺栓球及制造螺栓球节点所采用的原材料，其品种、规格、性能等应符合现行国家产品标准和设计要求	检查产品的质量合格证明文件、中文标志及检验报告等	全数检查
	2	螺栓球加工	第4.6.2条	螺栓球不得有过烧、裂纹及褶皱	用10倍放大镜观察和表面探伤	每种规格抽查5%，且不应少于5只

续表

项目	项次	项目内容	规范*编号	验收要求	检验方法	检查数量
封板、锥头和套筒	1	材料品种、规格	第4.7.1条	封板、锥头和套筒及制造封板、锥头和套筒所采用的原材料，其品种、规格、性能等应符合现行国家产品标准和设计要求	检查产品的质量合格证明文件、中文标志及检验报告等	全数检查
	2	外观检查	第4.7.2条	封板、锥头、套筒外观不得有裂纹、过烧及氧化皮	用放大镜观察检查和表面探伤	每种抽查5%，且不应少于10只
金属压型板	1	材料品种、规格	第4.8.1条	金属压型板及制造金属压型板所采用的原材料，其品种、规格、性能等应符合现行国家产品标准和设计要求	检查产品的质量合格证明文件、中文标志及检验报告等	全数检查
	2	成品、品种、规格	第4.8.2条	压型金属泛水板、包角板和零配件的品种、规格以及防水密封材料的性能应符合现行国家产品标准和设计要求	检查产品的质量合格证明文件、中文标志及检验报告等	全数检查
涂装材料	1	防腐涂料性能	第4.9.1条	钢结构防腐涂料、稀释剂和固化剂等材料的品种、规格、性能等应符合现行国家产品标准和设计要求	检查产品的质量合格证明文件、中文标志及检验报告等	全数检查
	2	防火涂料性能	第4.9.2条	钢结构防火涂料的品种和技术性能应符合设计要求，并应经过具有资质的检测机构检测符合国家现行有关标准的规定	检查产品的质量合格证明文件、中文标志及检验报告等	全数检查
其他材料	1	橡胶垫	第4.10.1条	钢结构用橡胶垫的品种、规格、性能等应符合现行国家产品标准和设计要求	检查产品的质量合格证明文件、中文标志及检验报告等	全数检查
	2	特殊材料	第4.10.2条	钢结构工程所涉及的其他特殊材料，其品种、规格、性能等应符合现行国家产品标准和设计要求	检查产品的质量合格证明文件、中文标志及检验报告等	全数检查

附表 4-2　材料一般项目检验的要求与方法

项目	项次	项目内容	规范* 编号	验收要求	检验方法	检查数量
钢材	1	钢板厚度	第 4.2.3 条	钢板厚度及允许偏差应符合其产品标准的要求	用游标卡尺量测	每一品种、规格的钢板抽查 5 处
	2	型钢规格尺寸	第 4.2.4 条	型钢的规格尺寸及允许偏差符合其产品标准的要求	用钢尺和游标卡尺量测	每一品种、规格的型钢抽查 5 处
	3	钢材表面	第 4.2.5 条	钢材的表面外观质量除应符合国家现行有关标准的规定外，还应符合下列规定： (1)当钢材的表面有锈蚀、麻点或划痕等缺陷时，其深度不得大于该钢材厚度负允许偏差值的 1/2； (2)钢材表面的锈蚀等级应符合现行国家标准《涂覆涂料前钢材表面处理表面清洁度目视评定 第 1 部分：未涂覆过的钢材表面和全面清除原有涂层后的钢材表面的锈蚀等级和处理等》(GB/T 8923.1)的规定； (3)钢材端边或断口处不应有分层、夹渣等缺陷	观察检查	全数检查
焊接材料	1	焊钉及焊接瓷环	第 4.3.3 条	焊钉及焊接瓷环的规格、尺寸及偏差应符合现行国家标准《圆柱头焊钉》(GB 10433)中的规定	用钢尺和游标卡尺量测	按量抽查 1%，且不应少于 10 套
	2	焊条检查	第 4.3.4 条	焊条外观不应有药皮脱落、焊芯生锈等缺陷；焊剂不应受潮结块	观察检查	按量抽查 1%，且不应少于 10 包
连接用紧固标准件	1	成品进场检验	第 4.4.4 条	高强度螺栓连接副，应按包装箱配套供货，包装箱上应标明批号、规格、数量及生产日期。螺栓、螺母、垫圈外观表面应涂油保护，不应出现生锈和沾染脏物，螺纹不应损伤	观察检查	按包装箱数抽查 5%，且不应少于 3 箱

续表

项目	项次	项目内容	规范* 编号	验收要求	检验方法	检查数量
连接用紧固标准件	2	表面硬度试验	第4.4.5条	对建筑结构安全等级为一级，跨度40 m及以上的螺栓球节点钢网架结构，其连接高强度螺栓应进行表面硬度试验，对8.8级的高强度螺栓其硬度应为HRC21～29；10.9级高强度螺栓其硬度应为HRC32～36，且不得有裂纹或损伤	硬度计、10倍放大镜或磁粉探伤	按规格抽查8只
焊接球	1	焊接球尺寸	第4.5.3条	焊接球直径、圆度、壁厚减薄量等尺寸及允许偏差应符合《钢结构工程施工质量验收规范》(GB 50205—2001)的规定	用卡尺和测厚仪检查	每一规格按数量抽查5%，且不应少于3个
	2	焊接球表面	第4.5.4条	焊接球表面应无明显波纹及局部凹凸不平不大于1.5 mm	用弧形套模、卡尺和观察检查	每一规格按数量抽查5%，且不应少于3个
螺栓球	1	螺栓球螺纹	第4.6.3条	螺栓球螺纹尺寸应符合现行国家标准《普通螺纹 基本尺寸》(GB/T 196)中粗牙螺纹的规定，螺纹公差必须符合现行国家标准《普通螺纹 公差》(GB/T 197)中6H级精度的规定	用标准螺纹规	每种规格抽查5%，且不应少于5只
	2	螺栓球尺寸	第4.6.4条	螺栓球直径、圆度、相邻两螺栓孔中心线夹角等尺寸及允许偏差应符合《钢结构工程施工质量验收规范》(GB 50205—2001)的规定	用卡尺和分度头仪检查	每一规格按数量抽查5%，且不应少于3个
金属压型板	1	压型金属板规格尺寸	第4.8.3条	压型金属板的规格尺寸及允许偏差、表面质量、涂层质量等应符合设计要求和《钢结构工程施工质量验收规范》(GB 50205—2001)的规定	观察和用10倍放大镜检查及尺量	每种规格抽查5%，且不应少于3件
涂装材料	1	防腐涂料及防火涂料质量要求	第4.9.3条	防腐涂料和防火涂料的型号、名称、颜色及有效期应与其质量证明文件相符。开启后，不应存在结皮、结块、凝胶等现象	观察检查	按桶数抽查5%，且不应少于3桶
注：* 本表所指规范为《钢结构工程施工质量验收规范》(GB 50205—2001)						

参考文献

[1]中华人民共和国建设部，中华人民共和国国家质量监督检验检疫总局．GB 50017—2003 钢结构设计规范[S]. 北京：中国计划出版社．

[2]中华人民共和国住房和城乡建设部．建筑结构荷载规范：GB 50009—2012[S]. 北京：中国建筑工业出版社．

[3]中华人民共和国国家质量监督检验检疫总局，中华人民共和国建设部．钢结构工程施工质量验收规范：GB 50205—2001[S]. 北京：中国计划出版社．

[4]中华人民共和国住房和城乡建设部．门式刚架轻型房屋钢结构技术规范：GB 51022—2015[S]. 北京：中国建筑工业出版社．

[5]中华人民共和国住房和城乡建设部．空间网格结构技术规程：JGJ 7—2010[S]. 北京：中国建筑工业出版社．

[6]中华人民共和国住房和城乡建设部．高层民用建筑钢结构技术规程：JGJ 99—2015[S]. 北京：中国建筑工业出版社．

[7] 杜绍堂．钢结构[M]. 重庆：重庆大学出版社，2004.

[8] 中国钢结构协会．建筑钢结构施工手册[M]. 北京：中国计划出版社，2002.

[9] 侯兆新，何奋韬，何乔生，等．钢结构工程施工质量验收规范实施指南[M]. 北京：中国建筑工业出版社，2002.